分布式电源接入电网继电保护技术

韩伟 等 主编

图书在版编目（CIP）数据

分布式电源接入电网继电保护技术 / 韩伟等主编. -- 北京：中国电力出版社，2025. 5.
ISBN 978-7-5198-9801-4

Ⅰ. TM915.6

中国国家版本馆 CIP 数据核字第 2025QF9269 号

出版发行：中国电力出版社
地　　址：北京市东城区北京站西街 19 号（邮政编码 100005）
网　　址：http://www.cepp.sgcc.com.cn
责任编辑：丁　钊（010-63412393）
责任校对：黄　蓓　常燕昆
装帧设计：郝晓燕
责任印制：杨晓东

印　　刷：北京世纪东方数印科技有限公司
版　　次：2025 年 5 月第一版
印　　次：2025 年 5 月北京第一次印刷
开　　本：787 毫米 × 1092 毫米　16 开本
印　　张：16
字　　数：353 千字
定　　价：88.00 元

《分布式电源接入电网继电保护技术》编委会

主　　编　韩　伟

副 主 编　杜兴伟　刘　磊　田春笋　崔凤庆　王　阳　黄太昱

参　　编　段文岩　党一奇　郝高锋　刘　震　李笑宇　孔圣立

吴春红　田宝江　姚　孟　廖晓玉　王敬军　臧　睿

郭新杰　白春涛　任　建　刘　超　马伟东　张　峰

乔利红　蔡得雨　刘　群　王　娟　黄　芳　谢文娟

曾　燕　杨　莎　邓　红　王　音　杨红旗　时宁宁

肖　超　刘　尧　郭　培　陈　宇　栗晓政　王　健

李国栋　彭　超　王白冰　许　涵　刘素梅　武继增

徐文成　王丹枫　满文硕

前　言

继电保护是保障电网和设备安全稳定运行的第一道防线。随着国家“双碳”战略的部署实施，可再生能源大规模接入电网，新能源装机容量和发电量已超过火电机组成为第一大电源，具有高比例可再生能源、高比例电力电子装备特征的新型电力系统逐渐形成，对继电保护与控制的适应性产生了不可忽视的影响。

本书聚焦于分布式电源接入电网下继电保护与控制关键技术，概述了风力发电、光伏发电、电化学储能等新能源技术发展现状，建立了风力发电、光伏发电、电化学储能的数学模型和仿真模型，通过理论分析和仿真验证，详细描述了新能源的故障特征。进一步的，对新能源接入电网后过流保护、零序保护、距离保护、差动保护、安控装置、频率电压控制装置、备自投装置、重合闸装置等继电保护与安全自动装置的适应性进行了论述分析，系统介绍了分布式电源接入电网继电保护和安全自动装置配置与整定的原则与经验。最后，介绍了适应于新能源接入的继电保护新技术与新原理，收集并分析了部分风电、光伏场站典型故障案例。

分布式电源高渗透率接入电网下继电保护与控制的协同控制技术是一个新兴发展领域，所含内容不止文中所述，受限于技术发展初期及作者能力水平与经验积累有限，本书难免存在疏漏和不当之处，敬请同行专家和广大读者批评指正。

目　录

1 新能源发展概述

1.1 发 展 现 状

随着全球对环境保护和可持续发展的日益关注，新能源发电技术已成为当今能源领域的研究热点。包括太阳能发电、风能发电在内的等新型电源以其清洁、可再生、低碳排放的特点，日益受到各国政府和科技界的高度重视。同时，储能技术作为新能源领域的重要组成部分，近年来得到了广泛的关注和发展。接下来，分别介绍太阳能光伏发电、风力发电和储能电源的发展现状。

（1）太阳能光伏发电。我国太阳能资源丰富，具有较大发展潜力，适宜光伏发电的国土面积和建筑物受光面积大，根据世界银行发布的全球光伏潜力分布图显示，我国总面积 2/3 以上地区拥有良好的太阳能资源，年日照时数大于 2000h，年辐射量在 5000MJ/m^2 以上，可发展潜力巨大。根据国家气象局风能太阳能评估中心划分标准，我国太阳能资源分类见表 1–1。

表 1–1　我国太阳能资源分类

地区	说明
一类地区（资源丰富带）	全年辐射量在 6700～8370MJ/m^2，相当于 230kg，标准煤燃烧所发出的热量。主要包括青藏高原、甘肃北部、宁夏北部、新疆南部、河北西北部、山西北部、内蒙古南部、宁夏南部、甘肃中部、青海东部、西藏东南部等地
二类地区（资源较富带）	全年辐射量在 5400～6700MJ/m^2，相当于 180～230kg，标准煤燃烧所发出的热量。主要包括山东、河南、河北东南部、山西南部、新疆北部、吉林、辽宁、云南、陕西北部、甘肃东南部、广东南部、福建南部、江苏中北部和安徽北部等地
三类地区（资源一般带）	全年辐射量在 4200～5400MJ/m^2，相当于 140～180kg，标准煤燃烧所发出的热量。主要是长江中下游、福建、浙江和广东的一部分地区，春夏多阴雨，秋冬季太阳能资源还可以
四类地区	全年辐射量在 4200MJ/m^2 以下。主要包括四川、贵州两省。此区是我国太阳能资源最少的地区

2012 年以前，全球光伏装机量的增长主要来自于欧洲国家（如德国、意大利），我国光伏电站装机规模增长较慢；2012 年之后，中国及其他亚洲国家逐渐成为全球光伏装机规模增长的主要贡献者。2013～2021 年，我国光伏发电累计装机容量年均复合增长率高达 61.08%。截至 2022 年底，非化石能源装机规模达 12.7 亿 kW，占总装机的 49%，超过煤电装机规模 (11.2 亿 kW)。2022 年，非化石能源发电量达 3.1 万亿 kW 时，占总

发电量的 36%。其中，风电、光伏发电装机规模 7.6 亿 kW，占总装机的 30%；风电、光伏发电量 1.2 万亿 kW 时，占总发电量的 14%，分别比 2010 年和 2015 年提升 13 个、10 个百分点。中国光伏装机规模及变化情况如图 1–1 所示。

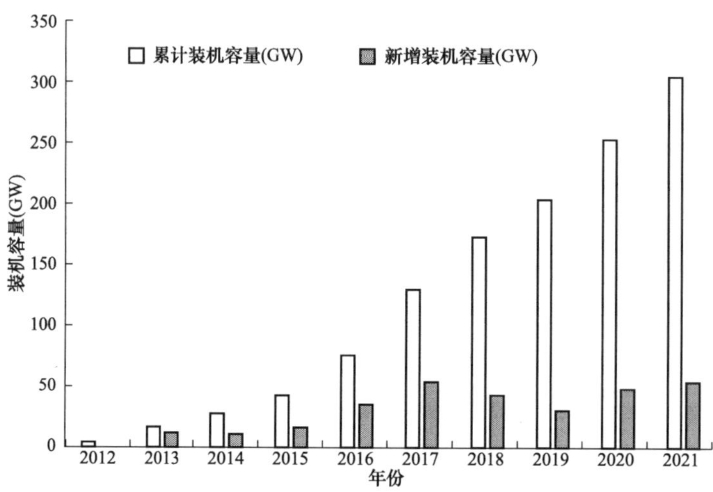

图 1–1 中国光伏装机规模变化情况图

（2）风力发电。我国拥有丰富的风能资源储量，风能资源开发利用潜力巨大。东北中西部和东北部、山东沿海地区、四川东北部、贵州东部、湖南西南部、福建沿海的部分地区年平均风功率密度一般在 200～300W/m^2。新疆西部的大部地区、东北东南部、华北中南部、黄淮、江淮、江汉、江南、四川东南部、重庆、云南西部和南部等地年均风功率密度一般低于 200W/m^2。2020 年全国近海主要海区 70m 高度层平均风速均值约为 8.1m/s，年平均风功率密度约为 572.6W/m^2。东海北部及其以南海区平均风功率密度一般超过 600W/m^2；渤海、渤海海峡、黄海大部分平均风功率密度一般为 400～600W/m^2。

我国陆地风能资源丰富地区主要集中在东北、华北、西北地区（简称“三北地区”），范围涵盖东北三省、内蒙古大部、华北北部、甘肃西部（酒泉）、新疆北部和东部等。从海上风能资源看，海上风能资源主要分布在我国的东南沿海，其中以中国台湾海峡的风能资源最为丰富。我国风能资源较好的三北地区，电力负荷较小，而用电负荷较大的中东部和南方地区风能资源较为欠缺，造成了供给和需求逆向分布的情况，对我国风电电能调配、电网建设、电力输送提出了较高的要求。

我国不同地区风电开发侧重点各不相同。“三北”陆上风电发展需要提升当地电力系统灵活性，确保外送通道中新能源电量占比要求，探索以新能源电量为主的跨省区外送方式；中东南部陆上风电发展重点解决土地利用、生态环保等资源开发问题，推进低风速技术进步，提升风电在当地能源供应中的比重；海上风电要开发适应海上特殊环境的大容量风电机组，提升工程施工建造水平，通过集中连片开发推动海上风电成本下降。

我国风电行业始于20世纪50年代后期，自我国第一座并网运行的风电场于1986年在山东荣成建成后，风电场建设经历了探索、快速发展、调整及稳步增长各阶段。伴随着2006年《中华人民共和国可再生能源法》的实施以及《电网企业全额收购可再生能源电量监管办法》《可再生能源发电全额保障性收购管理办法》等各项配套制度的不断完善，我国风电进入高速发展，到2010年我国风电新增装机容量超过18.9GW，以占全球新增装机48%，领跑全球风电市场，风电累计装机容量首次超过美国，跃居世界第一。

同时，经过几年的高速发展，我国风电行业开始出现明显弃风限电现象，以及行业恶性竞争加剧使得设备制造产能过剩。“十二五”期间，为引导风电行业可持续发展，我国政府发布了一系列政策，针对有效缓解风电并网、弃风限电、无序竞争等问题进行改革，2013年开始，我国风电行业逐渐复苏，新增装机容量开始回升。

“十三五”期间，在《关于建立监测预警机制促进风电产业持续健康发展的通知》《解决弃水弃风弃光问题实施方案》《清洁能源消纳行动计划（2018—2020年）》等多项政策引导下，风电产业进入了持续稳定的发展阶段，弃风率持续降低，消纳持续向好，我国弃风率在2016年为17%，到2022年下降到3.20%，我国风电装机量大幅提升的同时，平均利用小时数稳定在2000h以上。

（3）储能电源。储能技术是指将能量转化为其他形式，并在需要时将其重新释放的技术。如图1-2所示，根据储能介质的差异，可将现有的储能技术划分为：机械储能、电化学储能、热储能、化学储能和电磁储能五大类。在各类储能技术中，抽水蓄能和锂离子电池是目前技术最为成熟和商业化程度最高的两种。

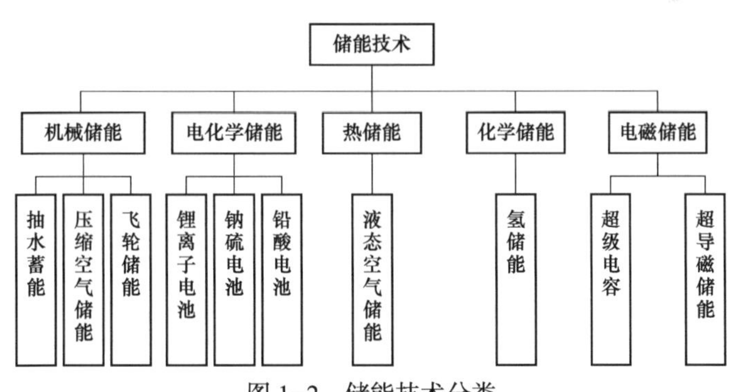

图1-2 储能技术分类

其中，抽水蓄能占据主导地位，利用水的高度差和重力来储存和释放能量，具有技术成熟、寿命长等特点。据国家能源局统计，截至2022年末，全国已投运抽水蓄能装机容量超过45GW，较2021年增长24.2%。但是，抽水蓄能技术的前期投资成本较，例如，建设一座120万kW的抽水蓄能电站需要60～80亿元的投资。另外，抽水蓄能技术的开发周期也较长。从项目立项到建设完工需要大约6～8年。此外，抽水蓄能电站的建设还受到地理资源的限制。抽水蓄能电站通常需要大量的水源和适合建设水库的地形条件。这导致在某些地区，特别是山区和水资源匮乏地区，抽水蓄能技术的应用受到了限制。

除抽水蓄能外，配置灵活、建设期短、响应快速的电化学储能是目前应用最广泛的储能技术。近年来电化学储能装机规模增长迅速。我国电化学储能累计装机规模达到659.7MW，较上年增长269.9MW。目前我国的储能配比滞后于可再生能源发展的速度，这给可再生能源的大规模部署和消纳带来了一些挑战，从而可能导致能源浪费和系统负荷不平衡。

1.2 技术现状

（1）太阳能光伏发电技术。光伏发电技术是一种利用半导体材料的光生电效应将太阳能转化为电能的技术。其核心组件是太阳能电池板，通过吸收太阳光中的光子能量，激发出电子—空穴对，进而产生电流。光伏发电系统通常由太阳能电池板、支架、逆变器、电缆和储能设备等组成，可实现太阳能的有效转换和利用。

光伏发电技术的核心是太阳能电池板的转换效率。近年来，通过材料科学、光学设计、电池结构等方面的不断创新，光伏电池的转换效率不断提高。目前，市场上主流的晶硅太阳能电池转换效率已达到20%以上，部分高效电池甚至超过了25%。同时，随着光伏技术的不断成熟和产业链的完善，光伏发电系统的制造成本持续下降。同时，规模化生产和市场竞争也推动了光伏产品的价格降低。这使得光伏发电在全球范围内逐渐具备了与传统能源相竞争的经济性。

（2）风力发电技术。风力发电技术主要依赖风力发电机将风能转化为电能。风力发电机通常由风轮、发电机、塔筒和基础等部分组成。风轮由多个风轮叶片组成，当风吹过时，风轮叶片会转动，进而带动发电机发电。塔筒则用于支撑风轮和发电机，同时确保其在各种天气条件下都能稳定运行。随着科技的不断发展，风力发电技术也在不断进步。目前，风力发电机的设计更加先进，风轮叶片的材料更加轻便、坚固，发电效率也得到了显著提升。此外，风力发电机的控制系统也更加智能化，能够根据风速、风向等条件自动调节运行状态，确保发电效率和稳定性。

同时，风力发电项目的规模也在不断扩大。目前，越来越多的国家和地区开始大力推广风力发电项目，建设了大量的风力发电场。这些风力发电场不仅规模庞大，而且分布广泛，为当地提供了大量的清洁能源。另外，随着风力发电技术的不断成熟和应用规模的扩大，风力发电的成本也在逐渐降低。目前，风力发电已经成为一种相对经济、可行的能源形式，与传统的化石能源发电相比，其成本已经具备了很大的竞争力。

（3）储能技术。储能技术是指将电能转化为其他形式的能量存储起来，以便在需要时再转化为电能使用的技术。目前除抽水蓄能已得到大规模应用外，其他储能技术的成熟度、可靠性、经济性尚需进一步验证，用户对各种储能技术的选择需经市场进一步考验。大规模储能技术的研发、示范和产业化都亟须加大投入力度，特别是大容量电池和超级电容储能等，都需要在本体技术、装备研发、运行控制、系统集成等方面取得突破，通过智能电网系统、大规模间歇式电源接入系统、风 / 光 / 储互补发电系统、水 / 光 / 储互补发电系统、分布式冷热电联产等示范工程的建设和运行，为我国储能产业积累技术数据和运行经验，提高储能系统设备的国产化水平，为储能的产业化发展打下良好基础。

储能技术在电力系统的应用实践时间较短，如何将储能技术同电力系统进行集成和规模应用，以期达到最佳效果，尚需实践检验；电力行业对产品的可靠性要求高，传统上至少需要 5 年以上的可靠性测试和试用才能通过电力用户的最低标准，储能产品在规模生产和应用前需一定时间的测试和使用验证。因此，储能技术的产业化和大规模应用必须经历一个较长过程。

1.3 小　　结

本章主要探讨了当前双碳背景下可再生能源及储能的发展现状和技术现状。目前在我国正在建立以太阳能、风能为代表的新能源电力系统，将逐渐取代以污染严重、资源有限的化石能源为主的传统电力系统。随着技术的不断创新，太阳能光伏和风力发电技术呈现出装机容量持续增长、发电成本明显较低等优势。相比之下，尽管储能技术在电力系统中的应用已经取得了一些初步成果，但由于其实践时间相对较短，仍需通过实际运行来深入探索如何将储能技术与电力系统有效集成，并实现规模化应用。

2 风力发电的基础模型及故障特征

2.1 双馈风机数学基础

双馈感应风力发电机组主要由风力机、齿轮箱、绕线式异步发电机、四象限变流器及其控制系统构成。其中，发电机组与普通异步风电机组的工作原理基本一致，二者的区别在于普通异步风电机组转子电流的频率取决于电机的转速，由转子感应电动势的频率决定，而双馈风电机组转子绕组的频率由外加交流励磁电源供电，能在较大的范围内实现变速运行。双馈式风力发电机组的拓扑结构图如图 2-1 所示。

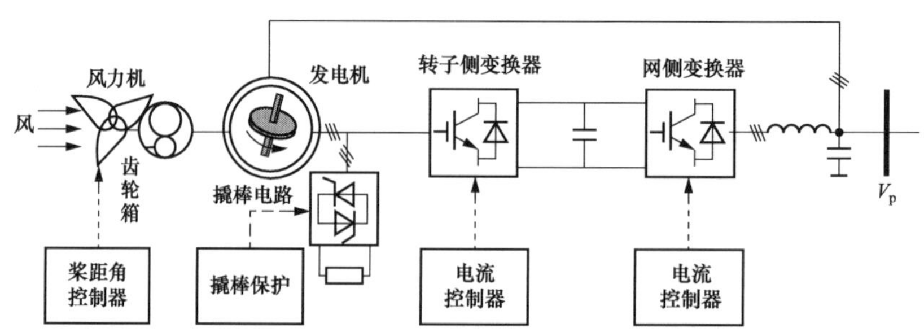

图 2-1 双馈感应风力发电机组的拓扑结构图

（1）发电机。在同步旋转坐标系下双馈发电机定转子绕组电压、电流和磁链矢量之间表达式为（电动机惯例）

$$\begin{cases}\boldsymbol{U}_s = R_s\boldsymbol{I}_s + d\boldsymbol{\psi}_s/dt \\ \boldsymbol{U}_r = R_r\boldsymbol{I}_r + d\boldsymbol{\psi}_r/dt - j\omega\boldsymbol{\psi}_r\end{cases} \tag{2-1}$$

$$\begin{cases}\boldsymbol{\psi}_s = L_s\boldsymbol{I}_s + L_m\boldsymbol{I}_r \\ \boldsymbol{\psi}_r = L_m\boldsymbol{I}_s + L_r\boldsymbol{I}_r\end{cases} \tag{2-2}$$

式中：$\boldsymbol{U}_s$、$\boldsymbol{U}_r$ 为发电机定子和转子电压矢量；$\boldsymbol{I}_s$、$\boldsymbol{I}_r$ 为定、转子电流矢量；$\boldsymbol{\psi}_s$、$\boldsymbol{\psi}_r$ 为定、转子磁链矢量；$\omega = p\omega_r$，p 为发电机磁极对数，ω_r 为转子机械转速；$L_s = L_m + L_{s\sigma}$ 为发电机定子绕组的等效自感；$L_r = L_m + L_{r\sigma}$ 为发转子绕组的等效自感；$L_m = 1.5L_{ms}$ 为发电机定子与转子绕组间等效互感。

同样地，在电网不平衡运行条件下，上述电压、电流和磁链矢量中将既包含有正序分量又包含有负序分量。由于新能源电源出口处变压器多采用星形－三角形接线方式，

所以一般不存在零序分量。双馈风力发电机在正序同步速旋转坐标系下正序数学模型为

$$\begin{cases} \boldsymbol{U}_{\mathrm{s\_dq}}^{\mathrm{p}} = R_{\mathrm{s}}\boldsymbol{I}_{\mathrm{s\_dq}}^{\mathrm{p}} + \mathrm{d}\boldsymbol{\psi}_{\mathrm{s\_dq}}^{\mathrm{p}}/\mathrm{d}t + \mathrm{j}\omega_1\boldsymbol{\psi}_{\mathrm{s\_dq}}^{\mathrm{p}} \\ \boldsymbol{U}_{\mathrm{r\_dq}}^{\mathrm{p}} = R_{\mathrm{r}}\mathbf{I}_{\mathrm{r\_dq}}^{\mathrm{p}} + \mathrm{d}\boldsymbol{\psi}_{\mathrm{r\_dq}}^{\mathrm{p}}/\mathrm{d}t + \mathrm{j}(\omega_1 - \omega)\boldsymbol{\psi}_{\mathrm{r\_dq}}^{\mathrm{p}} \end{cases} \tag{2-3}$$

$$\begin{cases} \boldsymbol{\psi}_{\mathrm{s\_dq}}^{\mathrm{p}} = L_{\mathrm{s}}\boldsymbol{I}_{\mathrm{s\_dq}}^{\mathrm{p}} + L_{\mathrm{m}}\boldsymbol{I}_{\mathrm{r\_dq}}^{\mathrm{p}} \\ \boldsymbol{\psi}_{\mathrm{r\_dq}}^{\mathrm{p}} = L_{\mathrm{m}}\boldsymbol{I}_{\mathrm{s\_dq}}^{\mathrm{p}} + L_{\mathrm{r}}\boldsymbol{I}_{\mathrm{r\_dq}}^{\mathrm{p}} \end{cases} \tag{2-4}$$

双馈发电机在负序同步速旋转坐标系下的负序数学模型为

$$\begin{cases} \boldsymbol{U}_{\mathrm{s\_dq}}^{\mathrm{n}} = R_{\mathrm{s}}\boldsymbol{I}_{\mathrm{s\_dq}}^{\mathrm{n}} + \mathrm{d}\boldsymbol{\psi}_{\mathrm{s\_dq}}^{\mathrm{n}}/\mathrm{d}t - \mathrm{j}\omega_1\boldsymbol{\psi}_{\mathrm{s\_dq}}^{\mathrm{n}} \\ \boldsymbol{U}_{\mathrm{r\_dq}}^{\mathrm{n}} = R_{\mathrm{r}}\boldsymbol{I}_{\mathrm{r\_dq}}^{\mathrm{n}} + \mathrm{d}\boldsymbol{\psi}_{\mathrm{r\_dq}}^{\mathrm{n}}/\mathrm{d}t - \mathrm{j}(\omega_1 + \omega)\boldsymbol{\psi}_{\mathrm{r\_dq}}^{\mathrm{n}} \end{cases} \tag{2-5}$$

$$\begin{cases} \boldsymbol{\psi}_{\mathrm{s\_dq}}^{\mathrm{n}} = L_{\mathrm{s}}\boldsymbol{I}_{\mathrm{s\_dq}}^{\mathrm{n}} + L_{\mathrm{m}}\boldsymbol{I}_{\mathrm{r\_dq}}^{\mathrm{n}} \\ \boldsymbol{\psi}_{\mathrm{r\_dq}}^{\mathrm{n}} = L_{\mathrm{m}}\boldsymbol{I}_{\mathrm{s\_dq}}^{\mathrm{n}} + L_{\mathrm{r}}\boldsymbol{I}_{\mathrm{r\_dq}}^{\mathrm{n}} \end{cases} \tag{2-6}$$

发电机电磁转矩方程为

$$T_{\mathrm{e}} = -1.5p\frac{L_{\mathrm{m}}}{L_{\mathrm{s}}}\mathrm{Im}(\boldsymbol{\psi}_{\mathrm{s}}\boldsymbol{I}_{\mathrm{r}}^{*}) \tag{2-7}$$

（2）背靠背的双 PWM 变换器。双馈发电机转子绕组通过背靠背的双 PWM 变换器与电网相连，该变换器由两电平电压型双 PWM 变换器通过直流母线电容连接而组成。其中靠近转子绕组的变换器被称为转子绕组变换器，而靠近电网的变换器被称为网侧变换器。虽然两侧的变换器结构相同，但是它们的控制思路却不同，在控制时是相互独立的，各自完成自身的任务。

其中，网侧变流器的控制主要是为了保持直流环节电压稳定和正常运行情况下的交流侧单位功率因数控制。而转子侧变流器的控制是通过对转子电流的控制，实现发电机组输出解耦的有功、无功功率。图 2-2 为双 PWM 型变流器主电路结构图。

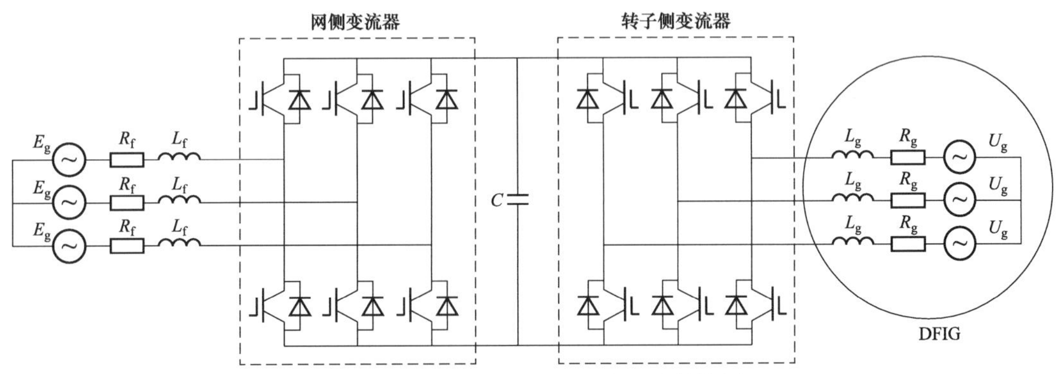

图 2-2　双 PWM 型变流器主电路结构图

E_g—电网电压；U_g—发电机转子感应电动势；R_g、L_g—发电机转子绕组的等值电阻和电感；

R_f、L_f—网侧变流器并网用滤波器的等值电阻和电感

在同步旋转坐标系下，变换器交流侧电压和电流的矢量表达式为

$$\begin{aligned} \boldsymbol{U}_{\mathrm{g}} &= R_{\mathrm{g}}\boldsymbol{I}_{\mathrm{r}} + L_{\mathrm{g}}\mathrm{d}I_{\mathrm{r}}/\mathrm{d}t + \boldsymbol{V}_{\mathrm{r}} \\ E_{\mathrm{g}} &= R_{\mathrm{f}}\boldsymbol{I}_{\mathrm{g}} + L_{\mathrm{f}}\mathrm{d}I_{\mathrm{g}}/\mathrm{d}t + \boldsymbol{V}_{\mathrm{g}} \end{aligned} \tag{2-8}$$

$$\boldsymbol{U}_{\mathrm{g}} = R\boldsymbol{I} + L\mathrm{d}I/\mathrm{d}t + \boldsymbol{V} \tag{2-9}$$

式中：$R=R_1+R_2$，R_1 为考虑开关器件死区效应、变换器侧和网侧滤波电感上等效电阻的综合等值电阻；$L=L_1+L_2$，L_1 和 L_2 为滤波器变换器侧和电网侧等值电感；$\boldsymbol{U}_{\mathrm{g}}$ 为在静止坐标系下电网电压（电源出口处电压）；$\boldsymbol{I}$ 为滤波器上流过的电流；$\boldsymbol{V}$ 为并网变换器出口处电压矢量。

电网不对称运行条件下，上述电气矢量 $\boldsymbol{F}$ 中既包含正序分量，也包含负序分量，在静止坐标系中其可分解为

$$\boldsymbol{F} = \boldsymbol{F}_{\mathrm{dq}}^{\mathrm{p}}\mathrm{e}^{\mathrm{j}\omega_1 t} + \boldsymbol{F}_{\mathrm{dq}}^{\mathrm{n}}\mathrm{e}^{-\mathrm{j}\omega_1 t} \tag{2-10}$$

式中：上标 p 和 n 分别表示正负序分量；$F_{\mathrm{dq}}=f_{\mathrm{d}}+\mathrm{j}f_{\mathrm{q}}$ 为在两相同步旋转坐标系下的对应矢量。由于变换器交流侧电压和电流的正负序分量之间相互独立，所以其数学模型可为在正反转同步旋转坐标下正负序数学模型的叠加。将式（2-10）代入到式（2-8）中，可得到并网变换器的正负序数学模型为

$$\begin{cases} \boldsymbol{U}_{\mathrm{g\_dq}}^{\mathrm{p}} = R_{\mathrm{g}}\boldsymbol{I}_{\mathrm{rdq}}^{\mathrm{p}} + L_{\mathrm{g}}\,\mathrm{d}\boldsymbol{I}_{\mathrm{rdq}}^{\mathrm{p}}\big/\mathrm{d}t + \mathrm{j}\omega_1 L_{\mathrm{g}}\boldsymbol{I}_{\mathrm{rdq}}^{\mathrm{p}} + \boldsymbol{V}_{\mathrm{rdq}}^{\mathrm{p}} \\ \boldsymbol{U}_{\mathrm{g\_dq}}^{\mathrm{n}} = R_{\mathrm{g}}\boldsymbol{I}_{\mathrm{rdq}}^{\mathrm{n}} + L_{\mathrm{g}}\,\mathrm{d}\boldsymbol{I}_{\mathrm{rdq}}^{\mathrm{n}}\big/\mathrm{d}t - \mathrm{j}\omega_1 L_{\mathrm{g}}\boldsymbol{I}_{\mathrm{rdq}}^{\mathrm{n}} + \boldsymbol{V}_{\mathrm{rdq}}^{\mathrm{n}} \end{cases} \tag{2-11}$$

$$\begin{cases} E_{\mathrm{g\_dq}}^{\mathrm{p}} = R_f\boldsymbol{I}_{\mathrm{gdq}}^{\mathrm{p}} + L_f\,\mathrm{d}\boldsymbol{I}_{\mathrm{gdq}}^{\mathrm{p}}\big/\mathrm{d}t + \mathrm{j}\omega_1 L_f\boldsymbol{I}_{\mathrm{gdq}}^{\mathrm{p}} + \boldsymbol{V}_{\mathrm{gdq}}^{\mathrm{p}} \\ E_{\mathrm{g\_dq}}^{\mathrm{n}} = R_f\boldsymbol{I}_{\mathrm{gdq}}^{\mathrm{n}} + L_f\,\mathrm{d}\boldsymbol{I}_{\mathrm{gdq}}^{\mathrm{n}}\big/\mathrm{d}t - \mathrm{j}\omega_1 L_f\boldsymbol{I}_{\mathrm{gdq}}^{\mathrm{n}} + \boldsymbol{V}_{\mathrm{gdq}}^{\mathrm{n}} \end{cases} \tag{2-12}$$

进一步地，风电机组送入电网的有功和无功功率（标幺值）表达式为

$$P_{\mathrm{g}} + \mathrm{j}Q_{\mathrm{g}} = \boldsymbol{U}_{\mathrm{g}}\hat{\boldsymbol{I}} = (\boldsymbol{U}_{\mathrm{g\_dq}}^{\mathrm{p}} + \mathrm{j}\boldsymbol{U}_{\mathrm{g\_dq}}^{\mathrm{n}}\mathrm{e}^{-\mathrm{j}2\omega_1 t})(\hat{\boldsymbol{I}}_{\mathrm{dq}}^{\mathrm{p}} + \mathrm{j}\hat{\boldsymbol{I}}_{\mathrm{dq}}^{\mathrm{n}}\mathrm{e}^{\mathrm{j}2\omega_1 t}) \tag{2-13}$$

背靠背的双 PWM 变换器直流侧电气量之间的关系表达式为

$$C\frac{\mathrm{d}U_{\mathrm{dc}}}{\mathrm{d}t} = i_{in} - i_{\mathrm{dc}} \tag{2-14}$$

式中：U_{dc} 为直流母线电压；i_{in} 为新能源发电单元的输出直流电流；i_{dc} 为并网变换器直流侧输出电流。

若忽略并网变换器以及交流侧滤波器上的功率损耗，根据功率平衡关系，可得到变换器交直流侧功率关系表达式

$$2U_{\mathrm{dc}}C\frac{\mathrm{d}U_{\mathrm{dc}}}{\mathrm{d}t} = P_{in} - P_{\mathrm{g}} \tag{2-15}$$

式中：$P_{\mathrm{in}}=2U_{\mathrm{dc}}i_{in}$ 表示从网侧变换器流入直流母线的功率。

（3）风力机。风力机主要将风能转化为机械能。根据空气动力学知识，风力机的输入功率为

$$P_v = \frac{1}{2} \cdot (\rho \cdot S_w \cdot v) v^2 = \frac{1}{2} \rho S_w v^3 \tag{2-16}$$

式中：ρ 为空气密度，一般为 1.25kg/m^3；S_w 为风力机迎风叶片扫掠面积；v 为空气进入风力机扫掠面以前的风速（即未扰动风速）。

由于通过风轮旋转面的风能不是全部都被风轮吸收利用，故利用风能利用系数表征风力机不活的风能，其表达式为

$$C_p = \frac{\text{风力机输出的机械功率}}{\text{输入风轮面内的功率}} = \frac{P_0}{P_v} \tag{2-17}$$

所以风力机的输出机械功率为

$$P_0 = C_p P_v = \frac{1}{2} \rho S_w v^3 C_p = \frac{\pi}{8} \rho D_w{}^2 v^3 C_p \tag{2-18}$$

式中：D_w 为叶片的直径。

风能利用系数 C_p 是表征风力机效率的重要参数，其与风速、叶片转速、叶片直径、桨叶节距角均有关系。为了便于讨论 C_p 的特性，定义风力机的另一个重要参数叶尖速比 λ，即叶尖速与风速之比

$$\lambda = R_w \omega_w / v = \pi R_w n_w / (30v) \tag{2-19}$$

式中：R_w 为叶片的半径；ω_w 为叶片旋转的角速度；n_w 为叶片的转速，$n_w = 30/(\pi\omega\omega)$。

根据风速的变化调整风力发电机的转速并保持最佳叶尖速比，获得最大风能。

风力机可分为变桨距和定桨距两种。变桨距风力机特性通常由一风能利用系数 C_p。的曲线来表示，如图 2-3 所示。风能利用系数 C_p 是叶尖速比 λ、桨距角 β 的综合函数，即 C_p（λ, β）。可以看出，当桨距角 β 增大时，C_p（λ）曲线将显著缩小；保持桨距角 β 不变时，C_p 只与叶尖速比 λ 有关系，可用一条曲线来描述，这就是定桨距风力机性能曲线 C_p（λ），如图 2-4 所示。

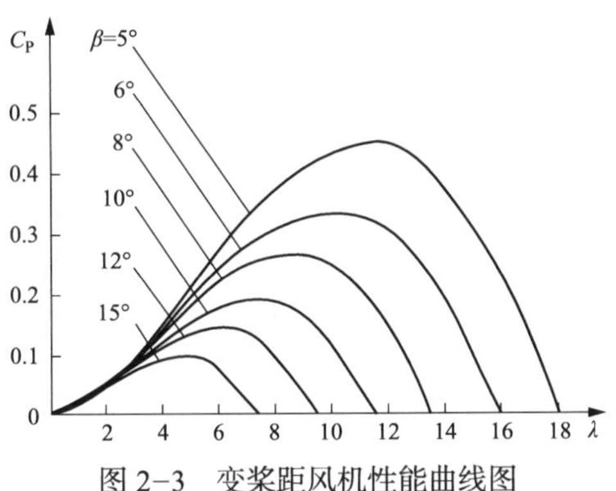

图 2-3　变桨距风机性能曲线图

一个特定的定桨距风力机具有唯一的可使 C_p 达最大值的叶尖速比，称为最佳叶尖速比 λ_{opt}，其对应的 C_p 为最大风能利用系数 C_{pmax}。当大于或小于最佳叶尖速比 λ 时，C_p 会偏离最大值 C_{pmax}，引起风电机组运行效率下降。根据贝茨理论，风能利用系数的理论最大值为 0.593，一般水平轴风力机 $C_p = 0.2 - 0.5$，如再考虑到风场中的风力机要

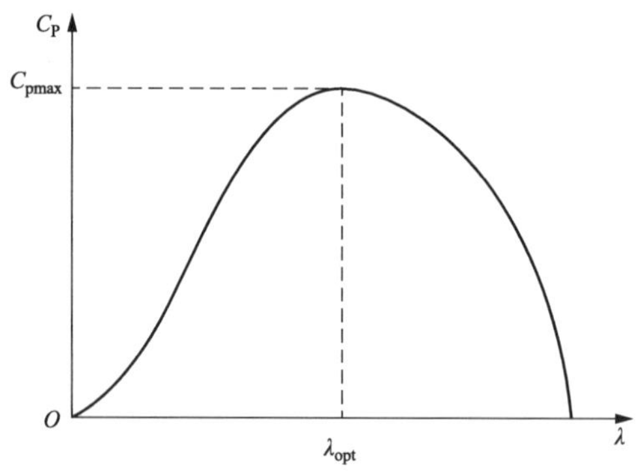

图 2–4　定桨距风力机性能曲线

受到风速与风向波动的影响实际的 C_{pmax} 大致在 0.4 左右，很难超过 0.5。

虽然变桨距风力机是定桨距风力机的改进和发展，但定桨距风力机特性则是变桨距风力机特性的基础，是讨论最大风能追踪运行的依据。从以上分析可以得知，在某一固定的风速 v 下，随着风力机转速 n_w 的变化，其 C_p 会作相应变化，从而使风力机输出的机械功率 P_0 发生变化。根据图 2–4 和式（2–18）可导出不同风速下定桨距风力机输出功率和转速的关系，如图 2–5 所示。不同风速下风力机功率—转速曲线上最大功率点 P_{opt} 的连线称为最佳功率曲线，运行在 P_{opt} 曲线上风力机将获得最大风能，输出最大功率 P_{max} 为

$$P_{max}=k_w\omega_w^3 \tag{2-20}$$

式中：$k_w=0.5\rho S_w(R_w/\lambda_{op})3C_{pmax}$，是与风力机有关的常数。

式（2–20）表明，一台确定的风力机其最佳功率曲线也确定，其最大功率与转速成三次方关系。

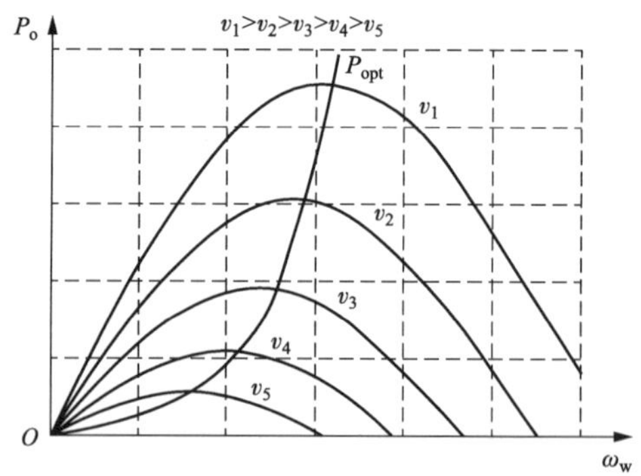

图 2–5　定桨距风力机功率与转速关系

2.2　双馈风机仿真模型

双馈风力发电机电磁暂态仿真模型如图 2–6 所示，主要由相对独立但又紧密关联

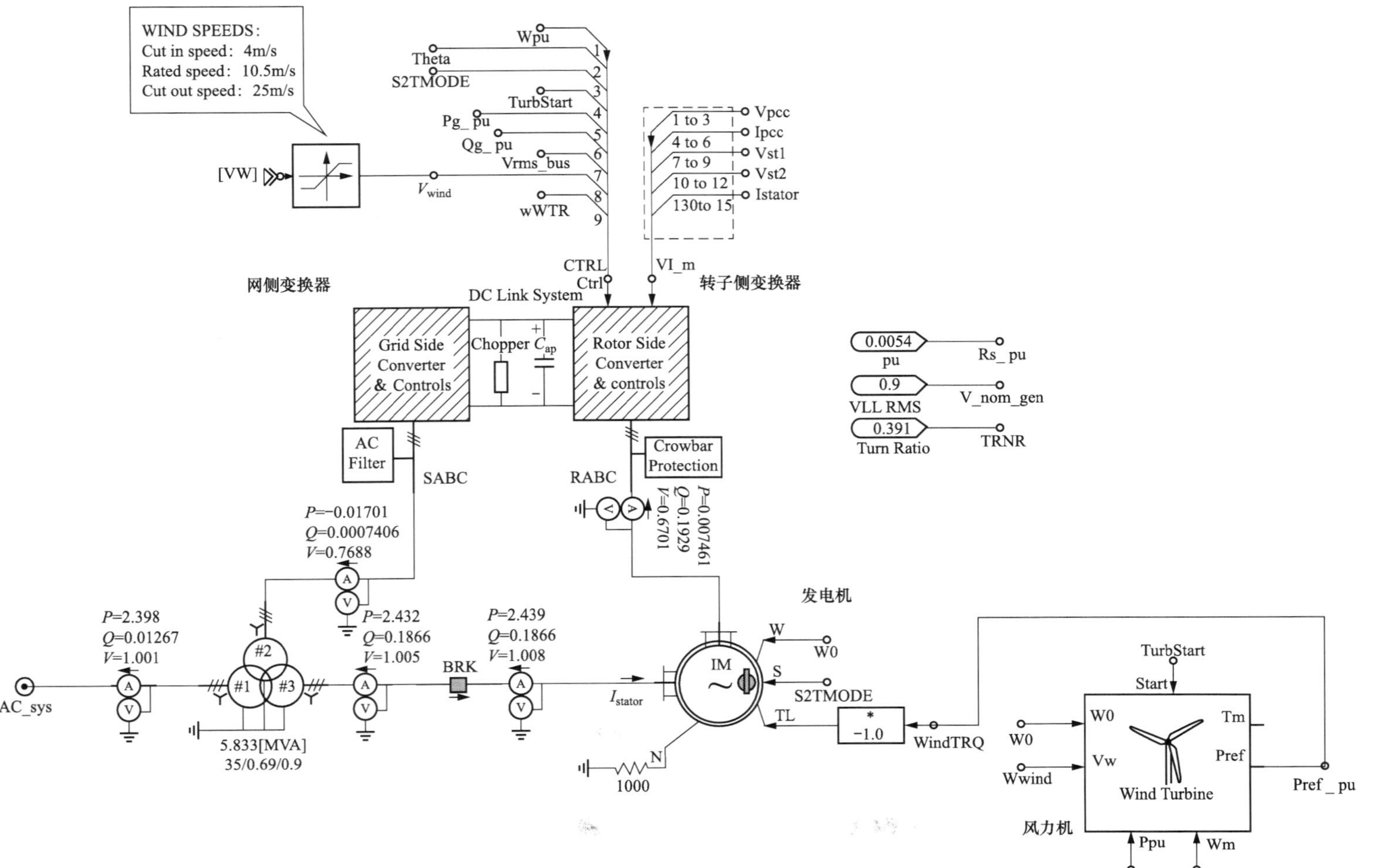

图 2-6 双馈风机电磁暂态仿真模型

的机械和电气部分构成。机械部分主要包括变桨距风力机及其控制系统，主要将风能转化为机械能；电气部分主要包括双馈发电机、背靠背双 PWM 变换器及其控制系统和箱式变压器，双馈发电机的结构类似于绕线式转子异步电动机，交 – 直 – 交励磁变换器是由 IGBT 构成的背靠背电压型 PWM 变换器，可实现四象限运行，主要将发电机输出的变频变压交流电转化为恒频恒压的交流电，箱式变压器主要实现升压。各组成部分如下：

（1）风力机模块。如图 2-7 所示，风力机利用叶片吸收空气中的风能并将风能转化为机械能。其内部包括机械部分、涡轮机部分和桨距角控制部分。其主要输入参数包括额定风速、桨距角控制 PI 调节参数、额定功率等，输出参数有风力机机械功率和机械转矩。风力机所提供的机械功率大小决定了发电机能发出的电功率。当风速变化时，风力机通过调节叶片桨距角进行发电机机械功率调整。

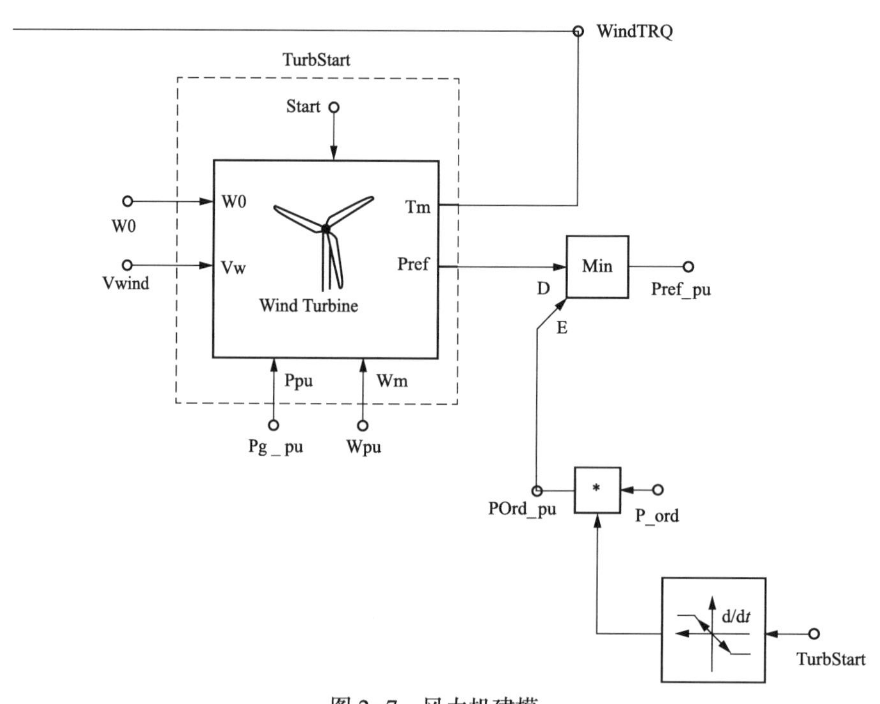

图 2-7　风力机建模

（2）网侧变换器。如图 2-8 所示，直流电压控制输出为有功电流分量的参考值 $U_{d\_ord\_pu}$，而无功功率控制输出为无功电流分量的参考值 $I_{q\_ord\_pu}$，内环电流控制的输出为网侧变换器控制脉冲调制电压的输入 E_{d1ref} 和 E_{q1ref}。

（3）机侧换流器。如图 2-9 所示，机侧变换器控制由功率外环和电流内环构成，在定子磁链矢量定向的控制策略作用下，发电机有功功率控制器的输出为转子 d 轴电流控制回路的参考输入 I_{dref_pu}，而发电机无功控制器的输出为转子 q 轴电流控制回路的参考输入 I_{dref_pu}。电流内环控制的输出为机侧变换器控制脉冲调制电压的参考 V_{dref_pu} 和 U_{qref_pu}。

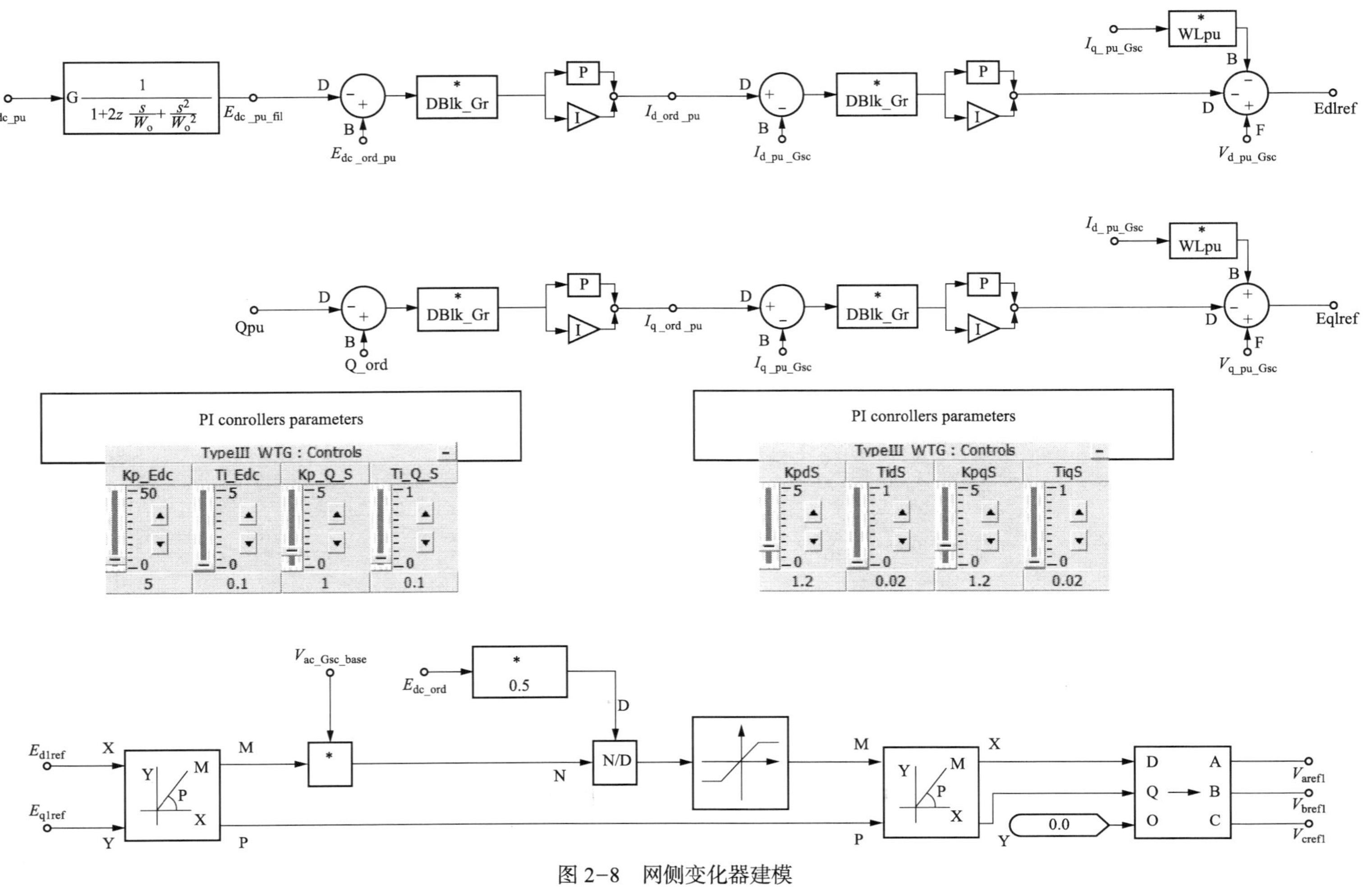

E_{dc_pu}
G
$\frac{1}{1+2z\frac{s}{W_o}+\frac{s^2}{W_o^2}}$
$E_{dc\_pu\_fil}$
D
B
$E_{dc\_ord\_pu}$
*
DBlk_Gr
P
I
$I_{d\_ord\_pu}$
$I_{d\_pu\_Gsc}$
$I_{q\_pu\_Gsc}$
WLpu
F
$V_{d\_pu\_Gsc}$
Edlref
Qpu
Q_ord
$I_{q\_ord\_pu}$
$V_{q\_pu\_Gsc}$
Eqlref
PI conrollers parameters
TypeIII WTG : Controls
Kp_Edc
Ti_Edc
Kp_Q_S
Ti_Q_S
5
0.1
1
0.1
PI conrollers parameters
TypeIII WTG : Controls
KpdS
TidS
KpqS
TiqS
1.2
0.02
1.2
0.02
$V_{ac\_Gsc\_base}$
E_{dc_ord}
0.5
E_{d1ref}
E_{q1ref}
X
Y
M
P
N
N/D
0.0
D
Q
O
A
B
C
V_{aref1}
V_{bref1}
V_{cref1}

图 2-8 网侧变化器建模

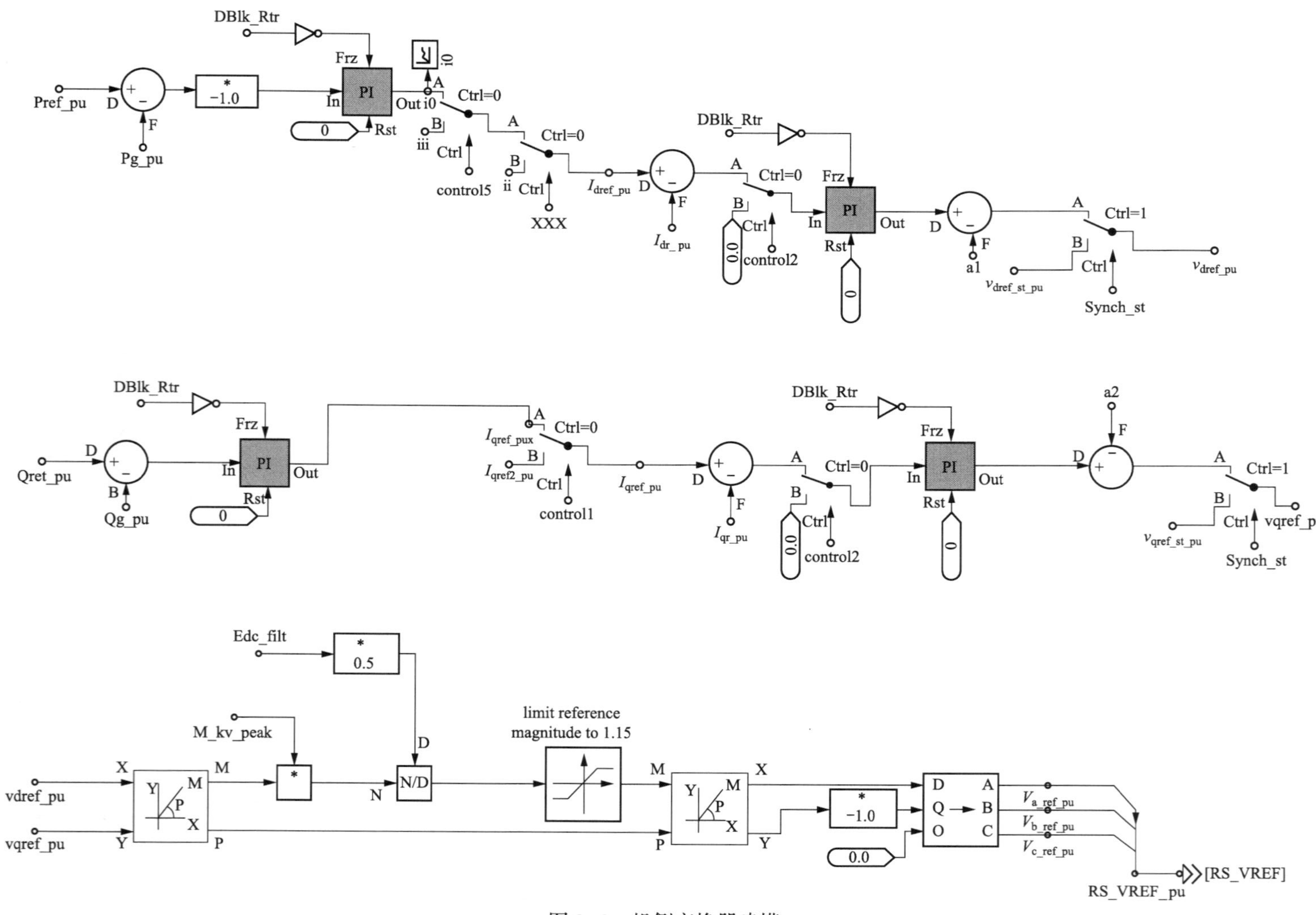

DBlk_Rtr
Pref_pu
D
F
Pg_pu
*
-1.0
Frz
PI
In
Out
Rst
0
i0
A
B
iii
Ctrl
Ctrl=0
control5
ii
XXX
I_{dref_pu}
I_{dr_pu}
0.0
control2
a1
$v_{dref\_st\_pu}$
Ctrl=1
Synch_st
v_{dref_pu}
Qret_pu
Qg_pu
I_{qref_pux}
I_{qref2_pu}
control1
I_{qref_pu}
I_{qr_pu}
a2
$v_{qref\_st\_pu}$
vqref_pu
Edc_filt
0.5
M_kv_peak
vdref_pu
vqref_pu
X
Y
M
P
N
N/D
limit reference
magnitude to 1.15
Q
O
C
$V_{a\_ref\_pu}$
$V_{b\_ref\_pu}$
$V_{c\_ref\_pu}$
RS_VREF_pu
[RS_VREF]

图 2-9　机侧变换器建模

2.3　双馈风机故障特征

2.3.1　理论分析

电网故障下，当风电机组机端电压跌落较严重时，转子过电流将会触发 Crowbar 保护动作，此时转子侧变流器闭锁，发电机转子回路馈入电压为零，发电机等效为一个转子绕组接有较大电阻的感应发电机。根据前文双馈发电机电压电流基本方程，带 Crowbar 运行的双馈感应发电机空间矢量模型可改写为

$$\begin{aligned} \boldsymbol{u}_{\mathrm{s,abc}}^{\mathrm{c}} &= R_{\mathrm{s}}\boldsymbol{i}_{\mathrm{s,abc}}^{\mathrm{c}} + D\boldsymbol{\psi}_{\mathrm{s,abc}}^{\mathrm{c}} \\ 0 &= R_{\mathrm{r}}'\boldsymbol{i}_{\mathrm{r,abc}}^{\mathrm{c}} + D\boldsymbol{\psi}_{\mathrm{r,abc}}^{\mathrm{c}} - \mathrm{j}\omega_{\mathrm{r}}\boldsymbol{\psi}_{\mathrm{r,abc}}^{\mathrm{c}} \\ \boldsymbol{\psi}_{\mathrm{s,abc}}^{\mathrm{c}} &= L_{\mathrm{s}}\boldsymbol{i}_{\mathrm{s,abc}}^{\mathrm{c}} + L_{\mathrm{m}}\boldsymbol{i}_{\mathrm{r,abc}}^{\mathrm{c}} \\ \boldsymbol{\psi}_{\mathrm{r,abc}}^{\mathrm{c}} &= L_{\mathrm{r}}\boldsymbol{i}_{\mathrm{r,abc}}^{\mathrm{c}} + L_{\mathrm{m}}\boldsymbol{i}_{\mathrm{s,abc}}^{\mathrm{c}} \end{aligned} \tag{2-21}$$

式中：上标 c 表示 Crowbar 保护动作后的双馈感应发电机电气量；$R_{\mathrm{r}}' = R_{\mathrm{r}} + R_{\mathrm{a}}$ 为 Crowbar 电路接入后的转子等效电阻；R_{a} 为 Crowbar 电阻。

根据式（2–21），消去转子电流，由定、转子磁，表示的发电机短路电流的表达式为

$$\boldsymbol{i}_{\mathrm{s,abc}}^{\mathrm{t}} = \frac{L_{\mathrm{r}}\boldsymbol{\psi}_{\mathrm{s,abc}}^{\mathrm{t}}}{L'} - \frac{L_{\mathrm{m}}\boldsymbol{\psi}_{\mathrm{r,abc}}^{\mathrm{t}}}{L'} \tag{2-22}$$

其中

$$L' = L_{\mathrm{s}}L_{\mathrm{r}} - L_{\mathrm{m}}^2 \tag{2-23}$$

根据磁链守恒定理，在忽略定子电阻影响的基础上，故障发生后发电机定子磁链将变为

$$\boldsymbol{\psi}_{\mathrm{s}} = \frac{\gamma U_{\mathrm{sm}}}{\mathrm{j}\omega_1}\mathrm{e}^{\mathrm{j}[\omega_1(t-t_0)+\varphi]} + \frac{1-\gamma}{\mathrm{j}\omega_1}U_{\mathrm{sm}}\mathrm{e}^{\mathrm{j}\varphi}\mathrm{e}^{-T_{\mathrm{s}}(t-t_0)} \tag{2-24}$$

又根据式（2–24），可得带 Crowbar 电阻运行的双馈感应发电机转子电流为

$$\boldsymbol{i}_{\mathrm{r,abc}}^{\mathrm{c}} = \frac{L_{\mathrm{m}}}{L_{\mathrm{m}}^2 - L_{\mathrm{s}}L_{\mathrm{r}}}\boldsymbol{\psi}_{\mathrm{s,abc}}^{\mathrm{c}} - \frac{L_{\mathrm{s}}}{L_{\mathrm{m}}^2 - L_{\mathrm{s}}L_{\mathrm{r}}}\boldsymbol{\psi}_{\mathrm{r,abc}}^{\mathrm{c}} \tag{2-25}$$

同样忽略定子电阻，短路后双馈感应发电机的定子磁链方程与常规感应发电机相同，将定子磁链代入式（2–25），可得

$$\boldsymbol{i}_{\mathrm{r,abc}}^{\mathrm{c}} = \frac{L_{\mathrm{m}}}{L_{\mathrm{m}}^2 - L_{\mathrm{s}}L_{\mathrm{r}}}\left[\frac{k\dot{U}_{\mathrm{s0}}^{\mathrm{c}}\mathrm{e}^{\mathrm{j}\omega_{\mathrm{s}}t}}{\mathrm{j}\omega_{\mathrm{s}}} + \frac{(1-k)\dot{U}_{\mathrm{s0}}^{\mathrm{c}}\mathrm{e}^{\mathrm{j}\omega_{\mathrm{s}}t_0}\mathrm{e}^{-\tau_1 t}}{\mathrm{j}\omega_{\mathrm{s}}}\right] - \frac{L_{\mathrm{s}}}{L_{\mathrm{m}}^2 - L_{\mathrm{s}}L_{\mathrm{r}}}\boldsymbol{\psi}_{\mathrm{r,abc}}^{\mathrm{c}} \tag{2-26}$$

将上式代入式（2–21），可求得双馈感应发电机的转子磁链为

$$\boldsymbol{\Psi}_{\mathrm{r,abc}}^{\mathrm{c}} = \frac{R_{\mathrm{r}}'\lambda k\dot{U}_{\mathrm{s0}}^{\mathrm{c}}\mathrm{e}^{\mathrm{j}\omega_{\mathrm{s}}t}}{s\omega_{\mathrm{s}}^2 + \mathrm{j}R_{\mathrm{r}}'\omega_{\mathrm{s}}\mu} + \frac{R_{\mathrm{r}}'\lambda(1-k)\dot{U}_{\mathrm{s0}}^{\mathrm{c}}\mathrm{e}^{\mathrm{j}\omega_{\mathrm{s}}t_0}\mathrm{e}^{-\tau_1 t}}{\mathrm{j}R_{\mathrm{r}}'\omega_{\mathrm{s}}\mu - \omega_{\mathrm{s}}\omega_{\mathrm{r}}} + C\mathrm{e}^{(R_{\mathrm{r}}'\mu+\mathrm{j}\omega_{\mathrm{r}})t} \tag{2-27}$$

式中

$$\lambda = \frac{L_{\mathrm{m}}}{L_{\mathrm{m}}^2 - L_{\mathrm{s}}L_{\mathrm{r}}}, \quad \mu = \frac{L_{\mathrm{s}}}{L_{\mathrm{m}}^2 - L_{\mathrm{s}}L_{\mathrm{r}}} \tag{2-28}$$

若故障前双馈风电机组空载运行，式（2-27）中的积分常数 C 为

$$C = \frac{L_{\mathrm{r}}\dot{U}_{\mathrm{s0}}^{\mathrm{c}}\mathrm{e}^{\mathrm{j}\omega_{\mathrm{s}}t_0}}{\mathrm{j}\omega_{\mathrm{s}}L_{\mathrm{m}}} - \frac{R_{\mathrm{r}}'\lambda k\dot{U}_{\mathrm{s0}}^{\mathrm{c}}\mathrm{e}^{\mathrm{j}\omega_{\mathrm{s}}t_0}}{s\omega_{\mathrm{s}}^2 + \mathrm{j}\omega_{\mathrm{s}}\mu R_{\mathrm{r}}'} - \frac{R_{\mathrm{r}}'\lambda(1-k)\dot{U}_{\mathrm{s0}}^{\mathrm{c}}}{\mathrm{j}\omega_{\mathrm{s}}\mu R_{\mathrm{r}}' - \omega_{\mathrm{s}}\omega_{\mathrm{r}}} \tag{2-29}$$

所以，可得带 Crowbar 电阻运行的双馈感应发电机短路电流为

$$\boldsymbol{i}_{\mathrm{s,abc}}^{\mathrm{c}} = \boldsymbol{i}_{\mathrm{sf,abc}}^{\mathrm{c}} + \boldsymbol{i}_{\mathrm{sn,abc}}^{\mathrm{c}} + \boldsymbol{i}_{\mathrm{sh,abc}}^{\mathrm{c}} \tag{2-30}$$

其中，周期分量 $\boldsymbol{i}_{\mathrm{sf,abc}}^{\mathrm{c}}$ 为

$$\boldsymbol{i}_{\mathrm{sf,abc}}^{\mathrm{c}} = \left[1 - \frac{\mathrm{j}R_{\mathrm{r}}'\lambda L_{\mathrm{m}}}{(s\omega_{\mathrm{s}} + \mathrm{j}R_{\mathrm{r}}'\mu)L_{\mathrm{r}}}\right]\frac{kL_{\mathrm{r}}\dot{U}_{\mathrm{s0}}^{\mathrm{c}}\mathrm{e}^{\mathrm{j}\omega_{\mathrm{s}}t}}{\mathrm{j}\omega_{\mathrm{s}}L'} \tag{2-31}$$

短路电流的暂态直流分量 $\boldsymbol{i}_{\mathrm{sn,abc}}^{\mathrm{c}}$ 为

$$\boldsymbol{i}_{\mathrm{sn,abc}}^{\mathrm{c}} = \left[1 - \frac{\mathrm{j}R_{\mathrm{r}}'L_{\mathrm{m}}\lambda}{(\mathrm{j}R_{\mathrm{r}}'\mu - \omega_{\mathrm{r}})L_{\mathrm{r}}}\right]\frac{(1-k)L_{\mathrm{r}}\dot{U}_{\mathrm{s0}}^{\mathrm{c}}\mathrm{e}^{\mathrm{j}\omega_{\mathrm{s}}t_0}\mathrm{e}^{-\tau_1 t}}{\mathrm{j}\omega_{\mathrm{s}}L'} \tag{2-32}$$

由于 μ 为负，所以转速频率的短路电流 $\boldsymbol{i}_{\mathrm{sh,abc}}^{\mathrm{c}}$ 为不断衰减的暂态分量

$$\boldsymbol{i}_{\mathrm{sh,abc}}^{\mathrm{c}} = -\frac{L_{\mathrm{m}}\mathrm{e}^{R_{\mathrm{r}}'\mu t}\mathrm{e}^{\mathrm{j}\omega_{\mathrm{r}}t}}{L'}\left[\frac{L_{\mathrm{r}}\dot{U}_{\mathrm{s0}}^{\mathrm{c}}\mathrm{e}^{\mathrm{j}\omega_{\mathrm{s}}t_0}}{\mathrm{j}\omega_{\mathrm{s}}L_{\mathrm{m}}} - \frac{R_{\mathrm{r}}'\lambda k\dot{U}_{\mathrm{s0}}^{\mathrm{c}}\mathrm{e}^{\mathrm{j}\omega_{\mathrm{s}}t_0}}{s\omega_{\mathrm{s}} + \mathrm{j}\mu R_{\mathrm{r}}'} - \frac{R_{\mathrm{r}}'\lambda(1-k)\dot{U}_{\mathrm{s0}}^{\mathrm{c}}}{\mathrm{j}\mu R_{\mathrm{r}}' - \omega_{\mathrm{r}}}\right] \tag{2-33}$$

由此可见，双馈风电机组 Crowbar 保护投入后，尽管双馈发电机实际上作感应发电机运行，但是由于转子电阻较大，此时双馈风电机组的短路电流输出与常规感应发电机具有较大区别。

（1）短路电流的大小不同。在考虑 Crowbar 保护动作串入转子绕组的大电阻后，与常规感应发电机相比，短路电流周期分量与非周期分量的大小均与转子电阻，即 Crowbar 电阻的大小直接相关。其中，工频周期分量有如下关系

$$\frac{\boldsymbol{i}_{\mathrm{sf,abc}}^{\mathrm{t}}}{\boldsymbol{i}_{\mathrm{sf,abc}}^{\mathrm{c}}} = \left(1 - \frac{L_{\mathrm{m}}^2}{L_{\mathrm{r}}L_{\mathrm{s}}}\right)\Big/\left[1 - \frac{\mathrm{j}R_{\mathrm{r}}L_{\mathrm{m}}^2}{s\omega_{\mathrm{s}}L_{\mathrm{r}}(L_{\mathrm{m}}^2 - L_{\mathrm{s}}L_{\mathrm{r}}) + \mathrm{j}R_{\mathrm{r}}'L_{\mathrm{r}}L_{\mathrm{s}}}\right] \tag{2-34}$$

其中

$$\frac{\mathrm{j}R_{\mathrm{r}}'L_{\mathrm{m}}^2}{s\omega_{\mathrm{s}}L_{\mathrm{r}}(L_{\mathrm{m}}^2 - L_{\mathrm{s}}L_{\mathrm{r}}) + \mathrm{j}R_{\mathrm{r}}'L_{\mathrm{r}}L_{\mathrm{s}}} = \frac{L_{\mathrm{m}}^2}{-\mathrm{j}s\omega_{\mathrm{s}}L_{\mathrm{r}}(L_{\mathrm{m}}^2 - L_{\mathrm{s}}L_{\mathrm{r}})/R_{\mathrm{r}}' + L_{\mathrm{r}}L_{\mathrm{s}}} \tag{2-35}$$

由于 $L_{\mathrm{m}}^2 - L_{\mathrm{s}}L_{\mathrm{r}} < 0$，所以

$$\left|\frac{L_{\mathrm{m}}^2}{-\mathrm{j}s\omega_{\mathrm{s}}L_{\mathrm{r}}(L_{\mathrm{m}}^2 - L_{\mathrm{s}}L_{\mathrm{r}})/R_{\mathrm{r}}' + L_{\mathrm{r}}L_{\mathrm{s}}}\right| < 1 - \frac{L_{\mathrm{m}}^2}{L_{\mathrm{r}}L_{\mathrm{s}}} \tag{2-36}$$

式（2-36）表明，带 Crowbar 电阻运行的双馈感应发电机组的工频短路电流幅值和相位，均不同于相同参数的常规感应发电机，其稳态短路电流大于常规感应发

电机。

（2）短路电流的组成及暂态短路电流的衰减时间不同。除了包含工频周期分量和暂态直流分量外，带 Crowbar 电阻运行的双馈感应发电机还包括一项角频率等于转子旋转角速度的暂态分量。该暂态分量的衰减时间与定、转子电感相关，Crowbar 电阻越大，该暂态分量的衰减速度越快。

故障期间转子 Crowbar 切除或，双馈风电机组运行于转子有功电流参考值切换的低电压穿越模式时，转子电压 U_r 不再等于零。一般情况下，转子变换器在重启控制策略下运行，其初始阶段定子磁链直流分量仍相对较大，该分量在转子绕组上感应产生的电动势远大于转子变换器输出电压 U_r。所以双馈发电机故障电流仍主要由 $I_{ss\psi}$ 项决定，这时 σ_r 应替换为 $\sigma_r' = \sigma_r(R_r + R_{crow})/R_r$，其中 $\sigma_r' \gg \sigma_r$。

在转子侧变换器重启控制作用一段时间后，定子磁链直流分量已衰减至较小值，此时双馈风力发电机所提供的稳态故障电流矢量表达式为

$$\boldsymbol{I}_s = \frac{\gamma U_{sm} e^{j[\omega_1(t-t_0)+\varphi]} - j\omega_1 L_m \boldsymbol{I}_r}{jL_s\omega_1} \tag{2-37}$$

假设转子侧变换器重启控制策略中电流控制回路闭环带宽足够大，在双馈发电机定子参考坐标系下，式（2-37）中转子电流矢量为

$$\boldsymbol{I}_r = (i_{rq}^{ref2} + j i_{rd}^{ref2}) e^{j(\omega_1 t + \varphi_i)} \tag{2-38}$$

式中：i_{rd}^{ref2} 和 i_{rq}^{ref2} 为故障期间发电机转子电流无功和有功分量参考值，该参考值已在第五章中给出了相应表达式。φ_i 为双馈发电机机端电压矢量与转子电流矢量之间的相位差。

将式（2-38）代入到式（2-37）中，可得到发电机输出故障电流幅值表达式为

$$I_{sm} = \frac{L_m\sqrt{[(\gamma L_m U_{sm}/\omega_1) + i_{rd}^{ref2}]^2 + (i_{rq}^{ref2})^2}}{L_s} \tag{2-39}$$

通过分析式（2-39）可知，双馈发电机所提供的故障电流不仅与电压跌落有关，还与故障期间转子变换器电流参考值等有关。而转子变换器有功电流参考值与故障前有功电流参考值相同，主要与风速大小有关；而无功电流参考值由电网无功支撑要求确定，其大小主要与电压跌落程度有关。

2.3.2 仿真验证

利用 MATLAB/SIMULINK 仿真软件建立了完整的双馈风力发电机系统的仿真模型，双馈风电机组 7 台，单台额定容量 1.5MW。双馈风力发电机组接入方式如图 2-10 所示，风电机组通过 35kV 集电线接入 35kV 母线，之后经过 110kV 升压变压器通过专线接入 110kV 等值系统，主变压器 1 台，系统等值基准值 100MVA，等值系统短路容量为 2500MVA，35kV 集电线长度为 5km，单位线路的正序阻抗为 0.1153+j0.33Ω，零序阻抗为 0.413+j1.04Ω。110kV 送出线长度为 20km，单位线路的正序阻抗为 0.106+j0.38Ω，零序阻抗为 0.328+j1.28Ω。双馈风力发电机组仿真参数见表 2-1。

图 2-10　双馈风电场并网示意图

表 2-1　　双馈风力发电机组仿真参数

参数	取值	参数	取值	参数	取值
额定容量	1.5MVA	额定风速	15m/s	定子电阻	0.023p.u.
定子额定电压	690V	频率	50Hz	定子电抗	0.18p.u.
直流母线电压	1150V	额定电流	1506.1A	转子电阻	0.016p.u.
				转子电抗	0.16p.u.
直流电容	10mF	转子惯性时间常数	0.685s	励磁电抗	2.9p.u.

（1）三相短路故障。t=4s 时双馈风电机组的送出线上设置三相短路故障，并网点三相电压跌落至 80%，故障持续 0.5s。图 2-11 为故障发生后双馈风电机组机出口短路电压和短路电流波形。故障后，机端电流由 1.0p.u. 增大至 1.1p.u.，故障电流峰值达 2.4p.u.，故障电流衰减时间约为 0.09s；图 2-12 为故障发生后风场并网点电压电流波形，并网点短路电流由 0.1p.u. 增大至 0.11p.u.，故障电流峰值达 0.23p.u.；图 2-13 为故障发生后系统侧的电压电流波形，系统侧电流由 0.1p.u. 增大至 4.45p.u.。

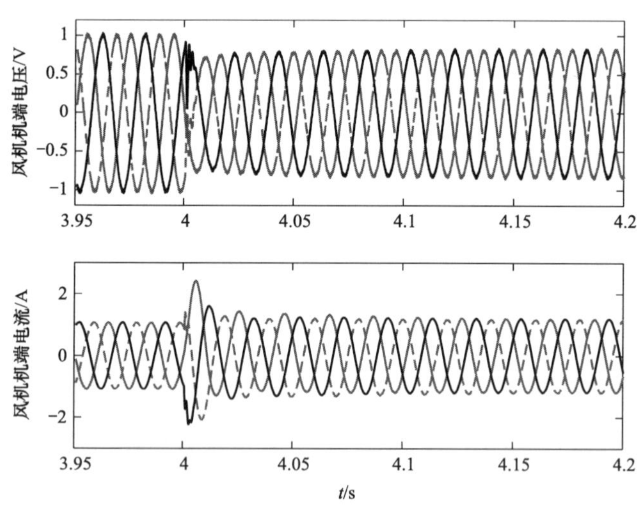

图 2-11　三相跌落至 80% 时风机机端电压电流波形

t=4s 时双馈风电机组的送出专线上设置三相短路故障，并网点三相电压跌落至 50%，故障持续 0.5s。图 2-14 为故障发生后双馈风电机组机出口短路电压和短路电流波形，故障后，机端电流由 1.0p.u. 增大至 1.2p.u.，故障电流峰值达 3.4p.u.，故障电流衰减时间约为 0.18s；图 2-15 为故障发生后风场并网点电压电流波形，并网点短路电流由

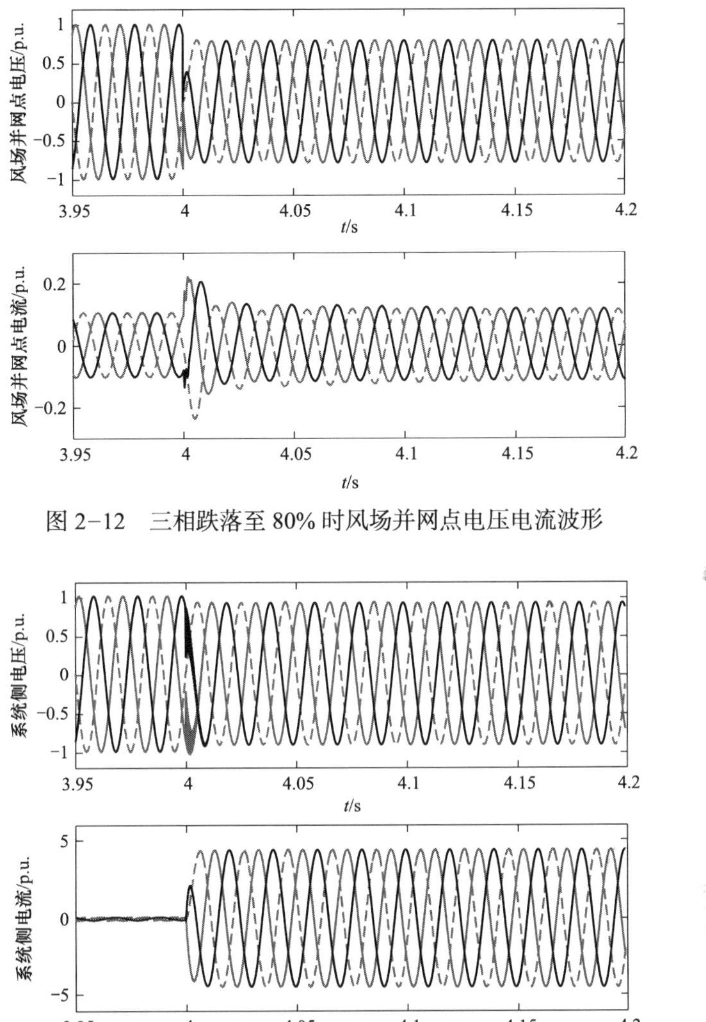

图 2−12　三相跌落至 80% 时风场并网点电压电流波形

图 2−13　三相跌落至 80% 时系统侧电压电流波形

0.1p.u. 增大至 0.12p.u.，故障电流峰值达 0.34p.u.；图 2−16 为故障发生后系统侧的电压电流波形，系统侧电流由 0.1p.u. 增大至 7.28p.u.。

t=4s 时双馈风电机组的送出专线上设置三相短路故障，并网点三相电压跌落至 20%，故障持续 0.5s。图 2−17 为故障发生后双馈风电机组机出口短路电压和短路电流波形，故障后，机端电流由 1.0p.u. 增大至 1.2p.u.，故障电流峰值达 4.0p.u.，故障电流衰减时间约为 0.2s；图 2−18 为故障发生后风场并网点电压电流波形，并网点短路电流由 0.1p.u. 增大至 0.12p.u.，故障电流峰值达 0.4p.u.；图 2−19 为故障发生后系统侧的电压电流波形，系统侧电流由 0.1p.u. 增大至 8.9p.u.。

综上所述，当双馈风电场并网点发生三相对称短路故障，在不同电压跌落程度下得到的故障特征量见表 2−2。

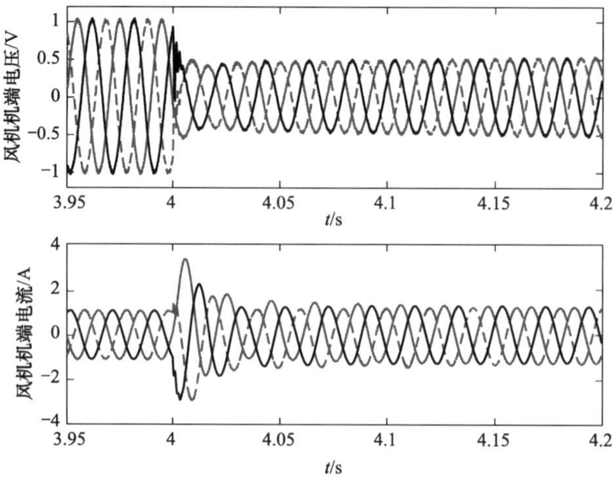

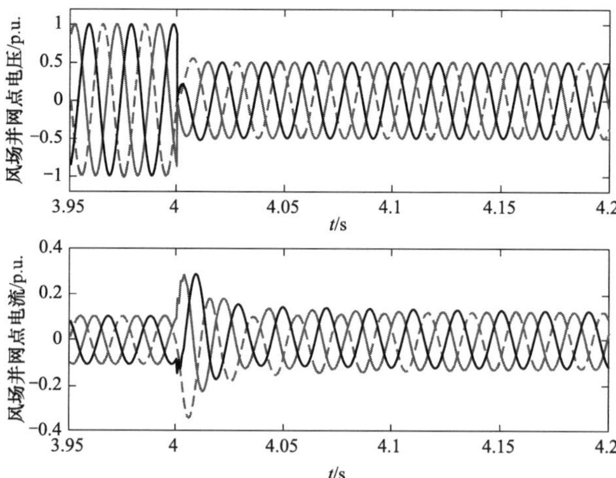

图 2-14　三相跌落至 50% 时风机机端电压电流波形

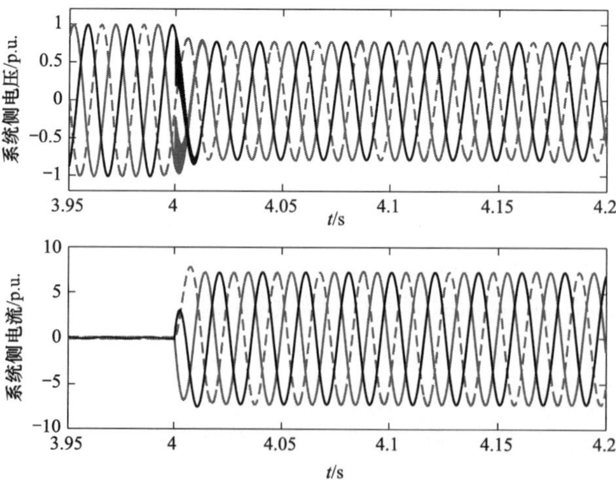

图 2-15　三相跌落至 50% 时风场并网点电压电流波形

图 2-16　三相跌落至 50% 时系统侧电压电流波形

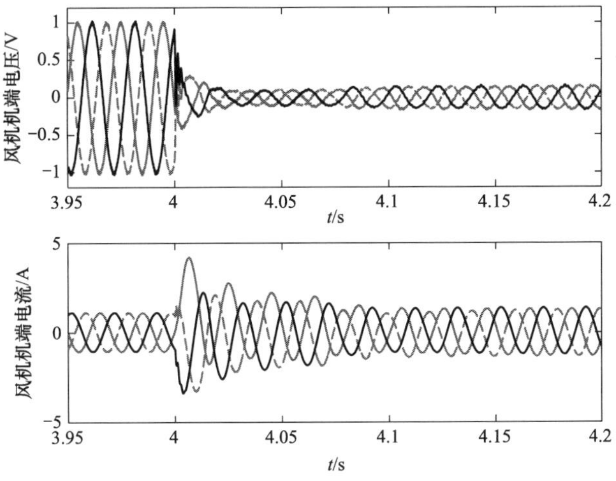

图 2-17　三相跌落至 20% 时风机机端电压电流波形

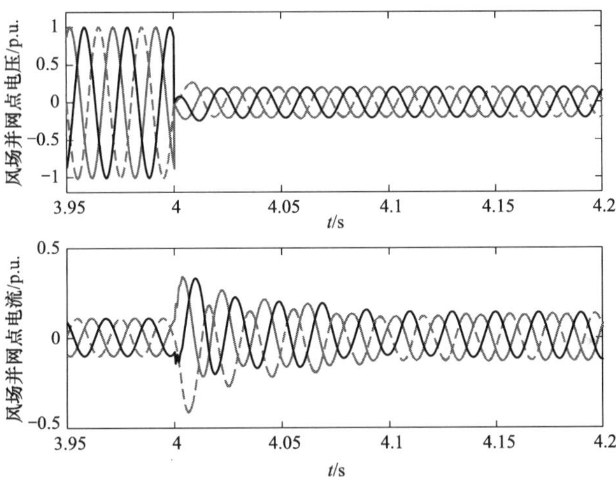

图 2-18　三相跌落至 20% 时风场并网点电压电流波形

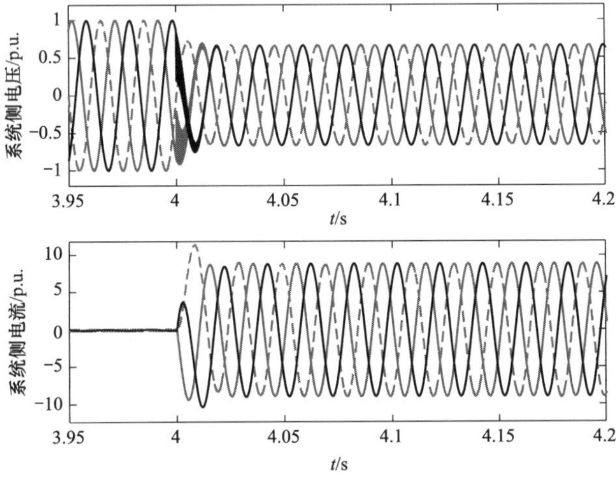

图 2-19　三相跌落至 20% 时系统侧电压电流波形

表 2-2　　双馈风电送出系统在对称故障下的故障特性

故障特征量	电压跌落至 80%	电压跌落至 50%	电压跌落至 20%
系统侧电流 /p.u.	4.45	7.28	8.9
并网点电流峰值 /p.u.	0.23	0.34	0.4
并网点工频电流峰值 /p.u.	0.17	0.24	0.27
风机机端稳态电流 /p.u.	1.1	1.2	1.2
风机机端电流峰值 /p.u.	2.4	3.4	4.0
故障电流衰减时间 /s	0.09	0.18	0.20

（2）单相接地短路故障。t=4s 时双馈风电机组的送出专线上设置单相短路故障，并网点故障相电压跌落至 80%，故障持续 0.5s。图 2-20 为故障发生后双馈风电机组机出口短路电压和短路电流波形，故障后，机端电流由 1.0p.u. 增大至 1.52p.u.，最大电流峰值为 1.73p.u.，过渡时间为 0.08s；图 2-21 为故障发生后风场并网点电压电流波形，故障后，并网点电流从 0.1p.u. 升至 0.78p.u.，最大电流峰值为 0.85p.u.，并网点三相电流接近于同相位，这主要是由于升压变压器一般采用 YNd 接线形式，该侧的正负序等值阻抗比零序等值阻抗大得多，这就导致并网点零序电流远大于正、负序电流，因此，在单相接地情况下，并网点三相电流零序分量较大，三相短路电流接近于同相位。图 2-22 为单相跌落至 80% 时系统侧电压、电流波形。若升压变压器网侧中性点不接地，则在同样过渡电阻情况下并网点电压电流波形如图 2-23 所示，故障电流从 0.1p.u. 升至 0.138p.u.，最大电流峰值为 0.16p.u.。

t=4s 时双馈风电机组的送出专线上设置单相短路故障，并网点故障相电压跌落至 50%，故障持续 0.5s。图 2-24 为故障发生后双馈风电机组机出口短路电压和短路电流波形，故障后，机端电流由 1.0p.u. 增大至 1.75p.u.，最大电流峰值为 2.19p.u.，过渡时间为 0.12s；图 2-25 为故障发生后风场并网点电压电流波形，并网点电流从 0.1p.u. 升至 1.14p.u.，最大电流峰值为 1.38p.u.，并网点三相电流接近于同相位。图 2-26 为故障发生后系统侧电压电流波形。若升压变压器网侧中性点不接地，则在同样过渡电阻情况

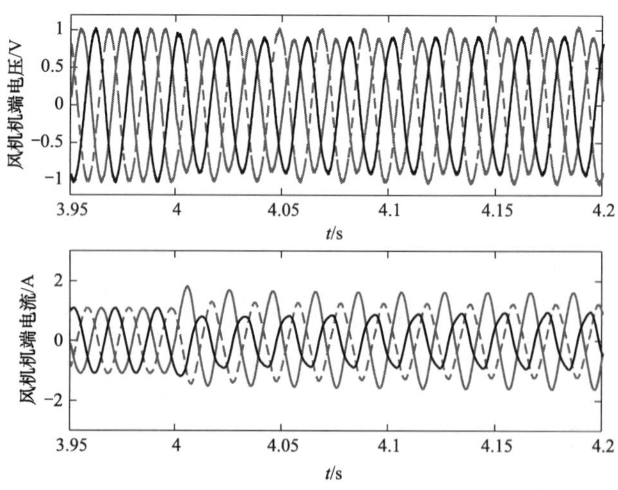

图 2-20　单相跌落至 80% 时风机机端电压电流波形

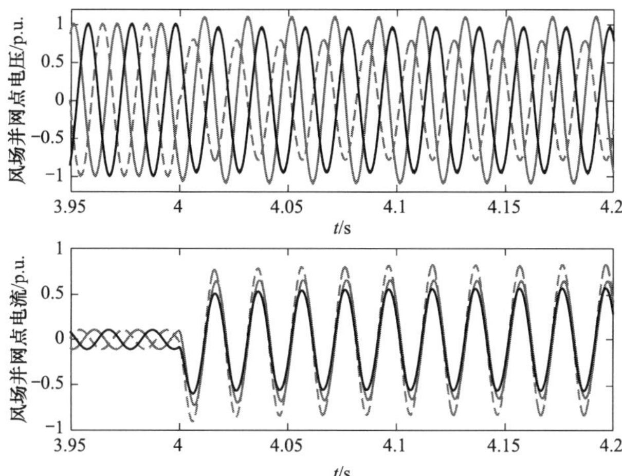

图 2-21　单相跌落至 80% 时风场并网点电压电流波形

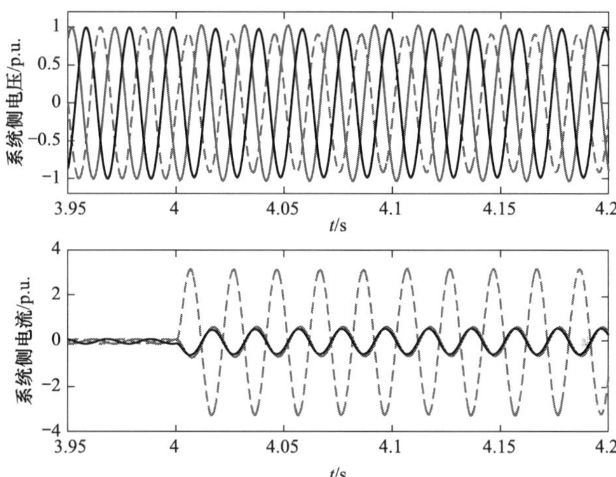

图 2-22　单相跌落至 80% 时系统侧电压、电流波形

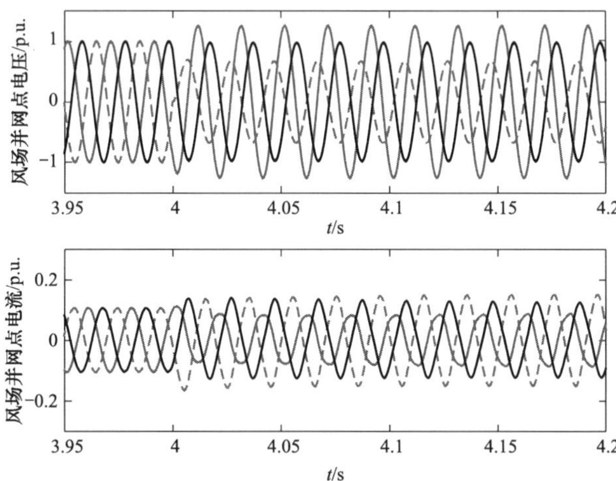

图 2-23　单相跌落至 80% 时风场并网点电压电流波形（升压变压器高压侧中性点不接地）

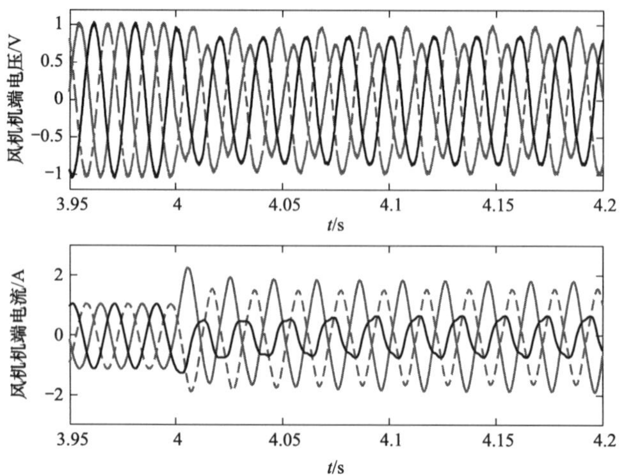

图 2-24　单相跌落至 50% 时风机机端电压电流波形

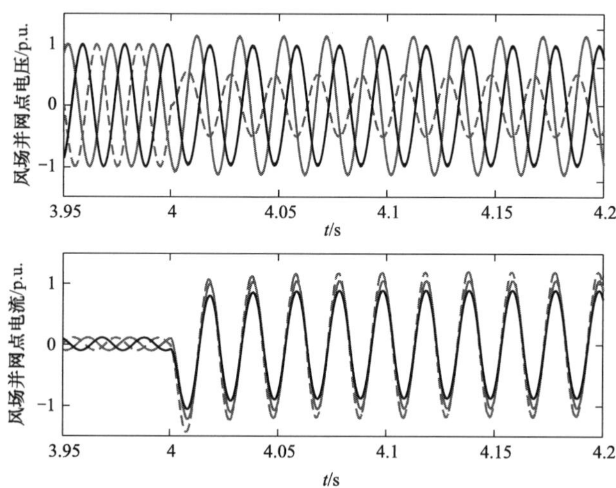

图 2-25　单相跌落至 50% 时风场并网点电压电流波形

下并网点电压电流波形如图 2-27 所示，故障电流从 0.1p.u. 升至 0.152p.u.，最大电流峰值为 0.185p.u.。

t=4s 时双馈风电机组的送出专线上设置单相短路故障，并网点故障相电压跌落至 20%，故障持续 0.5s。图 2-28 为故障发生后双馈风电机组机出口短路电压和短路电流波形，故障后，机端电流由 1.0p.u. 增大至 1.83p.u.，最大电流峰值为 2.67p.u.，过渡时间为 0.15s；图 2-29 为故障发生后风场并网点电压电流波形，并网点电流从 0.1p.u. 升至 1.31p.u.，最大电流峰值为 1.99p.u.，并网点三相电流接近于同相位。图 2-30 为故障发生后风场系统侧电压电流波形。若升压变压器网侧中性点不接地，则在同样过渡电阻情况下并网点电压电流波形如图 2-31 所示，故障电流从 0.1p.u. 升至 0.158p.u.，最大电流峰值为 0.21p.u.。

综上所述，当双馈风电场并网点发生单相短路故障，在不同电压跌落程度下得到的故障特征量见表 2-3。

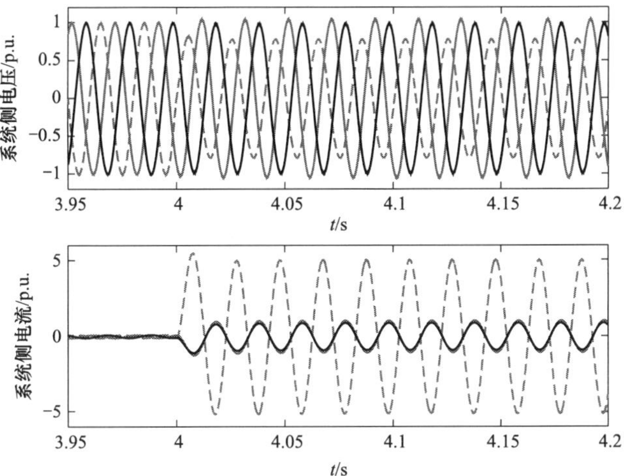

图 2-26　单相跌落至 50% 时系统侧电压电流波形

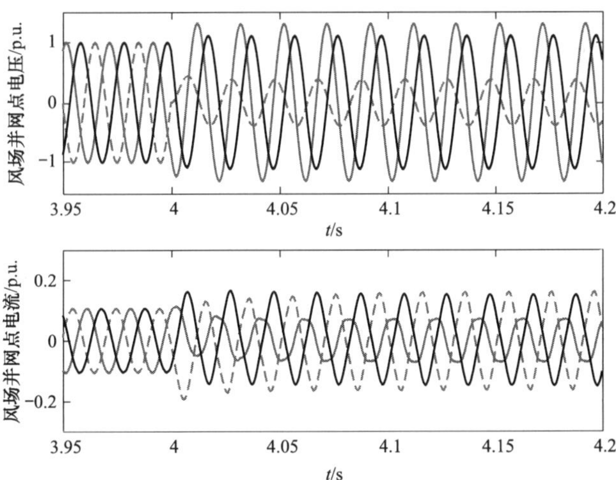

图 2-27　单相跌落至 50% 时风场并网点电压电流波形（升压变高压侧中性点不接地）

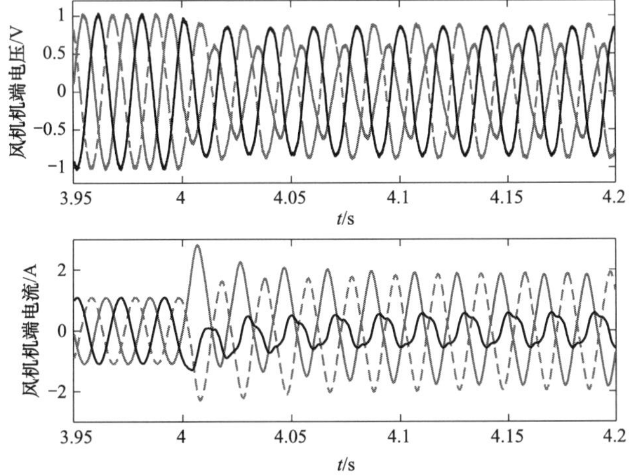

图 2-28　单相跌落至 20% 时风机机端电压电流波形

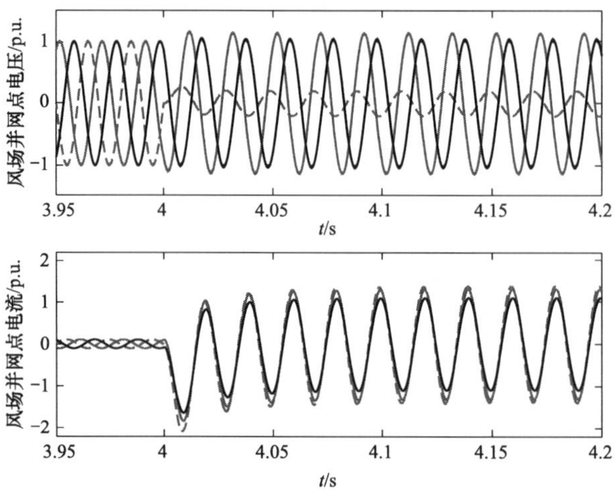

图 2-29 单相跌落至 20% 时风场并网点电压电流波形

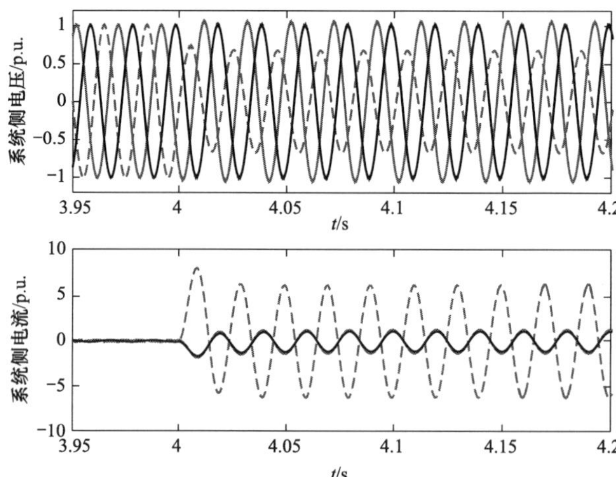

图 2-30 单相跌落至 20% 时系统侧电压电流波形

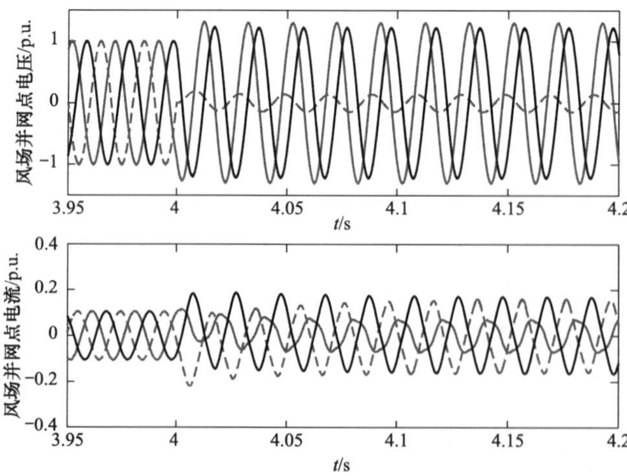

图 2-31 单相跌落至 20% 时风场并网点电压电流波形（升压变高压侧中性点不接地）

表 2-3　　双馈风电送出系统在单相故障下的故障特性

故障特征量	压跌落至 80%	电压跌落至 50%	电压跌落至 20%
系统侧电流 /p.u.	3.18	5.02	5.89
并网点电流峰值 /p.u.（Yg）	0.85	1.38	1.99
并网点工频电流峰值 /p.u.（Yg）	0.78	1.22	1.51
并网点电流峰值 /p.u.（Y）	0.16	0.19	0.21
风机机端电流峰值 /p.u.	1.73	2.19	2.67
故障电流衰减时间 /s	0.08	0.12	0.15

（3）两相相间短路故障。$t=4$s 时双馈风电机组的送出专线上设置 BC 相间金属短路故障，故障持续 0.5s。图 2-32 为故障发生后双馈风电机组机出口短路电压和短路电流波形，故障后，机端电流由 1.0p.u. 增大至 2.59p.u.，最大电流峰值为 2.9p.u.，过渡时间为 0.06s；图 2-33 为故障发生后风场并网点电压电流波形，并网点电流由 0.1p.u. 增大至 0.25p.u.，最大电流峰值为 0.29p.u.。图 2-34 为故障发生后系统侧的电压电流波形，系统侧电流由 0.1p.u. 增大至 8.32p.u.。

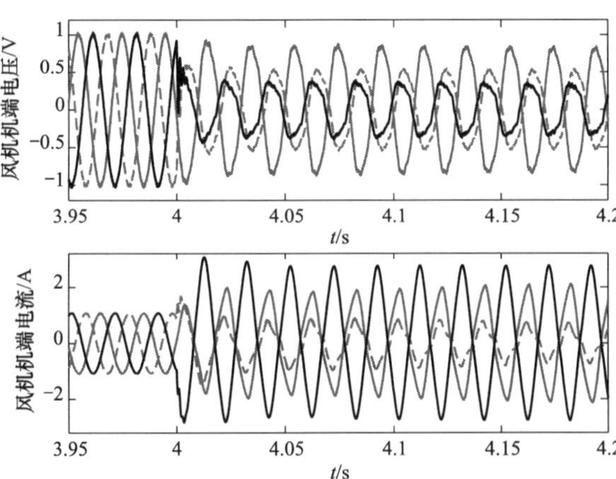

图 2-32　相间短路时风电机组机端电压电流波形

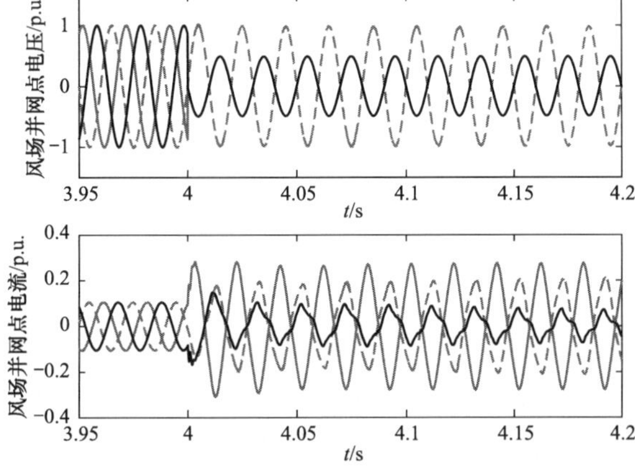

图 2-33　相间短路时风场并网点电压电流波形

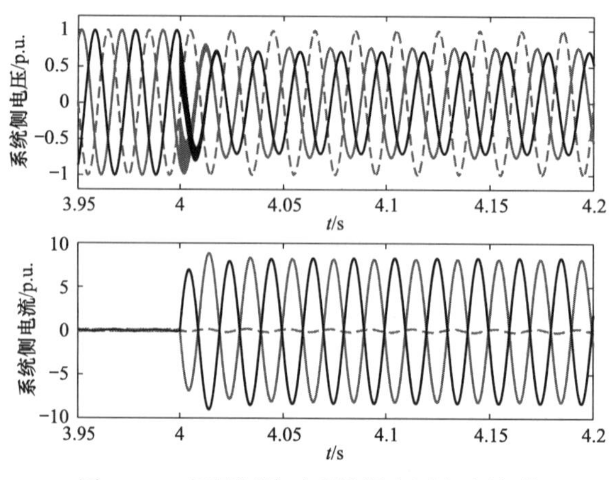

图 2−34　相间短路时系统侧电压电流波形

2.4　直驱风机数学基础

永磁直驱风力发电机系统主要包括风力机、永磁同步发电机（PMSG）、全功率变流器以及控制系统等部分，其基本结构如图 2−35 所示。永磁直驱发电机由永磁铁励磁，转子上没有励磁绕组，因此不存在励磁转子，其效率高于同容量的电励磁式发电。风力机和永磁发电机通过轴系直接耦合，省去了增速齿轮箱，大大提高了系统的可靠性，减少了系统的运行噪声，降低了发电机的维护工作量。永磁同步发电机经背靠背式全功率变换器系统与电网相连，通过变换器控制系统的作用，来实现风电机组的变速恒频运行。

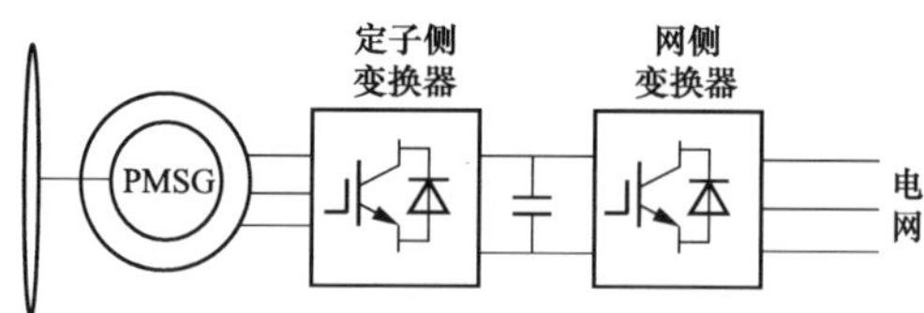

图 2−35　永磁直驱风力发电机组结构

在直驱永磁同步风力发电系统中，由于永磁同步发电机通过轴系由风力机直接驱动，而风力机属于低速旋转的机械，所以必须采用低速永磁同步发电机。低速永磁发电机的极对数大大多于普通交流同步发电机，通常在 30 对以上，因此电机的转子外圆及定子内径的尺寸大大增加，而轴向长度相对较短，呈圆环状，外形类似于一个扁平的大圆盘。采用永磁体励磁的方式大大简化了电机的结构，减小了发电机的体积和质量，制造方便。

对于永磁直驱发电机，除了励磁绕组用永磁体代替外，其他结构和运行模式与同步电机基本相同，因此，只要用永磁转子的等效磁导率计算出电机的各种电感，并假定其励磁电流为常数，就可以采用同步电机的分析方法进行分析，取 PSMG 在 $d-q$ 同步旋

转坐标下的定子电压方程为

$$\begin{cases} u_{sd} = R_s i_{sd} + \dfrac{d\psi_{sd}}{dt} - \omega_s \psi_{sq} \\ u_{sq} = R_s i_{sq} + \dfrac{d\psi_{sq}}{dt} + \omega_s \psi_{sd} \end{cases} \tag{2-40}$$

式中：u_{sd}、i_{sd}、u_{sq}、i_{sq} 分别为发电机 d 轴和 q 轴的电压、电流分量；R_s 为定子电阻；ω_s 为发电机的电角频率；ψ_{sd} 和 ψ_{sq} 分别为定子 d、q 轴的磁链。目前永磁同步电机常采用基于转子磁场定向的矢量控制技术，假设 $d-q$ 坐标系以同步角速度旋转且 q 轴超前于 d 轴 90°，将 d 轴定位于转子永磁体的磁链方向上，则定子 d 轴和 q 轴的磁链方程为

$$\begin{cases} \psi_{sd} = L_d i_{sd} + \psi_0 \\ \psi_{sq} = L_q i_{sq} \end{cases} \tag{2-41}$$

式中：L_d 和 L_q 分别为发电机定子 d 轴和 q 轴电感；ψ_0 为永磁体磁链。

定义 q 轴反电动势 $e_q = \omega_s \psi_0$，d 轴反电动势 $e_d = 0$，并假定 $L_d = L_q = L$，PMSG 在 $d-q$ 同步旋转坐标系下的等值电路如图 2-36 所示。

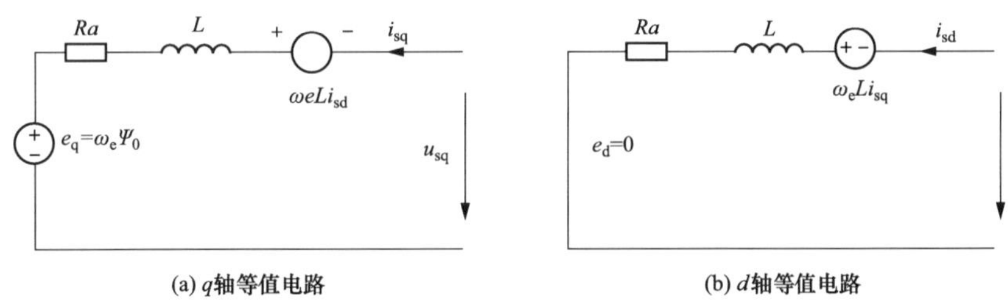

图 2-36　PMSG 等值电路

永磁同步发电机的电磁转矩 T_e 为

$$T_e = 1.5n_p(\psi_d i_q - \psi_q i_d) = 1.5n_p[(L_d - L_q)i_{sd}i_{sq} + i_{sq}\psi_0] \tag{2-42}$$

式中：n_p 为发电机的极对数；当 $L_d = L_q = L$ 时，有 $T_e = 1.5n_p i_{sq}\psi_0$。由此式可知，通过控制定子 q 轴电流就可以控制发电机的电磁转矩，进一步控制发电机转速。

永磁直驱风力发电系统中，全功率变流器主要将风力发电机产生的频率随风速变化的低频交流电能转化为频率恒定为 50Hz 的交流电，并通过控制实现最大风能追踪。目前常见的全功率变流器拓扑结构包括二极管整流＋电压源型逆变、二电平背靠背电压源变流器和三电平背靠背电压源风电变流器等。其中，二极管整流＋电压源型逆变和二电平背靠背电压源变流器应用最为广泛，而二电平背靠背电压源变流器的工作原理与数学模型与前文中双馈风电系统中转子励磁变换器相似，这里将不再赘述。接下来主要分析二极管整流＋电压源型逆变的工作原理和数学模型。与双 PWM 型变流器系统相比，“不可控整流＋PWM 并网逆变”的变流系统降低了系统的成本和控制复杂度，其拓扑结构如图 2-37 所示。

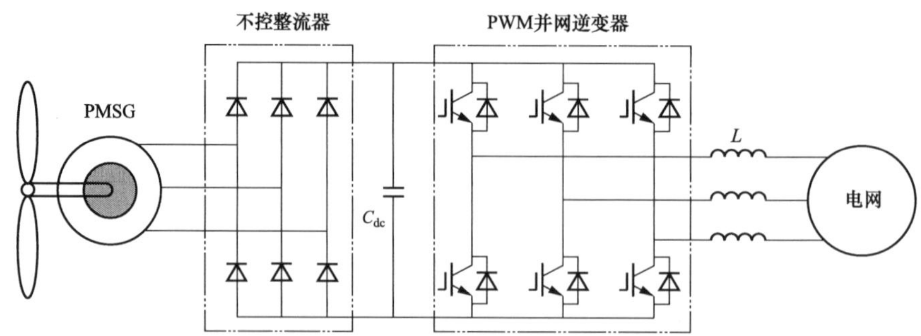

图 2-37　基于“不可控整流+PWM 并网逆变”的永磁风力发电并网系统

如果将图 2-37 所示的主电路直流侧电容后的 PWM 并网逆变器部分等效为不控整流器输出的“电阻负载”，则发电机接不控整流和电容滤波后的电路模型如图 2-38 所示。

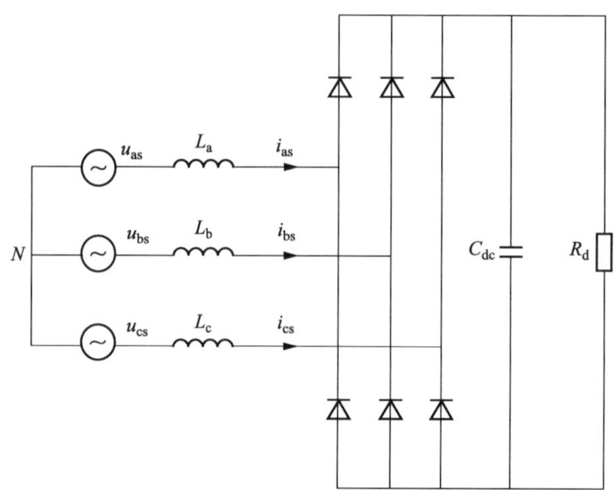

图 2-38　发电机接不可控整流器和电容支路

由图 2-38 可得，发电机定子电流和电压表达式如下

$$\begin{cases} i_{as}=\sum_{k=1}^{\infty} i_k \sin(k\theta-\varphi_{ik}) \\ i_{bs}=\sum_{k=1}^{\infty} i_k \sin\left[k(\theta-\frac{2}{3}\pi)-\varphi_{ik}\right] \\ i_{cs}=\sum_{k=1}^{\infty} i_k \sin\left[k(\theta+\frac{2}{3}\pi)-\varphi_{ik}\right] \end{cases} \quad (k=6m\pm1, m=0,1,2,\cdots,k>0) \tag{2-43}$$

$$\begin{cases} u_{as}=\sum_{k=1}^{\infty} u_k \sin(k\theta-\varphi_{uk}) \\ u_{bs}=\sum_{k=1}^{\infty} u_k \sin\left[k(\theta-\frac{2}{3}\pi)-\varphi_{uk}\right] \\ u_{cs}=\sum_{k=1}^{\infty} u_k \sin\left[k(\theta+\frac{2}{3}\pi)-\varphi_{uk}\right] \end{cases} \quad (k=6m\pm1, m=0,1,2,\cdots,k>0) \tag{2-44}$$

式中：i_k 为各次谐波电流，u_k 为各次谐波电压，φ_{ik}、φ_{uk} 为各次谐波电流、电压相位。可以看出，永磁同步发电系统机侧采用不控整流后，发电机定子电流和电压波形发生畸变，存在（6m ± 1）次谐波。由此可见，采用不控整流的一个缺点就是发电机定子电流存在谐波，而谐波会产生不利的电枢反应和转矩脉动。

当发电机任一端线电压大于直流电容电压时，其对应的二极管导通，能量从发电机流向电容和“负载”，直流电容电压与机端线电压近似相同：当发电机端线电压小于直流侧电容电压时，直流电容对“负载”放电，直流电容电压呈指数规律下降。直流电容电压包含直流分量和 6m 次谐波分量

$$u_{dc} = u_{dc0} + \sum_{k=6m}^{\infty} u_{dck} \sin(k\omega t + \varphi_k) \tag{2-45}$$

式中：u_{dc0} 为直流分量；u_{dck} 为各次谐波分量。

当直流电容容量较大时，电容的充放电造成的电压脉动很小，直流电容电压基本保持稳定，因此无论不控整流器工作在何种状态，直流侧电压与发电机端线电压峰值基本相等，即

$$u_{dc} \approx u_{dc0} \approx u_{lms} \tag{2-46}$$

式中：u_{lms} 为发电机端线电压峰值。

由于机侧采用不控整流，直流侧电压会随发电机转速的变化而变化，整个变流系统的控制也将全部由基于“PWM 并网逆变器”的网侧变流器完成。

2.5 直驱风机仿真模型

永磁直驱风力发电系统的仿真模型如图 2-39 所示，主要由风力机、发电机和背靠背的电力电子 PWM 变换器及相关控制模块构成。风力机采用变桨距角结构，将风能转化为机械能；发电机为永磁直驱同步电机，其所输出的交流电的频率和电压幅值随风速（或转速）正向变化；背靠背的 PWM 变换器为由 IGBT 构成的电压型交 - 直 - 交变频器，可实现四象限运行，将发电机输出的变频变压交流电转化为恒频恒压的交流电。另外，在我国多数风力发电机组采用“一机一变”方式并网，所以永磁直驱风电机组最终经箱式变压器与电网相接。

（1）风力机控制模块。风力机的叶片从运动的空气中吸收风能，将风能转化为机械能，并通过机械单元将其输送到发电机，风力机所提供的机械功率的大小决定了发电机能发出的电功率。当风速变化时，风力机通过调节叶片桨距角进行发电机机械功率调整。

图 2-40 中，桨距角控制综合考虑了发电机实际功率与速度的变化情况，发电机实际功率 P_{gen} 与参考功率 P_{base} 的差值和实际转速 w_{pu} 与参考转速 w_{ref_sp} 的差值求和，经过比例积分控制器（PI 控制器）后得到桨距角 *Pitchs*，在实际功率 P_{gen}（实际转速 w_{pu}）低于额定功率（额定转速）时，桨距角 $Pitchs = 0°$，风速变化时通过改变发电机转子转速，使风能利用系数恒定在 C_{pmax}，从而保证风力发电机组捕获最大风能；在实际功

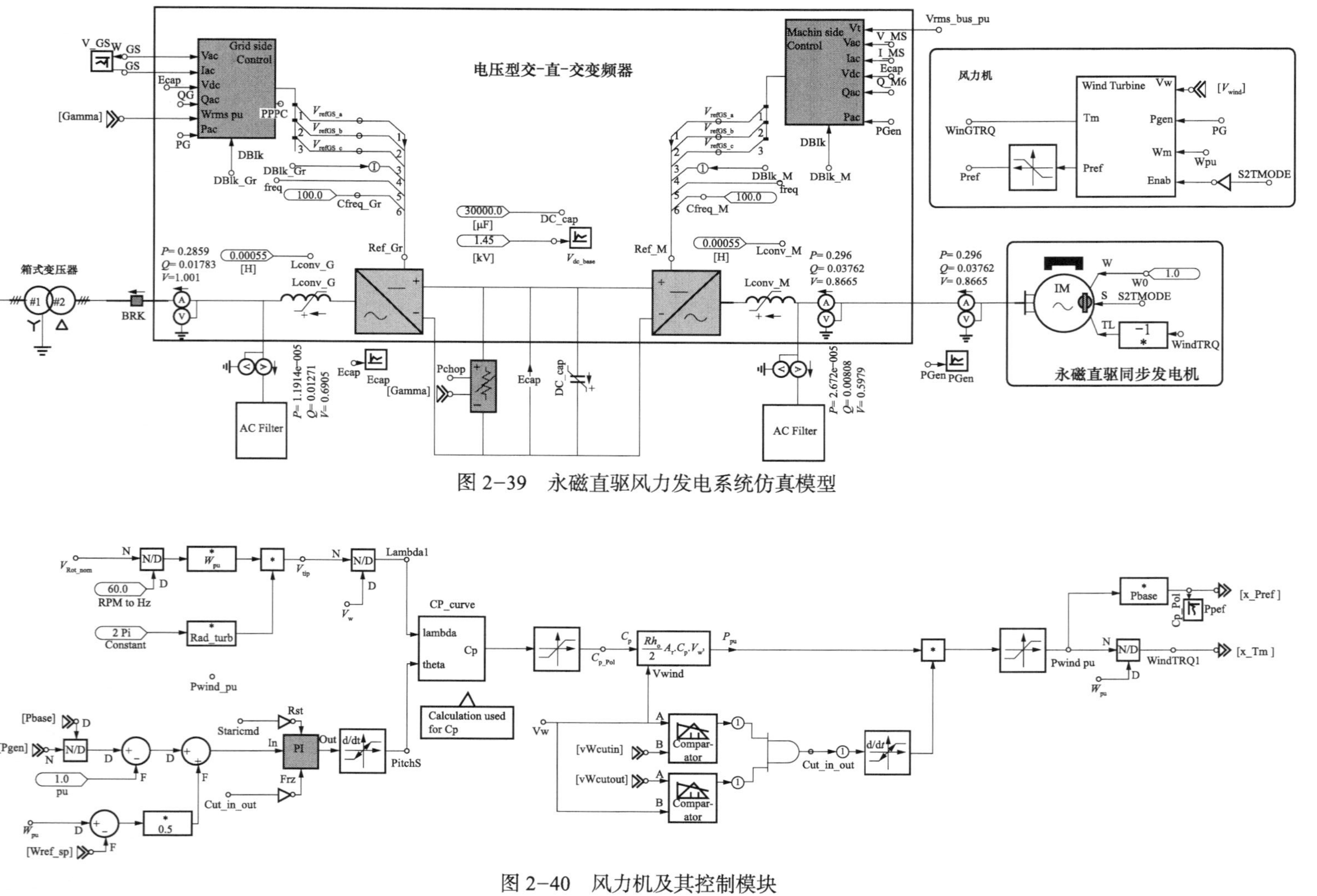

图 2-39　永磁直驱风力发电系统仿真模型

图 2-40　风力机及其控制模块

率 P_{gen}（实际转速 w_{pu}）高于额定功率（额定转速）时，调节桨距角从而减少风力机吸收的机械功率，使发电机输出功率稳定在额定功率，避免风力发电系统因转速过大而受损。

（2）风力发电机。如图 2-41 所示为永磁同步发电机仿真模型，其作用是将风力机输出的机械功率转化为电能并输送到机侧电力电子变换器。仿真模型中，w 为模型启动时发电机的初始输入转速，T_L 为发电机的输入机械转矩，该转矩由风力机给出，S 为发电机工作模式切换的控制信号，当 $S=1$ 时，发电机工作于转速输入模式；而当 $S=0$ 时，发电机工作于转矩输入模式。模型启动阶段，设置 S 为 1，使得发电机工作于转速输入模式；待背靠背电力电子变换器之间的直流电容充满电，直流电压达到稳定后，通过调整 S 将发电机的工作模式切换为转矩输入模式。永磁直驱风力发电机其他相关参数见表 2-4。

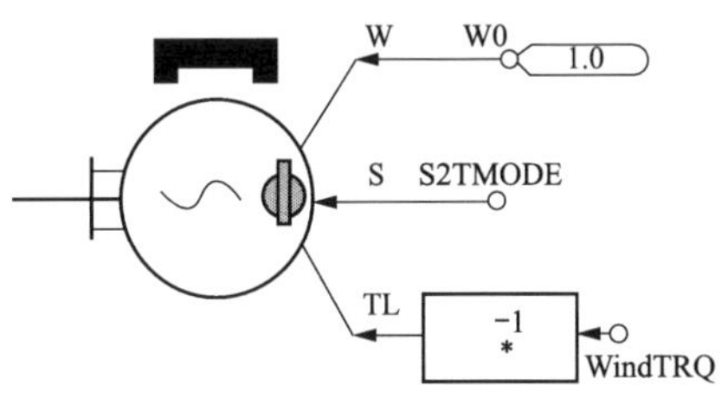

图 2-41　永磁直驱发电机仿真模型

表 2-4　　永磁直驱风力发电机参数

参数	数值	参数	数值
额定功率	2MVA	定子绕组漏抗	0.0364p.u.
额定电压	0.69kV	定子绕组电阻	0.0017p.u.
额定频率	50Hz	绕组方式	三相对称绕组

（3）机侧与网侧变流器控制模块。机侧变流器的控制目标通常为实现风电机组最大功率追踪，多采用基于定子磁链定向的矢量控制策略，其控制回路由功率外环和电流内环的双闭环控制结构构成。在该双闭环控制回路中，有功功率与无功功率可分别进行单独控制。正常运行情况下，发电机的无功功率设置为 0，即期望发电机运行于单位功率因数状态。

图 2-42 中，发电机有功功率实际值 P_{pu} 与参考值 P_{ref_pu} 作差后通过比例积分控制器（PI 控制器）输出 d 轴电流参考值 $I_{d\_ord\_pu}$，进一步通过 d 轴电流闭环控制实现发电机最大风能追踪或定功率控制；同时，通过设置 q 轴电流参考值 $I_{q\_ord\_pu}$ 为零，采用电流 PI 控制实现发电机单位功率因数运行。图 2-42 中电流控制回路中的 d 轴和 q 轴实际电流值是由三相交流电流瞬时值经 ABC/d_{q0} 模块变换后的直流量。另外，在 d 轴（或 q 轴）电流控制回路中，引入前馈项 $I_{qpuw}L_{pu}$（或 $I_{dpuw}L_{pu}$），主要是为实现 d 轴与 q 轴电流的完全解耦控制。

网侧变流器的控制目标为实现功率因数可控以及直流母线电压稳定。网侧变流器的控制策略和控制结构与前文中光伏发电系统 DC/AC 变换器相同，在此不过多介绍。

（4）滤波模块。风力发电系统的机侧与网侧变换器主要采用 PWM 调制技术，实现拟合控制回路输出的调制电压，这会使得变换器输出高次谐波。为了避免高次谐波对电网电能质量影响，本仿真算例中采用 *RLC* 滤波器，其电路结构如图 2-43 所示，滤波器中电气元件的参数设置见表 2-5。

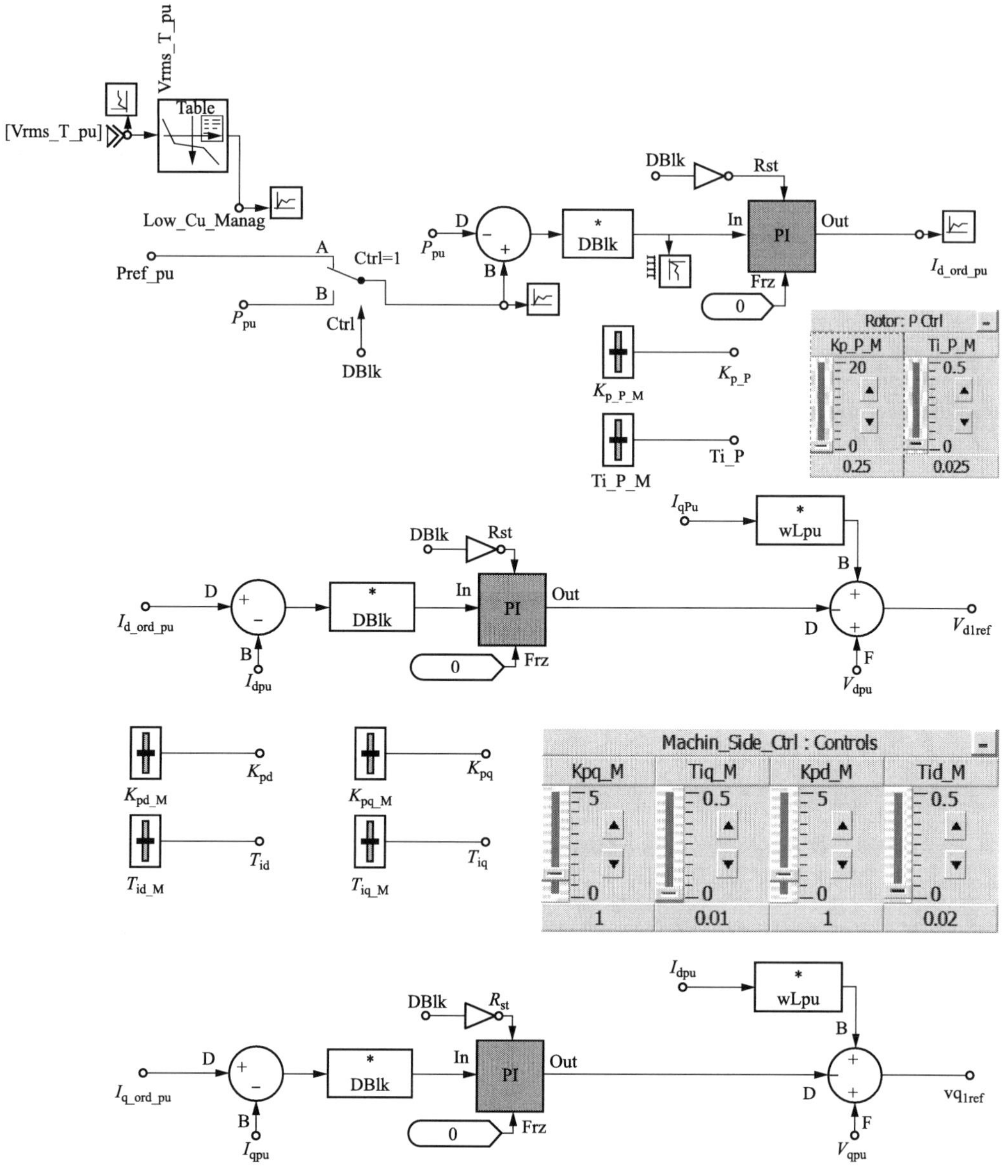

图 2-42　机侧变流器控制仿真模型

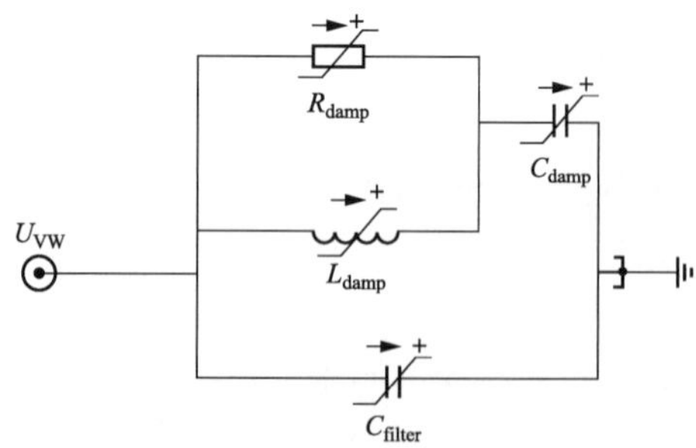

图 2-43　滤波模块

表 2-5 滤波器参数

参数	数值	参数	数值
L_{damp}	0.000621H	R_{damp}	1.332Ω
C_{filter}	700μF	C_{damp}	700μF

2.6 直驱风机故障特征

2.6.1 理论分析

与双馈风力发电机组不同，永磁直驱风电机组仅通过逆变器与电网相连，其故障暂态特性主要由并网逆变器相关控制与保护策略决定。电网短路故障下，永磁直驱风力发电机组机端电压将迅速被改变，这将导致流过并网逆变器的电流快速增大。此情况下，由于并网逆变器控制回路作用，永磁直驱风电机组故障电流将会经历一个暂态过渡过程。若机端电压跌落较严重时，流过逆变器的电流将会超过其最大允许值，电流限幅环节将会限制该电流，同时直流卸荷电路将投入，这将会影响永磁直驱风电机组故障电流暂态变化及特性。永磁直驱风力发电机组故障电流暂态过程涉及交流电流等状态变量达到一定阈值后不同非线性控制回路间交替作用等，其变化规律复杂多变，无法直接通过数学表达式求解。

然而，故障发生一段时间后，在逆变器及直流卸荷电路相关控制回路作用下，永磁直驱风力发电机组将进入故障稳态运行状态，其输出电流中将主要包含基频分量，其大小与永磁直驱风力发电机组 / 光伏电池的运行控制模式有关。对称故障下，永磁直驱风力发电机组存在 2 种运行模式，即并网控制和低电压穿越控制模式。

当永磁直驱风力发电机组工作于并网控制模式下时，忽略并网逆变器与其交流侧滤波器上的功率损耗，其对应的稳态电流计算公式应为

$$I_f = \frac{P_{in}}{\sqrt{3}\gamma U_N \cos\varphi} \tag{2-47}$$

又根据功率平衡关系，将永磁直驱风力发电机组所接电网利用电压源 E 与阻抗 $Z_G=R_G+j_{XG}$ 串联等值，可得到

$$P_{in} = P_g = n_T VE\sin\delta / X + 3I_f^2 R_G \tag{2-48}$$

式中：n_T 为永磁直驱风力发电机组出口变压器的变比；V 为并网变换器出口处电压；δ 为矢量 E 与 V 的夹角；$X=X_{LCL}+X_T+X_G$。

结合（2-47）和式（2-48）可知，并网工作模式下的永磁直驱风力发电机组 / 光伏电池提供的稳态电流不仅受其出口电压跌落程度影响，还与本身直流输入功率 P_{in}、故障期间其出口处功率因数以及所接电网短路容量等有关。

当 PMSG 工作于低电压穿越运行模式，若其通过并网变换器向电网提供的短路电流小于变换器最大电流允许值时，PMSG 稳态故障电流计算表达式仍可采用式（2-47）进行分析。这里需要注意的是，式（2-47）中 cosφ 不再等于 1，而应根据故障期

间 PMSG 向电网提供的无功功率和有功功率计算所得。但是，一旦 PMSG 所提供的短路电流大于变换器最大电流允许值时，其值应取为恒等于并网逆变器最大允许电流值。

另外，考虑电网不对称故障下永磁直驱风力发电机组机端电压中负序分量的存在，将会使并网逆变器交流侧电流中也包含较大负序分量，根据抑制并网逆变器输出有功功率二倍频脉动量和风电机故障穿越规定的功率支撑要求，可得到永磁直驱风力发电机组馈出的正序和负序短路电流幅值（标幺值）为

$$\begin{cases} I_{\mathrm{m}}^{\mathrm{p}}=\left|\boldsymbol{I}_{\mathrm{dq}}^{\mathrm{p}}\right|=\left|\boldsymbol{E}_{\mathrm{dq}}^{\mathrm{p}}\right|S_{\mathrm{o}}\Big/\left(\left|\boldsymbol{E}_{\mathrm{dq}}^{\mathrm{p}}\right|^{2}-\left|\boldsymbol{E}_{\mathrm{dq}}^{\mathrm{n}}\right|^{2}\right)=S_{\mathrm{o}}\Big/[\gamma E_{\mathrm{mN}}(1-\beta^{2})] \\ I_{\mathrm{m}}^{\mathrm{n}}=\left|\boldsymbol{I}_{\mathrm{dq}}^{\mathrm{n}}\right|=\left|\boldsymbol{E}_{\mathrm{dq}}^{\mathrm{n}}\right|S_{\mathrm{o}}\Big/\left(\left|\boldsymbol{E}_{\mathrm{dq}}^{\mathrm{p}}\right|^{2}-\left|\boldsymbol{E}_{\mathrm{dq}}^{\mathrm{n}}\right|^{2}\right)=\beta S_{\mathrm{o}}\Big/[\gamma E_{\mathrm{mN}}(1-\beta^{2})] \end{cases} \tag{2-49}$$

式中：$|E_{\mathrm{dqp}}|$ 和 $|E_{\mathrm{dqn}}|$ 为永磁直驱风电机组机端正序和负序电压幅值；γ 为正序电压跌落系数，$\beta=|E_{\mathrm{dqn}}|/|E_{\mathrm{dqp}}|$ 为电压不平衡度；E_{mN} 为故障前并网电压幅值；S_{o} 为故障下永磁直驱风电机组 / 光伏电池提供视在功率，其计算公式为

$$S_{\mathrm{o}}=\begin{cases} \sqrt{P_{\mathrm{o}}^{2}+Q_{\mathrm{o}}^{2}} & \alpha\geqslant 1 \\ \alpha\sqrt{P_{\mathrm{o}}^{2}+Q_{\mathrm{o}}^{2}} & \alpha<1 \end{cases} \tag{2-50}$$

式中：$\alpha<1$ 的情况主要是考虑了逆变器最大允许电流的限制，即当流过逆变器的电流超过其最大允许电流值时，式（2-50）中视在功率将缩小 α 倍，其中 $\alpha=I_{\mathrm{lim}}/I_{\mathrm{max}}$（$I_{\mathrm{lim}}$ 为逆变器最大电流允许值，I_{max} 为实际流经逆变器相电流的最大幅值）。

从式（2-50）中看出，故障期间永磁直驱风电机组向电网提供负序电流，这与常规同步电机相比有较大差异。进一步推导，可得出永磁直驱风电机组馈出的三相稳态故障电流幅值为

$$\begin{cases} I_{\mathrm{am}}=[S_{\mathrm{o}}/\gamma E_{\mathrm{mN}}(1-\beta^{2})]\sqrt{1+\beta^{2}+2\beta\cos\theta_{\mathrm{i}}} \\ I_{\mathrm{bm}}=[S_{\mathrm{o}}/\gamma E_{\mathrm{mN}}(1-\beta^{2})]\sqrt{1+\beta^{2}+2\beta\cos(\theta_{\mathrm{i}}-4\pi/3)} \\ I_{\mathrm{cm}}=[S_{\mathrm{o}}/\gamma E_{\mathrm{mN}}(1-\beta^{2})]\sqrt{1+\beta^{2}+2\beta\cos(\theta_{\mathrm{i}}+4\pi/3)} \end{cases} \tag{2-51}$$

式中：$\theta_{\mathrm{i}}=\tan-1\,(e_{\mathrm{qn}}/e_{\mathrm{dn}})-2\pi$，与永磁直驱风力发电机组并网处负序电压相角直接相关。当 θ_{i} 为 0、$3\pi/4$、$5\pi/4$ 时，A、B、C 相瞬时电流幅值依次取最大值，等于正序和负序电流幅值之和。

由式（2-51）看出，永磁直驱风力发电机组馈出三相稳态短路电流幅值与两方面因素有关：① 故障穿越期间逆变器功率控制目标，即实际视在功率 S_{o}，其数值大小很容易确定，主要由新能源电源并网规定和逆变器最大允许电流值决定；② 永磁直驱风电机组并网处正序和负序电压相关量，它们与所接电网参数及故障情况相关，在继电保护相关研究中电网参数及故障情况通常是已知的。式（2-51）所描述永磁直驱短路电流计算式独立于逆变器所采用控制器类型及参数，这为含永磁直驱风电机组电网保护整定值计算提供了可能。

2.6.2 仿真验证

利用 MATLAB/SIMULINK 仿真软件建立了完整的直驱风力发电机系统的仿真模型，直驱风电机组 5 台，单台额定容量 2MW，变流器限流指令为 1.1p.u.。直驱风力发电机组接入方式如图 2-44 所示，风电机组通过 35kV 集电线接入 35kV 母线，之后经过 110kV 升压变压器通过专线接入 110kV 等值系统，安装主变压器 1 台，系统等值基准值 100MVA，等值系统短路容量为 2500MVA。35kV 集电线长度为 5km，单位线路的正序阻抗为 0.1153+j0.33Ω，零序阻抗为 0.413+j1.04Ω。110kV 送出线长度为 20km，单位线路的正序阻抗为 0.106+j0.38Ω，零序阻抗为 0.328+j1.28Ω。

图 2-44 直驱风力发电机并网示意图

（1）三相短路故障。$t=4$s 时直驱风电机组的送出专线上设置三相短路故障，并网点三相电压跌落至 80%，故障持续 0.5s。图 2-45 为故障发生后直驱风电机组机出口短路电压和短路电流波形，故障后机端电流由 1.0p.u. 增大至 1.1p.u.，过渡时间约为 10ms；图 2-46 为故障发生后风场并网点电压电流波形，由于换流器的限流作用，并网点最大电流为额定电流的 1.1 倍；图 2-47 为故障发生后系统侧的电压电流波形，系统侧电流由 0.1p.u. 增大至 4.45p.u.。

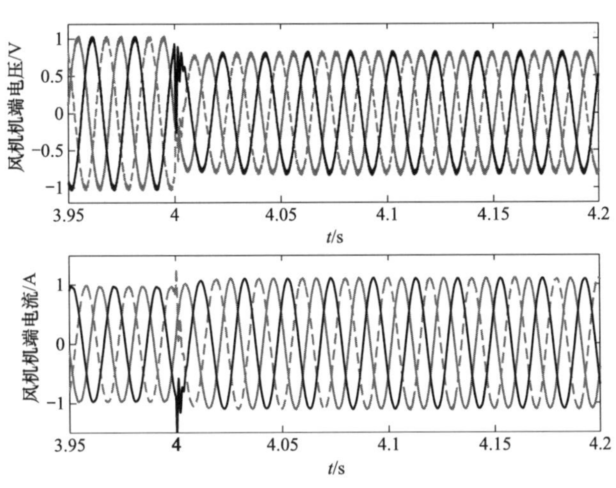

图 2-45 三相跌落至 80% 时风机机端电压电流波形

$t=4$s 时直驱风电机组的送出专线上设置三相短路故障，并网点三相电压跌落至 50%，故障持续 0.5s。图 2-48 为故障发生后直驱风电机组机出口短路电压和短路电流波形，故障后，机端电流由 1.0p.u. 增大至 1.1p.u.，过渡时间约为 10ms；图 2-49 为故障发生后风场并网点电压电流波形，由于换流器的限流作用，并网点最大电流为额定电流的 1.1 倍；图 2-50 为故障发生后系统侧的电压电流波形，系统侧电流由 0.1p.u. 增大至 7.28p.u.。

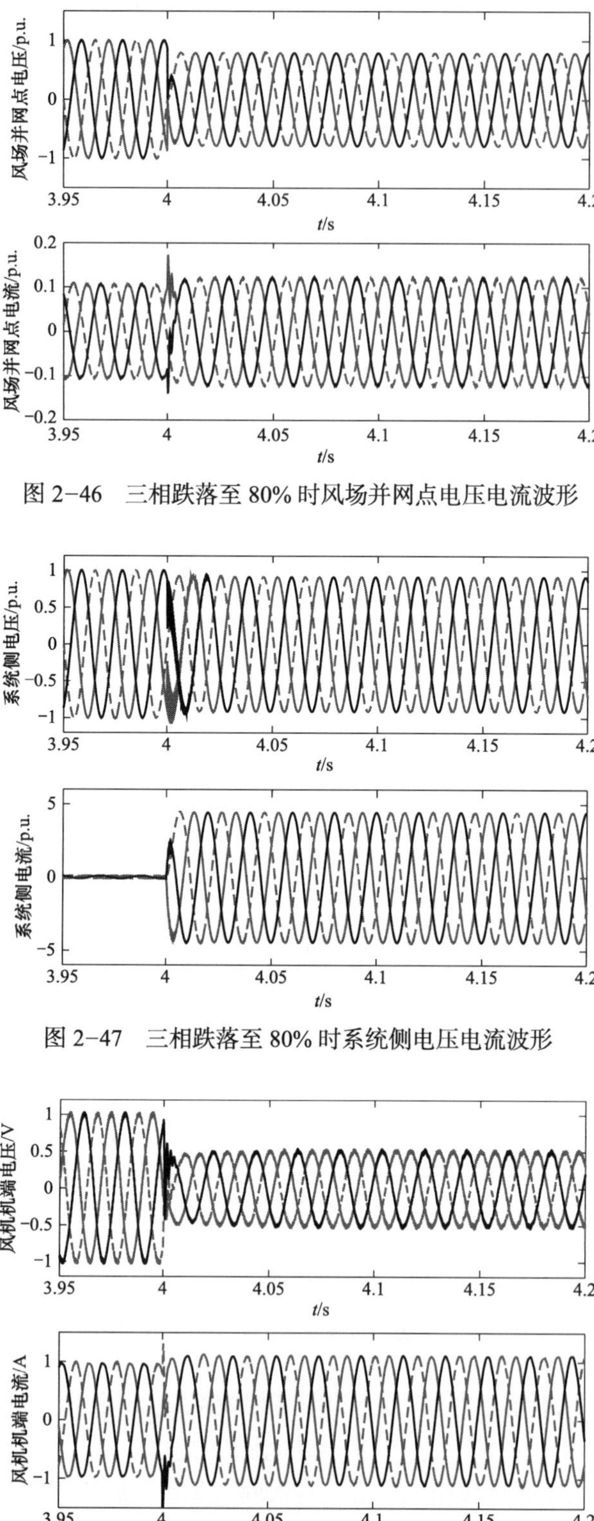

图 2-46　三相跌落至 80% 时风场并网点电压电流波形

图 2-47　三相跌落至 80% 时系统侧电压电流波形

图 2-48　三相跌落至 50% 时风机机端电压电流波形

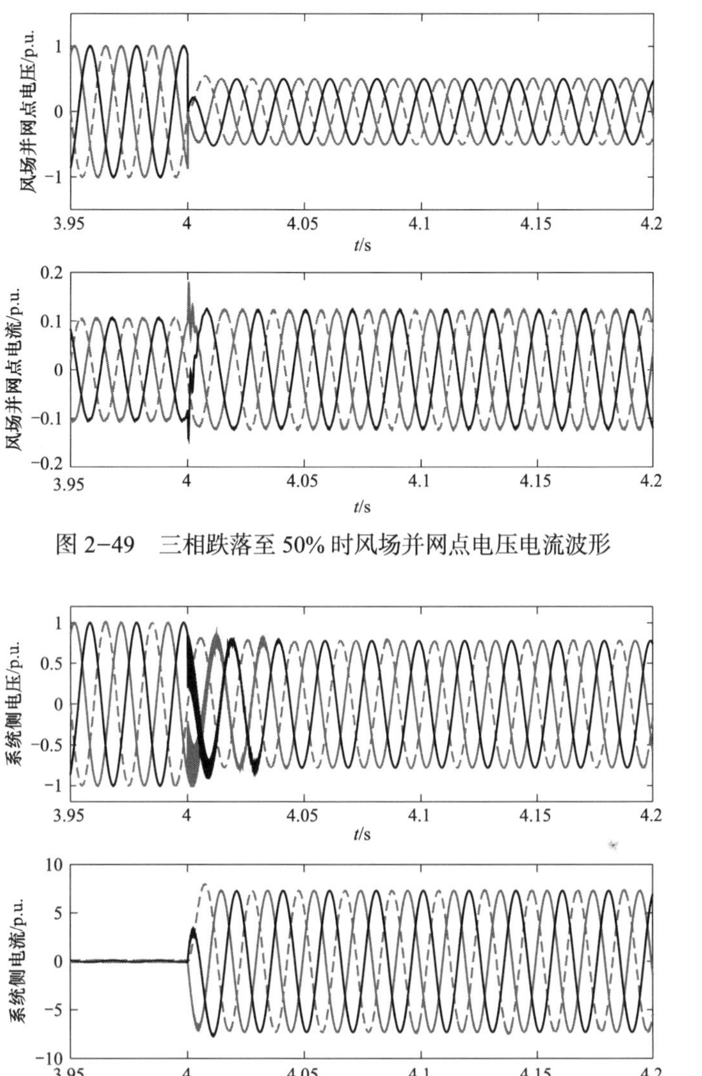

图 2-49　三相跌落至 50% 时风场并网点电压电流波形

图 2-50　三相跌落至 50% 时系统侧电压电流波形

t=4s 时直驱风电机组的送出专线上设置三相短路故障，并网点三相电压跌落至 20%，故障持续 0.5s。图 2-51 为故障发生后直驱风电机组机出口短路电压和短路电流波形，故障后，机端电流由 1.0p.u. 增大至 1.1p.u.，过渡时间约为 10ms；图 2-52 为故障发生后风场并网点电压电流波形，由于换流器的限流作用，并网点最大电流为额定电流的 1.1 倍；图 2-53 为故障发生后系统侧的电压电流波形，系统侧电流由 0.1p.u. 增大至 8.9p.u.。

综上所述，当直驱风电场并网点发生三相对称短路故障，在不同电压跌落程度下得到的故障特征量见表 2-6。

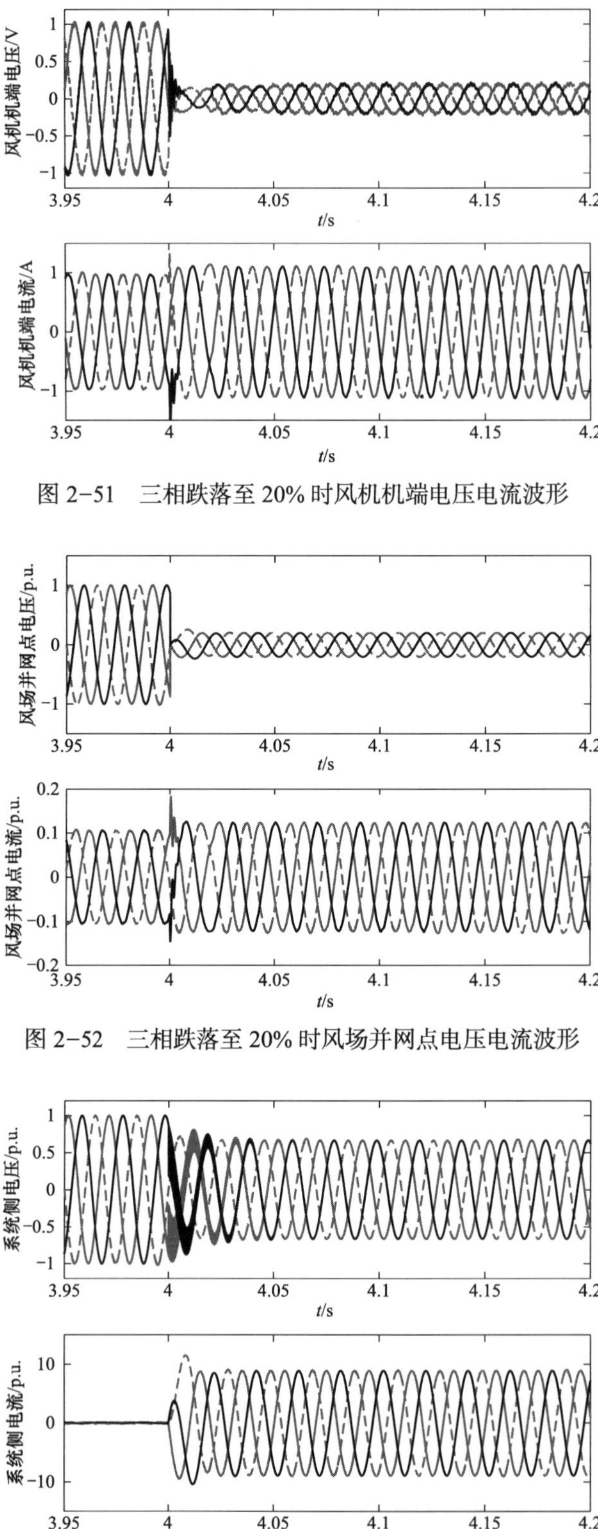

图 2−51　三相跌落至 20% 时风机机端电压电流波形

图 2−52　三相跌落至 20% 时风场并网点电压电流波形

图 2−53　三相跌落至 20% 时系统侧电压电流波形

表 2-6　　直驱风电送出系统在对称故障下的故障特性

故障特征量	电压跌落至 80%	电压跌落至 50%	电压跌落至 20%
系统侧电流 /p.u.	4.45	7.28	8.9
并网点电流 /p.u.	0.11	0.11	0.11
风机机端电流 /p.u.	1.1	1.1	1.1
故障电流衰减时间 /ms	10	10	10

（2）单相接地短路故障。$t=4$s 时直驱风电机组的送出专线上设置单相短路故障，并网点故障相电压跌落至 80%，故障持续 0.5s。图 2-54 为故障发生后直驱风电机组机出口短路电压和短路电流波形，故障后，机端电流由 1.0p.u. 增大至 1.1p.u.，过渡时间约为 30ms；图 2-55 为故障发生后风场并网点电压电流波形，并网点电流从 0.1p.u. 升至 0.73p.u.，并网点三相电流接近于同相位。若升压变网侧中性点不接地，则在同样过渡电阻情况下并网点电压电流波形如图 2-57 所示，故障电流从 0.1p.u. 升至 0.11p.u.。图 2-56 为故障发生后系统侧的电压电流波形，系统侧电流由 0.1p.u. 增大至 3.2p.u.。

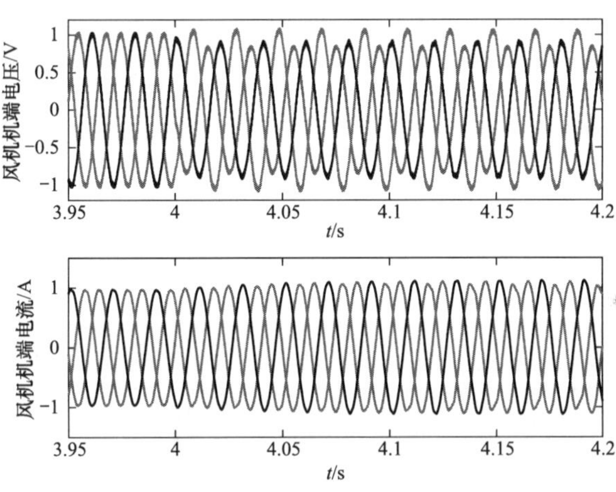

图 2-54　单相跌落至 80% 时风机机端电压电流波形

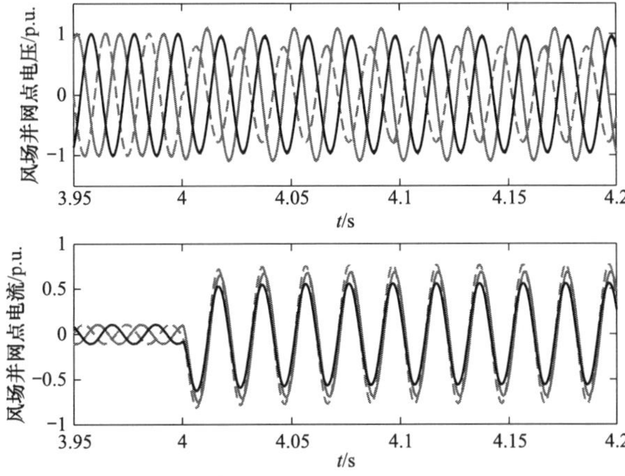

图 2-55　单相跌落至 80% 时风场并网点电压电流波形

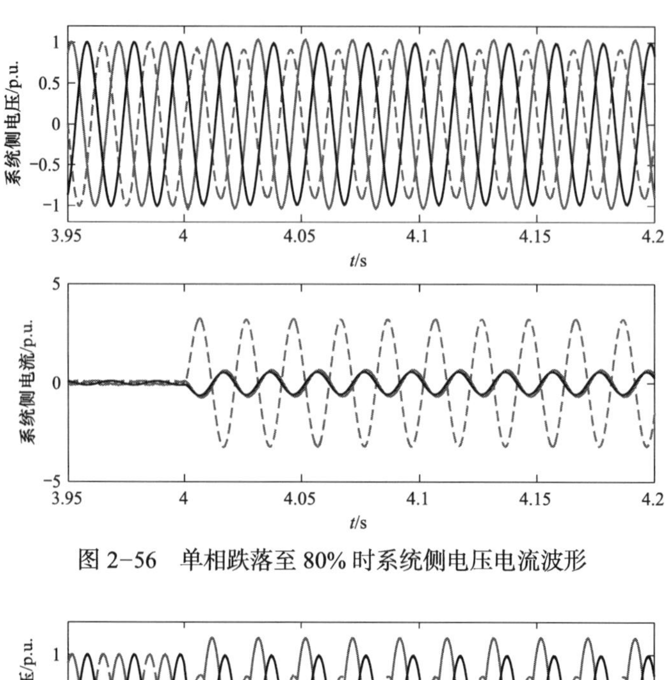

图 2−56　单相跌落至 80% 时系统侧电压电流波形

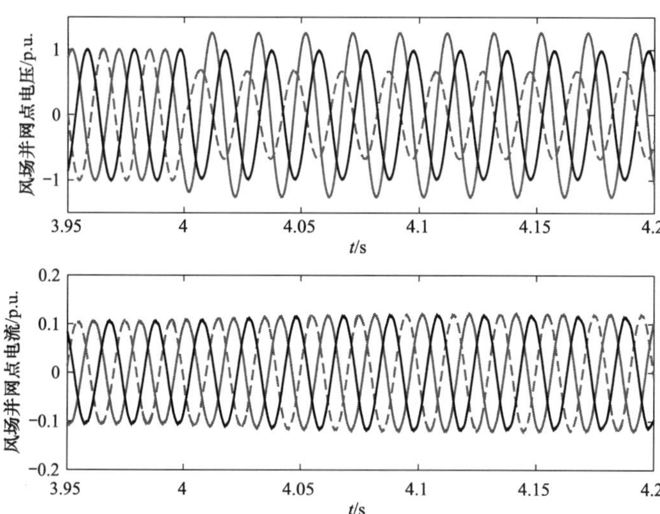

图 2−57　单相跌落至 80% 时风场并网点电压电流波形（升压变高压侧中性点不接地）

t=4s 时直驱风电机组的送出专线上设置单相短路故障，并网点故障相电压跌落至 50%，故障持续 0.5s。图 2−58 为故障发生后直驱风电机组机出口短路电压和短路电流波形，故障后，机端电流由 1.0p.u. 增大至 1.1p.u.，过渡时间约为 30ms；图 2−59 为故障发生后风场并网点电压电流波形，并网点电流从 0.1p.u. 升至 1.1p.u.，三相电流接近于同相位。图 2−60 为故障发生后系统侧的电压电流波形，系统侧电流由 0.1p.u. 增大至 5.06p.u.。若升压变压器网侧中性点不接地，则在同样过渡电阻情况下并网点电压电流波形如图 2−61 所示，故障电流从 0.1p.u. 升至 0.11p.u.。

t=4s 时直驱风电机组的送出专线上设置单相短路故障，并网点故障相电压跌落至 20%，故障持续 0.5s。图 2−62 为故障发生后直驱风电机组机出口短路电压和短路电流

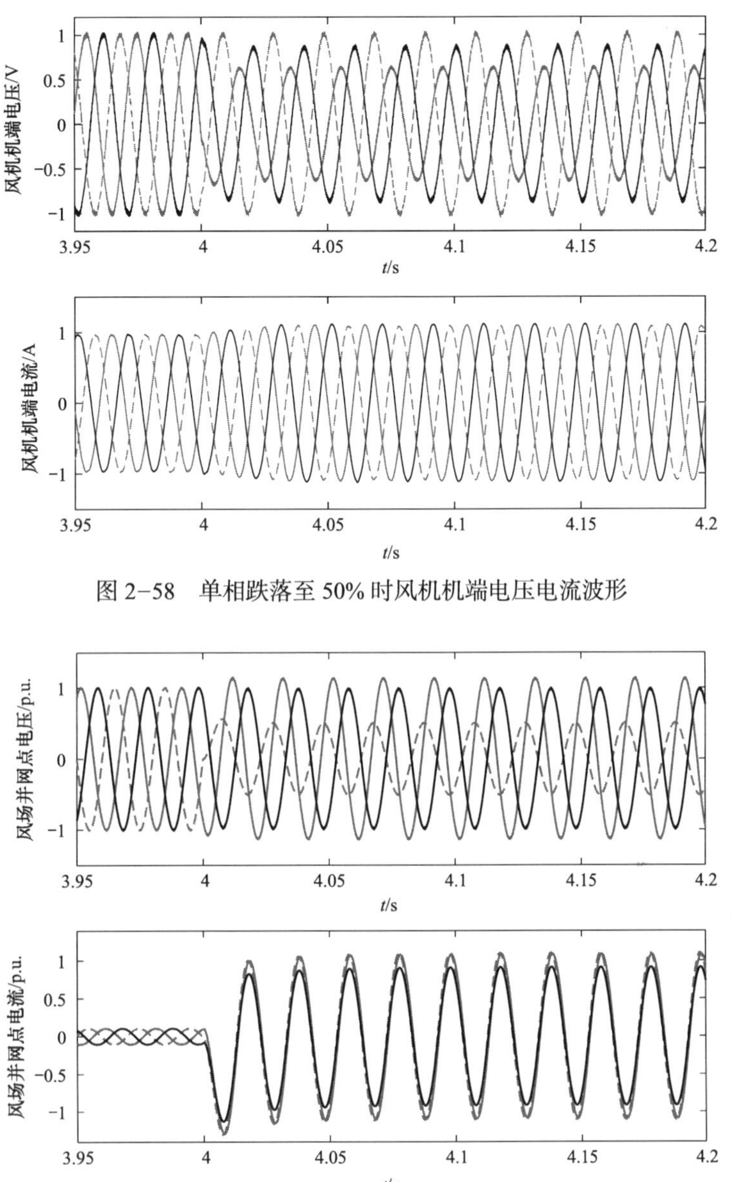

图 2−58　单相跌落至 50% 时风机机端电压电流波形

图 2−59　单相跌落至 50% 时风场并网点电压电流波形

波形，故障后，机端电流由 1.0p.u. 增大至 1.1p.u.；图 2−63 为故障发生后风场并网点电压电流波形，并网点电流从 0.1p.u. 升至 1.9p.u.，三相电流接近于同相位。图 2−64 为故障发生后系统侧的电压电流波形，系统侧电流由 0.1p.u. 增大至 6.1p.u.。若升压变网侧中性点不接地，则在同样过渡电阻情况下并网点电压电流波形如图 2−65 所示，故障电流从 0.1p.u. 升至 0.11p.u.。

综上所述，当直驱风电场并网点发生单相短路故障，在不同电压跌落程度下得到的故障特征量见表 2−7。

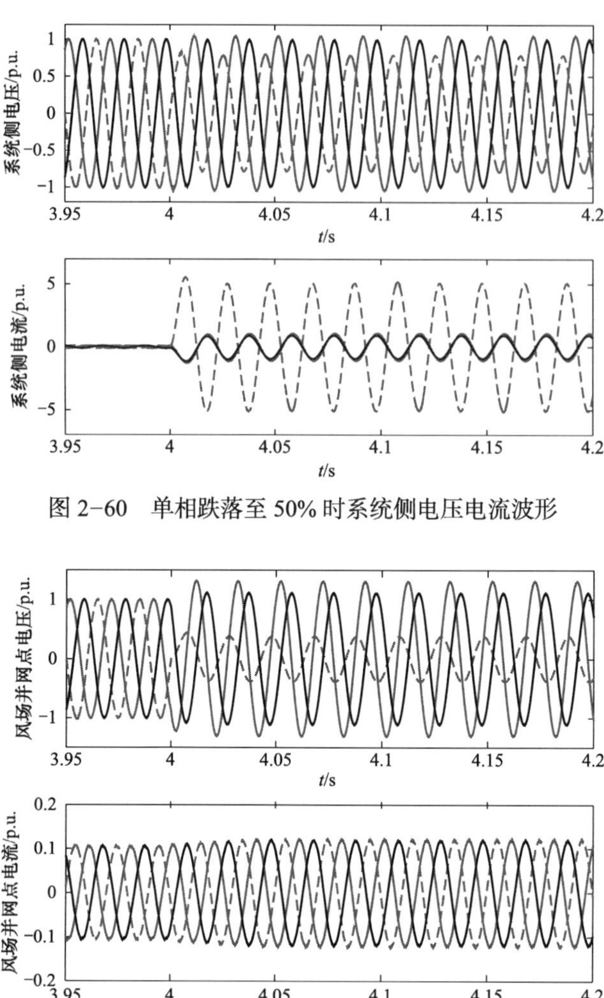

图 2-60　单相跌落至 50% 时系统侧电压电流波形

图 2-61　单相跌落至 50% 时风场并网点电压电流波形（升压变高压侧中性点不接地）

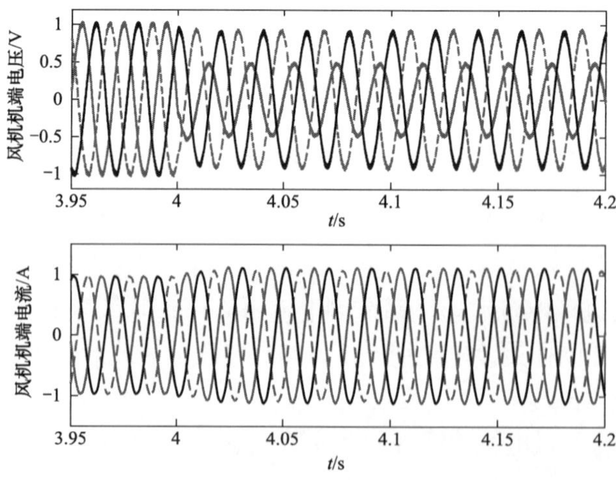

图 2-62　单相跌落至 20% 时风机机端电压电流波形

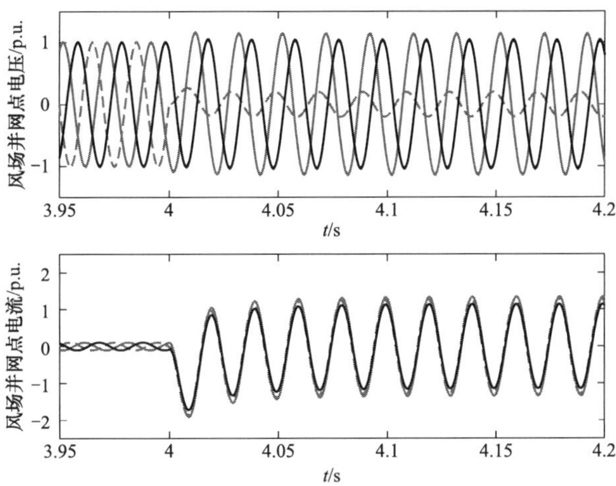

图 2-63　单相跌落至 20% 时风场并网点电压电流波形

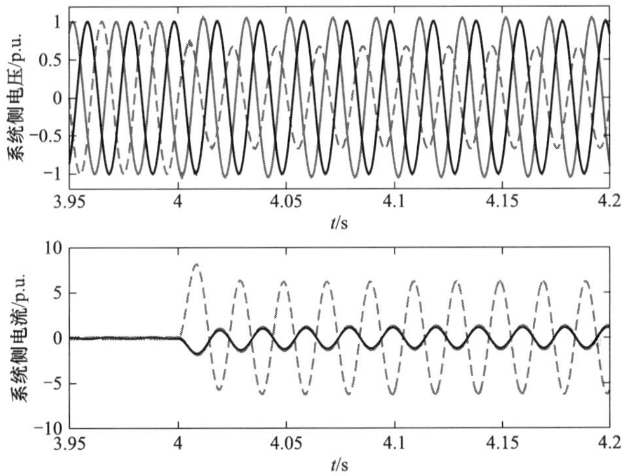

图 2-64　单相跌落至 20% 时系统侧电压电流波形

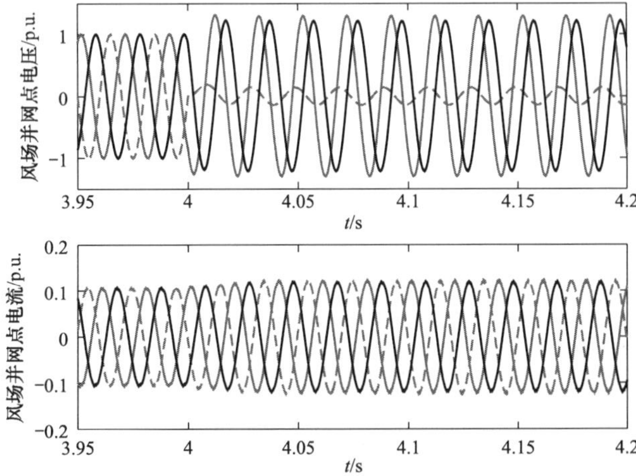

图 2-65　单相跌落至 20% 时风场并网点电压电流波形（升压变高压侧中性点不接地）

表 2-7　　　　　　　直驱风电送出系统在单相故障下的故障特性

故障特征量	电压跌落至 80%	电压跌落至 50%	电压跌落至 20%
系统侧电流 /p.u.	3.18	5.02	5.89
并网点电流 /p.u.（Yg）	0.73	1.1	1.9
并网点电流 /p.u.（Y）	0.11	0.11	0.11
风机机端电流 /p.u.	1.1	1.1	1.1
故障电流衰减时间 /ms	30	30	30

（3）两相相间短路故障。t=4s 时直驱风电机组的送出专线上设置 B、C 相间金属短路故障，故障持续 0.5s。图 2-66 为故障发生后直驱风电机组机出口短路电压和短路电流波形，故障后，机端电流由 1.0p.u. 增大至 1.1p.u.，过渡时间为 30ms；图 2-67 为故障发生后风场并网点电压电流波形，从图中可以看出并网点电流增大 1.1 倍。图 2-68 为故障发生后系统侧的电压电流波形，系统侧电流由 0.1p.u. 增大至 8.28p.u.。

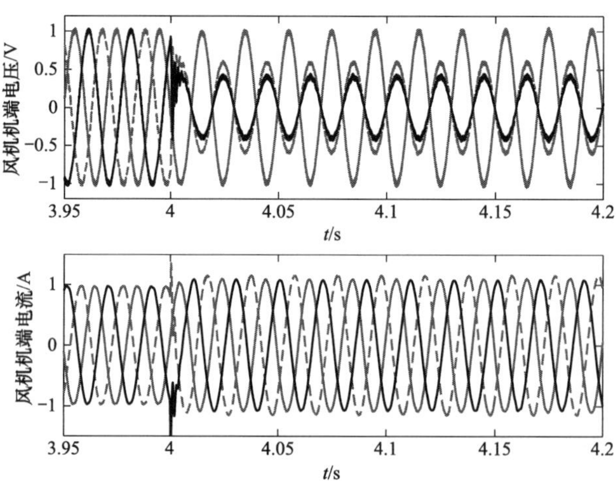

图 2-66　相间短路时风电机组机端电压电流波形

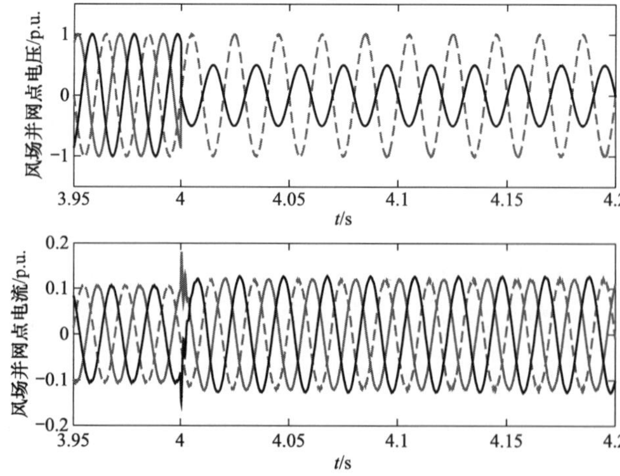

图 2-67　相间短路时风场并网点电压电流波形

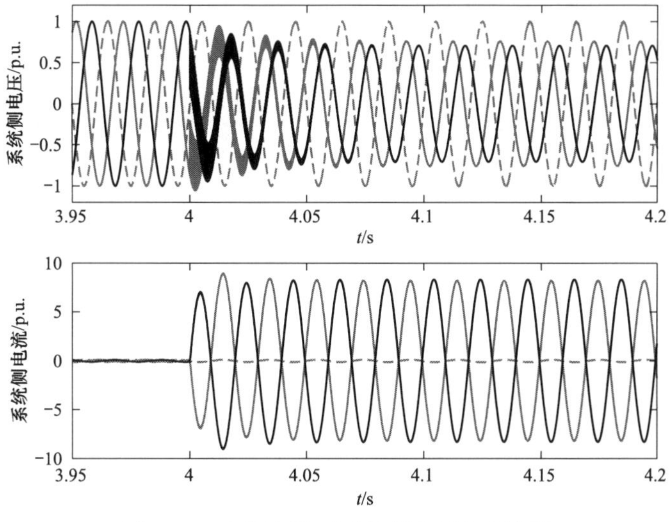

图 2−68　相间短路时系统侧电压电流波形

2.7 小　　结

本章主要探讨了风电系统的基础模型及故障特征。针对目前风电场内主流的双馈和永磁直驱风电机组，分别介绍了它们的工作原理和数学模型，并以此为基础阐述了电磁暂态仿真模型的搭建方法，从而从理论定性和仿真定量角度分析了故障暂态特性。

电网故障下，双馈风力发电系统的故障特性同时受转子励磁变换器控制保护策略和发电机电磁暂态特性影响。当电网故障引起电压跌落程度较浅时，励磁变换器中转子侧变流器仍控制风电机组，此时双馈风力发电系统所提供的稳态故障电流不仅与电压跌落有关，还与故障期间转子变换器控制回路中电流参考值等有关。其中，转子变换器有功电流参考值与故障前有功电流参考值相同，主要与风速大小有关；无功电流参考值由电网无功支撑要求确定，其大小主要与电压跌落程度有关。当电网故障引起电压发生严重跌落时，风电机组中 Crowbar 装置会因转子过电流而被激活，以实现保护转子侧变换器，此时电流处于无控状态，双馈风电所提供的短路电流可参考异步电机的分析方法求解。

与双馈风力发电系统不同，永磁直驱风电机组仅通过逆变器与电网相连，其故障暂态特性主要由并网逆变器相关控制与保护策略决定。不同电网故障场景下，永磁直驱风电机组中逆变器所处模式不同，包括并网控制和低电压穿越控制模式。并网工作模式下，永磁直驱风力发电机组提供的稳态电流不仅受其出口电压跌落程度影响，还与风速大小、故障期间其出口处功率因数等有关。低电压穿越运行模式下，永磁直驱风电机组所提供的短路电流幅值最大不超过电力电子变换器最大允许电流。

3 光伏发电的基础模型及故障特征

3.1 数 学 基 础

光伏发电系统主要由光伏电池阵列、并网变流器组成，结构图如图 3−1 所示。

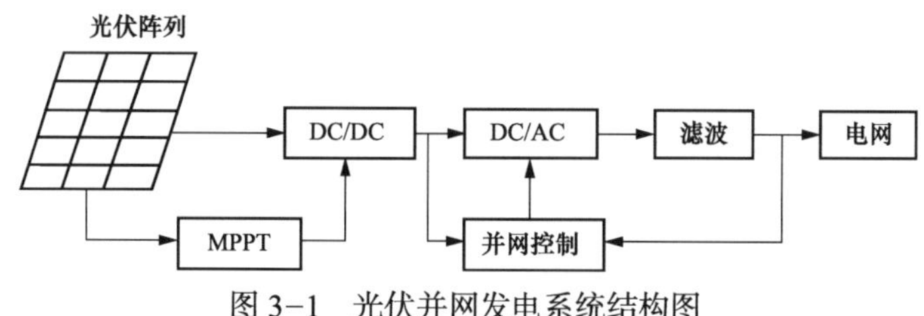

图 3−1　光伏并网发电系统结构图

光伏阵列是由太阳电池（也称光伏电池）按系统需要串联或并联而组成的矩阵或方阵，在太阳光照射下可将太阳能转换成电能，是光伏发电的核心部件。光伏整流器（DC/DC）将光伏电池产生的直流电经过 Boost 电路转化为较高的、可调节的直流电；光伏并网逆变器（DC/AC）是将太阳能电池所输出的直流电转换为符合电网要求的交流电并输入至电网的电力电子变换器。

（1）光伏电池的数学模型。光伏电池是利用半导体光伏效应制成的、用于将太阳能辐射直接转换成电能的转换器件。其多用单晶硅或多晶硅制成，也有非晶硅类的，但在能量转换及使用寿命等方面较单晶硅、多晶硅光伏电池差。其中单晶硅结晶完整、载流子迁移率高、串联电阻小、光伏转换效率较高（可达 20% 左右）、成本较高；多晶硅晶体方向无规律、转换效率较低、成本低。

光伏电池实际上就是一个大面积平面二极管，其工作原理可以图 3−2 的单二极管等效电路来描述。

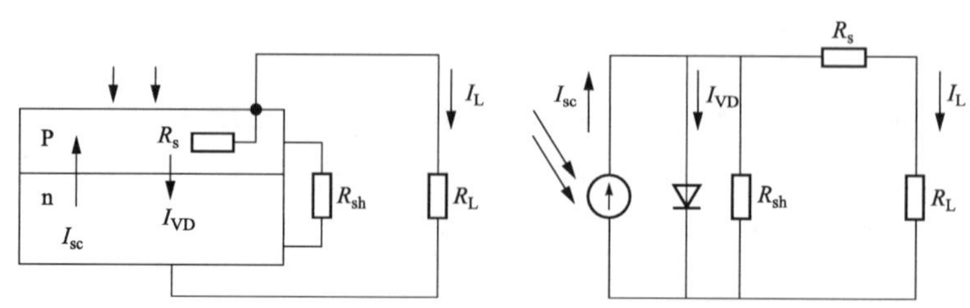

图 3−2　光伏电池的单二极管等效电路

R_L—光伏电池的外接负载；I_L—负载电流（即光伏电池的输出电流）

图 3–2 中，I_{sc} 代表光子在光伏电池中激发的电流，取决于辐照度、电池的面积和本体的温度 T。显然，I_{sc} 与入射光的辐照度成正比，而温度升高时，I_{sc} 会略有上升，一般来 1cm² 硅光伏电池在标准测试条件下的 I_{sc} 值约为 16～30mA，温度每升高 1℃，1 值上升 78μA。

I_{VD}（二极管电流）为通过 PN 结的总扩散电流，其方向 I_{sc} 与相反，其表达式为

$$I_{VD} = I_{D0}(e^{\frac{qE}{AKT}} - 1) \tag{3-1}$$

式中：q 为电子的电荷，1.6×10^{-19}C；K 为玻尔兹曼常数，1.38×10^{-23}J/K；A 为常数因子 (正偏电压大时 A 值为 1，正偏电压小时 A 值为 2)。

由式（3–1）可知其大小与光伏电池的电动势 E 和温度 T 等有关。I_{D0} 为光伏电池在无光照时的饱和电流

$$I_{D0} = AqN_C N_V \left[\frac{1}{N_A}\left(\frac{D_n}{\tau_n}\right)^{1/2} + \frac{1}{N_D}\left(\frac{D_p}{\tau_p}\right)^{1/2} \right] e^{-\frac{k_E}{kT}} \tag{3-2}$$

式中：A 为 PN 结面积；N_C、N_V 为导带和价带的有效态密度；N_A、N_D 为受主杂质和施主杂质的浓度；D_n、D_p 为电子和空穴的扩散系数；τ_n、τ_p 为电子和空穴的少子寿命。

根据图 3–2，可得到负载电流 I_L 为

$$I_L = I_{sc} - I_{D0}\left(e^{\frac{q(U_L + I_L R_s)}{AKT}} - 1 \right) \frac{U_L + I_L R_s}{R_{sh}} \tag{3-3}$$

式中：R_s 为串联电阻，它主要是由电池的体电阻、表面电阻、电极导体电阻、电极与硅表面间接触电阻所组成；R_{sh} 为旁漏电阻，它是由硅片的边缘不清洁或体内的缺陷引起的。

正常光照条件下，光伏电池的输出功率特性曲线是以最大功率点为极值的单峰值曲线，图 3–2 和式（3–3）给出的单二极管模型可较精确地描述其工作特性。

一般光伏电池，串联电阻 R_s 很小，并联电阻 R_{sh} 很大。由于 R_s 和 R_{sh} 是分别串联和并联在电路中的，所以在进行理想电路计算时可忽略不计，因此可得到代表理想光伏电池的特性

$$I_L = I_{sc} - I_{D0}(e^{\frac{qU_L}{\lambda KT}} - 1) \tag{3-4}$$

由式（3–4）可得

$$U_L = \frac{AKT}{q} \ln\left(\frac{I_{sc} - I_L}{I_{D0}} + 1 \right) \tag{3-5}$$

式（3–4）和式（3–5）虽然忽略了 R_s 和 R_{sh} 的影响并与真实的光伏电池产生小的偏差，但是它在本质上仍可表达辐照度和温度的作用。

由式（3–4）可知，在外电路短路的短路试验即 $R_L = 0$ 时，输出电流 I_L 等于 I_{sc}。

在开路试验，即 $R_L \to \infty$ 时，可测得电池两端电压为开路电压 U_{oc}。由式（3–5）可

计算出光伏电池的开路电压为

$$U_{\mathrm{oc}}=\frac{AKT}{q}\ln\left(\frac{I_{\mathrm{sc}}}{I_{\mathrm{D0}}}+1\right)\approx\frac{AKT}{q}\ln\left(\frac{I_{\mathrm{sc}}}{I_{\mathrm{D0}}}\right) \tag{3-6}$$

U_{oc} 与辐照度有关，而与光伏电池的面积大小无关。当入射辐照度变化时，光伏电池的开路电压与入射光谱辐射照度的对数成正比。当温度升高时，光伏电池的开路电压值将下降，一般温度每上升 1℃，U_{oc} 值约下降 2～3mV。在 1000W/m^2 的照度下，硅光伏电池的开路电压为 450～600mV，最高可达 690mV。

I_L-U_L 的关系代表了光伏电池的外特性即输出特性，这是光伏发电系统设计的重要基础。照度和温度是确定光伏电池输出特性的两个重要参数。

固定温度并改变照度或固定照度并改变温度，在通过短路实验获得的 I_{sc} 的基础上，可得光伏电池的输出随负载变化的两个重要输出特性曲线族。

图 3-3 为保持光伏电池温度不变，光伏阵列的输出随辐照度和负载变化的 I_L-U_L 和 $P-U_L$ 曲线族。由该曲线族可看到开路电压 U_{oc} 随辐照度的变化不明显，而短路电流 I_{sc} 则随辐照度有明显的变化。$P-U_L$ 曲线中的最大功率点功率 P_m 随辐照度的变化也有明显的变化。

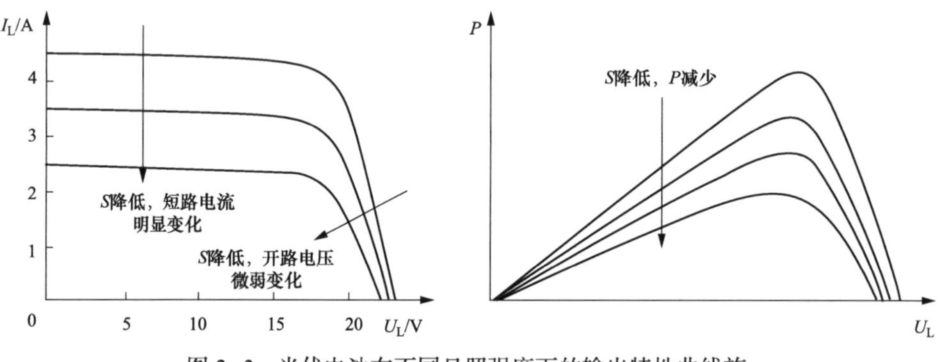

图 3-3　光伏电池在不同日照强度下的输出特性曲线族

图 3-4 为保持照度不变，光伏阵列的输出随电池温度和负载变化的 I_L-U_L 和 $P-U_L$ 曲线族。由该曲线族可看到开路电压 U_{oc} 线性地随温度变化，短路电流随温度有微弱的变化。最大功率点功率 P_m 随温度的变化也有很大的变化。注意其中所指的温度应为光伏阵列本体的温度而非环境温度。光伏电池的温度与环境温度的关系为

$$T=T_{\mathrm{air}}+kS \tag{3-7}$$

式中：T 为光伏电池的温度，℃；T_{air} 为环境温度，℃；S 为照度，W/m^2；k 为系数，可在实验室测定，℃ · m^2。

从特性曲线上可看出光伏电池随辐照度和温度变化的趋势且可看出光伏电池既非恒流源，也非恒压源，而是一个非线性直流电源。光伏阵列提供的功率取决于阳光所提供的能量，因此不可能为负载提供无限大的功率。当光伏电池（组件）的电压上升时，例如通过增加负载的电阻值或电池（组件）的电压从 0（短路条件下）开始增加时，电池

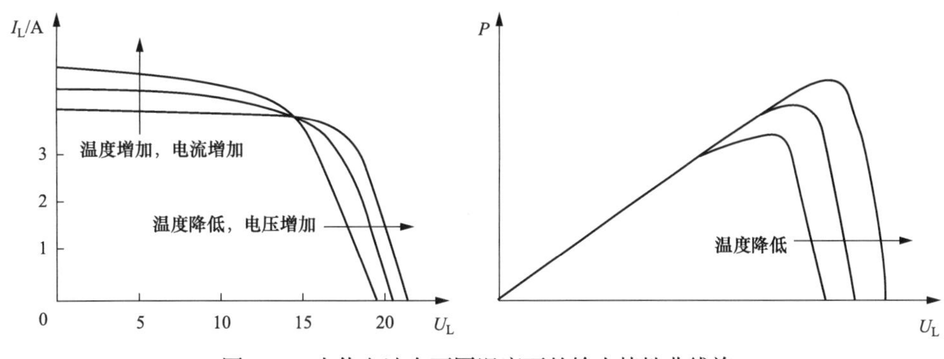

图 3-4　光伏电池在不同温度下的输出特性曲线族

（组件）的输出功率也从 0 开始增加；当电压达到一定值时，功率可达到最大，这时当阻值继续增加时，功率将越过最大点，并逐渐减少至 0，即电压达到开路电压 U_{oc}。电池（组件）输出功率达到最大的点，称为最大功率点；该点所对应的电压，称为最大功率点电压 U_m，该点所对应的电流，称为最大功率点电流 I_m，该点的功率，则称为最大功率 P_m。

评价光伏电池性能的一个重要参数叫填充因子（Fill Factor，FF）

$$FF = \frac{U_m I_m}{U_{oc} I_{sc}} \tag{3-8}$$

式（3-8）中的分子即是 P_m，填充因子在一定程度上反映了光伏电池的转换效率。光伏电池可能获得的最大转化效率为

$$\eta_m = \frac{P_m}{P_{in}} \tag{3-9}$$

光伏电池其等效电路如图 3-5 所示。

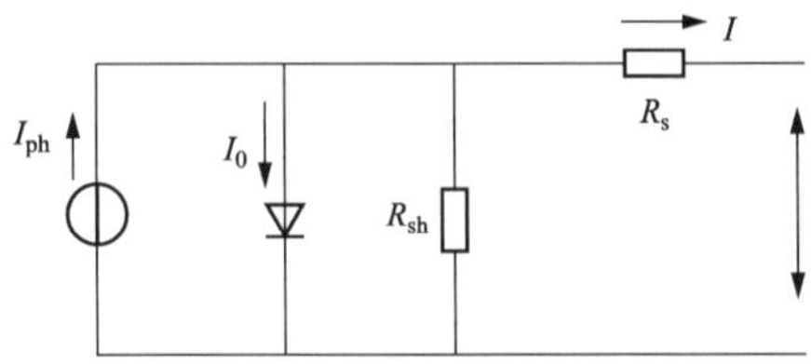

（2）DC-DC 直流变换器（Boost 升压斩波电路）。升压斩波电路（BoostChopper）的原理图及工作波形如图 3-6 所示。该电路中也是使用一个全控型器件。

图 3-5　光伏电池等效电路图

分析升压斩波电路的工作原理时，首先假设电路中电感 L 值很大，电容 C 值也很大。当可控开关 V 处于通态时，电源 E 向电感 L 充电，充电电流基本恒定为 I_1，同时电容 C 上的电压向负载 R 供电。因 C 值很大，基本保持输出电压 u_0 为恒值，记为 U_0。设 V 处于通态的时间为 t_{on}，此阶段电感 L 上积蓄的能量为 EI1ton。当 V 处于断态时，E 和 L 共同向电容 C 充电并向负载 R 提供能量。设 V 处于断态的时间为 t_{off}，则在此期间电感 L 释放的能量为（U_0-E）I_1t_{off}。当电路工作于稳态时，一个周期 T 中电感 L 积蓄的能量与释放的能量相等，即

$$EI_1t_{on} = (U_0 - E)I_1t_{off} \tag{3-10}$$

化简得

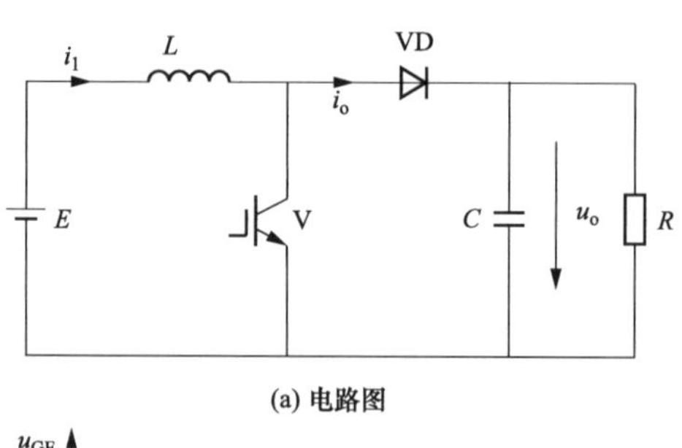

(a) 电路图

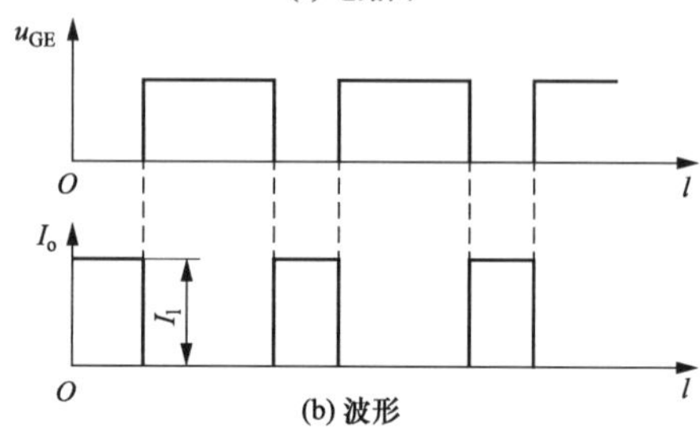

(b) 波形

图 3-6　升压斩波电路原理及其工作波形

$$U_o = \frac{t_{on} + t_{off}}{t_{off}} E = \frac{T}{t_{off}} E \tag{3-11}$$

式中：$T/t_{off} \geqslant 1$，输出电压高于电源电压，故称该电路为升压斩波电路。也有的文献中直接采用其英文名称，称之为 boost 变换器（BoostConverter）。

式（3-11）中 T/t_{off} 表示升压比，调节其大小，即可改变输出电压 U_o 的大小。将升压比的倒数记作 β，即 $\beta = t_{off}/T$。则 β 和占空比 α 有如下关系

$$\alpha + \beta = 1 \tag{3-12}$$

因此，式（3-11）可表示为

$$U_o = \frac{1}{\beta} E = \frac{1}{1-\alpha} E \tag{3-13}$$

升压斩波电路之所以能使输出电压高于电源电压，关键有两个原因：① 电感 L 储能之后具有使电压泵升的作用；② 电容 C 可将输出电压保持住。在以上分析中，认为 V 处于通态期间因电容 C 的作用使得输出电压 U_o 不变，但实际上 C 值不可能为无穷大，在此阶段其向负载放电，U_o 必然会有所下降，故实际输出电压会略低于式（3-13）所得结果。不过在电容 C 值足够大时，误差很小，基本可忽略。

如果忽略电路中的损耗，则由电源提供的能量仅由负载 R 消耗，即

$$EI_1 = U_o I_o \tag{3-14}$$

该式表明，与降压斩波电路一样，升压斩波电路也可看成是直流变压器根据电路结构并结合式（3-13）得出输出电流的平均值 I_o 为

$$I_o = \frac{U_o}{R} = \frac{1}{\beta} \frac{E}{R} \tag{3-15}$$

由式（3-14）即可得出电源电流 I_1 为

$$I_1=\frac{U_o}{E}I_o=\frac{1}{\beta^2}\frac{E}{R} \tag{3-16}$$

光伏并网用 DC/AC 逆变器的工作原理、拓扑结构和数学模型与前文中电源型变流器相似，这里将不再赘述。

3.2　仿　真　模　型

如图 3-7 所示为光伏系统经变压器并网仿真模型图，光伏并网整体模型包括：光伏阵列模型、DC/DC 直流升压模型、Crowbar 模型以及逆变器并网及滤波模型，最终通过变压器升压后接入大电网。

（1）MPPT 控制模块。将光伏电池的瞬时输出电压值 U_{pv} 及瞬时输出电流值 I_{pv} 接入 PSCAD 仿真软件自带的 MPPT 模块后，计算出功率最大点处的电压 V_{mppt}。接着将 V_{mppt} 与 U_{pv} 进行比较，经过 PI 环节控制后，得到 PWM 调制解调信号 x。通过 x 信号对晶体管 IGBT 的开关进行控制，以此调节 Boost 升压环节占空比 D。

（2）正负序分离模块。传统的简单双闭环控制基于三相平衡条件设计，只有正序分量能得到较好的控制。在电网电压不对称时会引入负序分量，由于负序分量不受控制，这时逆变器的输出特性可能无法满足并网要求而脱网，因此需将正负序分离，同时受控。

如图 3-9 所示，利用 PSCAD 中相关模块，将电压电流转换为 dq 坐标下，然后滤波，最终得到正负序分量。

（3）电流内环控制模块。电流内环控制模型如上图 3-10 所示，分别将 I_{dP} 与 I_{dPref1}、I_{qP} 与 I_{qPref1}、I_{dN} 与 I_{dNref1}、I_{qN} 与 I_{qNref1} 的差值经过 PI 比例积分控制器进行调节，控制电流的误差，保证电压的输出跟随电网电压信号。输出电压 U_d、U_q 经过反变换得到正弦调制信号，经过正弦 PWM 控制逆变器的开断，从而将光伏电池发出的直流电转换为与大电网电压和频率相同的交流电后并入其中。

（4）电压外环控制模块。电压外环控制模型如图 3-11 所示，通过平衡直流侧功率与逆变器输出功率来稳定参考电压，E_{dc} 作为误差比较器的负端输入，U_{dcref} 作为正端输入。误差信号为负时，向电网提供有功能量；误差信号为正时，从电网吸收有功能量以维持直流母线电压 E_{dc} 的恒定。

（5）电流限幅器模块。电网不对称故障下，有功输出功率中二倍频脉动量将导致直流电压周期波动，进而影响逆变器控制的稳定性，同时也会降低电容器寿命，电网故障越严重，流过逆变器电流也越大，甚至会超过逆变器最大允许值，因此需要在电流控制回路中引入电流限幅器，避免深度故障下逆变器过电流，流过逆变器电流应限制在一定范围内。电流限幅器的模型如图 3-12 所示。

（6）卸荷电路模块。电网电压瞬间跌落引起直流侧电压上升时，并网逆变器控制系统的直流电压外环首先起作用，控制功率开关器件导通占空比增大，当并网电流达到限流幅值后，电压外环饱和，并网逆变器失去对直流侧电压的控制作用。因此引入卸荷

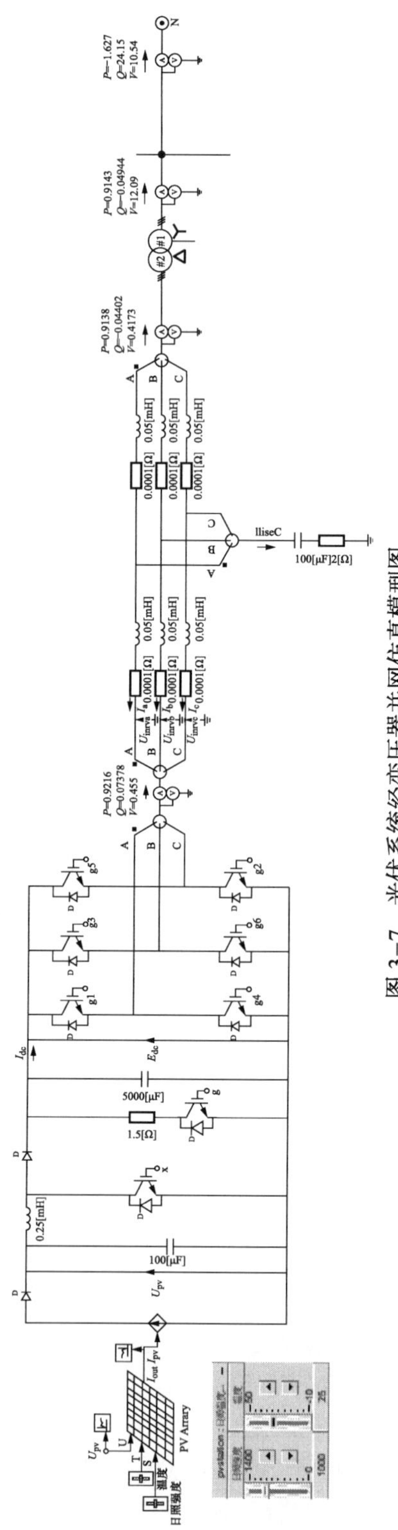

图 3-7　光伏系统经变压器并网仿真模型图

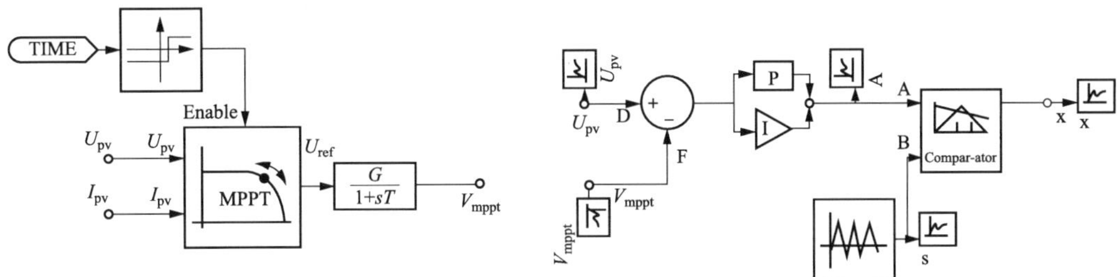

图 3-8 MPPT 控制模型图

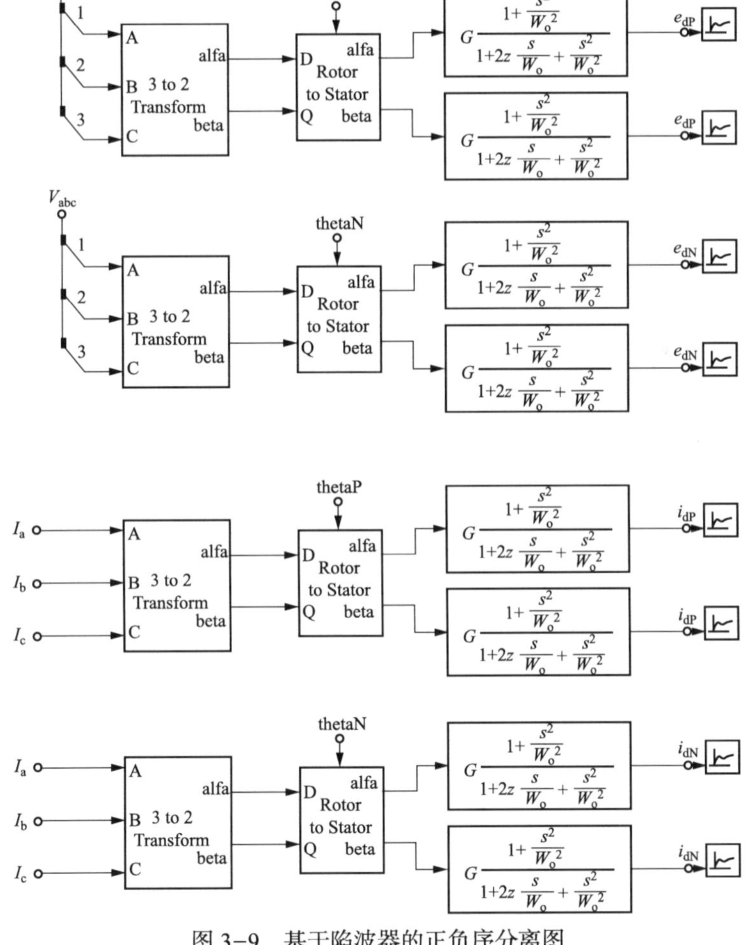

图 3-9 基于陷波器的正负序分离图

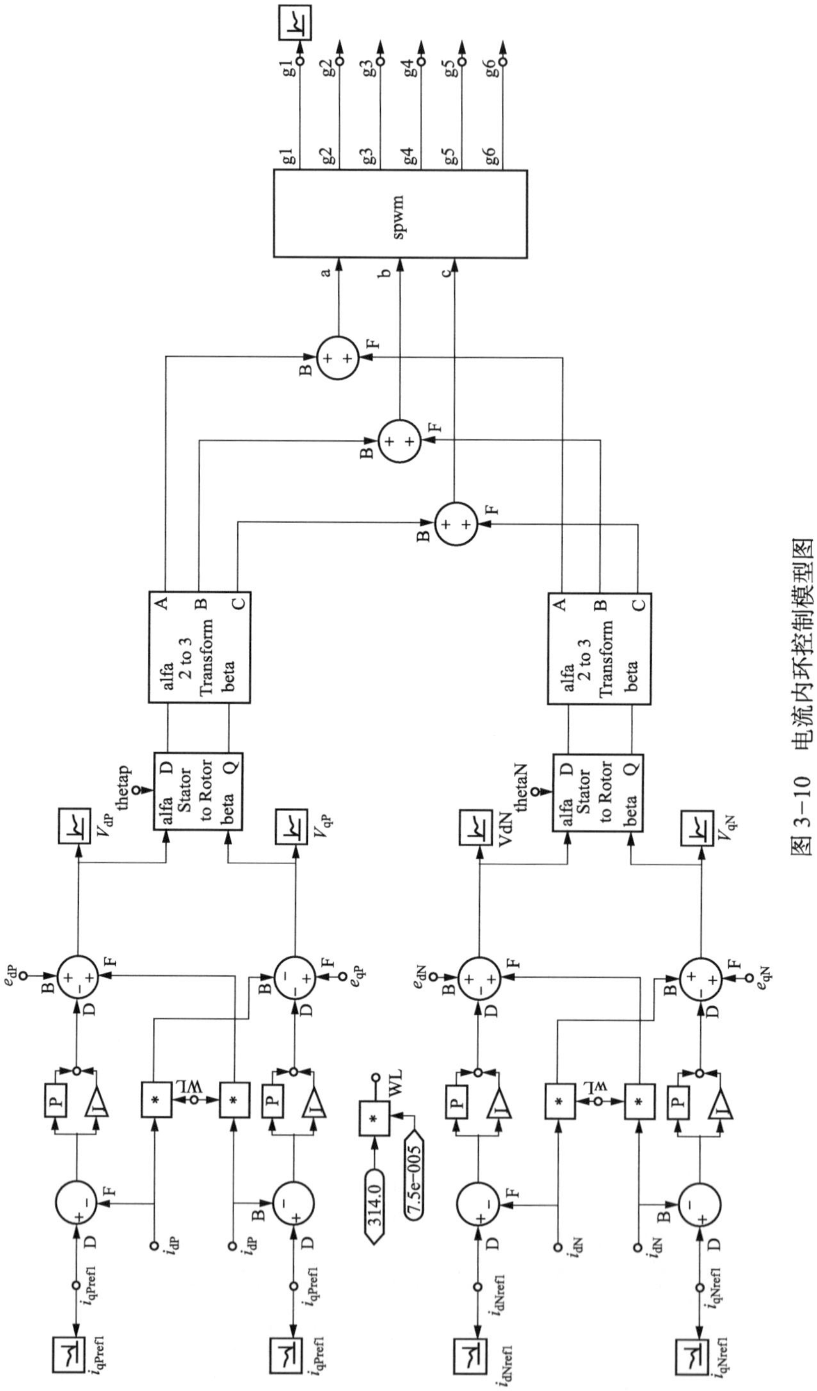

图 3-10 电流内环控制模型图

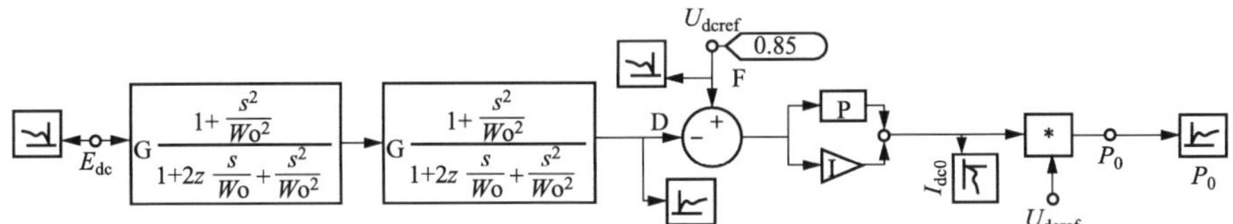

图 3-11 电压外环控制模型图

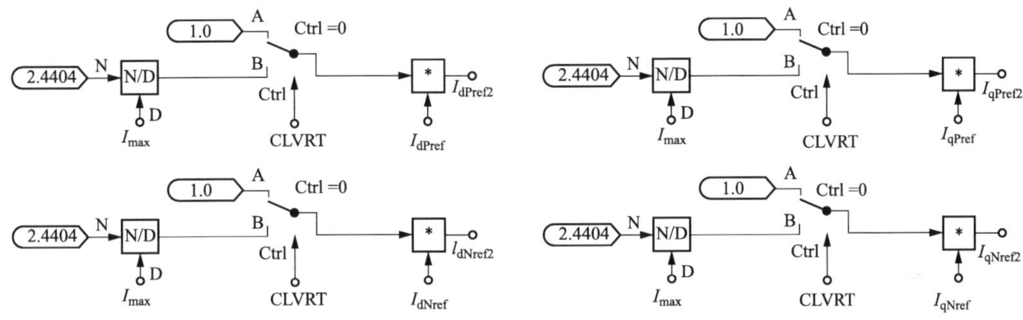

图 3-12 电流限幅器模型图

电路控制器可以确保直流电压始终在安全范围内，并能与逆变器控制相协调。卸荷电路控制器模型如图 3-13 所示，当光伏电源并网处正序电压跌落至 0.9（标幺值）以下时，PI 控制器启动。

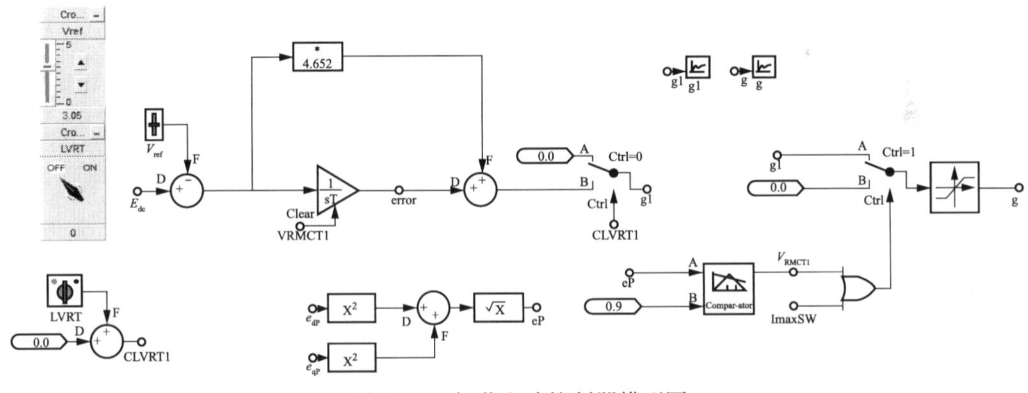

图 3-13 卸荷电路控制器模型图

3.3 故 障 特 征

3.3.1 理论分析

光伏发电单元通过 DC/AC 逆变器与电网相连接。实际上，电网故障会对 DC/AC 逆变器的控制与保护系统产生最直接的影响，然而在电网故障穿越要求下，DC/AC 逆变器的故障穿越控制策略会对光伏发电单元短路电流变化特性产生影响。

电网故障下，逆变器交直流侧电压、电流以及功率之间关系式为

$$\begin{cases} u_{\mathrm{gd}}^{\mathrm{p}} = Ri_{\mathrm{d}}^{\mathrm{p}} + L\mathrm{d}i_{\mathrm{d}}^{\mathrm{p}} / \mathrm{d}t + \mathrm{j}\omega Li_{\mathrm{d}}^{\mathrm{p}} + u_{\mathrm{cd}}^{\mathrm{p}} \\ u_{\mathrm{gq}}^{\mathrm{p}} = Ri_{\mathrm{q}}^{\mathrm{p}} + L\mathrm{d}i_{\mathrm{q}}^{\mathrm{p}} / \mathrm{d}t + \mathrm{j}\omega Li_{\mathrm{q}}^{\mathrm{p}} + u_{\mathrm{cq}}^{\mathrm{p}} \\ u_{\mathrm{gd}}^{\mathrm{n}} = Ri_{\mathrm{d}}^{\mathrm{n}} + L\mathrm{d}i_{\mathrm{d}}^{\mathrm{n}} / \mathrm{d}t - \mathrm{j}\omega Li_{\mathrm{d}}^{\mathrm{n}} + u_{\mathrm{cd}}^{\mathrm{n}} \\ u_{\mathrm{gq}}^{\mathrm{n}} = Ri_{\mathrm{q}}^{\mathrm{n}} + L\mathrm{d}i_{\mathrm{q}}^{\mathrm{n}} / \mathrm{d}t - \mathrm{j}\omega Li_{\mathrm{q}}^{\mathrm{n}} + u_{\mathrm{cq}}^{\mathrm{n}} \\ U_{\mathrm{dc}}C\dfrac{\mathrm{d}U_{\mathrm{dc}}}{\mathrm{d}t} = P_{\mathrm{pv}} - P_{\mathrm{g}} \end{cases} \tag{3-17}$$

式中：$u_{\mathrm{gd}}^{\mathrm{p}}$、$u_{\mathrm{gq}}^{\mathrm{p}}$分别为发电单元并网点 d、q 轴的正序电压；$u_{\mathrm{gd}}^{\mathrm{n}}$、$u_{\mathrm{gq}}^{\mathrm{n}}$为发电单元并网点 d、q 轴的负序电压；$i_{\mathrm{d}}^{\mathrm{p}}$、$i_{\mathrm{q}}^{\mathrm{p}}$分别为逆变器出口处 d、q 轴的正序电流；$i_{\mathrm{d}}^{\mathrm{n}}$、$i_{\mathrm{q}}^{\mathrm{n}}$分别为 d、q 轴的负序电流；$u_{\mathrm{cd}}^{\mathrm{p}}$、$u_{\mathrm{cq}}^{\mathrm{p}}$分别为逆变器出口处 d、q 轴的正序交流电压；$u_{\mathrm{cd}}^{\mathrm{n}}$、$u_{\mathrm{cq}}^{\mathrm{n}}$分别为逆变器出口处 d、q 轴的负序交流电压；U_{dc} 为直流电压；P_{pv} 为光伏发电单元输出到逆变器直流侧的有功功率；P_{g} 为经逆变器送入电网的有功功率；C 为直流电容；ω 为电网角频率；L 为网侧滤波电感；R 为考虑滤波器电感内阻和开关损耗电阻的等值电阻。

式（3-17）中的$u_{\mathrm{cd}}^{\mathrm{p}}$、$u_{\mathrm{cq}}^{\mathrm{p}}$、$u_{cd}^{\mathrm{n}}$和$u_{\mathrm{cq}}^{\mathrm{n}}$主要由逆变器的直流电压外环和交流电流内环构成的控制回路决定，其中交流电流内环多采用双 dq 控制，直流电压外环的输出为电流内环 PI 控制器提供参考输入。对应的控制方程为

$$\begin{cases} u_{\mathrm{cd}}^{\mathrm{p*}} = -(k_{\mathrm{ip}} + k_{\mathrm{ii}} / s)(i_{\mathrm{d}}^{\mathrm{p*}} - i_{\mathrm{d}}^{\mathrm{p}}) + u_{gd}^{\mathrm{p}} - \mathrm{j}\omega Li_{\mathrm{d}}^{\mathrm{p}} \\ u_{\mathrm{cq}}^{\mathrm{p*}} = -(k_{\mathrm{ip}} + k_{\mathrm{ii}} / s)(i_{\mathrm{q}}^{\mathrm{p*}} - i_{\mathrm{q}}^{\mathrm{p}}) + u_{gq}^{\mathrm{p}} - \mathrm{j}\omega Li_{\mathrm{q}}^{\mathrm{p}} \\ u_{\mathrm{cd}}^{\mathrm{n*}} = -(k_{\mathrm{ip}} + k_{\mathrm{ii}} / s)(i_{\mathrm{d}}^{\mathrm{n*}} - i_{\mathrm{d}}^{\mathrm{n}}) + u_{gd}^{\mathrm{n}} + \mathrm{j}\omega Li_{\mathrm{d}}^{\mathrm{n}} \\ u_{\mathrm{cq}}^{\mathrm{n*}} = -(k_{\mathrm{ip}} + k_{\mathrm{ii}} / s)(i_{\mathrm{q}}^{\mathrm{n*}} - i_{\mathrm{q}}^{\mathrm{n}}) + u_{gq}^{\mathrm{n}} + \mathrm{j}\omega Li_{\mathrm{q}}^{\mathrm{n}} \\ i_{\mathrm{d}}^{\mathrm{p*}} = (k_{\mathrm{vp}} + k_{\mathrm{vi}} / s)(U_{\mathrm{dc}}^{*} - U_{\mathrm{dc}}) \end{cases} \tag{3-18}$$

式中：$u_{\mathrm{cd}}^{\mathrm{p*}}$、$u_{\mathrm{cq}}^{\mathrm{p*}}$分别为逆变器出口处 d、q 轴的正序电压参考值；$u_{\mathrm{cd}}^{\mathrm{n*}}$、$u_{\mathrm{cq}}^{\mathrm{n*}}$分别为 d、q 轴的负序电压参考值；$i_{\mathrm{d}}^{\mathrm{p*}}$、$i_{\mathrm{q}}^{\mathrm{p*}}$分别为逆变器出口处 d、q 轴的正序电流参考值；$i_{\mathrm{d}}^{\mathrm{n*}}$、$i_{\mathrm{q}}^{\mathrm{n*}}$分别为 d、q 轴的负序电流参考值；U_{dc}^{*} 为直流电压参考值；为保证任意故障期间光伏发电单元仅输出正序电流，通常设置负序电流参考值 $i_{\mathrm{d}}^{\mathrm{n*}}$、$i_{\mathrm{q}}^{\mathrm{n*}}$ 均为 0；k_{ip}、k_{ii} 分别为电流内环 PI 控制器的比例、积分增益；k_{vp}、k_{vi} 分别为电压外环 PI 控制器的比例、积分增益。

分析式（3-17）可知，当电网发生短路故障时，并网点交流电压 u_{g} 迅速变化，但逆变器出口处交流电压 u_{c} 并不会随之迅速变化，进而导致流过滤波器的电流快速增大，可能导致逆变器的损坏。因此通常在网侧变流器控制策略中加入电流限幅环节，即当故障期间流过逆变器的电流过大时，将其限制为 1.2～1.5 倍的额定电流值，以确保并网系

统的安全稳定运行。即当$\sqrt{(i_{\rm d}^{\rm p*})^2+(i_{\rm q}^{\rm p*})^2}>I_{\rm lim}$时，电流限幅环节的控制方程为

$$\begin{cases} i_{\rm d}^{\rm p*\prime}=i_{\rm d}^{\rm p*} \\ i_{\rm q}^{\rm p*\prime}=\sqrt{{I_{\rm lim}}^2-(i_{\rm d}^{\rm p*})^2} \end{cases} \tag{3-19}$$

式中：$i_{\rm d}^{\rm p*\prime}$为dq旋转坐标系下重置后的d轴正序电流参考值；$i_{\rm q}^{\rm p*\prime}$为重置后的q轴正序电流参考值；$I_{\rm lim}$为逆变器允许通过的最大电流幅值，即1.2～1.5倍额定电流值。

另外，当逆变器输出的电流幅值受限或该电流增大的速率小于并网点电压减小的速率时，从逆变器送出到电网的功率$P_{\rm g}$将减小。光伏发电单元输入到逆变器直流侧的功率变化速率大于交流侧功率变化速率，导致交直流侧功率不平衡。这种不平衡促使逆变器直流侧电容累积的电能增多，进而电容充电导致直流母线电压快速上升。为确保故障期间直流电压始终在允许范围内，逆变器直流侧将启动直流卸荷控制，以实现逆变器交直流两侧功率的平衡。

直流卸荷电路的控制策略如图3-14所示，当直流电压处于0.9～1.05p.u.时，开关控制信号置零；当直流电压跌落至0.9p.u.以下或大于1.05p.u.时，直流卸荷电路控制器启动，直流卸荷电路的开关信号由直流电压差值经直流卸荷电路PI控制器与锯齿波调制所得。

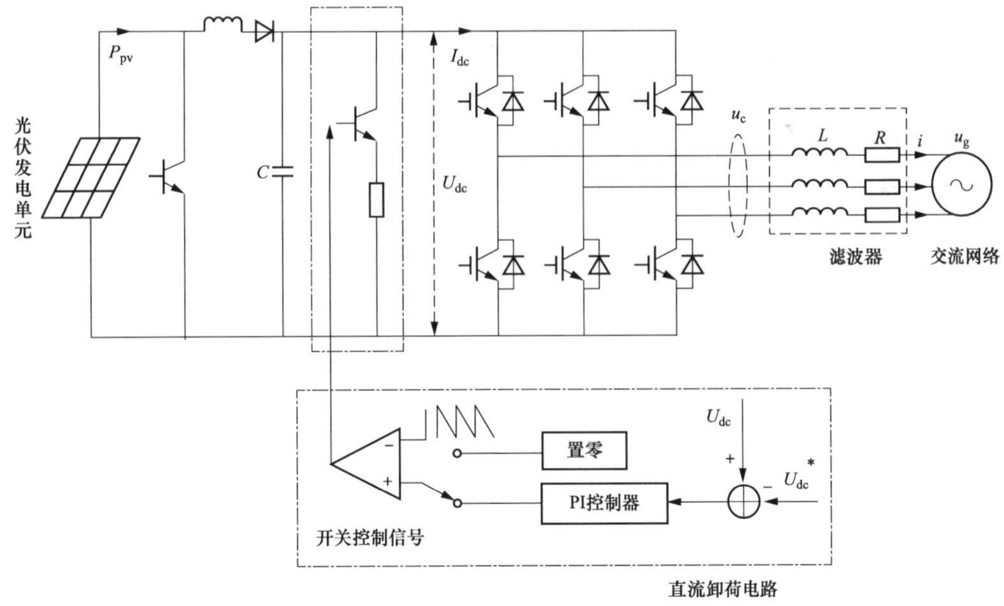

图3-14　直流卸荷控制策略

实际上，电流限幅环节发生作用后，短路电流幅值已为逆变器允许通过的最大电流幅值，直流卸荷电路控制的投入是为了解决电流限幅环节造成的逆变器交直流侧功率不平衡的问题，其主要作用在逆变器的直流侧，并不会对交流侧的短路电流幅值产生影响。

根据我国发布的光伏电站低压穿越运行的技术规范要求为：电网故障期间光伏发电系统要保证低电压故障穿越运行，同时要向电网提供无功支持，使电网在规定时间内恢复至正常状态。由上文提到的逆变器控制策略可知，电网任意故障下，站内光伏发电单元仅输出正序电流，因此逆变器交流侧正序无功电流分量应满足

$$i_{\mathrm{q}}^{\mathrm{p}} = 1.5(0.9-\gamma)I_{\mathrm{N}} \qquad 0.2\mathrm{p.u.} \leqslant \gamma \leqslant 0.9\mathrm{p.u.} \tag{3-20}$$

式中：γ 为逆变器并网处电压的跌落系数，即 $\gamma = U_{\mathrm{g}}/U_{\mathrm{gN}}$，其中 U_{g} 为并网电压的有效值；U_{gN} 为并网处的额定电压；I_{N} 为逆变器的额定电流。

光伏单元输出到电网的平均有功功率 P_{g}^{0} 与平均无功功率 Q_{g}^{0} 的表达式为

$$\begin{cases} P_{\mathrm{g}}^{0} = \dfrac{3}{2}u_{\mathrm{gd}}^{\mathrm{p}}i_{\mathrm{d}}^{\mathrm{p}} \\ Q_{\mathrm{g}}^{0} = \dfrac{3}{2}u_{\mathrm{gd}}^{\mathrm{p}}i_{\mathrm{q}}^{\mathrm{p}} \end{cases} \tag{3-21}$$

式中：$u_{\mathrm{gd}}^{\mathrm{p}}$ 为光伏发电单元并网点的正序电压 d 轴分量；$i_{\mathrm{d}}^{\mathrm{p}}$ 、$i_{\mathrm{q}}^{\mathrm{p}}$ 分别为光伏发电单元输出的正序电流 d 轴分量和 q 轴分量。

结合式（3-21），可得到光伏发电单元的短路电流相角计算表达式为

$$\theta_{\mathrm{o}} = \arctan\frac{Q_{\mathrm{g}}^{0}}{P_{\mathrm{g}}^{0}} = \arctan\frac{i_{\mathrm{d}}^{\mathrm{p}}}{i_{\mathrm{q}}^{\mathrm{p}}} \tag{3-22}$$

根据式（3-22）可知，故障穿越期间光伏发电单元的无功控制策略会影响短路电流相角大小。

综上所述，故障穿越期间电流限幅控制会直接影响短路电流幅值的大小，在电流限幅作用下，流经逆变器的电流幅值被限制为 1.2～1.5 倍的额定值。而直流卸荷控制主要用于解决流过逆变器的短路电流被限幅后，逆变器的直流侧和交流侧功率不平衡问题，其作用在逆变器直流侧，对交流侧输出的短路电流影响较小。另外，故障穿越期间，光伏电源提供容性无功补偿的要求将对短路电流的相角产生影响。

3.3.2 仿真验证

利用 MATLAB/SIMULINK 仿真软件建立了光伏电源的仿真模型，光伏电源额定容量 250kW，变流器限流指令为 1.5p.u.。光伏电源的接入方式如图 3-15 所示，光伏电源通过 10kV 集电线接入 10kV 母线，之后经过 110kV 升压变压器通过专线接入 110kV 变电站，安装主变压器 1 台，系统等值基准值 100MVA，等值系统短路容量 2500MVA。10kV 馈线长度为 14km，单位长度正序阻抗为 $0.1153 + \mathrm{j}0.3297\Omega$，单位长度零序阻抗为 $0.413 + \mathrm{j}1.042\Omega$。

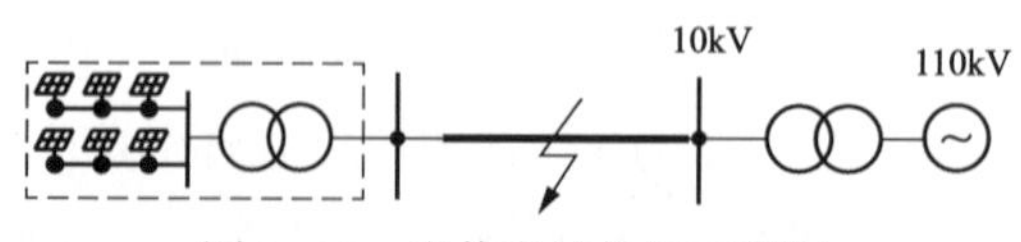

图 3-15　光伏电站并网示意图

（1）三相短路故障。t=4s 时光伏电源的送出专线上设置三相短路故障，并网点三相电压跌落至 80%，故障持续 0.5s。图 3-16 为故障发生后光伏电源机出口短路电压和短路电流波形，故障后，由于换流器的限流作用，出口电流由 820A 增大至 1030A，过渡时间约为 10ms；图 3-17 为故障发生后光伏电站并网点电压电流波形，并网点最大电流为额定电流的 1.27 倍左右；图 3-18 为故障发生后系统侧的电压电流波形，系统侧电流由 2620A 增大至 12845A。

t=4s 时光伏电源的送出专线上设置三相短路故障，并网点三相电压跌落至 50%，故障持续 0.5s。图 3-19 为故障发生后光伏电源机出口短路电压和短路电流波形，故障后，由于换流器的限流作用，出口电流由 820A 增大至 1230A，过渡时间约为 10ms；图 3-20 为故障发生后光伏电站并网点电压电流波形，并网点最大电流为额定电流的 1.5 倍左右；图 3-21 为故障发生后系统侧的电压电流波形，系统侧电流由 2600A 增大至 18650A。

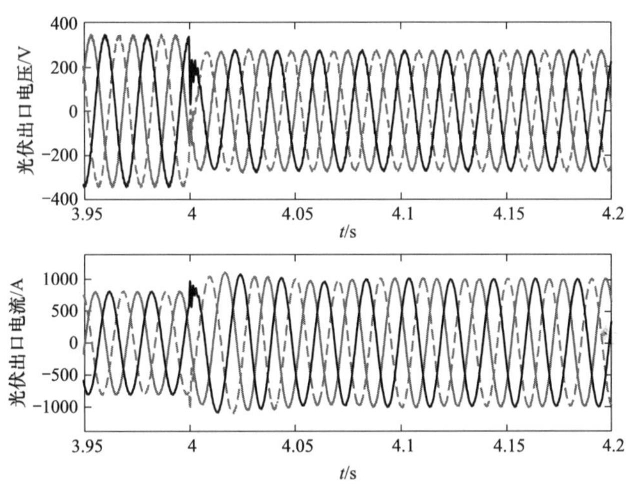

图 3-16　三相跌落至 80% 时光伏出口电压电流波形

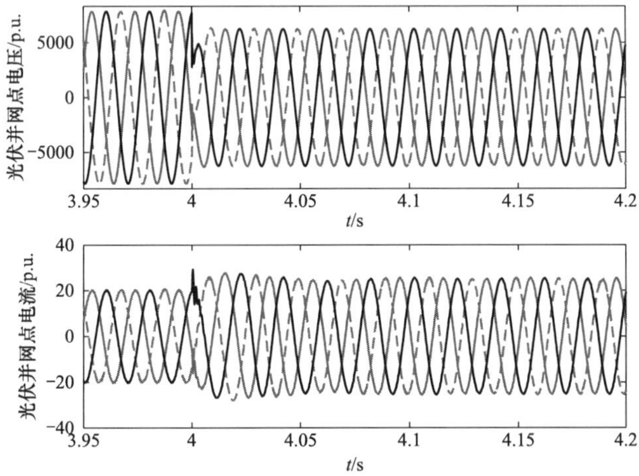

图 3-17　三相跌落至 80% 时光伏电站并网点电压电流波形

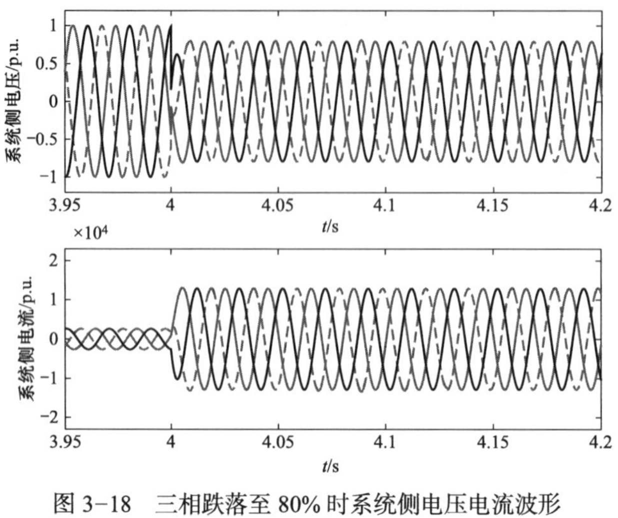

图 3-18　三相跌落至 80% 时系统侧电压电流波形

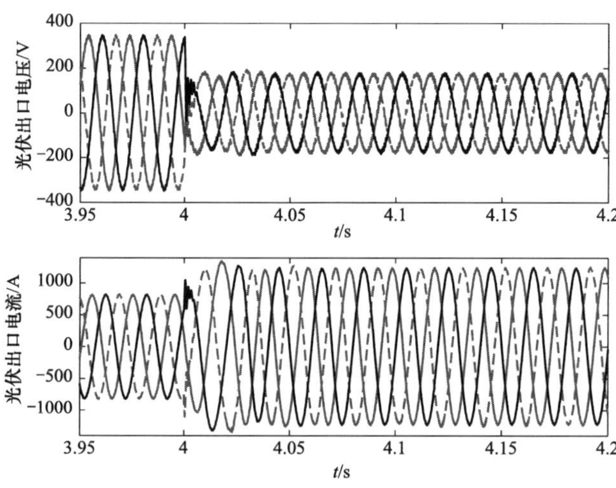

图 3-19　三相跌落至 50% 时光伏出口电压电流波形

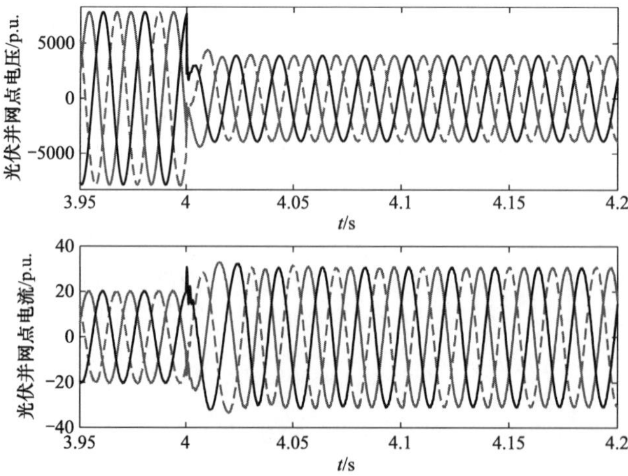

图 3-20　三相跌落至 50% 时光伏电站并网点电压电流波形

$t=4$s 时光伏电源的送出专线上设置三相短路故障，并网点三相电压跌落至 20%，故障持续 0.5s。图 3-22 为故障发生后光伏电源机出口短路电压和短路电流波形，故障后，由于换流器的限流作用，机端电流由 820A 增大至 1230A，过渡时间约为 10ms；图 3-23 为故障发生后光伏电站并网点电压电流波形，并网点最大电流为额定电流的 1.5 倍左右；图 3-24 为故障发生后系统侧的电压电流波形，系统侧电流由 2600A 增大至 21300A。

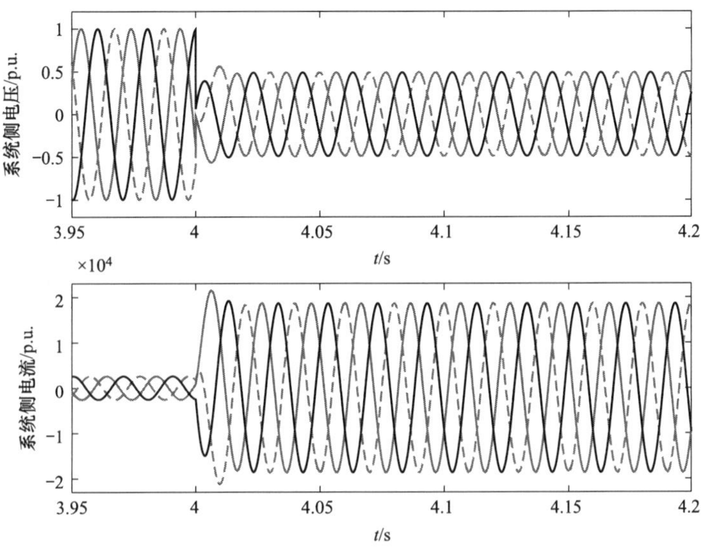

图 3-21　三相跌落至 50% 时系统侧电压电流波形

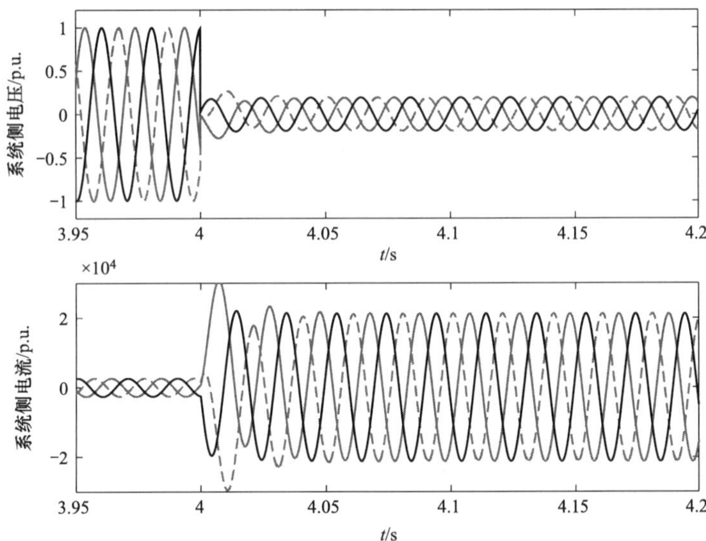

图 3-22　三相跌落至 20% 时光伏出口电压电流波形

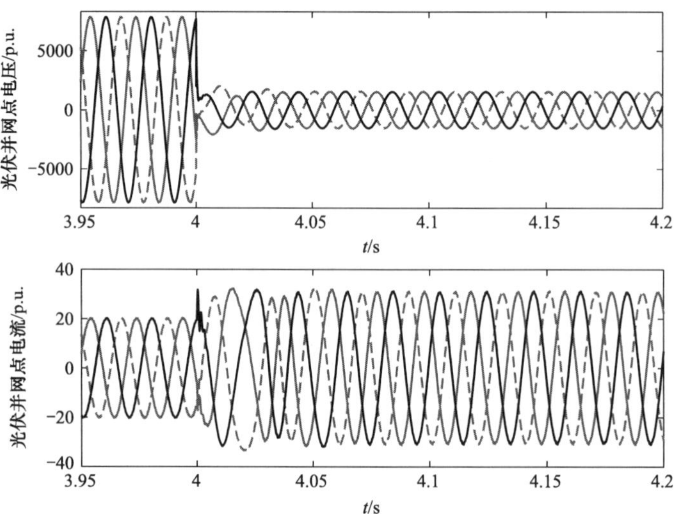

图 3−23　三相跌落至 20% 时光伏电站并网点电压电流波形

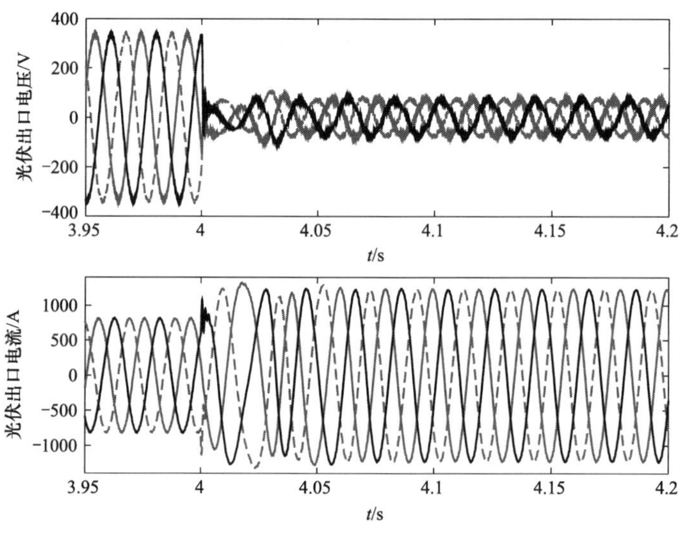

图 3−24　三相跌落至 20% 时系统侧电压电流波形

综上所述，当光伏电站并网点发生三相对称短路故障，在不同电压跌落程度下得到的故障特征量见表 3−1。

表 3−1　　光伏电站系统在对称故障下的故障特性

故障特征量	电压跌落至 80%	电压跌落至 50%	电压跌落至 20%
系统侧电流 /A	12845	18650	21300
并网点电流 /A	25.5	30.8	31
风机机端电流 /A	1030	1230	1230

续表

故障特征量	电压跌落至 80%	电压跌落至 50%	电压跌落至 20%
故障电流衰减时间 /ms	10	10	10

（2）单相接地短路故障。$t=4$s 时光伏电源的送出专线上设置单相短路故障，并网点故障相电压跌落至 80%，故障持续 0.5s。图 3-25 为故障发生后光伏电源机出口短路电压和短路电流波形，故障后，机端电流由 820A 增大至 830A，过渡时间约为 20ms。图 3-26 为故障发生后光伏电站并网点电压电流波形，从图中可以看出，并网点电流从 20A 升至 20.6A。图 3-27 为故障发生后系统侧的电压电流波形，系统侧电流由 2620A 增大至 4062A。

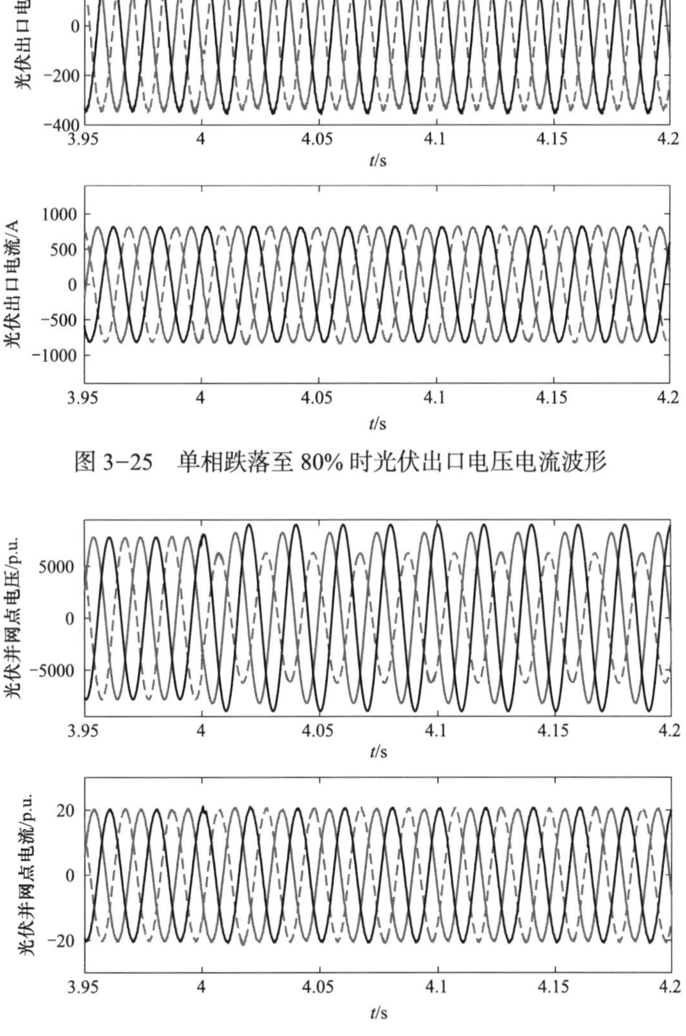

图 3-25　单相跌落至 80% 时光伏出口电压电流波形

图 3-26　单相跌落至 80% 时光伏电站并网点电压电流波形

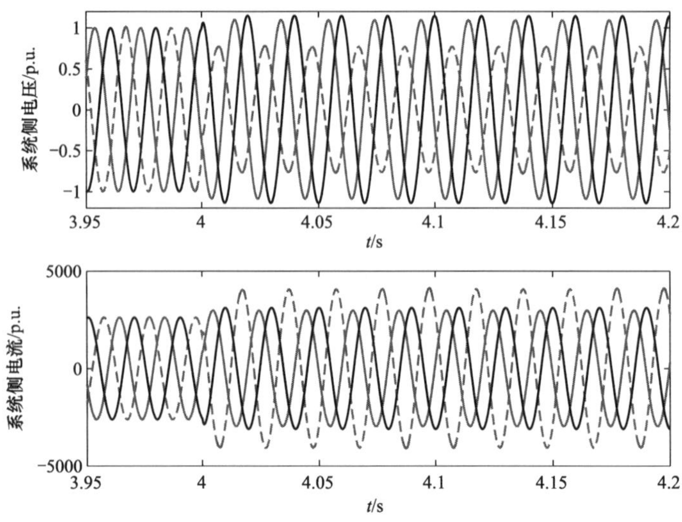

图 3-27 单相跌落至 80% 时系统侧电压电流波形

$t=4$s 时光伏电源的送出专线上设置单相短路故障，并网点故障相电压跌落至 50%，故障持续 0.5s。图 3-28 为故障发生后光伏电源机出口短路电压和短路电流波形，故障后，机端电流由 820A 增大至 845A，过渡时间约为 20ms。图 3-29 为故障发生后光伏电站并网点电压电流波形，从图中可以看出，并网点电流从 20A 升至 21A。图 3-30 为故障发生后系统侧的电压电流波形，系统侧电流由 2620A 增大至 6030A。

$t=4$s 时光伏电源的送出专线上设置单相短路故障，并网点故障相电压跌落至 20%，故障持续 0.5s。图 3-31 为故障发生后光伏电源机出口短路电压和短路电流波形，故障后，机端电流由 820A 增大至 870A，过渡时间约为 20ms。图 3-32 为故障发生后光伏电站并网点电压电流波形，从图中可以看出，并网点电流从 20A 升至 21.5A。图 3-33 为故障发生后系统侧的电压电流波形，系统侧电流由 2620A 增大至 8030A。

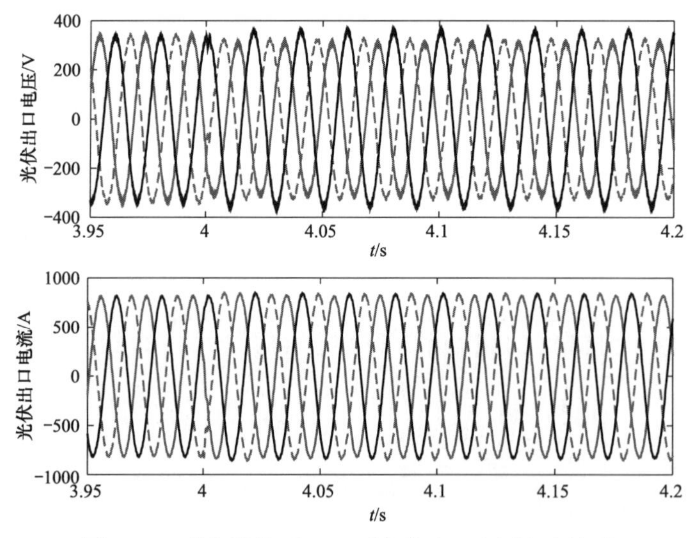

图 3-28 单相跌落至 50% 时光伏出口电压电流波形

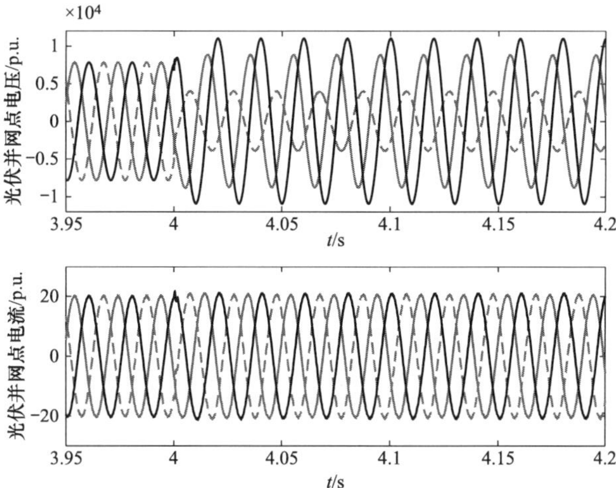

图 3-29 单相跌落至 50% 时光伏电站并网点电压电流波形

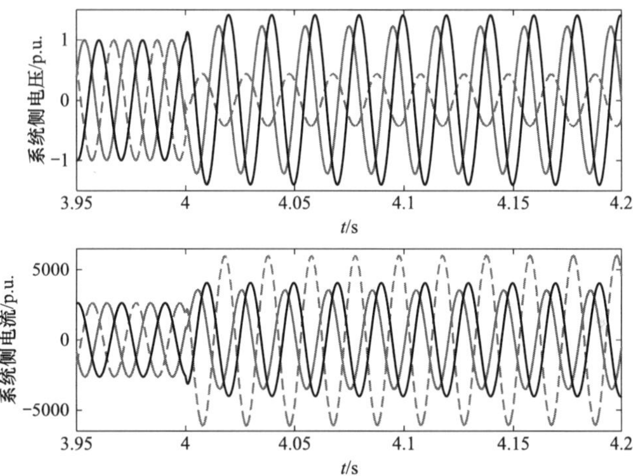

图 3-30 单相跌落至 50% 时系统侧电压电流波形

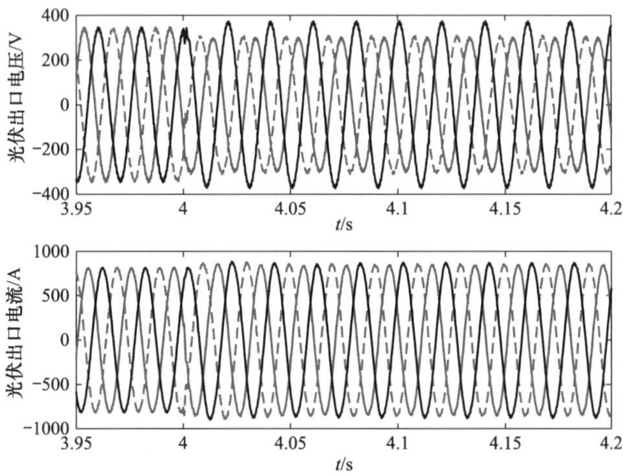

图 3-31 单相跌落至 20% 时光伏出口电压电流波形

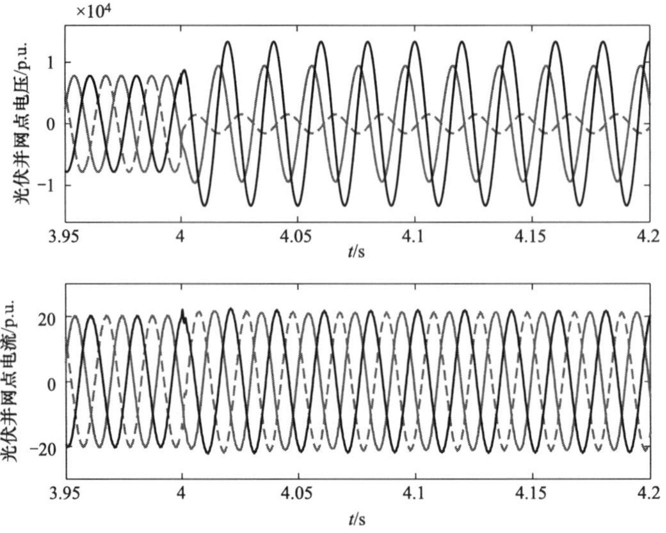

图 3−32 单相跌落至 20% 时光伏电站并网点电压电流波形

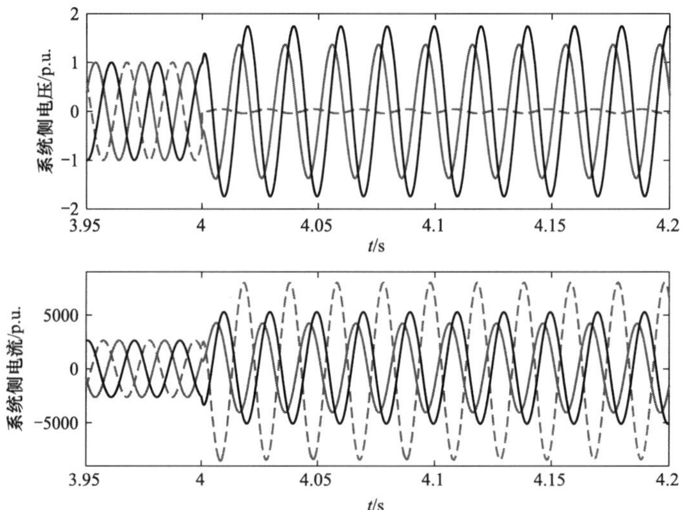

图 3−33 单相跌落至 20% 时系统侧电压电流波形

综上所述，当光伏电源并网点发生单相短路故障，在不同电压跌落程度下得到的故障特征量见表 3−2。

表 3−2　　光伏送出系统在单相故障下的故障特性

故障特征量	电压跌落至 80%	电压跌落至 50%	电压跌落至 20%
系统侧电流 /A	4062	6030	8030
并网点电流 /A	20.6	21	21.5
光伏出口电流 /A	830	845	870

续表

故障特征量	电压跌落至 80%	电压跌落至 50%	电压跌落至 20%
故障电流衰减时间 /ms	20	20	20

（3）两相相间短路故障。$t=4$s 时光伏电源的送出专线上设置 BC 相间金属短路故障，故障持续 0.5s。图 3-34 为故障发生后光伏电源机出口短路电压和短路电流波形，故障后，出口电流由 820A 增大至 1230A，过渡时间约为 20ms；图 3-35 为故障发生后风场并网点电压电流波形，从图中可以看出并网点电流增大约 1.5 倍。图 3-36 为故障发生后系统侧的电压电流波形，系统侧电流由 2600A 增大至 3580A。

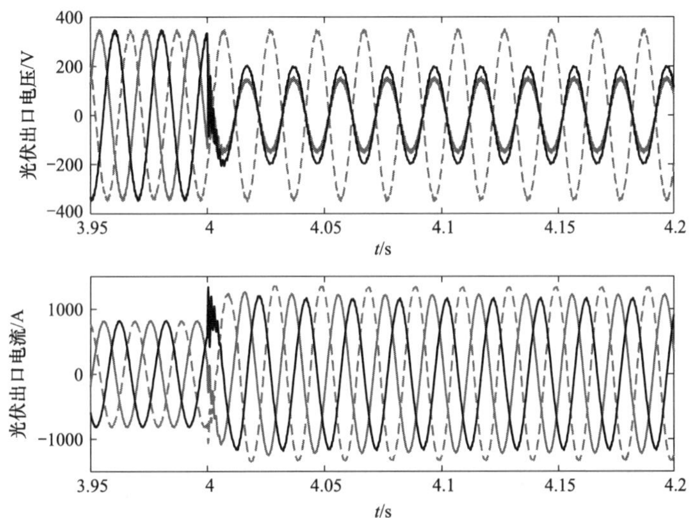

图 3-34　相间短路时光伏出口电压电流波形

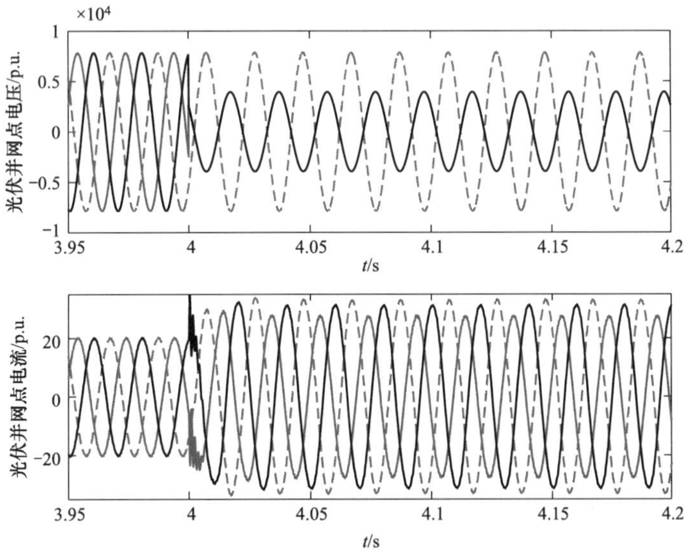

图 3-35　相间短路时光伏电站并网点电压电流波形

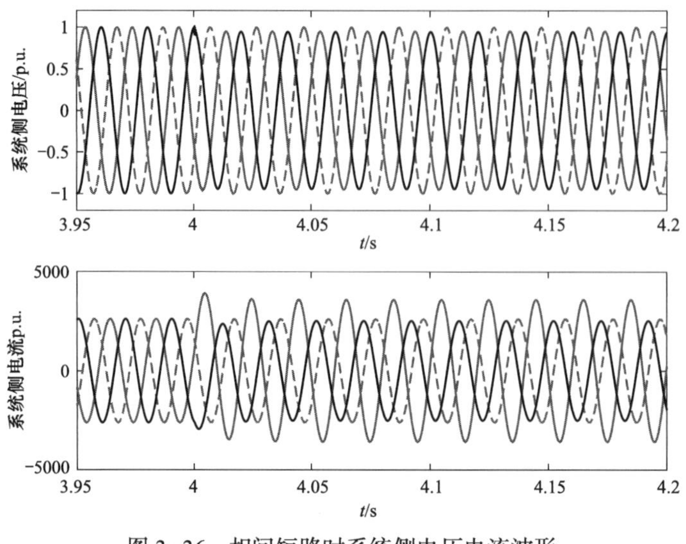

图 3−36　相间短路时系统侧电压电流波形

3.4　小　　结

本章主要探讨了光伏发电系统的基础模型及故障特征。首先介绍了光伏发电系统的工作原理和数学模型，并以此为基础阐述了电磁暂态仿真模型的搭建方法，从而从理论定性和仿真定量角度分析了故障暂态特性。

光伏发电系统的故障响应特性主要受并网 DC/AC 逆变器控制与保护策略影响，考虑故障前出力大小和电压跌落程度有所不同，电网故障下 DC/AC 逆变器控制可分为恒功率控制模式和限幅控制模式。电网故障引起电压跌落较轻情况下，逆变器通常处于恒功率控制模式，光伏发电提供的短路电流大小由故障前后输出的功率决定。而在电压跌落较为严重情况下，DC/AC 逆变器控制回路中的限幅环节将产生作用，使电流指令值不超过最大允许值，此情况下光伏电源提供的短路电流由逆变器的限流策略有关。

4　电化学储能的基础模型及故障特征

4.1 数学基础

电化学储能系统主要由储能单元、双向 DC/DC 变换器和 AC/DC 逆变器组成，如图 4−1 所示。其中，双向 AC/DC 变流器交流侧连接电源（该电源可以是电网或其他分布式电源）或负载，直流侧经双向 DC/DC 变换器连接储能装置。DC/DC 变换器有变流、调压的功能，可直接控制直流侧充放电电流和母线电压，从而控制输入输出有功；并网运行时，AC/DC 变流器实现储能单元与电网功率进行功率交换，离网运行时，AC/DC 变流器提供系统的电压和频率支撑。滤波电路用于滤除电力电子器件产生的谐波，保证输出电压、电流满足并网谐波要求。

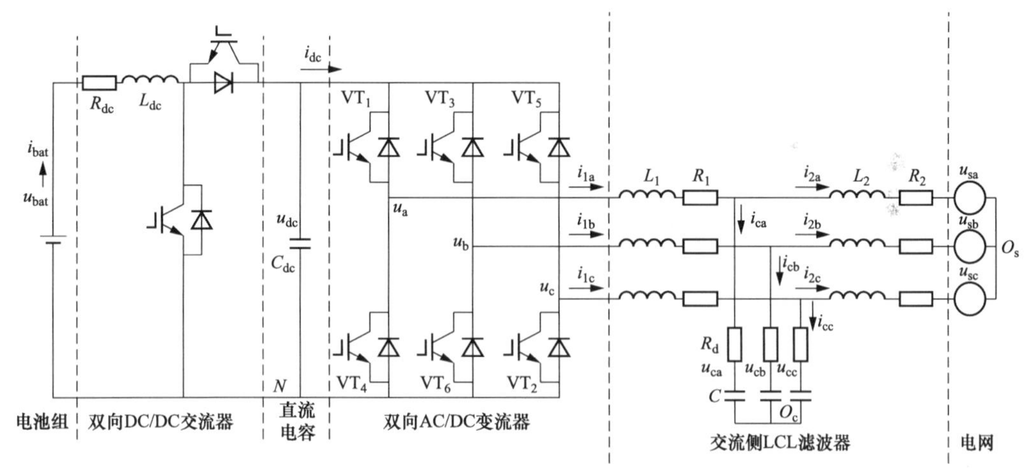

图 4−1　双极并网系统拓扑图

（1）电池本体工作原理及数学模型。充放电外特性分析是电化学电池直流侧等效建模的基础和依据，因此本节首先从四种电化学电池的基本原理入手逐一分析其充放电外特性。

1）锂电池基本原理及外特性分析。锂离子电池以其循环性能好、效率高、充放电电流倍率大，能量密度高在通信，航天，交通，军事等领域得到了广泛的应用，其中以磷酸铁锂电池尤为适用电力系统大规模存储，因此本节以磷酸铁锂电池为例研究锂电池的基本外特性。其基本结构如图 4−2 所示，其主要正电极（铝）、负电极（铜箔）、隔膜（聚合物）和电解质组成，其充放电反应原理见式（4−1）、式（4−2），其实质是利

用 Li^+ 的浓度差实现储能与放电。充电时，Li^+ 迁移到磷酸铁锂晶体表面，在电场力的作用下穿过隔膜，再经电解液迁移到石墨晶体的表面，最后嵌入石墨晶格中：放电时，Li^+ 从石墨晶体中“逃脱”出来，进入电解液，经隔膜迁移到磷酸铁锂晶体表面，最后又嵌入到磷酸铁锂晶格内

$$\text{正极}\quad LiFePO_4 \underset{\text{放电}}{\overset{\text{充电}}{\rightleftarrows}} Li_{(1-x)}FePO_4 + xLi^+ + xe^- \tag{4-1}$$

$$\text{负极}\quad xLi^- + xe^- + 6C \underset{\text{放电}}{\overset{\text{充电}}{\rightleftarrows}} Li_xC_6 \tag{4-2}$$

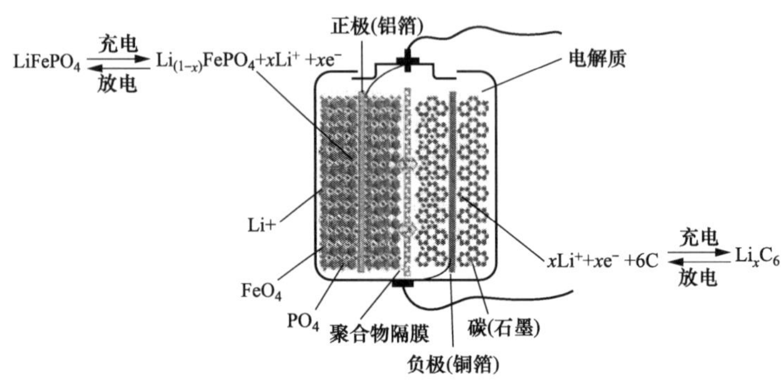

图 4-2　磷酸铁锂电池结构图

为分析磷酸铁锂电池的外特性，对磷酸铁锂电池进行充放电实验，其充放电特性如图 4-3 所示。

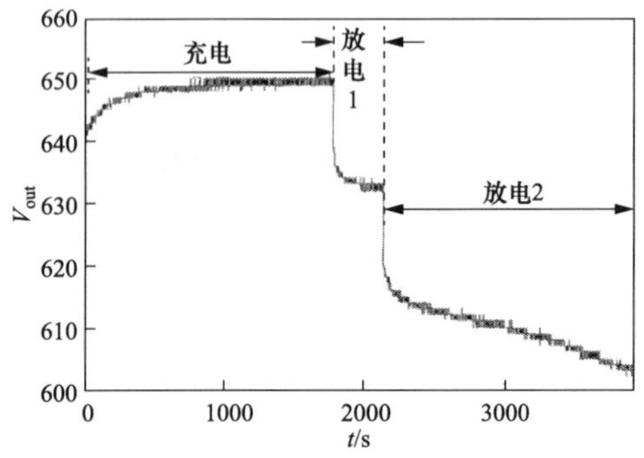

图 4-3　磷酸铁锂电池充放电特性图

由图 4-3 可知磷酸铁锂电池在充电时，电压先缓慢上升，之后趋于平缓，在由充电转放电的瞬间电压有垂直下跌的一段，之后缓慢下降。

2）铅酸电池基本原理及外特性分析。铅酸电池是目前应用较为广泛的电池，小到手电筒、电动摩托，人到电动汽车、储能电站都有它的应用，又称为电瓶，其单体主要由正极板（化）、负极板（海绵状铅）、隔板（超细玻璃纤维棉）、电解液（稀硫酸）、安全阀（胶）、接线端子、电池外壳（树脂纤维）等部件组成，其基本单元结构如图 4-4 所示铅酸电池的充放电原理如式（4-3）、式（4-4）所示：

$$\text{正极}\quad PbSO_4 + 2H_2O \underset{\text{放电}}{\overset{\text{充电}}{\rightleftarrows}} PbO_2 + H_2SO_4 + 2H^+ + 2e^- \tag{4-3}$$

$$\text{负极}\quad P_bSO_4 + 2H^+ + 2e^- \underset{\text{放电}}{\overset{\text{充电}}{\rightleftarrows}} Pb + H_2SO_4 \tag{4-4}$$

充电时，式（4-3）和式（4-4）按正向进行。开始时转化率非常高，这是由于在极板的微孔内形成的硫酸剧增，从而来不及向外扩散，此时其端电压迅速上升。充电中期，极板内硫酸开始向外扩散，当极板微孔内硫酸的增加速度和扩散速度趋于平衡时，

充电接受率下降，端电压上升减缓。

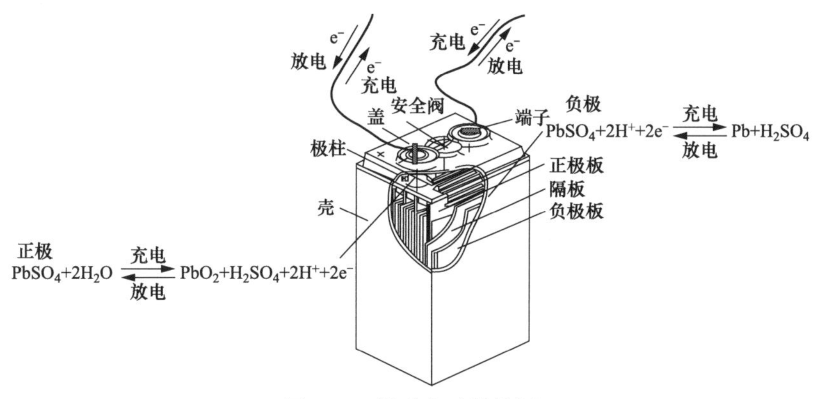

图 4-4　铅酸电池结构图

放电时，式（4-3）和式（4-4）按逆向进行，极板微孔内电解液浓度迅速下降，端电压随之下降。放电中期，极板外电解液扩散到极板微孔内，使微孔内电解液浓度下降大为减缓，此时端电压下降减缓。为分析铅酸电池的外特性，对铅酸电池进行了充放电实验，其充放电特性如图 4-5 所示。

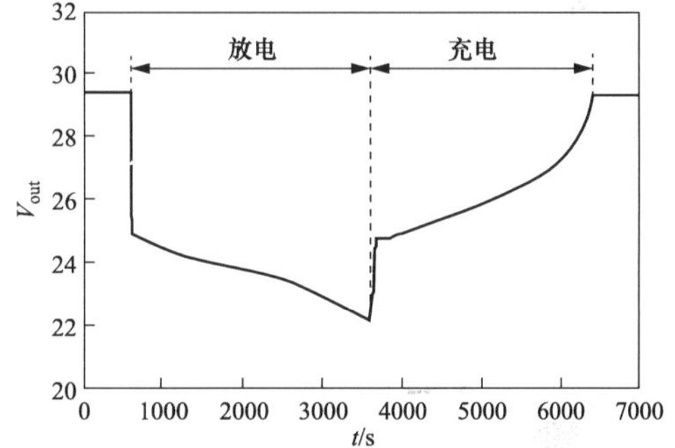

图 4-5　铅酸电池恒流充放电端电压变化曲线

由图 4-5 可知铅酸电池在放电时电压有垂直下跌的一段，之后缓慢下降，在放电转充电瞬间有垂真上升的一段之后平缓上升。

3）镍氢电池基本原理及外特性分析。镍氢电池主要由小极（氢氧化镍）、负极（储氢合金）、电解液（氯氧化钾）、隔膜组成，其基本结构如图 4-6 所示，其因能量密度高、无污染等优点要在电动汽车领域得到了重视。

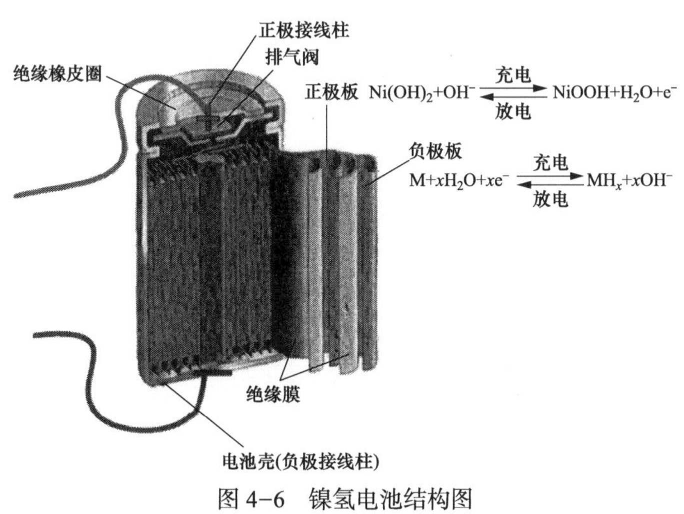

图 4-6　镍氢电池结构图

镍氢电池和铅酸电池的工作原理类似，都是通过内部可逆电化学反应来实现其充放电性能的，其反应原理见式（4-5）和式（4-6）。充电时式（4-5）和式（4-6）按正向进行，正极的氢氧化镍被氧化成镍氧化物，负极的金属物质还原成储合金；放电时则相反，正极的镍氧化物被还原成氢氧化镍，负极的储氢合金氧化成金属物质

$$\text{正极}\ \ Ni(OH)_2 + OH^- \underset{\text{放电}}{\overset{\text{充电}}{\rightleftharpoons}} NiOOH + H_2O + e^+ \tag{4-5}$$

$$\text{负极}\ \ M + xH_2O + xe^- \underset{\text{放电}}{\overset{\text{充电}}{\rightleftharpoons}} MH_x + xOH^- \tag{4-6}$$

式中：M 及 MHx 分别表示金属物质和储合金，为分析电池的外特性，对镍筑电池进行了充放电实验，其充放电特性如图 4-7 所示。镍电池的特性与铅酸电池类似在放电时电压有垂直下跌的一段，之后缓慢下降，在放电转充电的瞬间有垂直上升的段之后平缓上升。

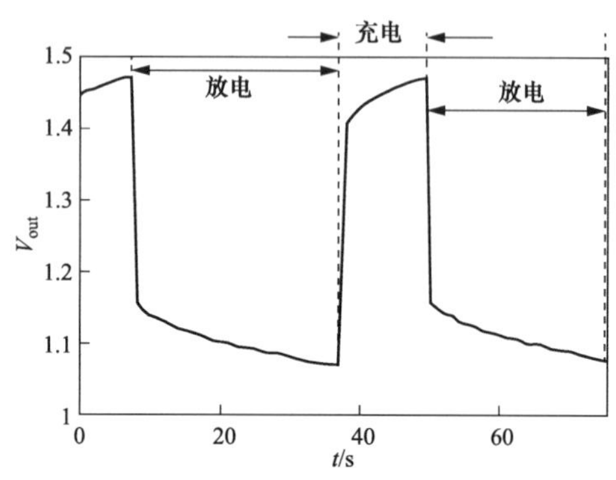

图 4-7　镍氢电池充放电特性曲线

4）液流电池基本原理及外特性分析。液流储能系统又称氧化还原液流储能电池，其中以全钒液流电池技术最为成熟，全钒液流电池的基本原理是利用钒离子不同价态的转换来实现电池的充放电，其基本结构如图 4-8 所示，主要由电极、电解液、离子隔膜、储液罐等部分组成。其充放电时的反应方程式为

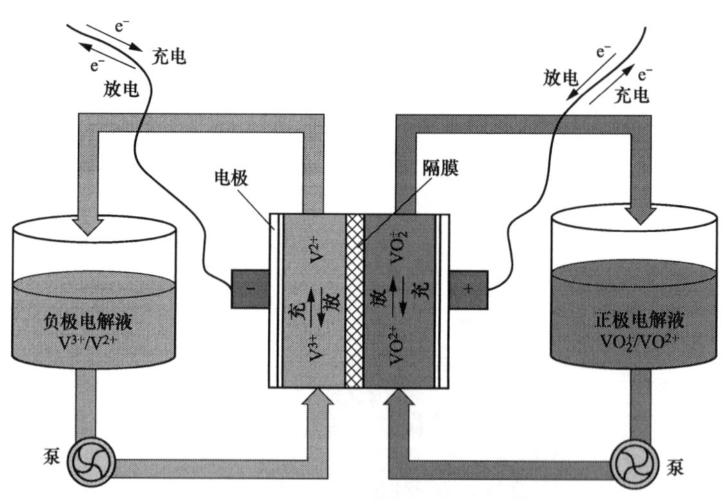

图 4-8　全钒液流电池的工作原理图

$$\text{正极}\ \ VO_2^+ + 2H^+ + e^- \underset{\text{放电}}{\overset{\text{充电}}{\rightleftharpoons}} VO^{2+} + H_2O \tag{4-7}$$

$$\text{负极}\ \ V^{2+} - e^- \underset{\text{放电}}{\overset{\text{充电}}{\rightleftharpoons}} V^{3+} \tag{4-8}$$

由图 4-9 可知全钒液流电池在放电时电压有垂直下跌的一段，之后缓慢下降，在放电转充电的瞬间有垂直上升的一段之后平缓上升。

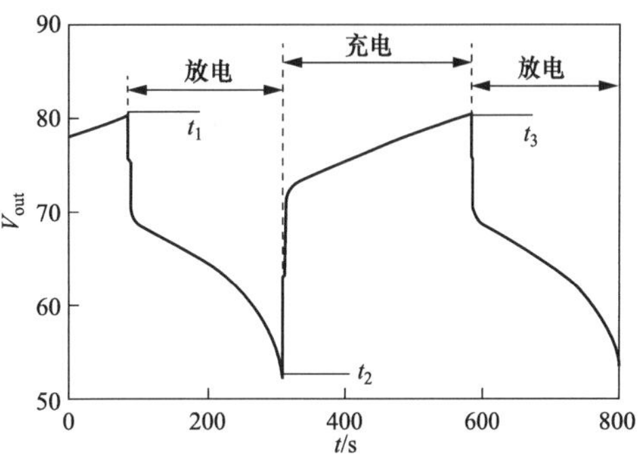

图 4-9　全钒液流电池充放电特性图

经过上述的分析可知四种典型的电化学电池有相似的反应机理，因此本节首先通过分析四种典型的电化学电池常用等效电路模型并研究其共同特点，结合四种典型电化学电池的外特性异同点，构建四种典型电化学电池的直流侧统一等效模型。

5）四种典型电化学电池的常用等效模型分析。锂电池的常用直流侧等效电路模型有：Rint 模型、Thevenin 模型、PNGV 模 GNL 模型、混合等效电路模型及由上述模型衍生或改进而来的模型等，其典型结构如图 4-10 所示。

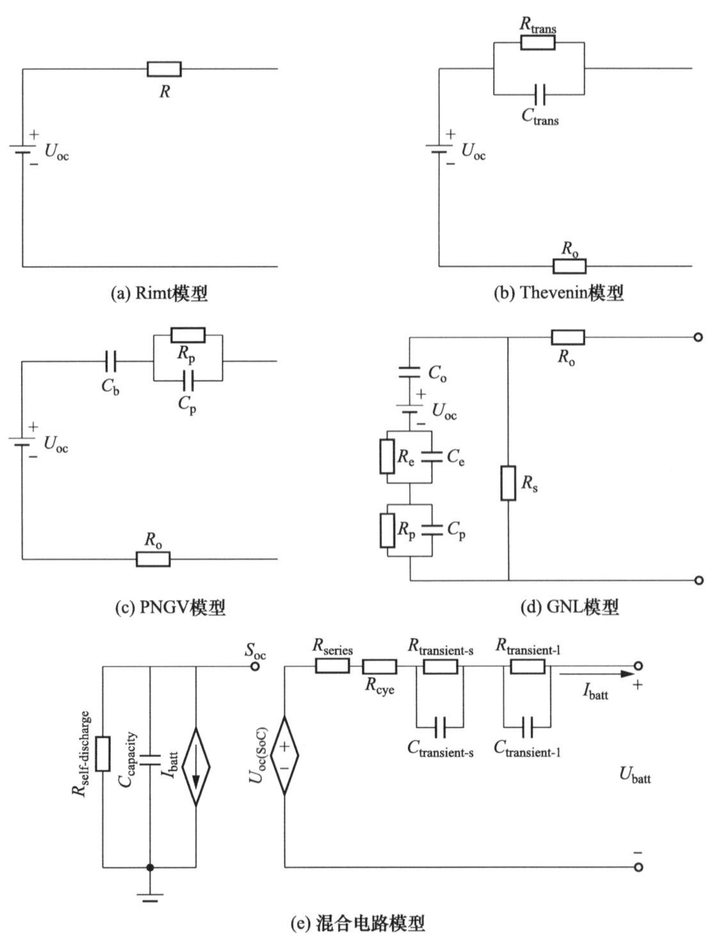

图 4-10　锂电池常用等效电路模型

铅酸电池常用等效电路模型有 PNGV 模型、一阶模型 I3（见图 4-11）等。

根据不同的应用场合镍氢电池的常用等效电路模型主要有 Rint 模型、PNGV 模型、二阶阻容模型（见图 4-12）。

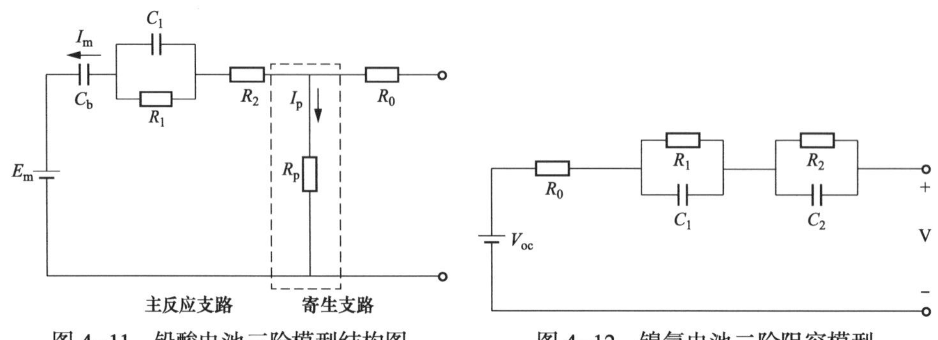

图 4-11　铅酸电池三阶模型结构图　　图 4-12　镍氢电池二阶阻容模型

图 4-12 中 V_{oc} 为电池的开路电压，R_1 表示连接电极和电解液的内阻，R_1 与 C_1 的并联环节用来表示电化学极化，R_2 与 C_2 的并联环节用来表示浓极化近年来备受关注和广泛应用的全钒液流电池等效电路模型，是 Barote 建的基于损耗假设的等效电路模型及基于此模型的相关改进模型，其结构如图 4-13 所示。

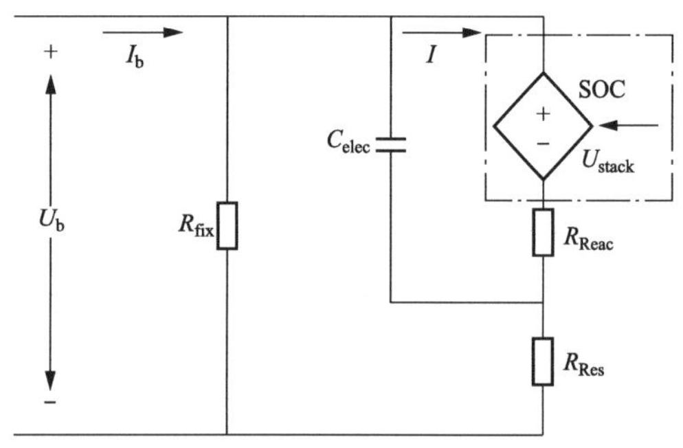

图 4-13　液流电池常用等效电路模型

U_{stack}—电池的开路电压；R_{Reac}、R_{Res}—电池内部损耗；C_{elec}—电极间的电容；U_b—电池端电压

统一等效建模：经过上述分析可知，四种典型电化学电池的等效电路模型存在共同点：① 均由电压源、电阻、电容三种基本元件组成；② 均有串联电阻元件；③ 大多有阻容并联模块；④ 部分有串联电容模块。同时结合外特性的共性为：① 在充电转放电瞬间，端电压有垂直下跌的一段；② 在放电转充电瞬间，端电压有垂直上升的一段：③ 充电后端电压有缓慢上升的一段；④ 放电后端电压有缓慢下降的一段，对电化学电池模型共同点与其外特性共性之间的机理分析如下：

首先根据四种典型电化学电池等效电路模型的共同点组建一个共同模型如图 4-14 所示。模型由电压源、串联电阻元件、阻容并联模块、电容模块串联而成，由于只有部分模型中含串联电容模块，因此在串联电容上并联一个开关。

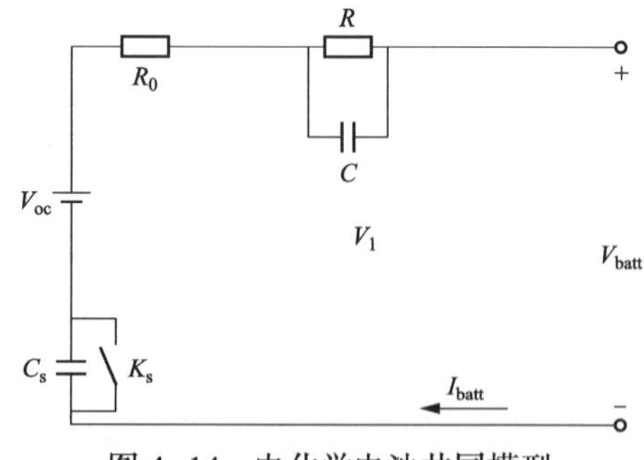

图 4-14　电化学电池共同模型

以液流电池的脉冲充放电数据（见图 4-9）分析共同模型与电池外特性共性之间的关系机理。取脉冲充放电的一个周期（t_1–t_s）数据分析

$$V_{batt}=V_{oc}-IR_0-V_1 \tag{4-9}$$

t_1 时刻电池由充电转为放电，输出电流 I_{batt} 由 $-I_m$ 转化为 I_m，在瞬间由于电容电压不能突变，V_1 保持不变，端电压在 t_1 时刻瞬间由 $V_{batt}=V_{oc}+I_mR_0-V_1$ 转化为 $V_{batt}=V_{oc}-I_mR_0-V_1$，因此端电压波形在时刻垂直下降。

t_1-t_2 时刻 V_1 在放电电流的作用下缓慢变小直至反向稳定，因此端电压缓慢下降。

t_2 时刻电池由放电转为充电，输出电流由 I_m 转化为 $-I_m$，在瞬间由于电容电压不能突变保存不变，端电压由 $V_{batt}=V_{oc}-I_mR_0-V_1$ 瞬间转化为 $V_{batt}=V_{oc}+I_mR_0-V_1$，因此端电压波形在 t_2 时刻垂直上升。

t_2-t_3 时刻 V 在充电电流的作用下缓慢变大直至反向稳定，因此端电压缓慢上升。

根据以上分析可知，由电化学电池模型的共同模块组建的电化学电池共同模型能有效解释四种典型电化学电池的外特性共性，同时也证明了电化学电池直流侧统一等效建模的可行性。

基于上述电化学电池共同模型，同时为了更加精细地描述各电化学电池电压的缓慢变化过程，在上述共同模型的基础上再串联一个阻容并联模块构建了电化学电池直流侧统一等效模型，其结构如图 4-15 所示。

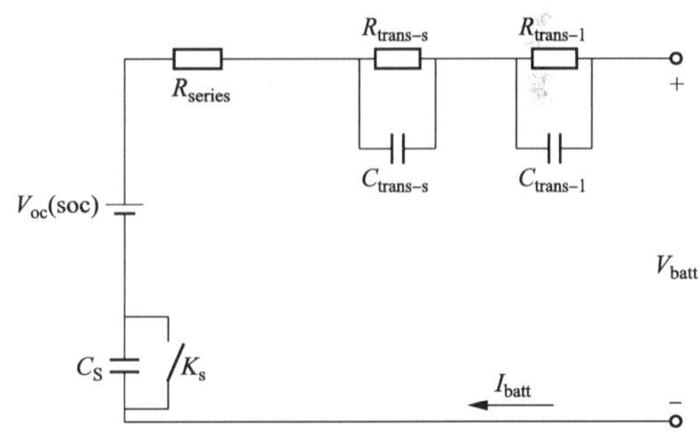

图 4-15　电化学电池统一等效模型

V_{oc}—开路电压；R_{tran-1}—长时间常数电阻；R_{tran-s}—短时间常数电阻，C_{tran-1}—长时间常数电容；C_{tran-s}—短时间常数电容；I_{batt}—电池的输出电流；V_{batt}—电池的端电压；K_s—开关值

电化学电池的统一等效模型集合 PNGV 模型、Thevenin 模型、二阶阻容模型各自的特点，在串联电容上并联了开关元件，当开关闭合时串联电容被短路统一等效模型转变为二阶阻容模型；当开关打开时，统一等效模型转化为 PNGV 模型与一个阻容模块的串联。K_s 取 1 表示开关打开，取 0 表示开关关闭，同时由于电力系统仿真暂态时间常是毫秒到几秒，在此时间尺度下电化学电池的自身状态（SoC、SoH 等）可认为不变。根据 KCL 和 KVL 定律统一等效模型的动态微分方程与输出方程为

$$\begin{cases}\dfrac{\mathrm{d}V_{tran-s}}{\mathrm{d}t}=\dfrac{R_{tran-s}I_{batt}}{R_{tran-s}C_{tran-s}}-\dfrac{V_{tran-s}}{R_{tran-s}C_{tran-s}}\\ \dfrac{\mathrm{d}V_{tran-s}}{\mathrm{d}t}=\dfrac{R_{tran-l}I_{batt}}{R_{tran-l}C_{tran-l}}-\dfrac{V_{tran-l}}{R_{tran-l}C_{tran-l}}\\ \dfrac{\mathrm{d}V_{tran-s}}{\mathrm{d}t}=\dfrac{I_{batt}}{C_s}\end{cases} \tag{4-10}$$

$$V_{oct}=V_{oc}-R_{series}I_{batt}-V_{tran\text{-}l}-V_{tran\text{-}s}-K_s^* \tag{4-11}$$

其中充放电电流 I_{batt} 作为模型的激励即模型输入，以实验所得的端电压 V_{oct} 作为模型的响应向量 y，即 $y=V_{oct}$；以等效模型相应的输出电压值 V_{octm} 作为模型的输出向量 y，

即 $y_m=V_{octm}$；以两个并联 RC 支路的电容电压 U_{tran-1}、U_{tran-s} 和开路电压部分的 C_s 电容电压 U_{cs} 作为状态向量 x，即令 $x=[V_{tran-1}, V_{tran-s}, V_{cs}]T$；模型参数向量 $\theta=[\alpha,\beta]$，其中独立待辨识参数向量 $\alpha=[V_{oc}, R_0, R_{tran-1}$、$R_{tran-s}, C_{tran-s}, C_s, K_s]T$，$K_s$ 为开关量取值为 0 或者 1。非独立待辨识参数向量为三个状态变量的初始值即 $\beta=[V_{tran-1}(0), V_{tran-s}(0), V_{cs}(0)]$。

（2）双向 DC/DC 变换器。升降压斩波电路（Buck−Boost Chopper）的原理图如图 4−16（a）所示。设电路中电感 L 值和电容 C 值也很大。使电感电流 i_L 和电容电压即负载电压 u_0。基本为恒值。

该电路的基本工作原理是：当可控开关 V 处于通态时，电源 E 经 V 向电感 L 供电使其储存能量，此时电流为 i_1，方向如图 4−16（a）所示。同时，电容 C 维持输出电压基本恒定并向负载 R 供电。此后，使 V 关断，电感 L 中储存的能量向负载释放，电流为 i_2，方向如图 4−16（a）所示。可见，负载电压极性为上负下正，与电源电压极性相反，与前面介绍的降压斩波电路和升压斩波电路的情况正好相反，因此该电路也称作反极性斩波电路。

稳态时，一个周期 T 内电感 L 两端电压 u_L 对时间的积分为零，即

$$\int_0^r u_L \mathrm{d}t = 0 \tag{4-12}$$

当 V 处于通态期间，$u_L=E$；而当 V 处于断态期间，$u_L=-u_0$，于是

$$Et_{off} = U_o t_{off} \tag{4-13}$$

所以输出电压为

$$U_o = \frac{t_{on}}{t_{off}}E = \frac{t_{on}}{T-t_{on}}E = \frac{\alpha}{1-\alpha}E \tag{4-14}$$

改变占空比 α，输出电压既可以比电源电压高，也可以比电源电压低。当 $0<\alpha<1/2$ 时为降压，当 $1/2<\alpha<1$ 时为升压，因此将该电路称作升降压斩波电路。也有文献直接按英文称之为 Buck−Boost 变换器（Buck−Boost Converter）。

图 4−16（b）给出了电源电流 i_1 和负载电流 i_2 的波形，设两者的平均值分别为 I_1 和 I_2，当电流脉动足够小时，有

$$\frac{I_1}{I_2} = \frac{t_{on}}{t_{off}} \tag{4-15}$$

由式（4−15）可得

$$I_2 = \frac{t_{off}}{t_{on}}I_1 = \frac{1-\alpha}{\alpha}I_1 \tag{4-16}$$

如果 V、VD 为没有损耗的理想开关时，则

$$EI_1 = U_o I_2 \tag{4-17}$$

其输出功率和输入功率相等，可看作直流变压器。

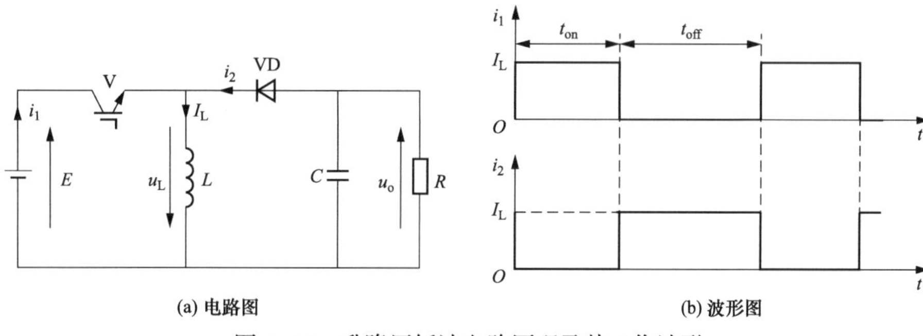

(a) 电路图　(b) 波形图

图 4-16　升降压斩波电路原理及其工作波形

（3）双向 DC/AC 变换器（PCS）。储能并网用 DC/AC 变换器通常为双向 AC/DC 变流器，它实际上是一个交、直流侧可控的四象限运行的变流装置。为便于理解，以下首先从模型电路阐述变流器四象限运行的基本原理。如图 4-17 为 AC/DC 变流器单相等值电路模型。

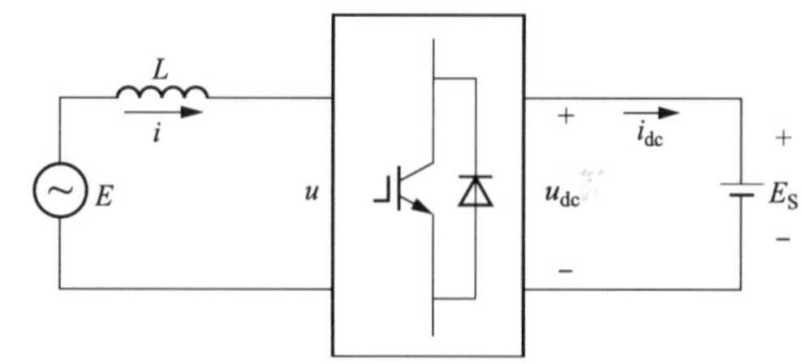

图 4-17　AC/DC 变流器单相等值电路模型

从图 4-17 可以看出，变流器型电路由交流回路、功率开关桥路以及直流回路组成。其中交流回路包括交流电动势 E 以及网侧电感 L 等；直流回路为储能电池 E_S；功率开关桥路可由电压型或电流型桥路组成。当不计功率桥路损耗时，由交、直流侧功率平衡关系得

$$iu = i_{dc}u_{dc} \tag{4-18}$$

式中：u、i 为模型电路交流侧电压、电流；u_{dc}、i_{dc} 为模型电路直流侧电压、电流。

由式（4-23）不难理解，通过模型电路交流侧的控制，即可控制其直流侧，反之亦然。以下着重从模型电路交流侧入手，分析变流器的运行状态和控制原理。稳态条件下，变流器交流侧向量关系如图 4-18 所示。

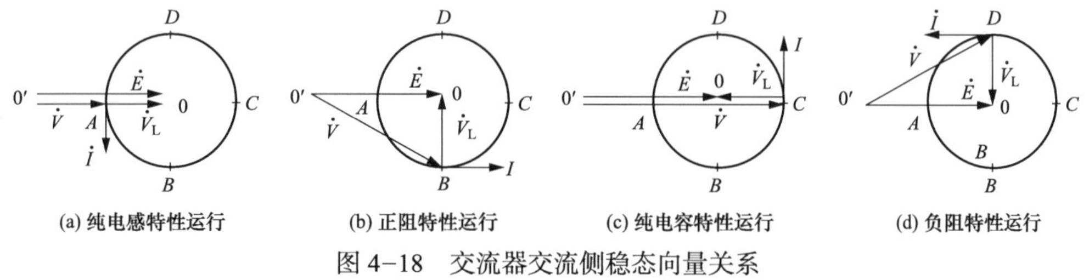

(a) 纯电感特性运行　(b) 正阻特性运行　(c) 纯电容特性运行　(d) 负阻特性运行

图 4-18　交流器交流侧稳态向量关系

E—交流电网电动势向量；V—交流侧电压向量；V_L—交流侧电感电压向量；I—交流侧电流向量

为简化分析，只考虑基波分量而忽略谐波分量，并且不计交流侧电阻。这样可从图 4-18 析：当以电网电动势向量为参考时，通过控制交流电压向量即可实现变流器的四象限运行。若假设 $|I|$ 不变，因此 $|V_L| = w_L|I|$ 也固定不变，在这种情况下，变流器交

流电压向量端点运动轨迹构成了一个以 $|V_L|$ 为半径的圆。当电压向量端点 V 位于圆轨迹 A 点时，电流向量 I 比电动势向量 E 滞后 90°，此时变流器网侧呈现纯电感特性，如图 4-18（a）所示；当电压向量 V 端点运动至圆轨迹 B 点时，电流向量 I 与电动势向量 E 平行且同向，此时变流器网侧呈现正电阻特性，如图 4-18（b）所示；当电压向量 V 端点运动至圆轨迹 C 点时，电流向量 I 比电动势向量 E 超前 90°，此时变流器网侧呈现纯电容特性，如图 4-18（c）所示：当电压向量 V 端点运动至圆轨迹 D 点时，电流向量 I 与电动势向量 E 平行且反向，此时变流器网侧呈现负阻特性，如图 4-18（d）所示。以上 A、B、C、D 四点是变流器四象限运行的四个特殊工作状态点。进一步分析，可得变流器四象限运行规律如下：

（1）电压向量 V 端点在圆轨迹 AB 上运动时，变流器运行于整流状态。此时，变流器需从电网吸收有功及感性无功功率，电能将通过变流器由电网传输至直流负载。值得注意的是，当变流器运行在 B 点时，则实现单位功率因数整流控制；而在 A 点运行时，变流器则不从电网吸收有功功率，而只从电网吸收感性无功功率。

（2）当电压向量 V 端点在圆轨迹 BC 上运动时，变流器运行于整流状态。此时，变流器需从电网吸收有功及容性无功功率，电能将通过变流器由电网传输至直流负载。当变流器运行至 C 点时，此时，变流器将不从电网吸收有功功率，而只从电网吸收容性无功功率。

（3）当电压向量 V 端点在圆轨迹 CD 上运动时，变流器运行于有源逆变状态。此时变流器向电网传输有功及容性无功功率，电能将从变流器直流侧传输至电网；当变流器运行至 D 点时，便可实现单位功率因数有源逆变控制。

（4）当电压向量 V 端点在圆轨迹 DA 上运动时，变流器运行于有源逆变状态。此时，变流器向电网传输有功及感性无功功率，电能将从变流器直流侧传输至电网。显然，要实现变流器的四象限运行，关键在于网侧电流的控制。一方面，可以通过控制变流器交流电压，间接控制其网侧电流；另一方面，也可通过网侧电流的闭环控制，直接控制变流器的网侧电流。

4.2 仿 真 模 型

如图 4-19 所示为储能系统并网仿真模型图，储能系统整体模型包括：储能电池模型、逆变器模型及滤波模型，后经变压器升压后接入电网。

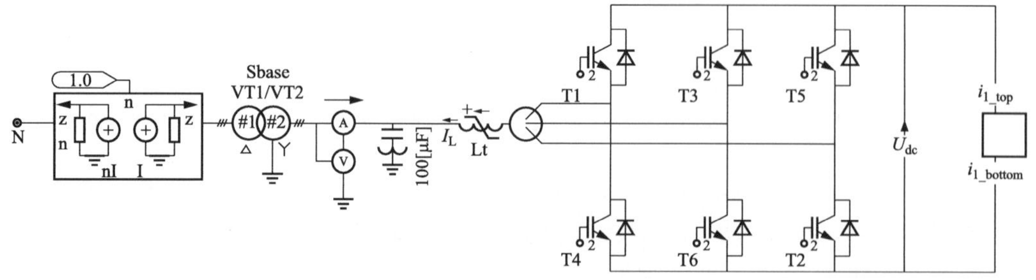

图 4-19 储能系统的并网仿真模型图

（1）正负序分离模块。传统的简单双闭环控制基于三相平衡条件设计，只有正序分量能得到较好的控制。在电网电压不对称时会引入负序分量，由于负序分量不受控制，这时逆变器的输出特性可能无法满足并网要求而脱网，因此需首先进行正负序分离。

如图4-20所示，利用PSCAD中相关模块，分别得到正负序对应的坐标变换角度，实现 dq 坐标的正负序分离。

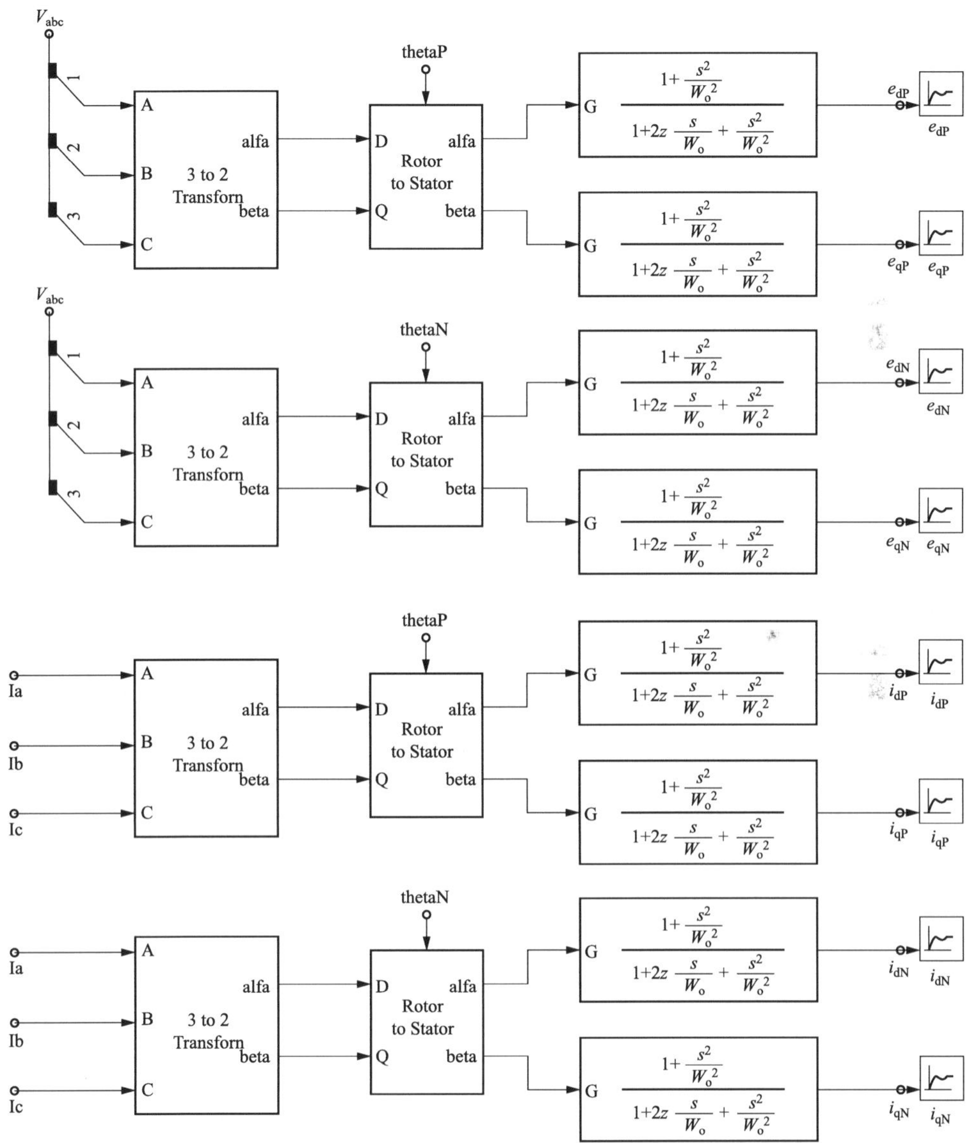

图4-20　基于陷波器的正负序分离图

（2）电流内环控制模块。电流内环控制模型如图4-21所示，分别将 I_{dP} 与 I_{dPref1}、I_{qP} 与 I_{qPref1}、I_{dN} 与 I_{dNref1}、I_{qN} 与 I_{qNref1} 的差值经过PI比例积分控制器进行调节，控制电流的误差，保证电压的输出跟随电网电压信号。输出电压 U_d、U_q 经过反变换得到正弦调制信号，经过正弦 PWM 控制逆变器的开断，从而将光伏电池发出的直流电转换为与大电网电压和频率相同的交流电后并入其中。

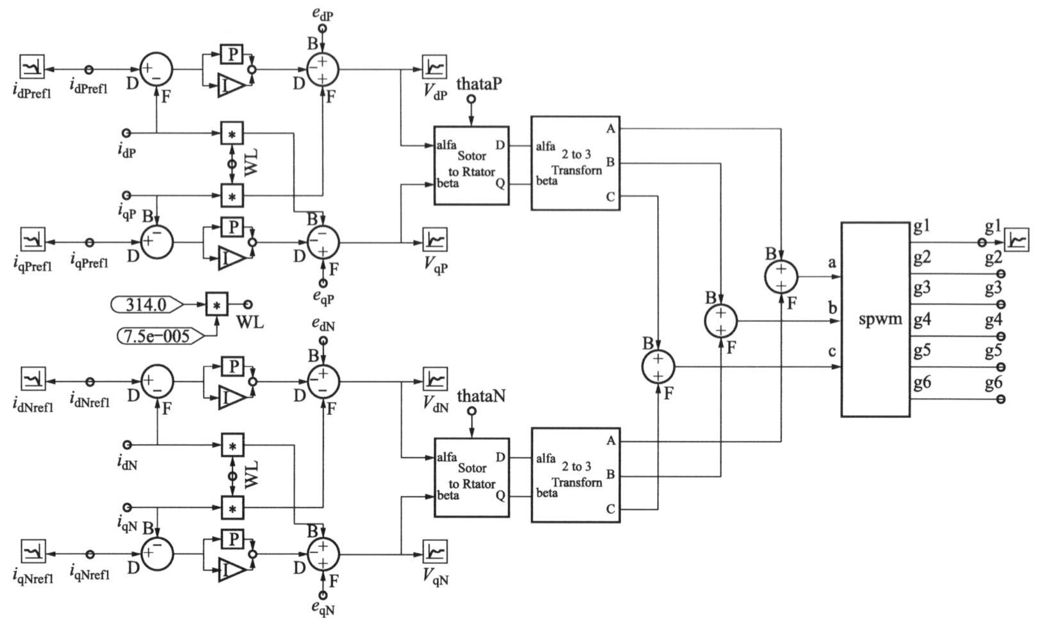

图 4-21　电流内环控制模型图

（3）功率参考值给定模块。储能系统有功电流外环为有功功率控制，有功功率通过期望功率给定控制，若使用储能平抑新能源电站功率，则有功功率参考值为期望功率与新能源电站功率的差值。故障期间的无功功率参考值与电网的故障穿越要求有关，根据我国新能源电站并网故障穿越导则，可得到如图 4-22 所示的无功补偿计算方法，故障期间使储能向电网提供无功支撑。

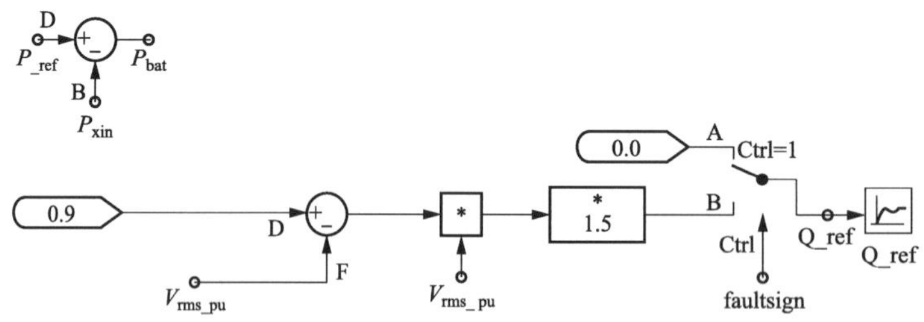

图 4-22　功率参考值给定模型图

（4）电流限幅器模块。电网故障下，流过逆变器的电流增加，由于逆变器过电流能力较弱，易损坏设备，与常规逆变型电源相同，需在电流控制回路中引入电流限幅器，避免深度故障下逆变器过电流，流过逆变器电流应限制在一定范围内。电流限幅器模型如图 4-23 所示。

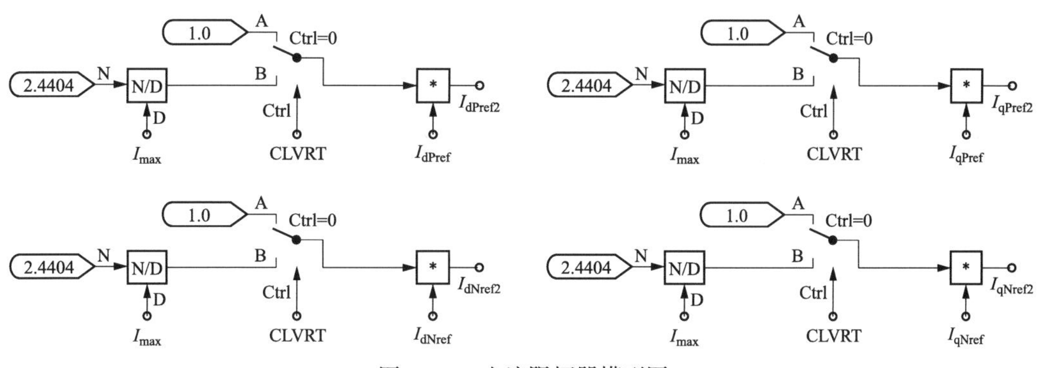

图 4-23　电流限幅器模型图

（5）网侧电压给定模块（见图 4-24）。经过电流环后，将得到的 dq 轴正负序电压进行反派克变换，得到 abc 三相的电压并将该电压输入 PWM 调模块结合三角载波进行波形调制。

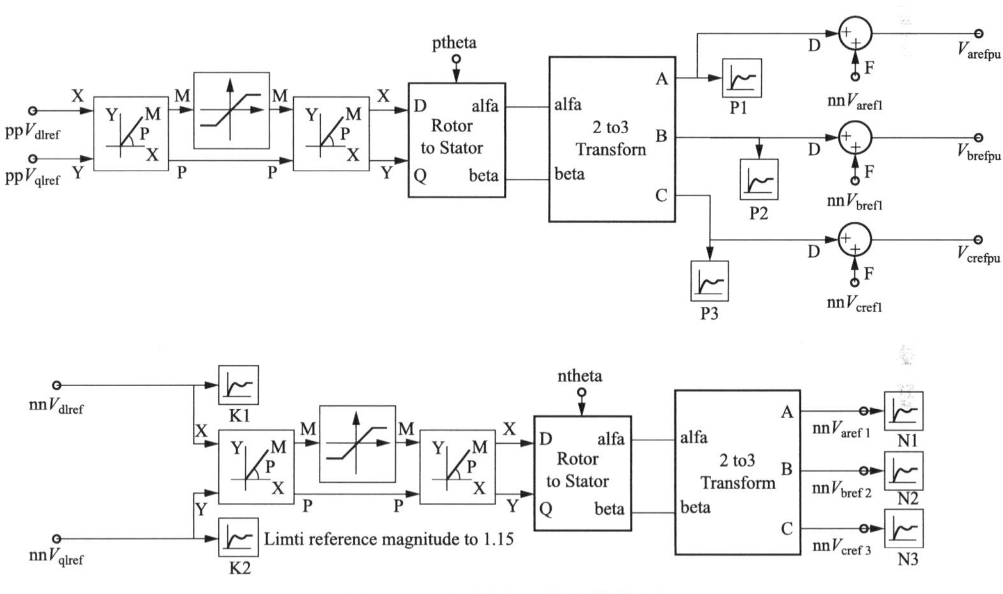

图 4-24　网侧电压给定模块图

4.3 故 障 特 征

4.3.1　理论分析

与光伏、风电相比，电化学储能功率响应更快速，故障期间会面临不同的动态建模问题。电网故障时电网功率急剧变化，如果电化学储能功率不能及时调整，则功率不平衡会导致变流器电流急剧上升，危害电力电子器件安全，进而造成电化学储能脱网。为此，电网故障下一般通过控制 DC/AC 逆变器在电压跌落期间发出无功功率、电压抬升期间吸收无功功率。因此，故障期间储能系统输出正序电流 q 轴给定值（表征提供容性 / 感性无功电流的大小）的计算表达式为

$$i_{\mathrm{q,ref}}^{\mathrm{RT}}=k\left(0.9-V_{\mathrm{T}}\right)\quad 0.2\leqslant V_{\mathrm{T}}\leqslant 0.9 \tag{4-19}$$

$$i_{\mathrm{q,ref}}^{\mathrm{RT}}=k\left(V_{\mathrm{T}}-1.1\right)\quad 1.1\leqslant V_{\mathrm{T}}\leqslant 1.3 \tag{4-20}$$

式中：k 为大于 1.5 的常系数。

同时，考虑故障穿越期间优先输出无功电流的目标，相应地其有功电流会受到变流器容量的限制

$$\begin{cases} i_{\mathrm{d,max}}=\sqrt{1.1^2-(i_{\mathrm{q,ref}}^{\mathrm{RT}})^2} \\ i_{\mathrm{q,max}}=1.1 \end{cases} \tag{4-21}$$

因此，电网发生故障时，储能系统输出电流的幅值将被控制在某一定值以下，一般限制为 1.1～1.5 倍额定电流。当输出电流值尚未达到最大输出电流 1.1 倍额定电流时，电池储能系统维持设定的输出功率不变，出口电压下降、输出电流增大，滤波电感及升压变压器等构成内阻抗；当输出电流达到最大输出电流 1.1 倍额定电流后，输出功率不再保持不变（无法继续支撑电压而导致电压降低，输出功率变小），而输出电流维持在限制值不再增大。

另外，根据储能单元分别工作于充电和放电模式下输出的有功和无功功率大小，可得到其短路电流相角计算表达式为

$$\theta_{\mathrm{o}}=\begin{cases} \arctan\dfrac{i_{\mathrm{d}}}{i_{\mathrm{q}}}=\arctan\dfrac{Q_{\mathrm{g}}^{0}}{P_{\mathrm{g}}^{0}} & \text{放电模式} \\ \arctan\dfrac{i_{\mathrm{d}}}{i_{\mathrm{q}}}=\arctan\dfrac{Q_{\mathrm{g}}^{0}}{P_{\mathrm{g}}^{0}}+\pi & \text{充电模式} \end{cases} \tag{4-22}$$

式中：i_{d} 和 i_{q} 分别为储能系统所提供短路电流在同步旋转坐标中 d 轴和 q 轴的分量；Q_{g}^{0} 和 P_{g}^{0} 分别为储能系统输出的无功功率分量和有功功率分量。

由式（4-22）可知，若故障前储能处于放电模式（$P_{\mathrm{g}}^{0}<0$），考虑到故障期间电网对储能等新能源电源的无功功率支撑要求，此时储能系统输出的无功功率 $Q_{\mathrm{g}}^{0}<0$，所以故障下储能系统提供的短路电流相角为负值，这与同步发电机短路电流相角为正的规律不同。但若故障前储能处于充电模式（$P_{\mathrm{g}}^{0}>0$），电网故障下储能系统提供的短路电流相角为正值，但与同步发电机所提供的短路电流相角也不同，同步发电短路电流相角通常为小于 90°，而充电模式下的储能系统所提供的短路电流相角通常在 180°～270° 范围内变化。

4.3.2 仿真验证

利用 MATLAB/SIMULINK 仿真软件建立了完整的交流储能接入电网系统的仿真模型，储能单元 20 台，单台额定容量 0.5MW，变流器限流指令为 1.5p.u.。储能单元接入方式与光伏相同，通过 35kV 集电线接入 35kV 母线，之后经过 110kV 升压变压器通过专线接入 110kV 等值系统，安装主变压器 1 台，系统等值基准值 100MVA，等值系统短路容量为 1800MVA。35kV 集电线长度为 5km，单位线路的正序阻抗为

0.1153+j0.33Ω，零序阻抗为 0.413+j1.04Ω。110kV 送出线长度为 20km，单位线路的正序阻抗为 0.106+j0.38Ω，零序阻抗为 0.328+j1.28Ω。

（1）三相短路故障。t=4s 时储能系统的送出专线上设置三相短路故障，并网点三相电压跌落至 80%，故障持续 0.5s。图 4-25 为故障发生后直驱风电机组机出口短路电压和短路电流波形，故障后机端电流由 1.0p.u. 增大至 1.1p.u.，过渡时间约为 10ms；图 4-26 为故障发生后风场并网点电压电流波形，由于换流器的限流作用，并网点最大电流为额定电流的 1.1 倍；图 4-27 为故障发生后系统侧的电压电流波形，系统侧电流由 1p.u. 增大至 6p.u.。

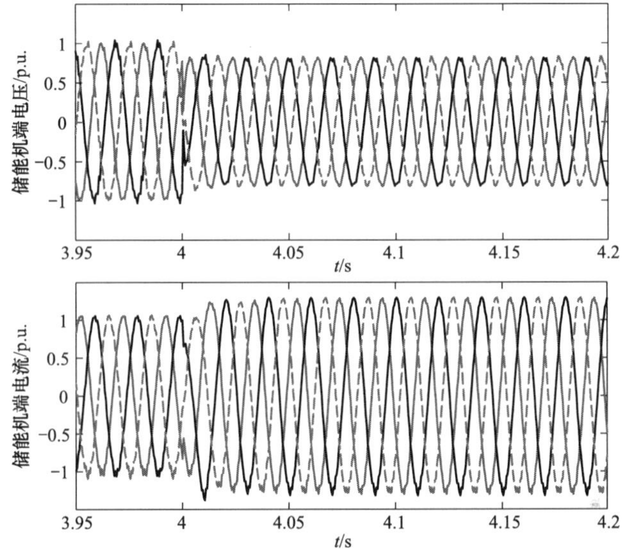

图 4-25　三相跌落至 80% 时储能机端电压电流波形

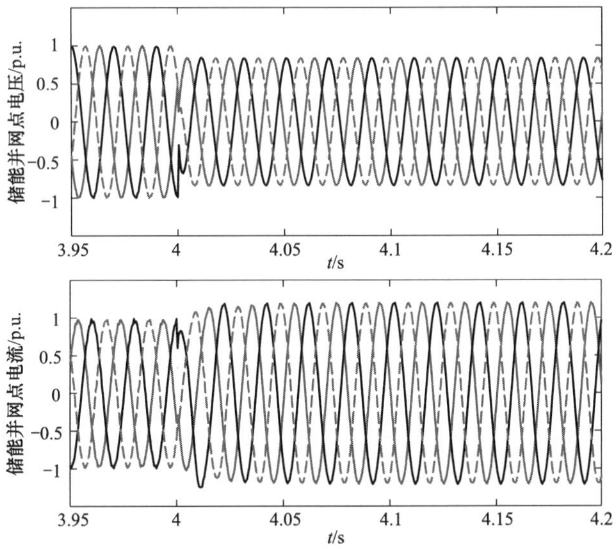

图 4-26　三相跌落至 80% 时储能并网点电压电流波形

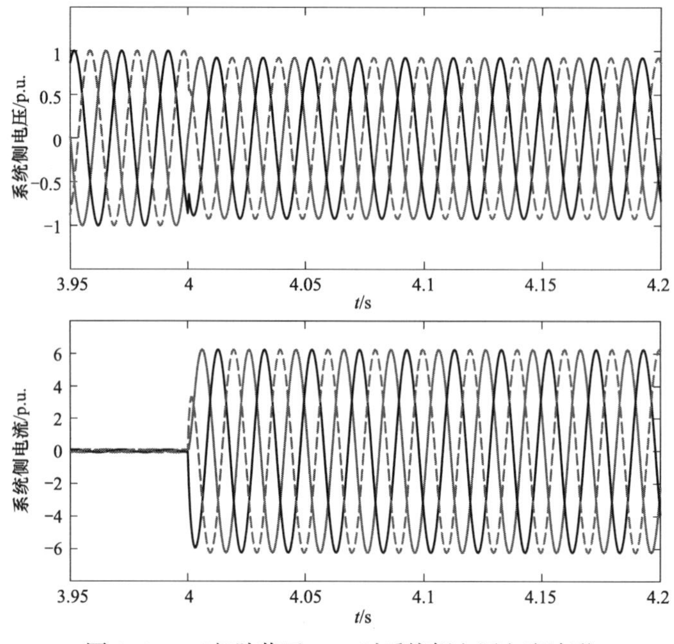

图 4-27　三相跌落至 80% 时系统侧电压电流波形

$t=4$s 时储能系统的送出专线上设置三相短路故障，并网点三相电压跌落至 50%，故障持续 0.5s。图 4-28 为故障发生后直驱风电机组机出口短路电压和短路电流波形，故障后，机端电流由 1.0p.u. 增大至 1.5p.u.，过渡时间约为 10ms；图 4-29 为故障发生后风场并网点电压电流波形，由于换流器的限流作用，并网点最大电流为额定电流的 1.5 倍；图 4-30 为故障发生后系统侧的电压电流波形，系统侧电流由 1p.u. 增大至 10p.u.。

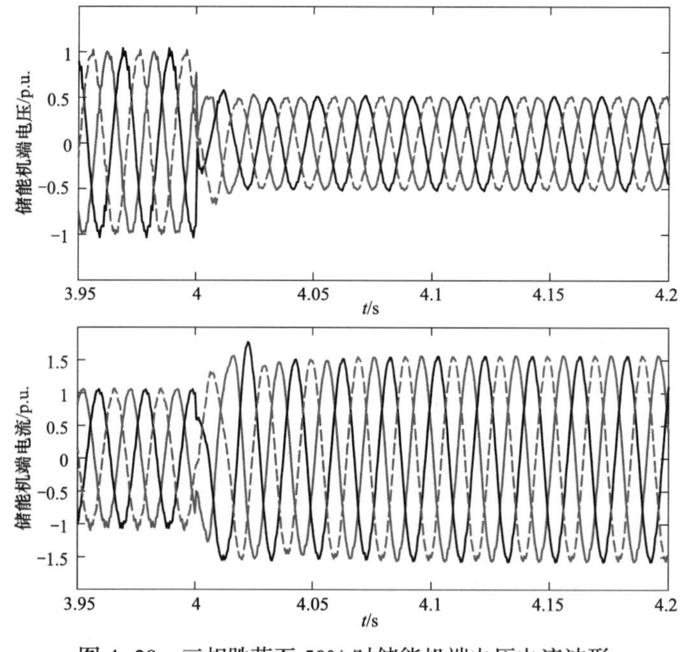

图 4-28　三相跌落至 50% 时储能机端电压电流波形

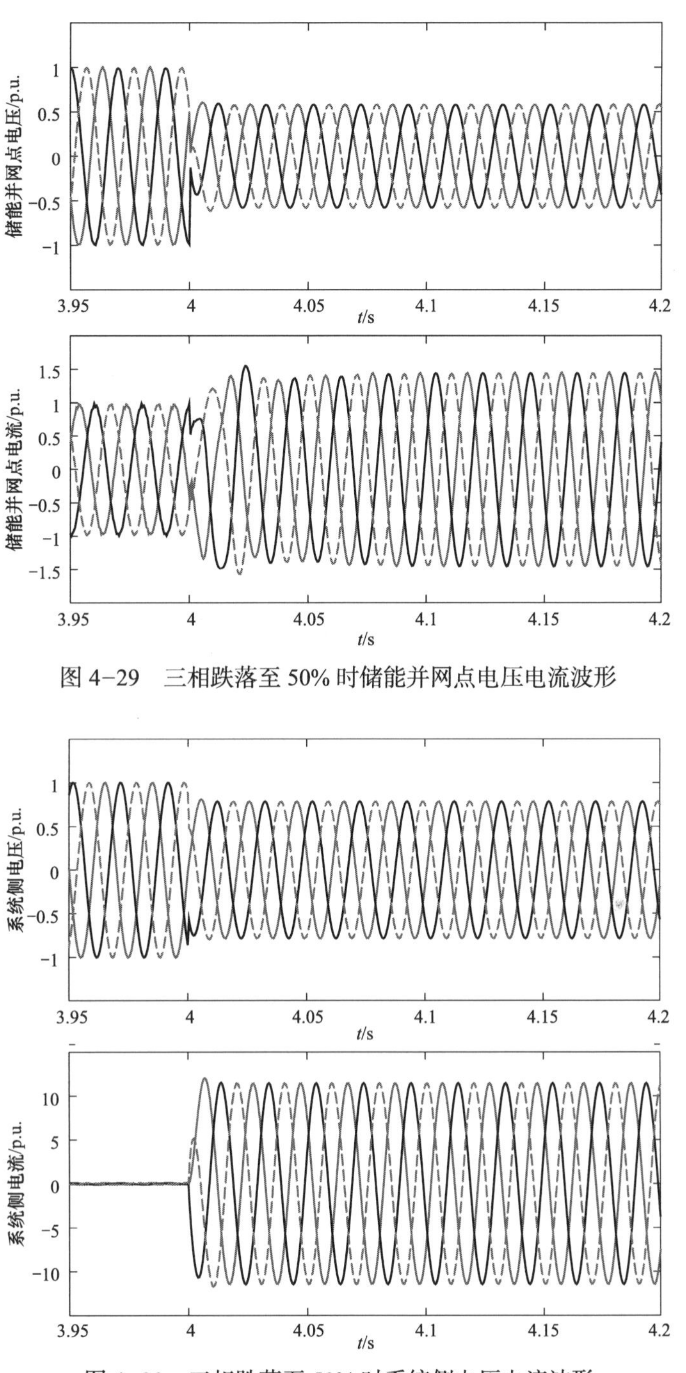

图 4-29　三相跌落至 50% 时储能并网点电压电流波形

图 4-30　三相跌落至 50% 时系统侧电压电流波形

$t=4$s 时储能系统的送出专线上设置三相短路故障，并网点三相电压跌落至 20%，故障持续 0.5s。图 4-31 为故障发生后直驱风电机组机出口短路电压和短路电流波形，故障后，机端电流由 1.0p.u. 增大至 1.5p.u.，过渡时间约为 10ms；图 4-32 为故障发生后风场并网点电压电流波形，由于换流器的限流作用，并网点最大电流为额定电流的 1.5 倍；图 4-33 为故障发生后系统侧的电压电流波形，系统侧电流由 1p.u. 增大至 15p.u.。

综上所述，当储能系统并网点发生三相对称短路故障，在不同电压跌落程度下得到的故障特征量见表 4-1。

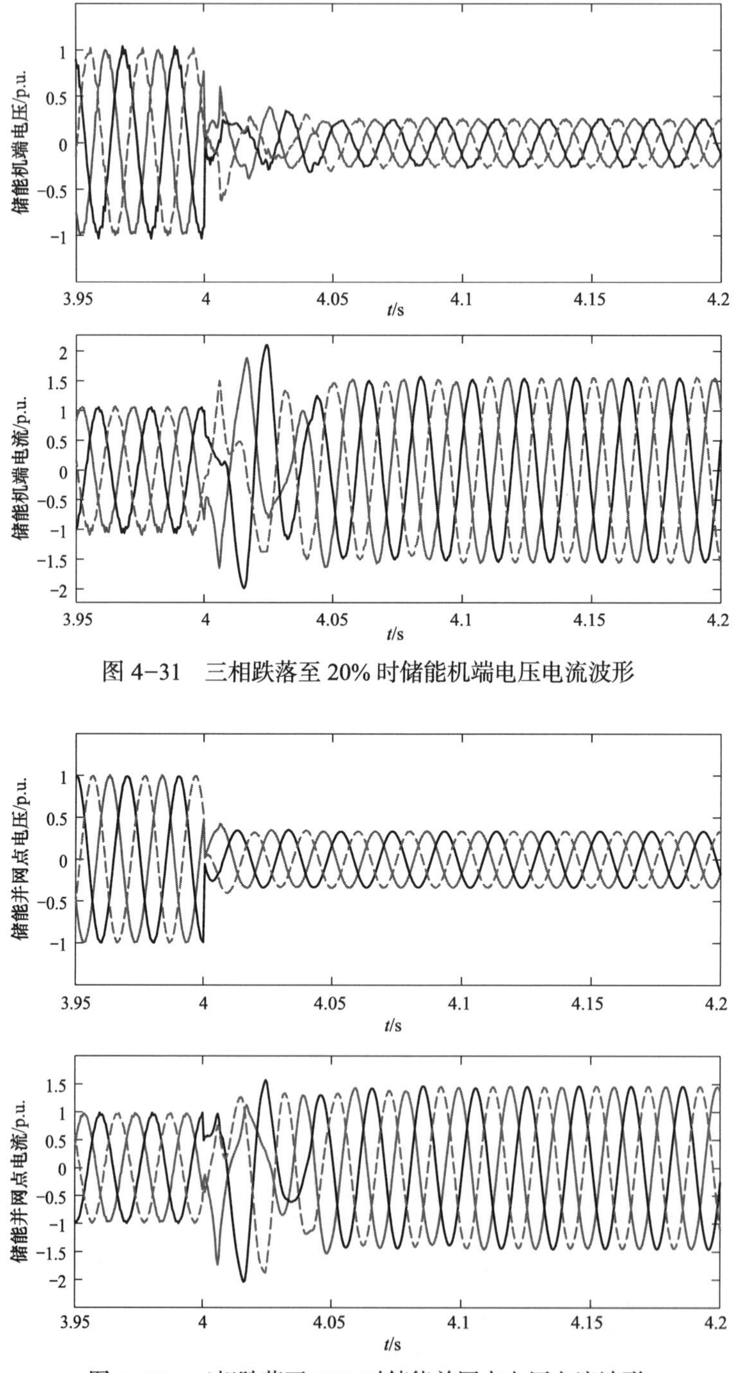

图 4-31　三相跌落至 20% 时储能机端电压电流波形

图 4-32　三相跌落至 20% 时储能并网点电压电流波形

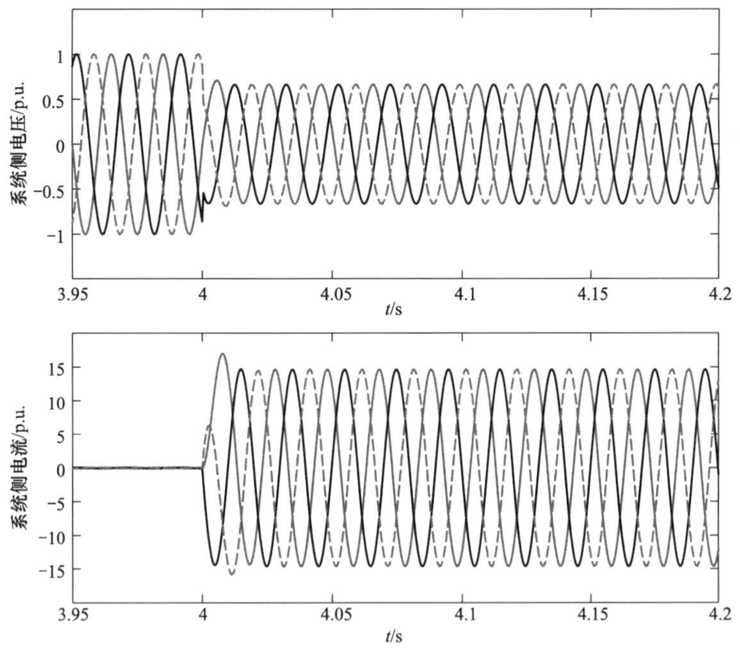

图 4−33　三相跌落至 20% 时系统侧电压电流波形

表 4−1　　储能系统在对称故障下的故障特性

故障特征量	电压跌落至 80%	电压跌落至 50%	电压跌落至 20%
系统侧电流 /p.u.	6	10	15
并网点电流 /p.u.	1.1	1.5	1.5
风机机端电流 /p.u.	1.1	1.5	1.5
故障电流衰减时间 /ms	10	10	10

（2）单相接地短路故障。$t=4$s 时储能系统的送出专线上设置单相短路故障，并网点故障相电压跌落至 80%，故障持续 0.5s。图 4−34 为故障发生后直驱风电机组机出口短路电压和短路电流波形，故障后，机端电流由 1.0p.u. 增大至 1.2p.u.，过渡时间约为 30ms；图 4−35 为故障发生后风场并网点电压电流波形，并网点电流从 1p.u. 升至 1.2p.u.，并网点三相电流接近于同相位。图 4−36 为故障发生后系统侧的电压电流波形，系统侧电流由 1p.u. 增大至 6p.u.。

$t=4$s 时储能系统的送出专线上设置单相短路故障，并网点故障相电压跌落至 50%，故障持续 0.5s。图 4−37 为故障发生后直驱风电机组机出口短路电压和短路电流波形，故障后，机端电流由 1.0p.u. 增大至 1.5p.u.，过渡时间约为 30ms；图 4−38 为故障发生后风场并网点电压电流波形，并网点电流从 1.0p.u. 升至 1.5p.u.，三相电流接近于同相位。图 4−39 为故障发生后系统侧的电压电流波形，系统侧电流由 1p.u. 增大至 12p.u.。

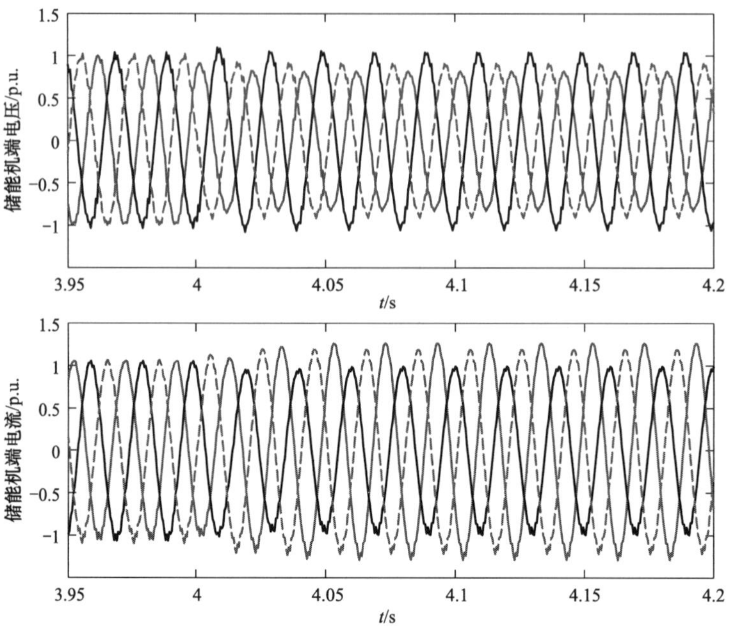

图 4−34　单相跌落至 80% 时储能机端电压电流波形

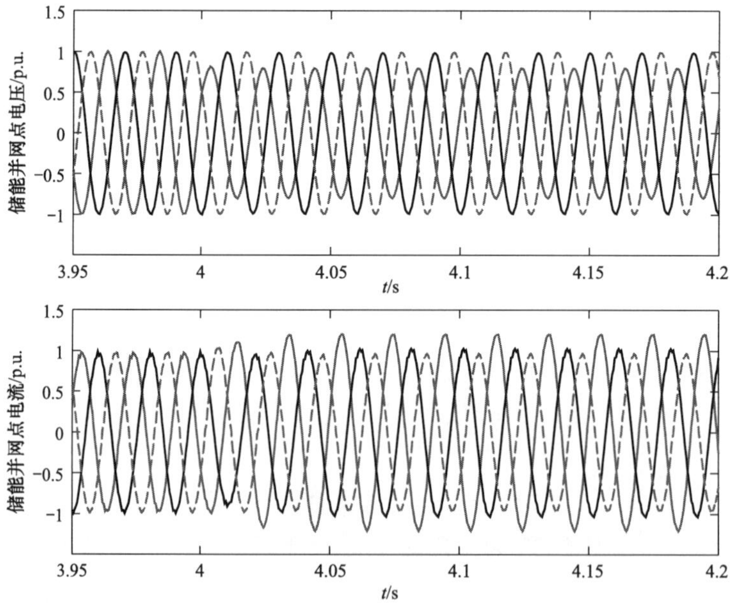

图 4−35　单相跌落至 80% 时储能并网点电压电流波形

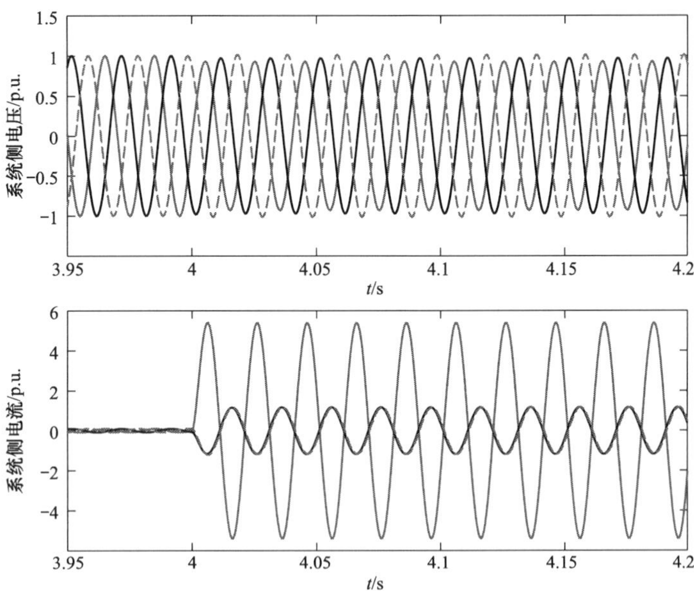

图 4-36 单相跌落至 80% 时系统侧电压电流波形

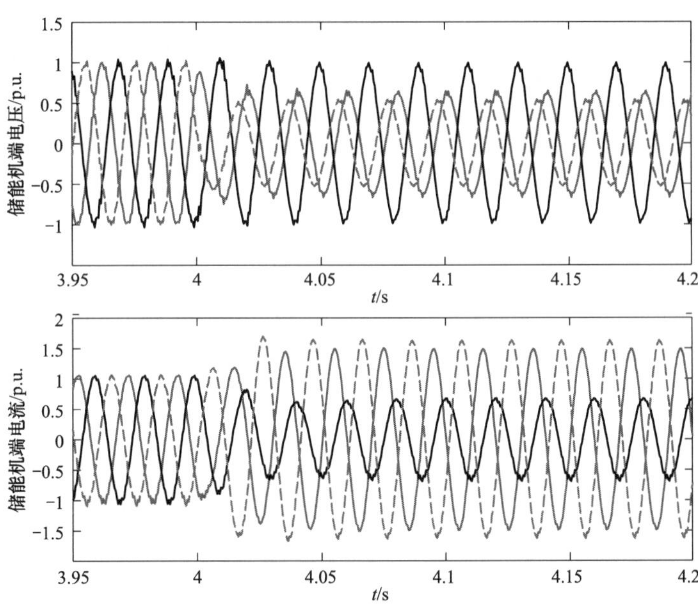

图 4-37 单相跌落至 50% 时储能机端电压电流波形

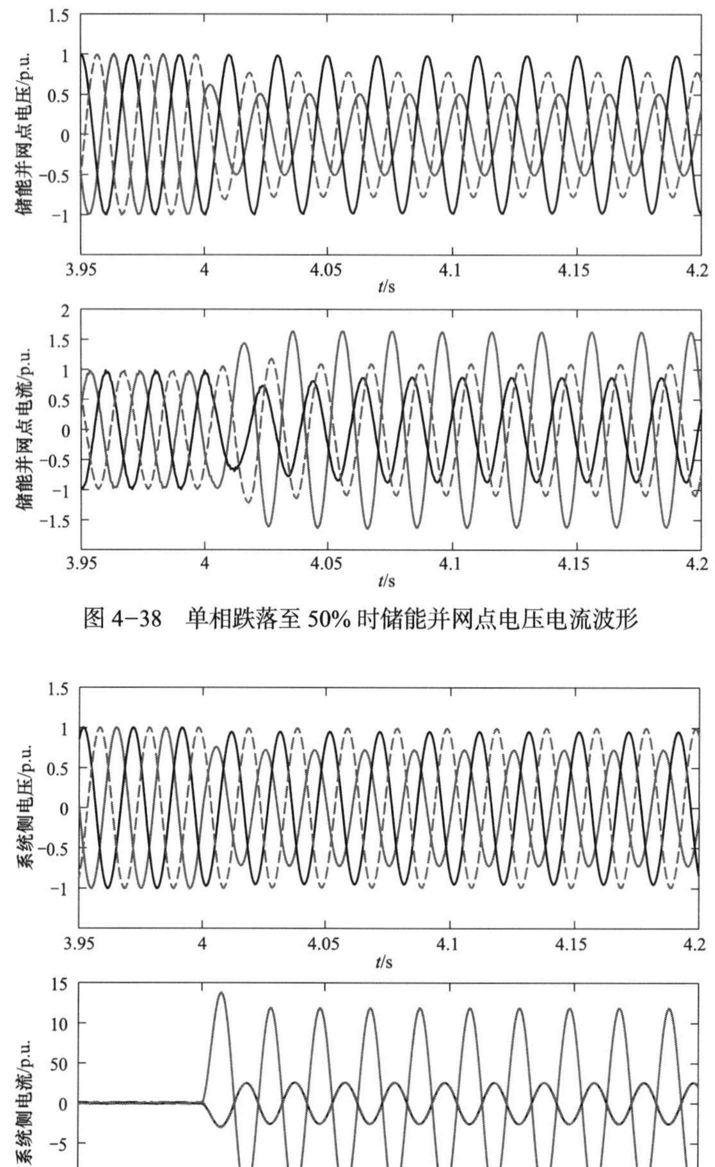

图 4-38　单相跌落至 50% 时储能并网点电压电流波形

图 4-39　单相跌落至 50% 时系统侧电压电流波形

t=4s 时直驱风电机组的送出专线上设置单相短路故障，并网点故障相电压跌落至 20%，故障持续 0.5s。图 4-40 为故障发生后直驱风电机组机出口短路电压和短路电流波形，故障后，机端电流由 1.0p.u. 增大至 1.5p.u.；图 4-41 为故障发生后风场并网点电压电流波形，并网点电流从 1p.u. 升至 1.5p.u.，三相电流接近于同相位。图 4-42 为故障发生后系统侧的电压电流波形，系统侧电流由 1p.u. 增大至 13p.u.。

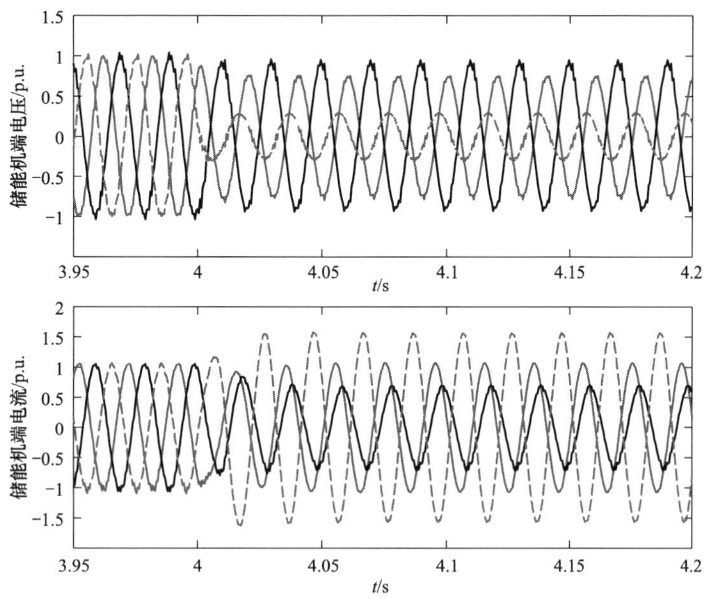

图 4-40　单相跌落至 20% 时储能机端电压电流波形

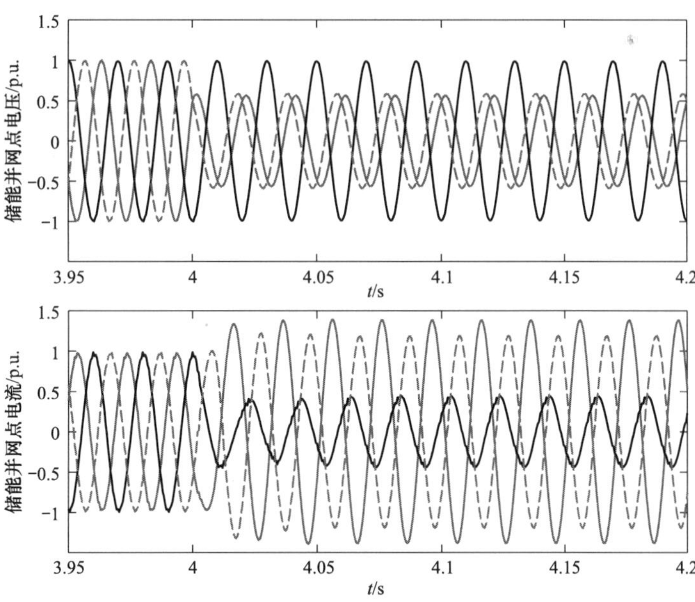

图 4-41　单相跌落至 20% 时储能并网点电压电流波形

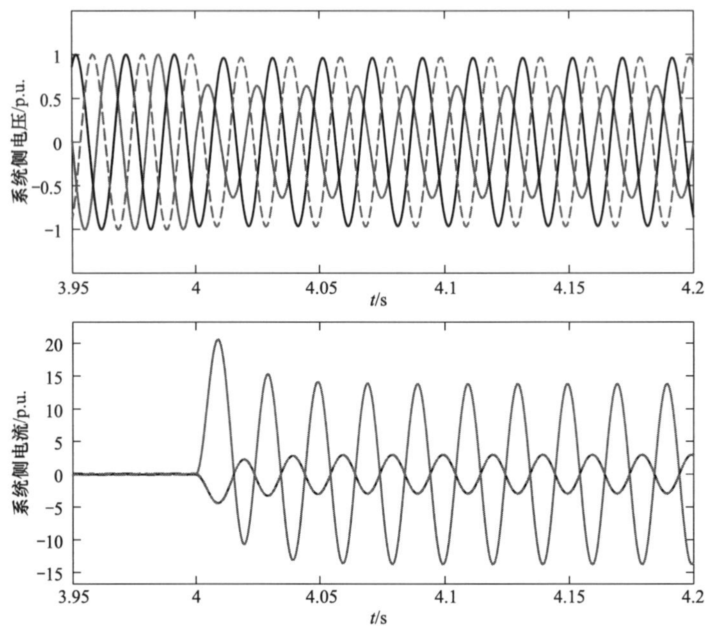

图 4–42 单相跌落至 20% 时系统侧电压电流波形

综上所述，当储能并网点发生单相短路故障，在不同电压跌落程度下得到的故障特征量见表 4–2。

表 4–2 储能系统在单相故障下的故障特性

故障特征量	电压跌落至 80%	电压跌落至 50%	电压跌落至 20%
系统侧电流 /p.u.	6	12	13
并网点电流 /p.u.	1.2	1.5	1.5
风机机端电流 /p.u.	1.2	1.5	1.5
故障电流衰减时间 /ms	30	30	30

（3）两相相间短路故障。$t=4$s 时储能的送出专线上设置 BC 相间短路故障，故障持续 0.5s。图 4–43 为故障发生后储能系统出口短路电压和短路电流波形，故障后，机端电流由 1.0p.u. 增大至 1.5p.u.，过渡时间为 30ms；图 4–44 为故障发生后风场并网点电压电流波形，从图中可以看出并网点电流增大 1.5 倍。图 4–45 为故障发生后系统侧的电压电流波形，系统侧电流由 1p.u. 增大至 8p.u.。

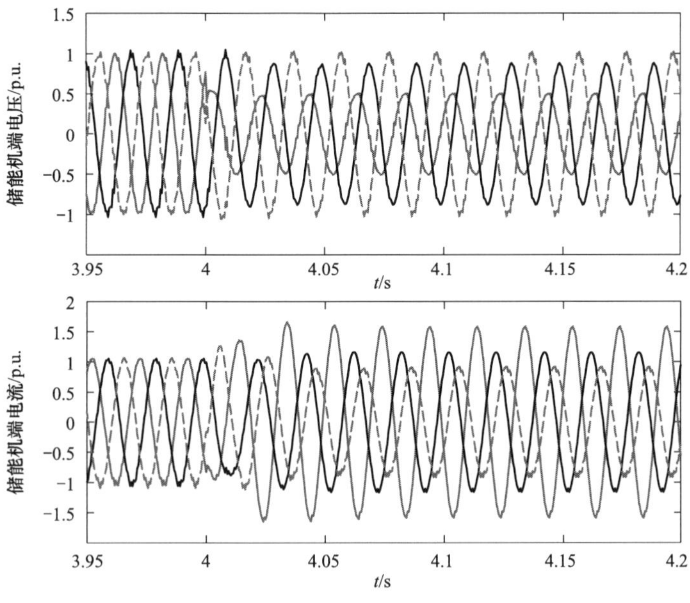

图 4−43　相间短路时储能机端电压电流波形

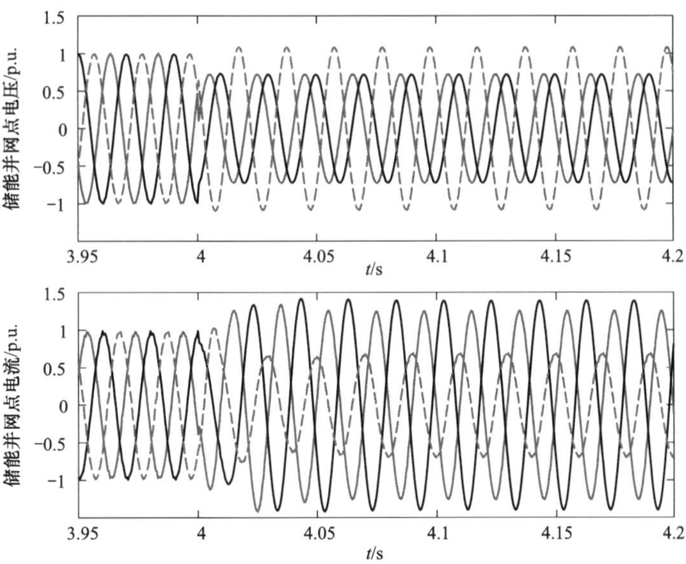

图 4−44　相间短路时储能并网点电压电流波形

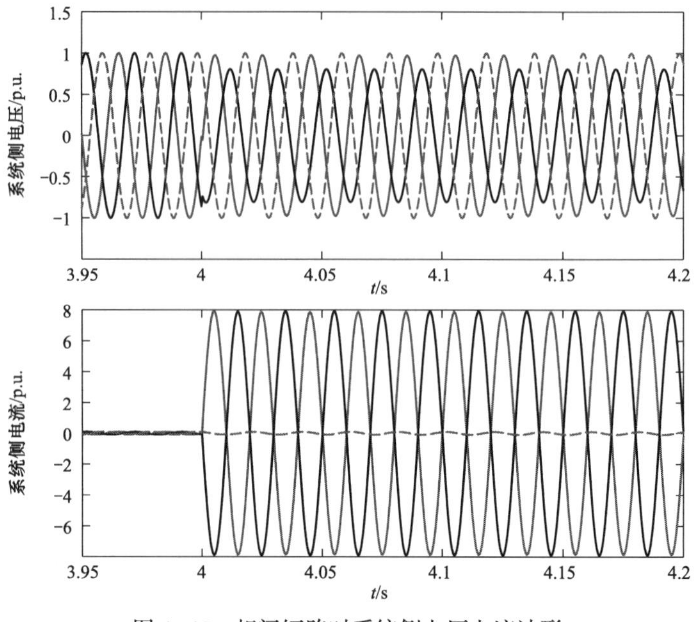

图 4−45　相间短路时系统侧电压电流波形

4.4　小　　结

与光伏和永磁直驱风电机组类似，电网故障下储能系统的故障暂态特性主要受并网 DC/AC 逆变器的控制与保护策略影响。因电力电子逆变器的过电流能力有限，所以电网故障下储能系统提供的短路电流幅值同样不超过逆变器的最大允许电流。但是储能系统所提供短路电流相角的变化规律与其充放电模式紧密相关，在放电模式下短路电流相角的变化规律与光伏或永磁直驱风电机组相似，而充电模式下短路电流相角的变化规律与光伏或永磁直驱风电机组、同步发电机均不相同，其变化范围为 180º～270º。

5 新能源电源接入电网的继电保护适应性

根据前文风电、光伏和储能系统故障特性分析可知，电网故障下永磁直驱风电机组、光伏电池和蓄电池均通过 DC/AC 逆变器与电网相连，其故障电流变化特性主要由 DC/AC 逆变器控制保护系统的响应特性决定，而且这些 DC/AC 逆变器的控制保护策略又基本相似，所以永磁直驱风电机组、光伏电池和蓄电池的短路电流变化特性一致，在后文保护适应性分析中将这电源统称为逆变电源。而双馈风电机组的故障响应行为特性与逆变电源相比有本质性区别，其短路电流变化特性同时受绕线式异步发电机电磁感应过程和转子励磁变换器控制保护策略影响。因此，在后文保护适应性分析中将双馈风电发电系统单独划为一类。

5.1 阶段式电流保护适应性

（1）保护原理。配电网中广泛应用的三段式电流保护包括：瞬时电流速断保护、限时电流速断保护、定时限过电流保护。

在如图 5-1 所示线路中，当配电网发生短路故障时，其短路电流为

$$I_k = \frac{E_S}{Z_S + Z_k} \cdot K_k \tag{5-1}$$

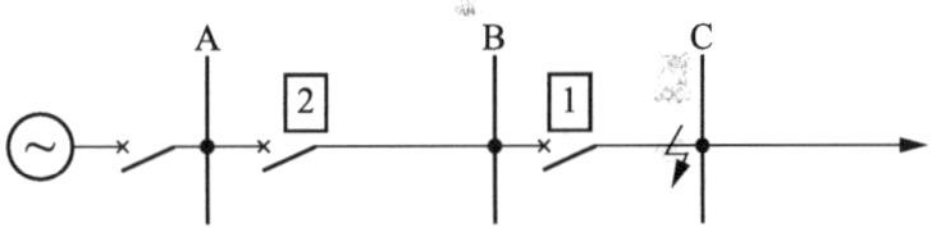

图 5-1　单侧电源供电线路

式中：K_k 由系统的故障类型所决定，假设系统的负序和正序阻抗相等，则三相短路 $K_k=1$，两相短路 $K_k=\frac{\sqrt{3}}{2}$。

1）瞬时电流速断保护。瞬时电流速断保护仅反映于电流增大而瞬时动作，也称为电流 I 段保护，要求越快越好，牺牲灵敏性以换取选择性，从保护装置启动参数的整定上保证大于下一条线路可能出现的最大短路电流。因此保护整定需以大于最大运行方式下线路的三相短路电流来进行整定。同时考虑非周期分量的影响引入可靠系数 $K_{rel}=1.2$～1.3，因此速断保护的整定电流为

$$I'_{act.1} = K'_{rel} \cdot I_{k.C.max} = \frac{K'_{rel} \cdot E_S}{Z_{s.min} + Z_{BC}} \tag{5-2}$$

2）限时电流速断保护。由于有选择性的瞬时电流速断保护不能保护本线路的全长，不能作为主保护，因而需增加一段新的保护，用以切除本线路瞬时电流速断保护范围以

外的故障，同时也可作为瞬时电流速断保护的后备保护。限时电流速断保护也称为电流Ⅱ段保护，其与电流速断保护相比，保护范围延伸至下级线路，同时需带时限。限时电流速断保护的整定原则是保证选择性和可靠性，牺牲一定的速动性，获得灵敏性，其整定计算表达式为

$$I''_{\text{act.2}} = K''_{\text{rel}} \cdot I'_{\text{act.1}} \tag{5-3}$$

考虑到非周期分量已经衰减，同时由于通过保护 1、2 的电流相同，短路电流计算的误差对二者的影响相同，故可取的比瞬时电流速断保护 K'_{rel} 小一些，一般取 $K''_{\text{rel}}=1.1$～1.2。

3）定时限过电流保护。过电流保护是指起动电流按照最大负荷电流来整定的保护，也称为Ⅲ段保护，该保护用于保护本线路及下级相邻线路的全长。它的整定电流为

$$I'''_{\text{act}} = \frac{K'''_{\text{rel}} \cdot K_{\text{ss}}}{K_{\text{re}}} \cdot I_{\text{L.max}},\ K'''_{\text{rel}} = 1.25\sim1.5 \tag{5-4}$$

式中：K_{ss} 表示自启动系数，K_{re} 表示返回系数，取值范围通常为 0.85～0.95。

在整定计算中取电流速断段保护的可靠系数为 1.2，限时电流速断保护的可靠系数为 1.1，定时限过电流保护的可靠系数为 1.25，自启动系数取 1.3，返回系数取 0.85。

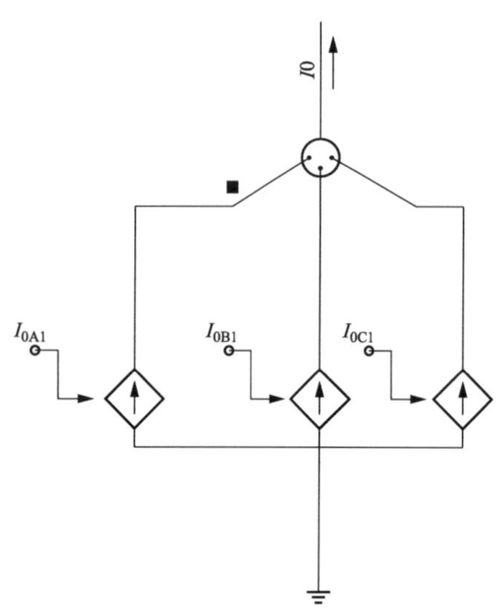

图 5-2　新能源模型简化

接下来，分析分布式新能源电源接入对电流保护的影响。

（2）对保护影响的理论分析。通常接入配电网的新能源电源采用恒定 *PQ* 控制策略，即控制新能源的输出功率为恒定值。当发生故障时，新能源的 *P*、*Q* 会迅速变化，此时采用恒定 *PQ* 控制策略可以使其输出迅速恢复至故障前状态，因此，为简化研究，可以将光伏电源看作一个恒功率源，如图 5-2 所示。在 PSCAD 建模分析时，进一步以受控电流源代替恒功率源。受控电流源的输出电流为：$I=\left(\frac{S}{U}\right)^*$，其恒功率表示为 $S=P+\mathrm{j}Q$，其中无功功率 Q 往往设置为 0，取 U 为新能源接口处的电压。

以 IEEE33 节点模型为例如图 5-3 所示，并将网络拓扑进行简化如图 5-4 所示，对短路后各节点流过的短路电流以及可能对保护造成的影响进行分析：

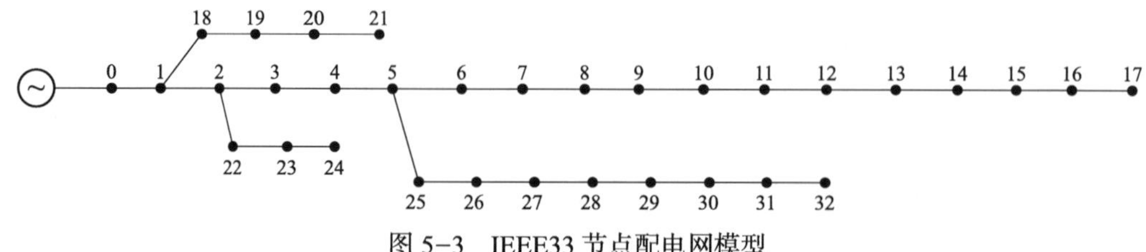

图 5-3　IEEE33 节点配电网模型

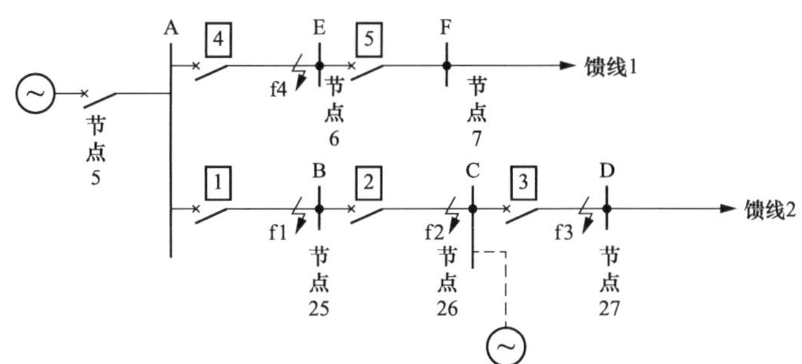

图 5-4 IEEE33 节点配电网抽象简化图

为方便下文分析，配电网中各部分参数设置如下所示：

E_S——电源电压值；

X_S——电压内阻值；

α、γ、φ——分别表示线段 AB、BC、CD 上的故障节点至母线的距离长度占本段线路长度的比例；

Z_{L1}、Z_{L2}——分别表示的母线 F、D 处等值阻抗。

当配电网 f1 点处发生短路故障时，将 AB 线路分为两部分：阻抗大小为 αZ_{AB}，另一部分为（$1-\alpha$）Z_{AB}，其等效电路图如图 5-5 所示。

通常，在分析新能源接入后短路故障时，假设为理想情况，将系统看作无穷大电源，故其内阻 Z_S 为零，根据基本电路原理，与电压源并联支路可以忽略，故忽略掉 $Z_{AF}+Z_{L1}$ 支路，得到如图 5-6 所示等效电路图。

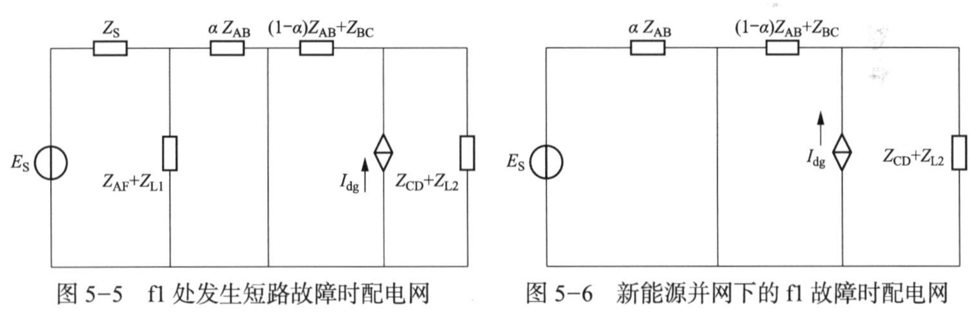

图 5-5 f1 处发生短路故障时配电网等效电路图

图 5-6 新能源并网下的 f1 故障时配电网简化等效电路图

由图 5-6 可得，当 f1 故障时，流过新能源接入点前端支路保护 1 的短路电流值为

$$I_{K1}=\frac{E_S}{\alpha Z_{AB}} \tag{5-5}$$

设此模型中，$\dot{E}_S=E_S\angle 0°$，$\dot{U}_S=U_S\angle 0°$，$Z_1=Z_{CD}+Z_{L2}$，根据节点电压法可得

$$\left(\frac{1}{(1-\alpha)Z_{AB}+Z_{BC}}+\frac{1}{Z_1}\right)\dot{U}=\left(\frac{S}{U}\right)^* \tag{5-6}$$

此时 $S=P+jQ$，P 为光伏电池在确定光照强度下的有功功率输出值，通常在光伏电

池并入配电网正常运行状态下，光伏电池无功功率取 $Q=0$；故障时，当电压满足 $0.2\leqslant\gamma\leqslant0.9$，$\gamma=\dfrac{U}{U_N}$ 时，取 $Q=1.5(0.9-\gamma)S_N$，其中 S_N 为新能源额定容量，U 为光伏电池并网点电压。将两边同时乘以 $\dot{U}$ 以及 Z_1 得

$$\left(\frac{Z_1}{(1-\alpha)Z_{AB}+Z_{BC}}+1\right)U^2=Z_1\cdot S \tag{5-7}$$

由式（5-7）可得

$$U=\sqrt{\frac{S\cdot Z_1\cdot((1-\alpha)Z_{AB}+Z_{BC})}{(1-\alpha)Z_{AB}+Z_{BC}+Z_1}} \tag{5-8}$$

同时

$$I_{k2}=\frac{U}{(1-\alpha)Z_{AB}+Z_{BC}} \tag{5-9}$$

代入（5-8）可得

$$I_{k2}=\sqrt{\frac{S\cdot Z_1\cdot((1-\alpha)Z_{AB}+Z_{BC})}{(1-\alpha)Z_{AB}+Z_{BC}+Z_1}} \tag{5-10}$$

由此式可知当 $\alpha<1$ 时，I_{k2} 随着 α 逐渐增大，即短路点越靠近线路末端的新能源安装处，流过保护 2 的短路故障电流值越大。在不考虑保护方向性的条件下，当新能源提供保护 2 的反向短路电流值大于电源提供的最大短路电流时，会造成保护的误动作。同时，可以看出在 f1 故障的情况下，流经保护 1 的短路电流值为一恒定值，不受接入的新能源电源的影响，保护能够可靠动作。

当配电网上 f2 处发生短路故障时，可画出配电网的等效电路图如图 5-7 所示。

从图 5-7 中可以看出，在配电网中 f2 点故障情况下，流经保护 1，2 的短路电流值相等，均为

$$I_{k1}=I_{k2}=\frac{E_S}{Z_{AB}+\gamma Z_{BC}} \tag{5-11}$$

在配电网中 f2 点故障时，由于发生在线路末端，流经保护 1，2 的短路电流值不受接入的新能源电源的影响，而是由系统电源提供。

当配电网上 f3 处发生短路故障，可画出配电网的等效电路图如图 5-8 所示：

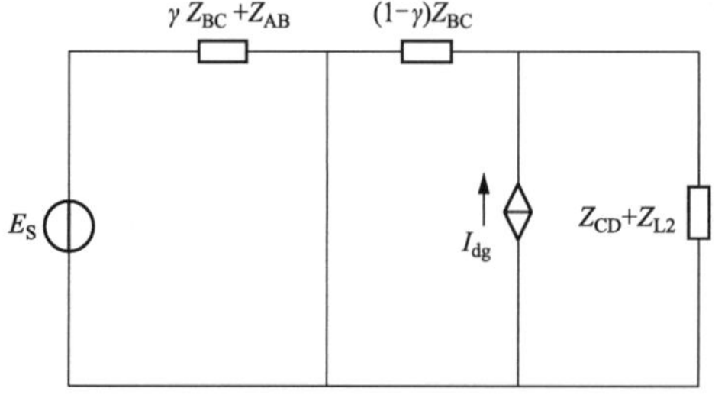

图 5-7　新能源并网下的 f2 故障时配电网等效电路图

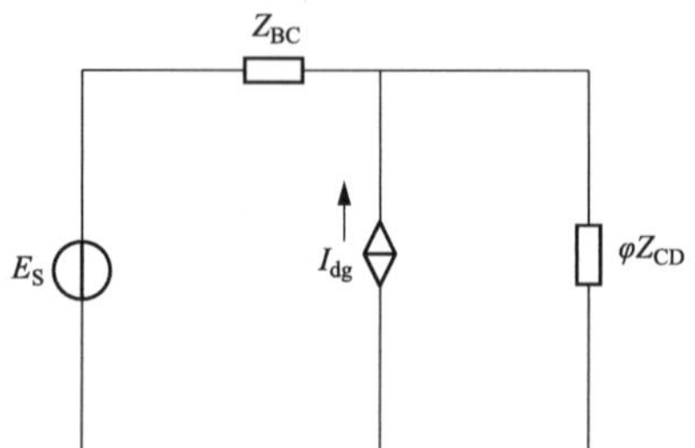

图 5-8　新能源并网下的 f3 故障时配电网等效电路图

依据节点电压法可列出等式为

$$\left(\frac{1}{Z_{AC}+\varphi Z_{BC}}\right)\dot{U}=\frac{\dot{E}_S}{Z_{AC}}+\left(\frac{S}{\dot{U}}\right)^* \tag{5-12}$$

公式左右两边同时乘以$\dot{U}$，再乘Z_{AC}得到

$$\left(1+\frac{Z_{AC}}{\varphi Z_{CD}}\right)U^2=E_S\cdot U+Z_{AC}\cdot S\cdot\cos\beta \tag{5-13}$$

将$Z_{AC}\cos\beta=R_{AC}$代入式（5-13）化简解得

$$U=\frac{E_S\cdot\varphi Z_{CD}+\sqrt{E_S^2\cdot(\varphi Z_{CD})^2+4(\varphi Z_{CD}+Z_{AC})\cdot S\cdot\varphi Z_{CD}\cdot R_{AC}}}{2(\varphi Z_{CD}+Z_{AC})} \tag{5-14}$$

易看出流经保护 1、2 处的短路电流值相等且为

$$I_{K1}=I_{K2}=\frac{E_S-U}{Z_{AC}} \tag{5-15}$$

将式（5-14）的U代入式（5-15）的表达式得

$$I_{K1}=I_{K2}=\frac{E_S\cdot\varphi Z_{CD}-\sqrt{E_S^2\cdot(\varphi Z_{CD})^2+4(\varphi Z_{CD}+Z_{AC})\cdot S\cdot\varphi Z_{CD}\cdot R_{AC}}+2E_SZ_{AC}}{2(\varphi Z_{CD}+Z_{AC})\cdot Z_{AC}} \tag{5-16}$$

代入U解得流经保护 3 的短路电流值为

$$I_{K3}=\frac{U}{\varphi Z_{CD}}=\frac{E_S\cdot\varphi Z_{CD}+\sqrt{E_S^2\cdot(\varphi Z_{CD})^2+4(\varphi Z_{CD}+Z_{AC})\cdot S\cdot\varphi Z_{CD}\cdot R_{AC}}}{2(\varphi Z_{CD}+Z_{AC})\cdot\varphi Z_{CD}} \tag{5-17}$$

分析此时的临界情况，设当新能源电源未并入配电网的情况下，流经保护 1、2 的短路电流为I_0，则I_0的表达式为

$$I_0=\frac{E_S}{\varphi Z_{CD}+Z_{AC}} \tag{5-18}$$

此时，等同于新能源接入配电网容量为 0 的情况，流经保护 1，2 的短路电流值为

$$I_{K1}=I_{K2}=I_0 \tag{5-19}$$

因此，分析得出，当新能源电源并网时，容量大于 0，利用不等式原理比较保护电流与未接入时相比

$$\begin{aligned}I_{K3}&=\frac{E_S\cdot\varphi Z_{CD}+\sqrt{E_S^2\cdot(\varphi Z_{CD})^2+4(\varphi Z_{CD}+Z_{AC})\cdot S\cdot\varphi Z_{CD}\cdot R_{AC}}}{2(\varphi Z_{CD}+Z_{AC})\cdot\varphi Z_{CD}}\\&>\frac{E_S\cdot\varphi Z_{CD}+\sqrt{E_S^2\cdot(\varphi Z_{CD})^2}}{2(\varphi Z_{CD}+Z_{AC})\cdot\varphi Z_{CD}}=I_0\end{aligned} \tag{5-20}$$

$$I_{K1}=I_{K2}<\frac{E_S\cdot\varphi Z_{CD}-\sqrt{E_S^2\cdot(\varphi Z_{CD})^2}+2E_SZ_{AC}}{2(\varphi Z_{CD}+Z_{AC})\cdot Z_{AC}}=I_0 \tag{5-21}$$

由此可推断，当新能源电源并入配电网时，在 f3 处发生短路故障的情况下，保护 1 和保护 2 的电流值与未接入新能源电源时相比有所降低，导致保护的灵敏度下降，保

护范围缩小，在严重时，甚至会导致流过保护的短路电流值小于保护的故障动作整定值从而造成保护的拒动；而对于保护 3 而言，其短路电流值随着新能源电源的助增作用而增大，可能造成保护的误动作。降低电网运行的稳定性。

综合以上分析，不同点发生短路故障时，对特定位置保护的影响见表 5-1。

表 5-1　　不同位置发生短路故障对保护的影响

保护 \ 影响 \ 故障点	f1 故障	f2 故障	f3 故障
保护 1	无影响	无影响	保护的保护范围减小
			灵敏度降低
			可能造成保护拒动
保护 2	可能流过反向电流致误动作	无影响	保护的保护范围减小
			灵敏度降低
			可能造成保护拒动
保护 3	"孤岛"效应	"孤岛"效应	保护的保护范围增大
			灵敏度升高
			可能造成失去选择性

（3）仿真分析。

1）配电网参数模型。基于前文新能源接入电网的故障特性理论分析，现以 PSCAD 为平台进行模型搭建，并对不同点的故障特性进行分析，采用 IEEE33 节点标准配电网形式，整体模型如图 5-9 所示，该配电网中共有 33 个节点、32 条支路、5 条系统分支支线、1 个系统发电电源网络。其中基准电压 12.66kV、三相功率基准值为 10MVA。系统各节点以及支路参数数据见表 5-2。

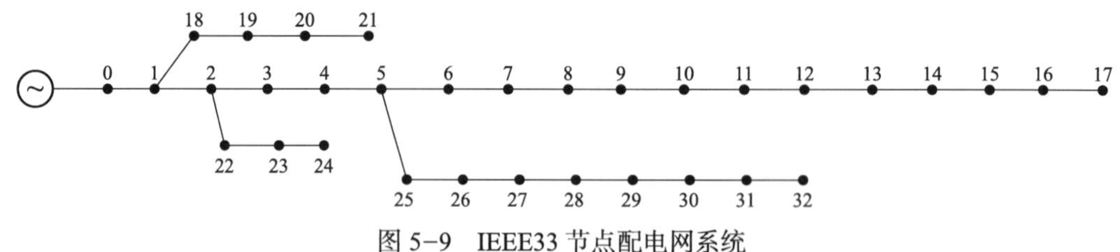

图 5-9　IEEE33 节点配电网系统

表 5-2　　IEEE33 标准节点配电网系统中的各节点及支路数据

支路号	节点 i	节点 j	支路阻抗	节点 j 负荷
1	0	1	0.0922+j0.047	100+j60
2	1	2	0.4930+j0.2511	90+j40

续表

支路号	节点 i	节点 j	支路阻抗	节点 j 负荷
3	2	3	0.3660+j0.1864	120+j80
4	3	4	0.3811+j0.1941	60+j30
5	4	5	0.8190+j0.7070	60+j20
6	5	6	0.1872+j0.6188	200+j100
7	6	7	0.7114+j0.2351	200+j100
8	7	8	1.0300+j0.7400	60+j20
9	8	9	1.0440+j0.7400	60+j20
10	9	10	0.1966+j0.0650	45+j30
11	10	11	0.3744+j0.1238	60+j35
12	11	12	1.4680+j1.1550	60+j35
13	12	13	0.5416+j0.7129	120+j80
14	13	14	0.5910+j0.5260	60+j10
15	14	15	0.7463+j0.5450	60+j20
16	15	16	1.2890+j1.7210	60+j20
17	16	17	0.3720+j0.5740	90+j40
18	1	18	0.1640+j0.1565	90+j40
19	18	19	1.5042+j1.3554	90+j40
20	19	20	0.4095+j0.4784	90+j40
21	20	21	0.7089+j0.9373	90+j40
22	2	22	0.4512+j0.3083	90+j50
23	22	23	0.8980+j0.7091	420+j200
24	23	24	0.8960+j0.7011	420+j200
25	5	25	0.2030+j0.1034	60+j25
26	25	26	0.2842+j0.1447	60+j25
27	26	27	1.0590+j0.9337	60+j20
28	27	28	0.8042+j0.7006	120+j70
29	28	29	0.5075+j0.2585	200+j600
30	29	30	0.9744+j0.9630	150+j70
31	30	31	0.3105+j0.3619	210+j100
32	31	32	0.3410+j0.5362	60+j40

2）不同容量的光伏电源并网后的短路电流值情况分析。设置该配电网图上保护配置如图 5-10 所示。其中方框中数字表示设置的电流保护装置，如图 5-10 所示节点发生短路故障。

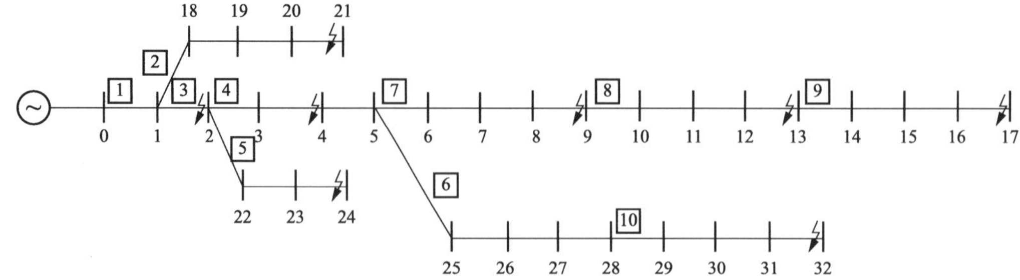

图 5-10 设置好不同短路故障点以及保护装置的 IEEE33 节点配电网系统

假设在节点 5 处并网光伏电源，并入电网的容量分别取：100、500、800、1500、2000kW。本节中接入 IEEE33 节点标准配电网的光伏电源模型为第二章中介绍的光伏并网模型。当不同节点处发生三相短路故障时，流经各保护的电流情况见表 5-3～表 5-7。

表 5-3　　并入容量 100kW 的光伏电源三相短路时流经各保护的电流

短路点及保护	节点 2	节点 4	节点 9	节点 13	节点 17	节点 21	节点 24	点 32
保护 1	15.52	6.91	1.75	1.229	0.916	2.718	3.108	1.348
保护 2	0.022	0.024	0.025	0.025	0.026	2.487	0.025	0.026
保护 3	15.49	6.88	1.722	1.196	0.882	0.23	3.076	1.315
保护 4	0.042	6.838	1.66	1.131	0.815	0.159	0.132	1.251
保护 5	0.001	0.037	0.059	0.061	0.064	0.065	2.94	0.062
保护 6	0.011	0.008	0.049	0.06	0.067	0.078	0.067	1.194
保护 7	0.012	0.01	1.605	1.063	0.738	0.071	0.06	0.053
保护 8	0.005	0.005	0.061m	1.042	0.713	0.036	0.03	0.027
保护 9	0.002	0.002	0.028m	0.018m	0.705	0.016	0.014	0.012

表 5-4　　并入容量 500kW 的光伏电源三相短路时流经各保护的电流

短路点及保护	节点 2	节点 4	节点 9	节点 13	节点 17	节点 21	节点 24	节点 32
保护 1	15.52	6.91	1.74	1.212	0.898	2.702	3.088	1.332
保护 2	0.022	0.024	0.026	0.025	0.026	2.487	0.025	0.025
保护 3	15.49	6.88	1.707	1.178	0.865	0.21	3.056	1.3
保护 4	0.135	6.84	1.643	1.113	0.798	0.14	0.11	1.235
保护 5	0.001	0.037	0.059	0.062	0.064	0.065	2.945	0.062
保护 6	0.025	0.021	0.049	0.06	0.068	0.078	0.066	1.203
保护 7	0.029	0.024	1.618	1.07	0.743	0.072	0.06	0.053
保护 8	0.012	0.011	0.061m	1.049	0.718	0.036	0.03	0.027
保护 9	0.006	0.005	0.028m	0.0018m	0.709	0.016	0.014	0.012

表 5-5　　　并入容量 800kW 的光伏电源三相短路时流经各保护的电流

短路点及保护	节点 2	节点 4	节点 9	节点 13	节点 17	节点 21	节点 24	节点 32
保护 1	15.521	6.910	1.725	1.198	0.885	2.691	3.075	1.321
保护 2	0.022	0.024	0.025	0.026	0.026	2.488	0.025	0.026
保护 3	15.490	6.880	1.694	1.165	0.853	0.196	3.045	1.288
保护 4	0.116	6.840	1.630	1.102	0.785	0.129	0.097	1.223
保护 5	0.001	0.037	0.059	0.062	0.064	0.065	2.949	0.063
保护 6	0.028	0.026	0.051	0.062	0.069	0.080	0.068	1.211
保护 7	0.034	0.030	1.630	1.078	0.747	0.073	0.063	0.056
保护 8	0.013	0.014	0.062m	1.056	0.722	0.037	0.031	0.028
保护 9	0.007	0.006	0.028m	0.018m	0.713	0.017	0.014	0.012

表 5-6　　　并入容量 1500kW 的光伏电源三相短路时流经各保护的电流

短路点及保护	节点 2	节点 4	节点 9	节点 13	节点 17	节点 21	节点 24	节点 32
保护 1	15.515	6.911	1.700	1.171	0.860	2.662	3.046	1.295
保护 2	0.022	0.024	0.025	0.026	0.026	2.489	0.025	0.026
保护 3	15.491	6.880	1.667	1.138	0.827	0.166	3.014	1.262
保护 4	0.180	6.840	1.602	1.072	0.760	0.108	0.092	1.199
保护 5	0.001	0.037	0.059	0.063	0.064	0.065	2.957	0.063
保护 6	0.040	0.037	0.051	0.062	0.069	0.080	0.069	1.224
保护 7	0.046	0.041	1.653	1.089	0.755	0.074	0.063	0.057
保护 8	0.021	0.018	0.062m	1.066	0.729	0.037	0.032	0.028
保护 9	0.009	0.008	0.028m	0.019m	0.721	0.017	0.014	0.013

表 5-7　　　并入容量 2000kW 的光伏电源三相短路时流经各保护的电流

短路点及保护	节点 2	节点 4	节点 9	节点 13	节点 17	节点 21	节点 24	节点 32
保护 1	15.520	6.911	1.682	1.152	0.841	2.647	3.027	1.281
保护 2	0.022	0.024	0.025	0.026	0.026	2.490	0.025	0.026
保护 3	15.49	6.881	1.650	1.120	0.810	0.154	2.995	1.247
保护 4	0.185	6.840	1.586	1.054	0.745	0.106	0.106	1.182
保护 5	0.001	0.038	0.059	0.063	0.064	0.066	2.963	0.063
保护 6	0.044	0.042	0.051	0.063	0.070	0.082	0.068	1.232
保护 7	0.051	0.047	1.664	1.097	0.761	0.075	0.063	0.056
保护 8	0.022	0.021	0.063m	1.075	0.735	0.038	0.032	0.028
保护 9	0.010	0.010	0.029m	0.019m	0.725	0.017	0.014	0.013

由表 5-3～表 5-7 可得出不同容量的光伏电源并入节点 5 时，在不同位置处发生短

路的情况下，流经各保护安装处的三相短路电流值。通过表格数据，画出不同保护安装处测得的电流变化规律如图 5-11～图 5-20 所示。图中短路电流值的单位为 kA。

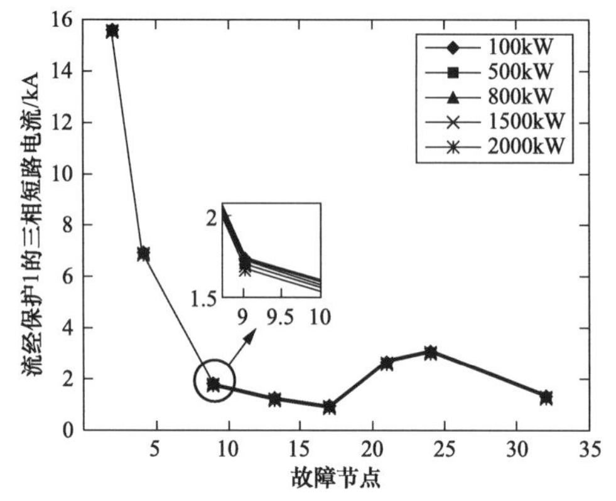

图 5-11　固定节点发生三相短路故障时保护 1 处电流随接入光伏电源容量变化图

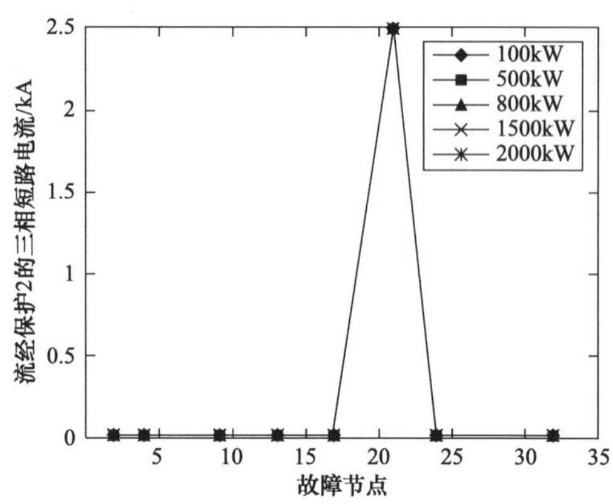

图 5-12　固定节点发生三相短路故障时保护 2 处电流随接入光伏电源容量变化图

从图 5-11 中可看出，光伏电源并入配电网点前主干线上的节点 2，4 故障时，流过保护 1 的短路电流值不随接入容量值变化；并入点后的主干线上的节点 9、13、17 及支路上节点 21、24、32 故障时，短路电流值随着并入配电网的光伏电源容量增大而减小。

从图 5-12 中可看出，随着并入光伏电源容量值的增大，在配电网不同节点处发生短路故障时，保护 2 流过的短路电流值不变。

从图 5-13 中可看出，光伏并入点前主干线上的节点 2、4 故障时，流过保护 3 的短路电流值不随接入光伏的容量值变化；并入点后主干线上的节点 9、13、17 及支路上节点 21、24、32 故障时，保护的短路电流值随接入配电网光伏电源的容量增大而逐渐减小。其中支路上的节点 24 故障时，短路电流值减小幅度较小。

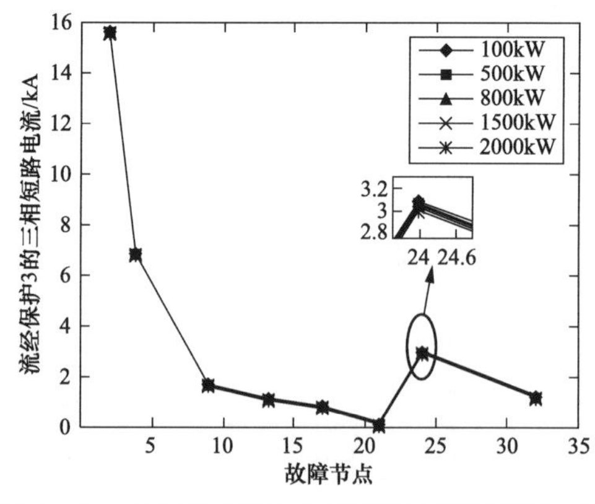

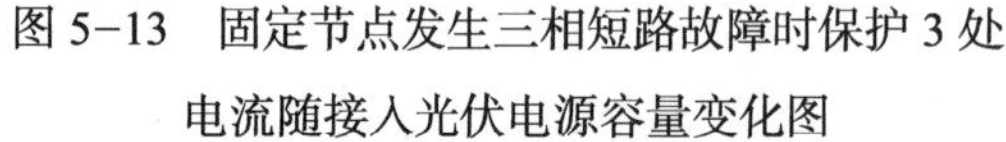

图 5-13　固定节点发生三相短路故障时保护 3 处电流随接入光伏电源容量变化图

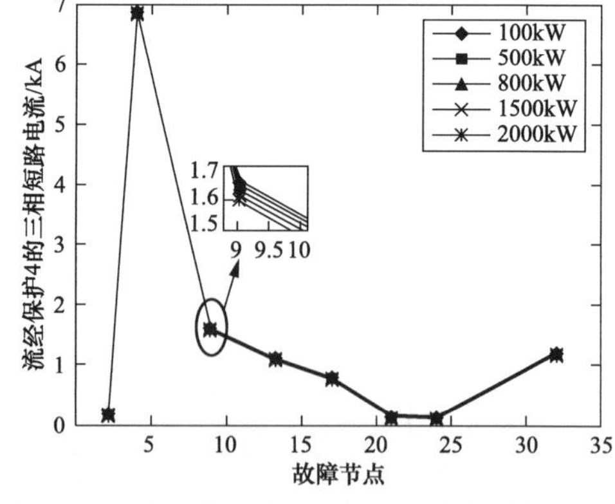

图 5-14　固定节点发生三相短路故障时保护 4 处电流随接入光伏电源容量变化图

从图 5-14 中可以看出，配电网保护装置前的主干线上的节点 2 故障时，保护 3 测量的短路电流值随并入光伏容量的增大而增大；位于保护装置 4 和并入点之间的节点 4 故障时，短路值不变；光伏并入点后的主干线上的节点 9、13、17 及支路上节点 21、24、32 故障时，短路电流值随着并入配电网的光伏发电的容量增大而减小。

从图 5−15 可看出，配电网保护装置 5 测量的短路电流值随并入光伏电源容量的变化不大。

从图 5−16 中可以看出，在配电网各不同节点故障时，配电网保护 6 测得的短路电流值随并入的光伏电源容量的增大而增加。支路末端节点 21、24 故障时，保护 6 测得的短路电流随并入光伏新能源容量变化较小。而保护 6 所在支路末端故障时，保护 6 测得的短路电流随并入光伏电源容量变化较大。

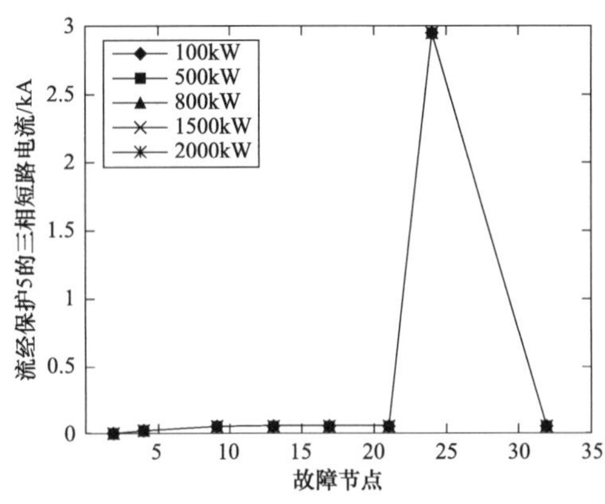

图 5−15　固定节点发生三相短路故障时保护 5 处电流随接入光伏电源容量变化图

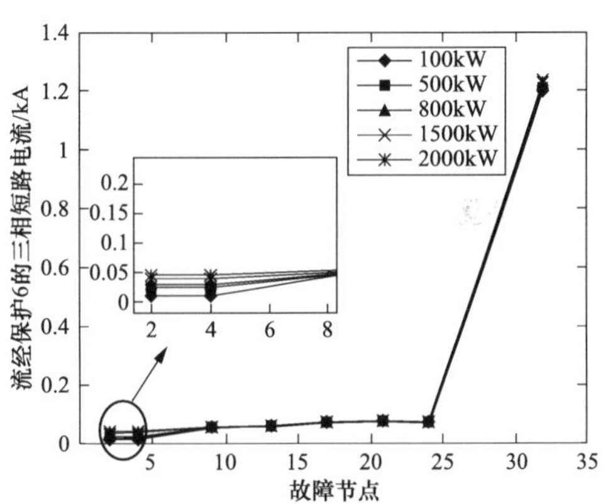

图 5−16　固定节点发生三相短路故障时保护 6 处电流随接入光伏电源容量变化图

从图 5−17 中可看出，在配电网各不同节点故障时，流过保护 7 的短路电流值随并入光伏新能源容量的增大而增大。其中支路末端节点 21、24、32 故障时，保护 7 流经的短路电流随并入光伏新能源容量变化较小。

从图 5−18 中可看出，在光伏新能源并入点与保护 8 之间故障时，流经保护的短路电流值为 0 且不变。配电网其余节点故障时，流过保护 8 的短路电流值随并入光伏新能源容量的增大而增大。其中支路上的末端节点 21、24、32 故障时，流过保护 8 的短路电流随并入光伏新能源容量变化较小。

从图 5−19 可看出，在光伏新能源并入点与保护 9 之间的节点 9、13 故障时，流过保护的短路电流值为 0 且不变。配电网中其余节点故障时，流过保护 9 的短路电流值随并入光伏电源容量的增大而增大。其中支路末端节点 21、24、32 故障时，流过保护 9 的短路电流随并入光伏新能源容量变化较小。

综上所示，对于光伏新能源接入容量变化对流经配电网保护的短路电流值影响可归纳如下：

1）对于光伏并入处上游靠近电源侧主干线的保护。当故障发生在并入点上游主干线上时，保护装置测得的短路电流值随接入光伏容量呈正比例上升；当故障发生在并入点下游时，保护测得的短路电流值随接入光伏容量增大而减小。

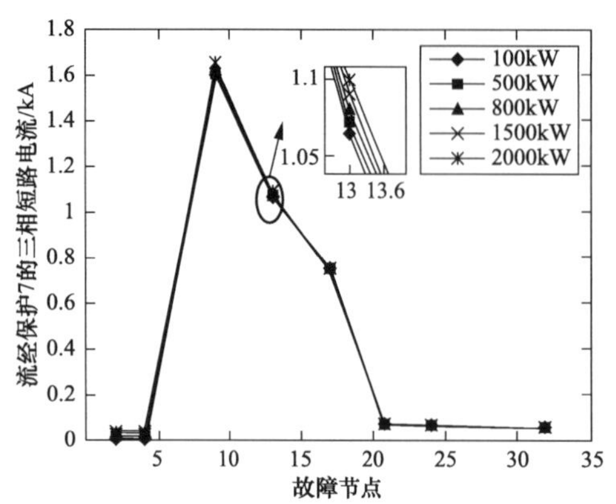

图 5-17　固定节点发生三相短路故障时保护7处电流随接入光伏电源容量变化图

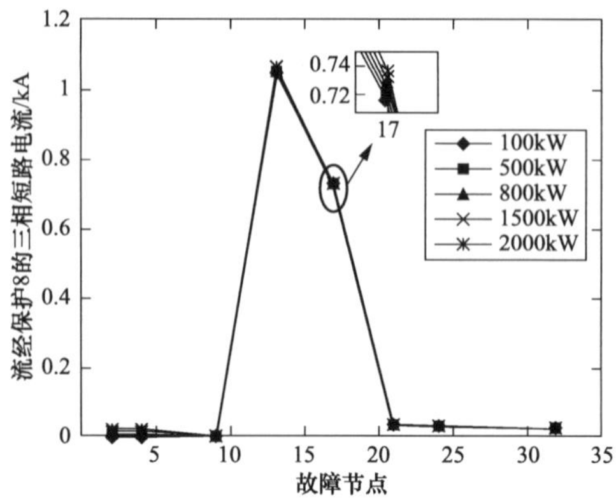

图 5-18　固定节点发生三相短路故障时保护8处电流随接入光伏电源容量变化图

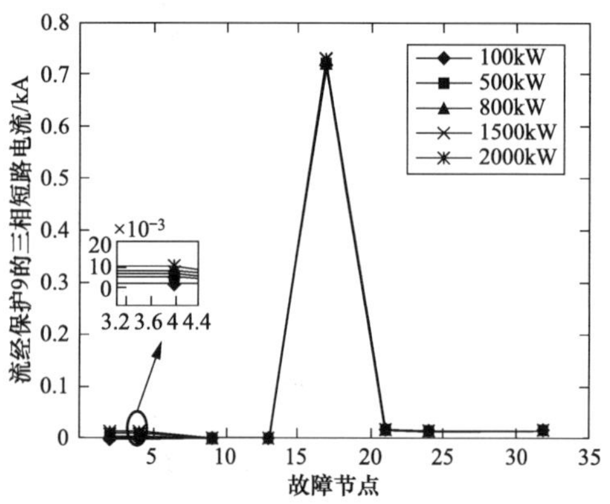

图 5-19　固定节点发生三相短路故障时保护9处电流随接入光伏电源容量变化图

2）对于光伏并入点上游支路的保护。当故障发生在本支路的外部时，保护测量的短路电流值随接入光伏容量变化不大；当故障发生在支路内部时，本支路上保护测量的短路电流值随接入光伏容量成正比例增加。

3）对于光伏并入点下游主干线及支路的保护。当故障发生在保护上游主干线及支路时对下游保护的影响不大；当故障发生在保护下游时，保护测量的短路电流值随接入光伏容量呈正比例增加。

（4）不同位置的光伏电源并网后的短路电流值情况分析。设定接入配电网的分布式新能源电源的容量为 2000kW，分别并入配电网的不同节点处：节点 4、8、12、6，研究不同短路点发生三相短路时流经不同保护安装处的保护电流见表 5-8～表 5-12。

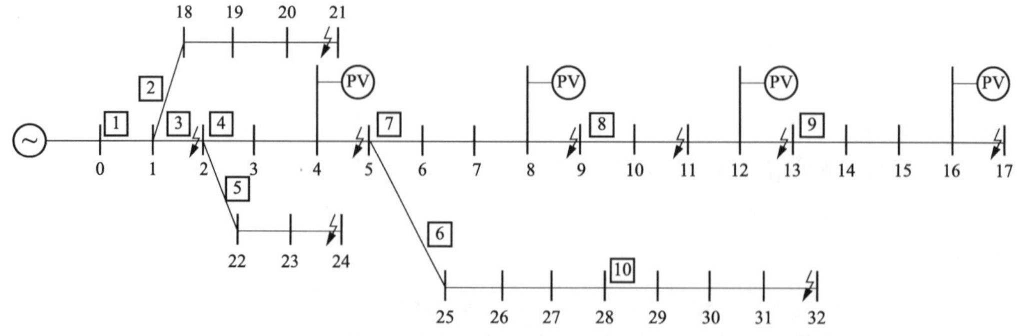

图 5-20　不同节点处接入容量为 2000kW 的光伏新能源电源配电网图

表 5-8 光伏新能源并入节点 4 时流过各保护处的三相短路电流值 /kA

短路点及保护	保护 1	保护 2	保护 3	保护 4	保护 5	保护 6	保护 7	保护 8	保护 9
节点 1	91.7	0.002	0.3	0.3	0.023	0.035	0.042	0.018	0.009
节点 2	15.52	0.022	15.49	0.5	0.001	0.032	0.037	0.018	0.008
节点 5	4.34	0.025	4.3	4.2	0.067	0	0	0	0
节点 9	2.015	0.027	2	1.95	0.08	0.08	1.66	0	0
节点 11	1.9	0.027	1.9	1.82	0.08	0.08	1.52	1.51	0
节点 13	1.5	0.027	1.5	1.45	0.084	0.09	1.095	1.07	0
节点 17	1.2	0.027	1.16	1.12	0.084	0.103	0.765	0.73	0.72
节点 21	2.64	2.489	0.152	0.106	0.066	0.08	0.074	0.038	0.017
节点 24	3.025	0.025	2.995	0.106	2.963	0.068	0.062	0.031	0.014
节点 32	1.272	0.026	1.238	1.177	0.063	1.214	0.055	0.028	0.012

表 5-9 光伏新能源并入节点 8 时流过各保护处的三相短路电流值 /kA

短路点及保护	保护 1	保护 2	保护 3	保护 4	保护 5	保护 6	保护 7	保护 8	保护 9
节点 1	91.700	0.002	0.090	0.080	0.010	0.029	0.090	0.040	0.019
节点 2	15.519	0.022	15.500	0.090	0.001	0.024	0.110	0.042	0.019
节点 5	4.090	0.025	4.060	4.000	0.050	0.000	0.160	0.040	0.018
节点 9	1.800	0.025	1.770	1.720	0.060	0.068	1.660	0.000	0.000
节点 11	1.680	0.026	1.642	1.580	0.065	0.070	1.550	1.650	0.000
节点 13	1.290	0.026	1.260	1.200	0.067	0.082	1.150	1.100	0.000
节点 17	0.980	0.026	0.950	0.890	0.070	0.090	0.820	0.755	0.740
节点 21	2.646	2.489	0.155	0.105	0.066	0.082	0.075	0.040	0.018
节点 24	3.028	0.025	3.000	0.105	2.961	0.069	0.110	0.036	0.016
节点 32	1.285	0.026	1.252	1.180	0.063	1.229	0.135	0.031	0.014

表 5-10 光伏新能源并入节点 12 时流过各保护处的三相短路电流值 /kA

短路点及保护	保护 1	保护 2	保护 3	保护 4	保护 5	保护 6	保护 7	保护 8	保护 9
节点 1	91.720	0.002	0.070	0.070	0.009	0.023	0.080	0.080	0.030
节点 2	15.520	0.022	15.490	0.065	0.001	0.016	0.080	0.085	0.030
节点 5	4.092	0.025	4.060	4.000	0.050	0.000	0.105	0.100	0.029
节点 9	1.762	0.025	1.730	1.665	0.060	0.049	1.602	0.280	0.026
节点 11	1.632	0.025	1.600	1.535	0.060	0.051	1.470	1.455	0.025
节点 13	1.260	0.026	1.225	1.160	0.064	0.070	1.090	1.080	0.000
节点 17	0.960	0.026	0.932	0.870	0.066	0.084	0.790	0.780	0.785
节点 21	2.650	2.489	0.158	0.106	0.066	0.081	0.074	0.100	0.019
节点 24	3.030	0.025	3.000	0.105	2.960	0.068	0.105	0.120	0.017
节点 32	1.293	0.026	1.260	1.195	0.062	1.225	0.127	0.150	0.015

表 5-11　　光伏新能源并入节点 16 时流过各保护处的三相短路电流值　　/kA

短路点及保护	保护 1	保护 2	保护 3	保护 4	保护 5	保护 6	保护 7	保护 8	保护 9
节点 1	91.720	0.002	0.055	0.055	0.008	0.017	0.055	0.060	0.070
节点 2	15.520	0.022	15.490	0.044	0.001	0.010	0.050	0.055	0.070
节点 5	4.090	0.025	4.050	4.000	0.052	0.000	0.065	0.070	0.072
节点 9	1.760	0.025	1.730	1.664	0.060	0.049	1.600	0.105	0.110
节点 11	1.630	0.025	1.600	1.535	0.061	0.051	1.470	1.456	0.114
节点 13	1.235	0.026	1.202	1.135	0.062	0.059	1.061	1.040	0.185
节点 17	0.926	0.026	0.895	0.828	0.064	0.070	0.750	0.730	0.728
节点 21	2.655	2.488	0.163	0.112	0.065	0.080	0.075	0.096	0.113
节点 24	3.040	0.025	3.000	0.110	2.950	0.067	0.100	0.122	0.135
节点 32	1.295	0.025	1.265	1.200	0.062	1.220	0.121	0.140	0.154

表 5-12　　光伏新能源未并入时流经各保护安装处的三相短路电流值　　/kA

短路点及保护	保护 1	保护 2	保护 3	保护 4	保护 5	保护 6	保护 7	保护 8	保护 9
节点 1	91.880	0.002	0.021	0.148	0.005	0.007	0.006	0.003	0.001
节点 2	15.550	0.022	15.522	0.002	0.001	0.001	0.001	0.000	0.000
节点 5	4.100	0.024	4.068	4.014	0.049	0.000	0.000	0.000	0.000
节点 9	1.763	0.025	1.731	1.668	0.058	0.048	1.607	0.000	0.000
节点 11	1.634	0.025	1.602	1.538	0.059	0.051	1.474	1.457	0.000
节点 13	1.235	0.025	1.202	1.137	0.061	0.059	1.063	1.042	0.000
节点 17	0.919	0.025	0.886	0.820	0.062	0.066	0.738	0.714	0.705
节点 21	2.725	2.492	0.231	0.162	0.063	0.077	0.070	0.036	0.016
节点 24	3.117	0.025	3.085	0.136	2.945	0.065	0.058	0.030	0.013
节点 32	1.355	0.025	1.323	1.258	0.060	1.194	0.051	0.026	0.012

由表 5-12 可看出在线路并入光伏新能源后，电源对不同支路的短路电流有着不同的影响，图 5-21～图 5-27 形象表达了对各支路的影响关系图。

如图 5-21 所示流过保护 1 的短路电流值在不同并入点情况下变化不大，说明当节点 1 发生短路故障时，保护 1 测得的短路值不受光伏新能源并入位置不同的影响。

如图 5-22 所示流过保护 2 的短路电流值受光伏新能源并入位置的影响也不大。当保护 2 所在支路各节点故障时，保护 2 测得的短路值不受配电网中不同位置并入光伏新能源的影响。

如图 5-23 所示当故障发生在保护 3 前面的节点 0、1 以及支路节点 21、24、32 时，流过保护 3 的电流不受并入的光伏新能源影响。此时保护 3 能可靠动作。当故障发生在主干线上时，节点 4 处并入光伏新能源时对流过保护 3 的短路电流值影响较大。其余节点并入的光伏电源对保护 3 短路电流值影响较小。

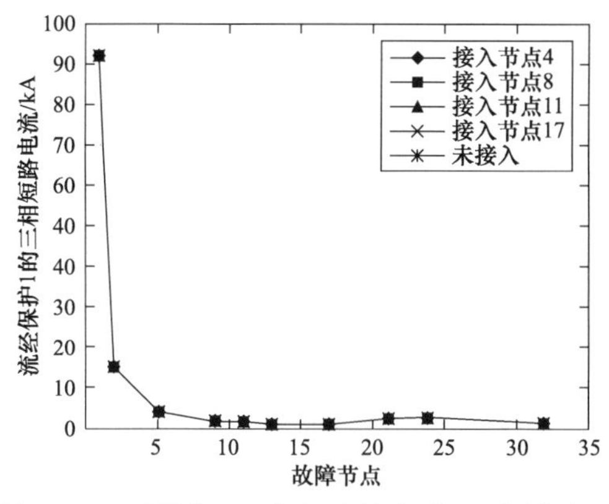

图 5-21 不同位置三相短路故障时经不同节点处接入 2000kW 光伏电源对保护 1 电流影响

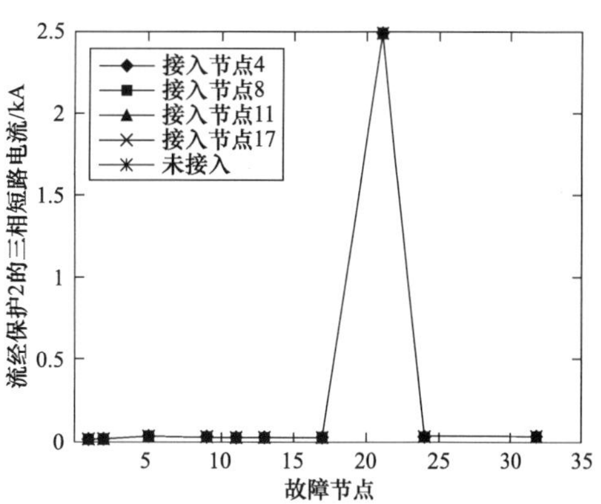

图 5-22 不同位置三相短路故障时经不同节点处接入 2000kW 光伏电源对保护 2 电流影响

如图 5-24 所示当节点 4 并入光伏新能源时对保护 4 短路电流影响较大。其余各不同节点并入时对流经保护 4 短路电流值皆有影响，但影响较小。当故障发生在保护 4 之前的支路节点 21、24 时，各不同节点并入光伏电源对保护 4 的影响可忽略。

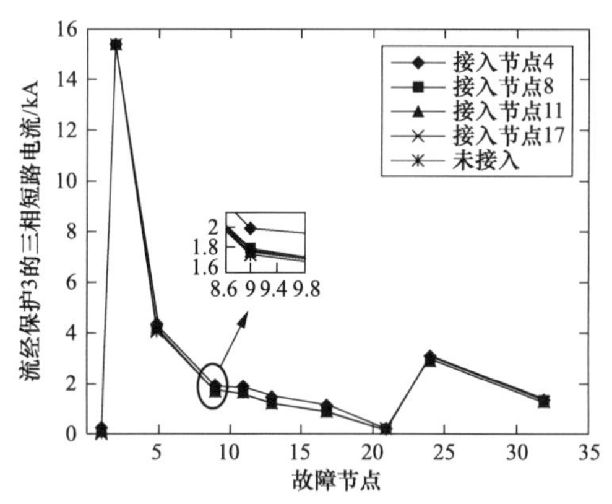

图 5-23 不同位置三相短路故障时经不同节点处接入 2000kW 光伏电源对保护 3 电流影响

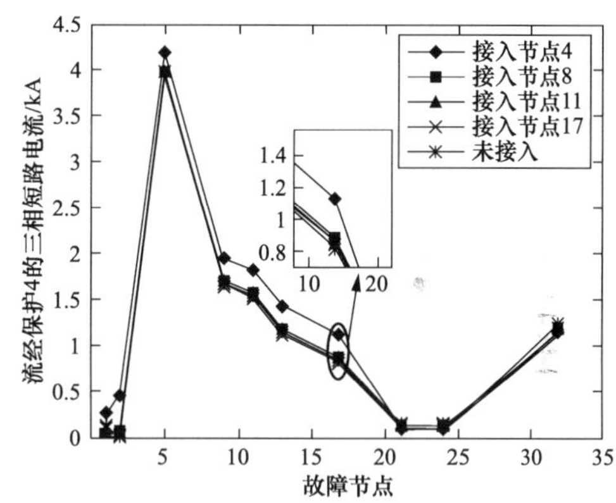

图 5-24 不同位置三相短路故障时经不同节点处接入 2000kW 光伏电源对保护 4 电流影响

如图 5-25 所示除节点 4 位置并入对流经保护 5 的短路电流值有一定影响外，其余节点处的并入对保护 5 短路电流值影响可忽略。在节点 4 并入光伏新能源情况下，若故障发生处在其余支线上，则对保护 5 的影响可忽略。

如图 5-26 所示，配电网上主干线上节点 11、13、17 故障时，光伏新能源并入点离保护越近对保护 6 测得的短路电流值增加得越多。节点 5 故障时流过保护 6 的短路电流值不受并入光伏新能源位置变化影响，其值为 0。

如图 5-27 所示各节点故障时，不同节点处并入的光伏新能源对保护 7 皆有影响。保护 7 前面节点故障时，并入的光伏新能源电源位置距离保护越近，流过保护 7 电流越大。保护 7 后面节点故障时，则在保护 7 前面的接入使电流增大，保护 7 后面的接入使电流减小。

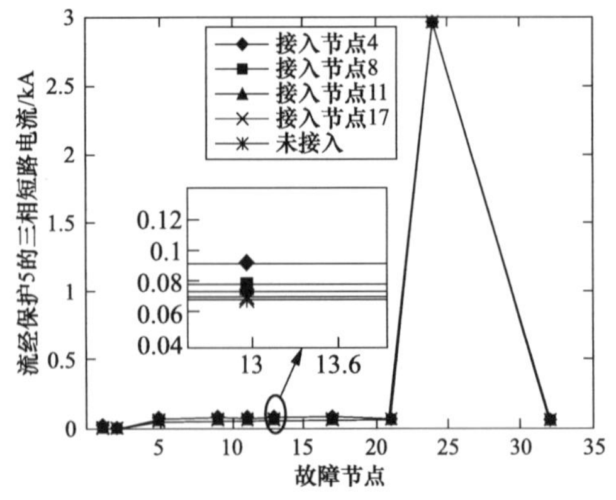

图 5-25　不同位置三相短路故障时经不同节点处接入 2000kW 光伏电源对保护 5 电流影响

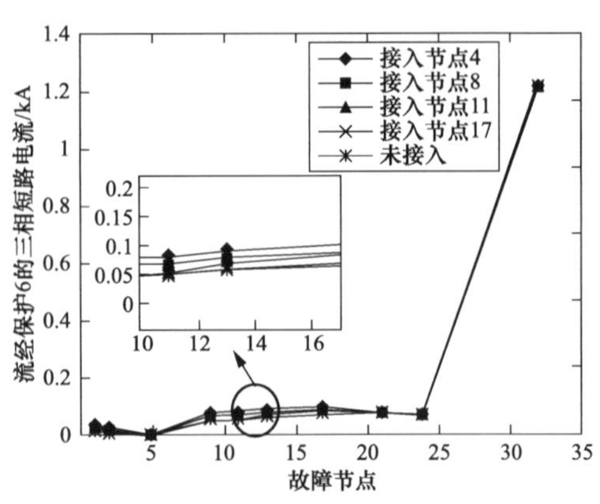

图 5-26　不同位置三相短路故障时经不同节点处接入 2000kW 光伏电源对保护 6 电流影响

如图 5-28 所示流过保护 8 短路电流变化规律与保护 7 相似，保护 8 前面节点故障时，并入光伏新能源距离保护越近，流过保护 8 的电流越大。保护 8 后面节点故障时，则在保护 8 前面并入的光伏电源使电流增大，保护 8 后面并入使短路电流减小。

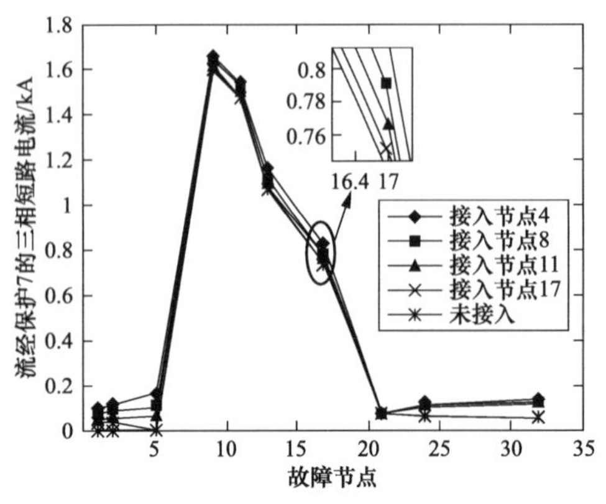

图 5-27　不同位置三相短路故障时经不同节点处接入 2000kW 光伏电源对保护 7 电流影响

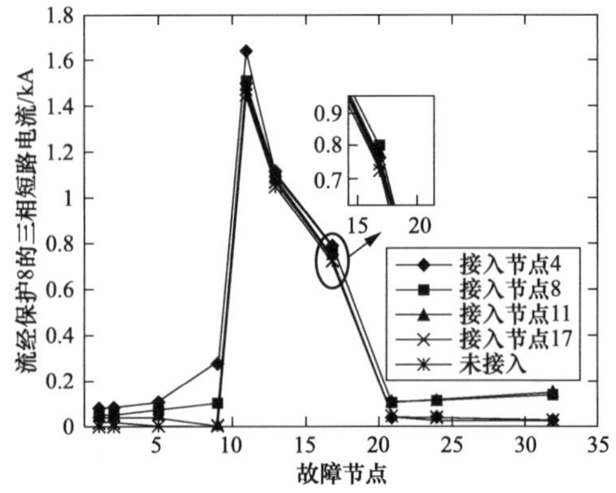

图 5-28　不同位置三相短路故障时经不同节点处接入 2000kW 光伏电源对保护 8 电流影响

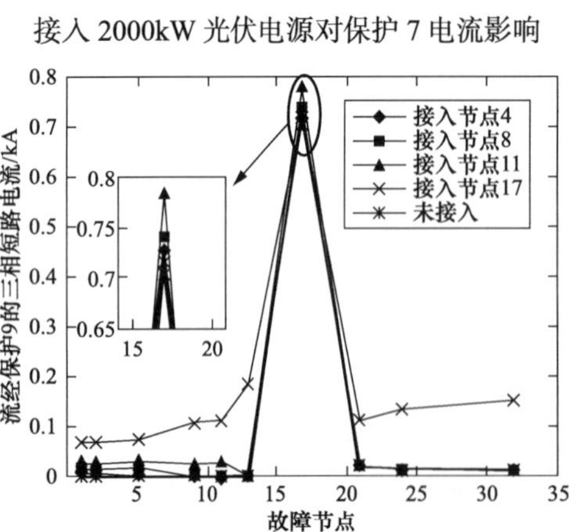

图 5-29　不同位置三相短路故障时经不同节点处接入 2000kW 光伏电源对保护 9 电流影响

如图 5-29 所示为流过保护 9 短路电流变化规律，可看出当节点 17 并入光伏新能源时，各节点故障时流过保护 9 短路电流值增大，其余节点并入对保护 9 短路电流值影响较小。

综上所示，对于光伏新能源并入配电网的位置变化对配电网保护的影响可归纳为：

（1）若短路故障发生在保护的上游，在不考虑保护的方向性条件下，得到如下规律：当光伏并入点位于故障上游时对保护测量的短路电流值无影响；当光伏并入点位于两者之间时视距离远近而定；当光伏并入点位于保护下游时，则流过反向电流，当距离过近会造成保护误动。

（2）若故障发生在保护的下游。当光伏并入位于保护上游，保护测量的短路电流值增大；当光伏并入位于两者之间时，可能会抵消部分流经保护的电流值；当光伏并入位于故障下游，对流经保护短路电流值无影响。

以上分析是基于 IEEE33 节点配电系统，与实际电网相比，仍有较大不同与差距，其结论只对辐射型配电网有效，若是在环网中，则需重新修正光伏电源的并入对配电网短路的影响。

5.2 零序电流保护适应性

零序电流保护在应对不对称接地短路时，具有较高的灵敏度。在 IIDG 接入前，110kV 线路零序电流保护仅配置在网侧，IIDG 接入后需在线路 IIDG 侧增加配置零序电流保护，研究 IIDG 接入后对线路两侧的零序电流保护的影响具有重要意义。本章将首先介绍零序电流保护的工作原理，并详细分析在单相接地短路和两相接地短路时，IIDG 接入后对系统中零序电流分布的影响和对线路两侧电流保护的影响；分别考虑在网侧断路器断开前和断开后两种工况下，线路 IIDG 侧零序电流的变化，探究 IIDG 接入后传统的零序电流保护存在的主要问题，并提出改进的零序电流保护方案，通过仿真对分析结果和新的保护方案进行验证。

典型的中性点有效接地系统如图 5-30 所示，线路两侧变压器中性点直接接地，当线路上发生不对称接地短路时，其零序网络图如图 5-31 所示。

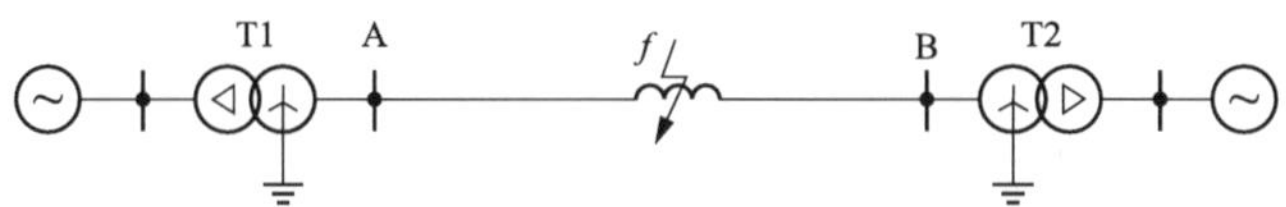

图 5-30　中性点有效接地系统拓扑图

在图 5-31 中，$Z_{T1(0)}$、$Z_{T2(0)}$ 为两侧变压器零序等值阻抗，$Z_{Af(0)}$、$Z_{Bf(0)}$ 为故障点到两侧母线的线路零序阻抗。

故障点 f 的零序电压最高，为 $U_{f(0)}$。由零序电压 $U_{f(0)}$ 产生的零序电流仅在零序回路中流通，零序回路以外的线路上没有零序电流。由图 5-31 可知，零序电流在线路两侧的分布情况仅取决于故障点两侧线路的零序阻抗值和保护安装处背后变压器零序阻抗值。若 T2 中性点不接地，相当于 $Z_{T2(0)}=\infty$，故障点到母线 B 上不再有零序电流。零序电流的大小除了与零序网络阻抗有关外，还受零序电压 $U_{f(0)}$ 大小的影响。零序电压 $U_{f(0)}$ 取决于故障后复合序网的分压。

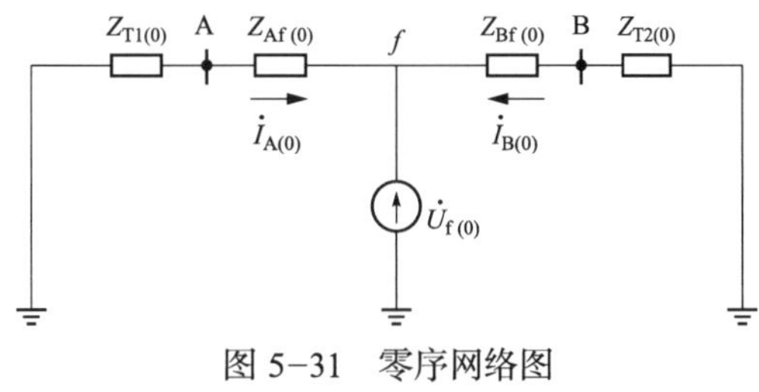

图 5-31　零序网络图

零序电流保护所采用的线路零序电流一般通过三相电流互感器测量，测得的零序电流是三倍的零序电流值，即

$$I_{r(0)}=I_a+I_b+I_c=3I_0 \tag{5-22}$$

分布式电源大致分为通过同步或异步发电机直接并网的旋转型DG与通过变流器间接并网的逆变型DG。对于不接地系统与经消弧线圈接地系统，为了不影响系统原有接地方式，并网DG一般都采用不接地方式。即DG接入后主要改变系统正序与负序网络基本不会影响零序网络。

（1）DG接入对接地故障工频电气量的影响。图5-32给出了一个典型的多DG接入小电流接地系统。其中，T1为110/10kV主变压器，T2为接地变压器；L_p为消弧线圈电感；开关S闭合为经消弧线圈接地系统打开为不接地系统；共有n条出线l_1、l_2、…、l_n，设单相接地故障发生在l_1上；F为故障点位置；DG1与DG2分别接入故障线路故障点上游、下游，多条健全线路接有DGx；T3、T4及Tx为DG并网变压器，高压侧均采用不接地方式；PCC1、PCC2、PCCx为其公共连接点。

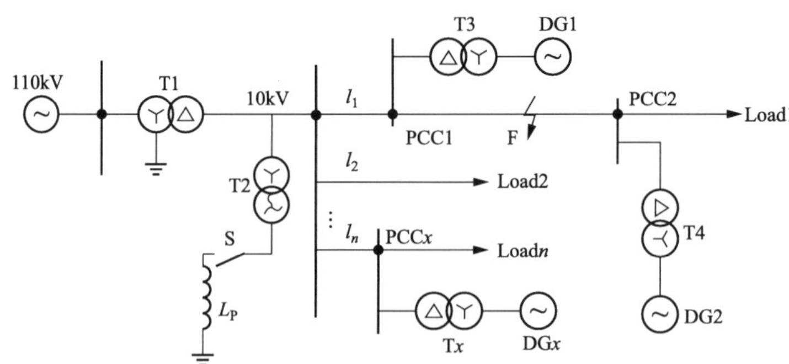

图5-32　多个DG接入的典型配电网示意图

由于DG并网变压器的一次侧并不接地，对于接地故障等值电路，DG接入将可能影响参数L_1与R，而不会影响o与R_o。

对于旋转型DG，其输出特性表现为电压源特性；逆变型DG输出特性表现为电流源特性。同时，由于小电流接地时故障电流较小、系统正序电压及负荷电流变化不明显DG运行状态将不进行调整，可认为其等效阻抗在接地前后保持不变。

综合考虑旋转型DG自身阻抗与并网变压器阻抗的特性，其作用类似于小容量电源（即主变压器），其接入后将一定程度改变接地故障工频电流在正序网络和负序网络的分布，对于零序网络故障电流的分布几乎没有影响。

逆变型DG接入后的阻抗近似为并网变压器的励磁阻抗，其在正序网络、负序网络的作用类似于小容量负荷，均几乎不影响正负零序网络。

综上，无论是不接地系统还是经消弧线圈接地系统，无论是接入旋转型DG还是逆变型DG，无论DG接入何处，均可认为不改变工频电气量的特征。

（2）DG接入对接地故障暂态电气量的影响。DG接入对接地故障暂态的影响机理与对工频量的影响相似，但又有不同。

旋转型 DG 并网后，对于线模网络的作用类似于小容量电源，将改变 DG 接入点的线模阻抗。针对接地故障等值电路，当旋转型 DG 接入故障点至母线之间的线路或接入健全线路靠近母线处时，将使线模阻抗减小。由于接地故障暂态频率较高，线模阻抗对接地故障暂态过程有一定影响，即影响接地故障暂态电气量的幅值、谐振频率与衰减；而接入故障点下游线路或接入健全线路远离母线处时，对线模阻抗的影响即可忽略。

逆变型 DG 的作用类似于小容量负荷，几乎不影响线模网络。无论对于不接地还是消弧线圈接地系统，旋转型 DG 将使得接地故障暂态谐振频率持续时间、电流幅值的变化范围略有增大且影响暂态电流在线模网络内的分布规律但几乎不影响在零模网络内的分布规律。因此，利用暂态线模信号的检测（选线、定位、分界）方法将可能不再适用，而利用暂态零模信号的检测方法仍能适用，但已有检测装置的采样频率、选取的特征频段、录波数据长度、电流测量范围需要适度调整。逆变型 DG 不影响接地故障暂态特征及其分布规律，已有暂态检测的原理和装置仍能适用。

5.3 距离保护适应性

（1）保护原理。距离保护作为一种受系统运行方式变化影响较小的电力系统保护，常用于高电压、结构复杂的电网中。阻抗继电器作为距离保护的核心元件，不但能测量保护安装处到故障点的故障线路阻抗，而且能在反映故障方向的同时反映出线路的故障位置。另外，距离保护通常具有反时限特性，即当故障位置离保护较近时，保护具有较小的动作时间，随着故障位置的远离，保护动作时限将会相应延长。

当前，距离保护多采用三段式整定原则且各段具有不同的时限特性。距离Ⅰ段一般保护本线路的 80%～85% 且具有无延时的动作特性；距离Ⅱ段能保护本线路的全长，通常与下一级线路的距离保护Ⅰ段配合整定，但带有一定延时的动作特性；距离保护段作为后备保护，通常与下一级线路的距离Ⅱ段配合整定，或按正常运行时的最小负荷阻抗整定且应具有较长的延时以满足与相邻线路保护在动作时限上的配合。

保护安装处测量阻抗的表达式为

$$Z_{m}=\frac{\dot{U}_{m}}{\dot{I}_{m}} \tag{5-23}$$

式中：$\dot{U}_{m}$、$\dot{I}_{m}$ 分别表示保护安装处的测量电压和测量电流。

（2）对保护影响的理论分析。

1）双馈风电场接入后的影响。当风电场发生三相故障情况时，风电场侧电压均由系统支撑，故风电场侧电压仍为工频，但电流频率由风机提供，根据第一节的分析可知，风机在两种运行工况下，短路电流的故障分量均与传统电流不一样，计及 RSC 控制时短路电流中含有暂态直流分量，计及 Crowbar 保护动作时含有衰减转速频率分量。

当系统发生故障，转子侧短路电流过大，触发 Crowbar 保护动作，闭锁转子侧变流器时，双馈风机相当于普通的异步发电机，根据磁链守恒原理可知，故障瞬间定、转子磁链不发生突变，由于定子磁链不发生突变，则定子绕组电流中将感应出直流分量，该直流分量一般以定子时间常数衰减；又因为转子磁链不发生突变且转子绕组仍以转速 ω_r 旋转，因此定子绕组电流中会感应出转速频率分量，该转速频率分量以转子时间衰减常数衰减。故双馈风机三相短路电流解析式可表示为

$$i_c = A_c \sin(\omega_1 t + \varphi_c) + B_c e^{-\tau_{sc} t} \sin\varphi_c + C_c e^{-\tau_{rc} t} \sin(\omega_r t + \varphi_c) \tag{5-24}$$

式中：φ_c 为撬棒保护动作后的出相角；A_c、B_c、C_c 为计及 Crowbar 保护动作时短路电流各分量系数，其大小与电机参数以及机端电压跌落程度有关；ω_1 为同步转速；ω_r 为转子转速；τ_{sc}、τ_{rc} 分别为计及 Crowbar 保护动作的定子和转子时间衰减常数。

由式（5-24）可知，双馈风电机组提供的短路电流除基频分量和暂态直流分量外，还含有衰减转速频率含量，目前双馈风电机组转子转速一般在 0.7～1.3p.u.，故短路电流中衰减的转速频率分量的频率一般在 35～65Hz 变化。

短路电流经傅里叶计算前，会先通过差分滤波处理，将短路电流中衰减直流分量滤除。故实际上经傅里叶计算的短路电流只含有基频分量和衰减的转速频率分量，即

$$i'_c = A_c \sin(\omega_1 t + \varphi_c) + C_c e^{-\tau_{rc} t} \sin(\omega_r t + \varphi_c) \tag{5-25}$$

为分析傅里叶算法提取基频相量时，转速频率分量对提取结果的影响，将式（5-25）代入全波傅里叶算法中，可得到短路电流经傅里叶算法后，电流基频相量的余弦系数和正弦系数分别为

$$\begin{cases} I_{\cos\_c} = \dfrac{2}{T}\displaystyle\int_{-T/2}^{T/2} i'_c \cos(\omega_1 t)\mathrm{d}t = A_c \sin\varphi_c + \Delta I_{\cos\_c} \\ I_{\sin\_c} = \dfrac{2}{T}\displaystyle\int_{-T/2}^{T/2} i'_c \sin(\omega_1 t)\mathrm{d}t = A_c \cos\varphi_c + \Delta I_{\sin\_c} \end{cases} \tag{5-26}$$

式中：$\lambda = \dfrac{\omega_1}{\omega_r}$。

$$\Delta I_{\cos\_c} = C_c (e^{\frac{T}{2}\tau_{rc}} - e^{-\frac{T}{2}\tau_{rc}}) \cdot \frac{[\cos(\lambda\pi)(\lambda+1)\omega_1 + \tau_{rc}\sin(\lambda\pi)][\omega_1^2(\lambda^2+1) + \tau_{rc}^2]}{[(\lambda-1)^2\omega_1^2 + \tau_{rc}^2][(\lambda+1)^2\omega_1^2 + \tau_{rc}^2]}$$

$$\Delta I_{\sin\_c} = 4\pi C_c e^{-\frac{T}{2}\tau_{rc}} \cdot \frac{4\pi^2 \sin(\lambda\pi)(1+e^{T\tau_{rc}}) + T^2[\sin(\lambda\pi)(\tau_{rc}^2 - \omega_r^2)(1+e^{T\tau_{rc}}) + 2\tau_{rc}\omega_r\cos(\lambda\pi)(1-e^{T\tau_{rc}})]}{T^4(\tau_{rc}^2 + \omega_r^2) + 8\pi^2 T^2(\tau_{rc}^2 - \omega_r^2) + 16\pi^4} \tag{5-27}$$

式中：T 为傅里叶算法的周期时间。

经傅里叶后电流基频分量幅值和相角分别为

$$\begin{cases} |I_c| = \sqrt{I_{\cos\_c}^2 + I_{\sin\_c}^2} = I_{c1} + \Delta I_c \\ \angle|I_c| = \arctan\left(\dfrac{I_{\cos\_c}}{I_{\sin\_c}}\right) = \angle\varphi_c + \angle\Delta\varphi_c \end{cases} \tag{5-28}$$

式中：$I_{c1}=A_c$。

$$\Delta I_c=\sqrt{A_c^2+2A_c(\Delta I_{\cos\_c}\sin\varphi+\Delta I_{\sin\_c}\cos\varphi)+(\Delta I_{\cos\_c}^2+\Delta I_{\sin\_c}^2)}-A_c \tag{5-29}$$

$$\angle\Delta\varphi_c=\arctan\left(\frac{A_c\sin\varphi_c+\Delta I_{\cos\_c}}{A_c\cos\varphi_c+\Delta I_{\sin\_c}}\right)-\angle\varphi_c \tag{5-30}$$

由式（5-28）可知，计及 Crowbar 保护动作的 DFIG 短路电流中，由于转速频率，使得傅里叶算法不能准确地提取短路电流基频分量的幅值和相角。

将式（5-28）代入式（5-23）可得在计及 Crowbar 保护动作和计及 RSC 控制两种运行状态下，风电场送出线保护安装出测量误差的解析式为

$$\Delta Z_c=\frac{\dot{U}_m}{\dot{I}_{c1}+\Delta\dot{I}_{c1}}-\frac{\dot{U}_m}{\dot{I}_{c1}} \tag{5-31}$$

式中：$\dot{I}_{c1}=A_{sc}\angle\varphi_c$；$\Delta\dot{I}_c=\Delta I_c\angle\Delta\varphi_c$。

对于接地保护，测量电压为保护安装处相对地电压，测量电流为带有零序电流补偿的故障相电流；对于相间短路，为保护安装处两故障相的电压差，测量电流为两故障相的电流差。测量电流是根据流过保护安装处的暂态电流，经傅里叶算法提取后得到的基频电流。由式（5-31）可知，由于转速频率分量和暂态自然分量的存在，使得基于傅里叶算法的传统距离保护得到的测量阻抗 Z_m 并不准确，存在一个误差阻抗，该误差阻抗的存在可能会造成保护的误动和拒动。

2）逆变电源接入后的影响。由于大型光伏电站的接入使得电力系统原有的故障特征发生了不同程度的改变，事实上，输电线路的距离保护也将可能会受到影响，导致保护误动、拒动现象的发生。下面以图 5-33 所示的输电系统为例，对光伏电站接入给传统距离保护测量阻抗带来的影响进行详细分析。

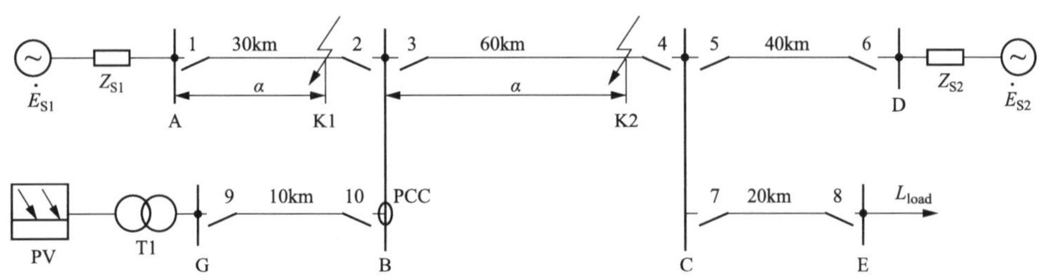

图 5-33　含光伏电站的典型输电系统接线图

首先对 BC 线路发生故障时保护 3 处的测量阻抗进行分析，考虑过渡电阻的影响，当 BC 线路上 K2 处发生故障时，设故障点至保护 3 处的线路阻抗为 aZ_{Bc}，过渡电阻为 R_f，则故障等效电路如图 5-34 所示。

设保护 3 处的实时电压、电流为 $U_{3.x2}$、$I_{3.x2}$，则保护 3 的测量阻抗为

$$Z_{3m.K2}=\frac{\dot{U}_{3.K2}}{\dot{I}_{3.K2}} \tag{5-32}$$

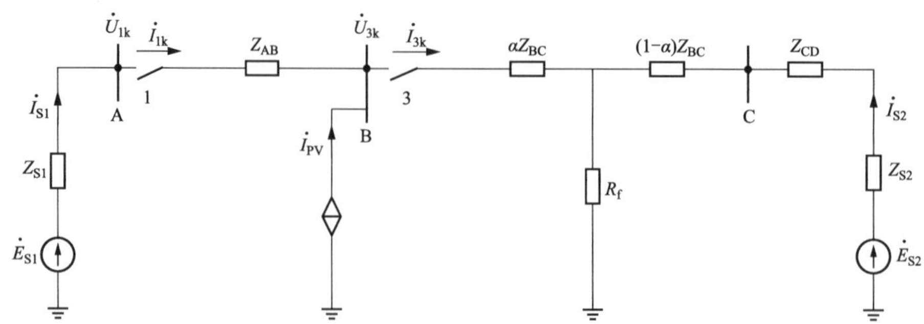

图 5-34　K2 点故障时系统等值电路图

由图 4-2 所示故障电路易知

$$\begin{cases}\dot{U}_{3.K2}=\alpha Z_{BC}\dot{I}_{3.K2}+R_f(\dot{I}_{3.K2}+\dot{I}_{S2})\\ \dot{I}_{3.K2}=\dot{I}_{S1}+\dot{I}_{PV}\end{cases} \tag{5-33}$$

从而，将式（5-33）代入式（5-32），化简可得

$$Z_{3m.K2}=\alpha Z_{BC}+R_f+\frac{\dot{I}_{S2}}{\dot{I}_{S1}+\dot{I}_{PV}}R_f \tag{5-34}$$

由式（5-34）可以看到，当 BC 线路发生非金属性故障时，保护 3 处的测量 $-R$ 两部分组成，其大小不仅与阻抗由基本阻抗 αZ_c+R，还和附加阻抗一 I_{si}+I 障位置和过渡电阻有关，光伏电站的故障输出也会直接影响到附加阻抗的性质与传统电源 S、S，的故障输出不同，光伏电站的故障输出电流不仅与故障条件有关，而且受其本身故障控制策略的影响严重，与故障时刻的外界环境温度和光照强度有很大关联。另外，由式（5-34）还可以看出，附加阻抗的性质将受到三个电源故障电流的共同影响，并且电源故障电流的大小和相位均会影响到附加阻抗的性质。

为了分析大型光伏电站故障输出电流对保护 3 测量阻抗的影响，不妨设与，同相位，那么，当的相位超前于的相位时，附加阻抗呈容性；而当 i。的相位滞后时，附加阻抗则呈感性。因此，当 BC 线路发生非金属性故障时，保护 3 处的测量阻抗将会受到大型光伏电站接入的影响，当过渡电阻足够大时，测量阻抗的阻抗角可能发生较大程度的改变，即使是采用具有抗过渡电阻能力的四边形特性的继电器，也不能避免保护 3 处距离 I 段保护发生超越或拒动的现象。

另外，由式（5-34）容易看到，当 BC 线路发生金属性故障时，保护 3 的测量阻抗将只含 αZ_c 一项，即测量阻抗不受光伏电站接入的影响，仍能够反映线路故障阻抗，并能准确可靠动作，因此，光伏电站的接入不会影响保护 3 距离 I 段保护在 BC 线路发生金属性故障时的动作特性。

同理，可分析保护 1 处的距离 I 段保护受光伏电站接入的影响。假定 AB 线路上 K1 处发生非金属性故障，设线路故障阻抗为 aZ，过渡电阻为 R，则系统的故障等值电路如图 5-35 所示。

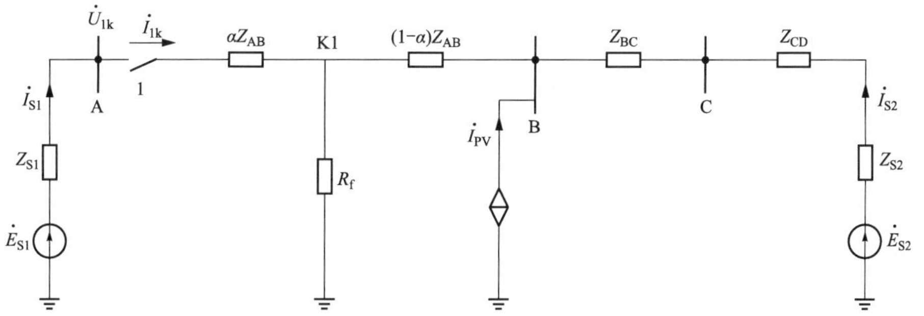

图 5-35 K1 点故障时系统等值电路图

由图 5-35 所示电路可得以下电压、电流方程组

$$\begin{cases}\dot{U}_{1.K1}=\alpha Z_{AB}\dot{I}_{1.K1}+R_f(\dot{I}_{1.K1}+\dot{I}_{PV}+\dot{I}_{S2})\\ \dot{I}_{1.K1}=\dot{I}_{S1}\end{cases} \tag{5-35}$$

式中：$\dot{U}$ 分别为 K1 点故障时，保护 1 安装处的电压、电流。

由式（5-35）可得，K1 点故障时保护 1 处的测量阻抗为

$$Z_{1m.K1}=\frac{\dot{U}_{1.K1}}{\dot{I}_{1.K1}}=\alpha Z_{AB}+(1+\frac{\dot{I}_{S2}}{\dot{I}_{S1}})R_f+\frac{\dot{I}_{PV}}{\dot{I}_{S1}}R_f \tag{5-36}$$

可见，当 AB 线路发生非金属性故障时，保护 1 处的测量阻抗也会受到光伏电站故障电流的影响，产生额外的附加阻抗。显然，该附加阻抗受光伏电站和系统电源 S 故障电流的大小和相位关系的影响，但是，不同于保护 3 处，当 i_v 相位超前六时，该附加阻抗是呈感性的，会导致测量阻抗增大；否则，该附加阻抗呈现容性，会引起测量阻抗减小。

另外，由式（5-36）还可以看出，当输电线路发生金属性故障时，由于 $R=0$，保护 1 的测量阻抗等于线路故障阻抗值为 aZ，仍能反映故障点到保护安装处的阻抗。因此，对于金属性故障而言，保护 1 的距离 I 段保护将不受光伏电站接入的影响，其动作特性能得到保证。

综上，在含大型光伏电站的电网中，当输电线路发生金属性故障时，由于距离保护测量阻抗不受光伏电站故障电流和系统运行方式的影响，因而，本线路的距离 I 段保护仍能可靠动作，其动作特性能得到保证。但是，当线路发生非金属性故障时，该线路距离 I 段保护将可能因受到光伏电站故障电流的影响而发生拒动或误动。

由于距离保护 I 段往往只能保护本线路的 80%～85%，因此，必须设置距离 I 段保护。对于保护 1 而言，其 Ⅱ 段距离保护应能够保护 AB 线路全长且其保护范围可以延伸到 BC 线路。由图 5-34 所示故障电路可知，当 BC 线路上 K2 点发生非金属性故障时，保护 1 处的测量电压、电流存在以下关系

$$\begin{cases}\dot{U}_{1.K2}=Z_{AB}\dot{I}_{1.K2}+\alpha Z_{BC}(\dot{I}_{1.K2}+\dot{I}_{PV})+R_f(\dot{I}_{1.K2}+\dot{I}_{PV}+\dot{I}_{S2})\\ \dot{I}_{1.K2}=\dot{I}_{S1}\end{cases} \tag{5-37}$$

式中：$U_{1.K2}$、$I_{1.K2}$ 分别为 K2 点故障时，保护 1 安装处的电压、电流。由式（5-37）易

得，保护 1 处的测量阻抗为

$$Z_{1m.K2}=\frac{\dot{U}_{1.K2}}{\dot{I}_{1.K2}}=Z_{AB}+\alpha Z_{BC}+(1+\frac{\dot{I}_{S2}}{\dot{I}_{S1}})R_f+\frac{\dot{I}_{PV}}{\dot{I}_{S1}}(\alpha Z_{BC}+R_f) \tag{5-38}$$

（$aZ_{BC}+R_f$）为由于光伏式（5−38）中，$Z+aZ$；$c+(1+-:2)R$，为常规阻抗，电站接入而产生的额外附加阻抗。显然，由于光伏电站的接入，严重影响了保护 1 处的测量阻抗。由于光伏电源的故障输出不仅与故障情况有关，而且与其故障控制策略和当前运行环境条件有很大关系，导致光伏电站故障电流的大小和相位均存在一定的不确定性。由式（5−38）可知，当 I_{pv} 的相位超前于 I_{s1} 时，附加阻抗呈感性，测量阻抗 Z_{mk} 会增大；若 I_{pv} 的相位滞后于 I_{s1}，只有当滞后的相位大于 $aZ_{BC}+R_f$，的阻抗角时，才会使得保护 1 的测量阻抗减小，否则仍增大保护 1 的测量阻抗。

另外，由式（5−38）还可看出，即使 BC 线路发生金属性故障，保护 1 处的测量阻抗仍会受到光伏电站接入的影响。并且由于光伏电站的故障输出与传统电源不同，导致其对保护产生的影响也不相同。事实上，由于受控制策略的影响，大型光伏电站的故障输出与外界环境条件的关系密切且与并网点电压存在强烈的非线性关系，这是导致光伏能源对距离保护的影响区别于常规能源的主要原因。

综上，大型光伏电站接入输电网后，会导致线路距离保护的测量阻抗中出现额外的附加分量且该附加分量的阻抗性质主要取决于光伏电站和系统电源所提供故障电流大小和相位，而光伏电站的故障输出主要与其故障控制策略及外界环境条件有关。因此，对于含大型光伏电站的电力系统而言，线路距离保护的动作特性不仅与故障点位置、故障类型以及过渡电阻大小有关，而且光伏电站的容量、接入位置及其故障控制策略都会对其产生不同程度的影响。

（3）仿真分析。

1）逆变型新能源场站。在 PSCAD/EMTDC 中搭建如图 5−36 所示的仿真模型，新能源场站及其送出系统参数设置与前节差动保护部分相同，并搭建工频量距离保护模块，根据距离保护的整定原则及送出线路的参数，将整定值设置为 2.816Ω。

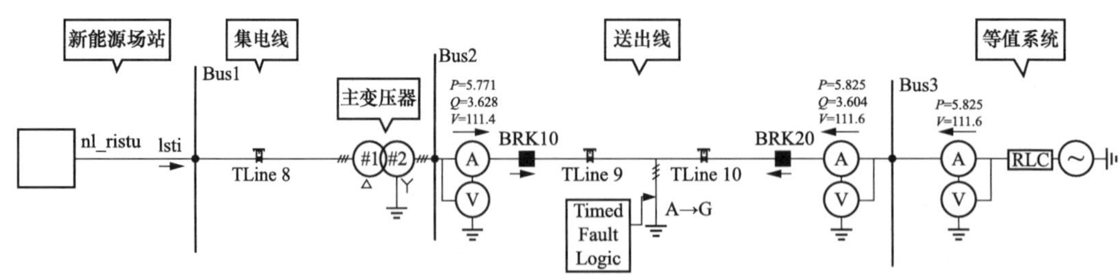

图 5−36　PSCAD 仿真模型拓扑结构

三相短路情况下接地继电器和相间继电器均会动作。将仿真时长设定为 5s，1s 时在送出线路 50% 处（在距离保护动作范围内）发生三相接地故障，将过渡电阻设置为 0.8Ω，首先用 35kV 的常规同步电源代替新能源场站，故障期间接地继电器 A 相测量阻抗曲线如图 5−37 所示。

故障期间相间继电器 BC 相测量阻抗曲线如图 5-38 所示。

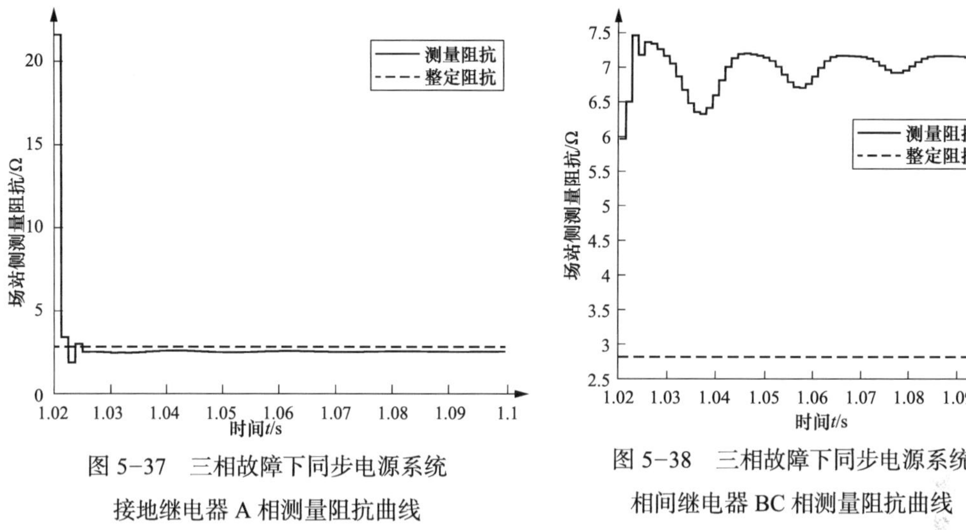

图 5-37 三相故障下同步电源系统接地继电器 A 相测量阻抗曲线

图 5-38 三相故障下同步电源系统相间继电器 BC 相测量阻抗曲线

图 5-38 中蓝色曲线表示为测量阻抗的变化情况，红色曲线为整定阻抗，故障期间接地继电器和相间继电器的测量阻抗的值一直在整定值范围内，距离保护可正常动作。

将同步电源换为 20MW 的新能源场站接入送出系统，此时在正常运行时，与前述常规电源系统输出的短路电流几乎一致。设置 1s 时发生三相接地故障，过渡电阻为 0.8Ω，故障期间接地继电器 A 相测量阻抗曲线如图 5-39 所示。

故障期间相间继电器 BC 相测量阻抗曲线如图 5-40 所示。

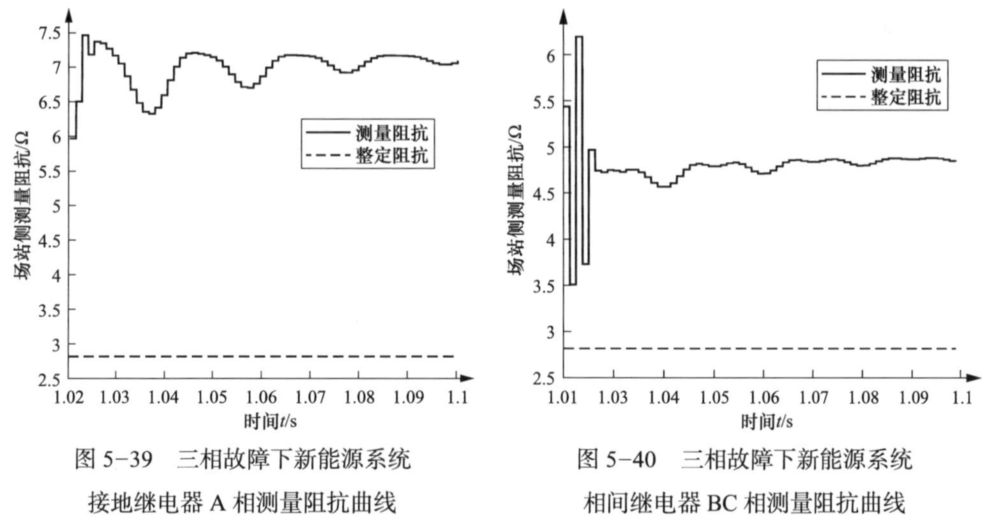

图 5-39 三相故障下新能源系统接地继电器 A 相测量阻抗曲线

图 5-40 三相故障下新能源系统相间继电器 BC 相测量阻抗曲线

从图 5-40 中可以看出，故障期间场站侧接地继电器和相间继电器的测量阻抗值均始终大于整定值，保护不动作，此时属于区内故障，距离保护发生拒动现象。此时光伏电站的容量为 20MW，与等值电网的短路容量相比很小，与前述理论分析一致。

根据前述分析，过渡电阻与线路阻抗的大小关系会很大程度上影响工频量距离保护的动作情况，当过渡电阻减小时，会减小其对距离保护动作情况的影响，该并网结构中，故障位置到保护安装处的线路阻抗为 1.76Ω，前述场景下过渡电阻 0.8Ω 大约达到了线路阻抗的 50%，对保护的影响较为明显，下面减小光伏电站接入情况下的过渡电阻，设置过渡电阻为 0.3Ω，故障期间 A 相接地阻抗继电器和 BC 相间阻抗继电器的动作特性如图 5-41 和图 5-42 所示。

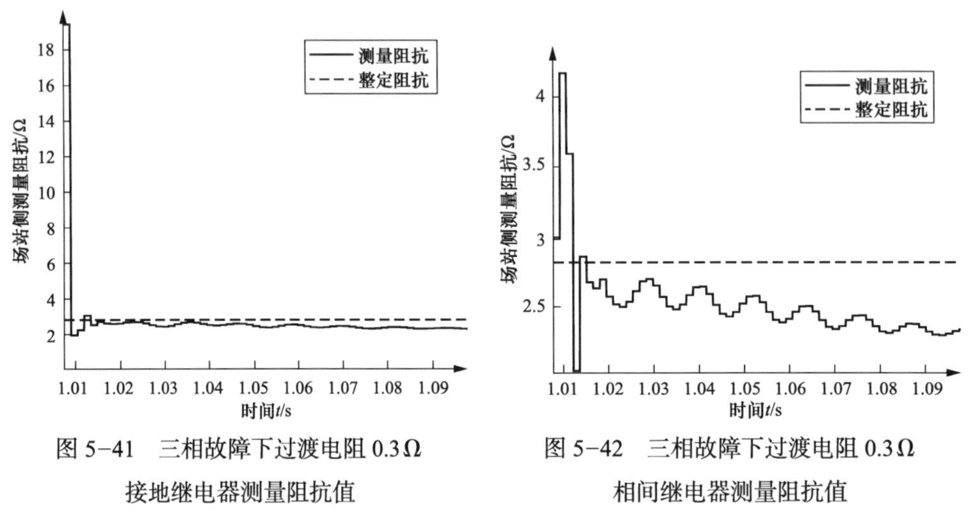

图 5-41　三相故障下过渡电阻 0.3Ω 接地继电器测量阻抗值

图 5-42　三相故障下过渡电阻 0.3Ω 相间继电器测量阻抗值

从图 5-42 中可以看出，当过渡电阻减小后，接地继电器和相间继电器测量阻抗值均小于整定值，此时距离保护能正常动作。

根据前述适应性分析，I_{sA}/I_{pA} 的值同样也是影响距离保护动作特性的重要因素，随着新能源场站接入容量的增加，该比值将会减小，从而削弱过渡电阻对距离保护的影响，同样取过渡电阻为 0.8Ω，将原本 20MW 的光伏电站容量增加到与 80MW，此时 A 相接地阻抗继电器和 BC 相间阻抗继电器的动作特性如图 5-43 和图 5-44 所示。

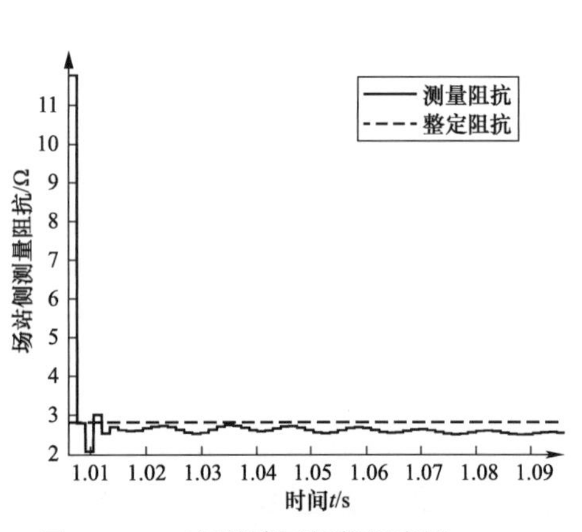

图 5-43　三相故障下新能源容量 80MW 接地继电器测量阻抗值

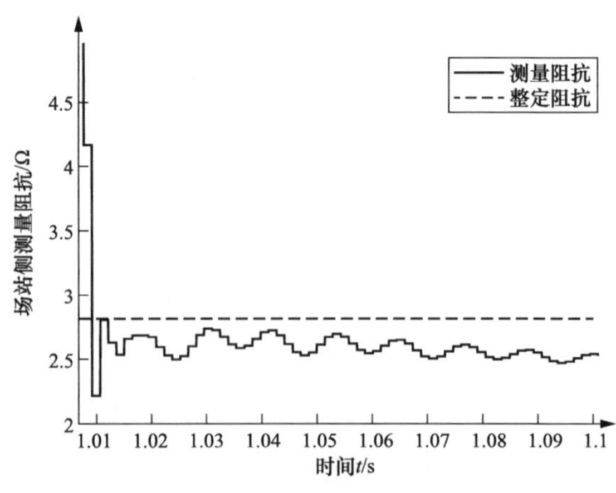

图 5-44　三相故障下新能源容量 80MW 相间继电器测量阻抗值

当光伏电站的容量增加后，故障期间输出的短路电流也随之增大，I_{sA}/I_{pA} 的值增大，过渡电阻对距离保护的影响被弱化，从图 5−44 中可以看出，接地继电器和相间继电器测量阻抗值均小于整定值，此时距离保护能正常动作。

2）双馈风电场接入的影响。为了揭示送出线路不同故障类型下双馈风电场侧测量阻抗变化特性，这里假定送出线路距风电场侧主变压器 220kV 母线 12.5km 处分别发生 C 相接地短路故障、AC 相间短路故障和三相接地短路故障且故障前后风电场内所有机组风速均为 7.5m/s（后续将讨论不同风速的影响）。图 5−45 为送出线路发生不同类型故障时双馈风电场侧和系统侧测量阻抗的变化曲线。由于不同类型故障下系统侧测量阻抗的变化轨迹基本相似，所以这里仅给出三相接地短路故障下系统侧测量阻抗变化曲线图［见图 5−45（d）］。

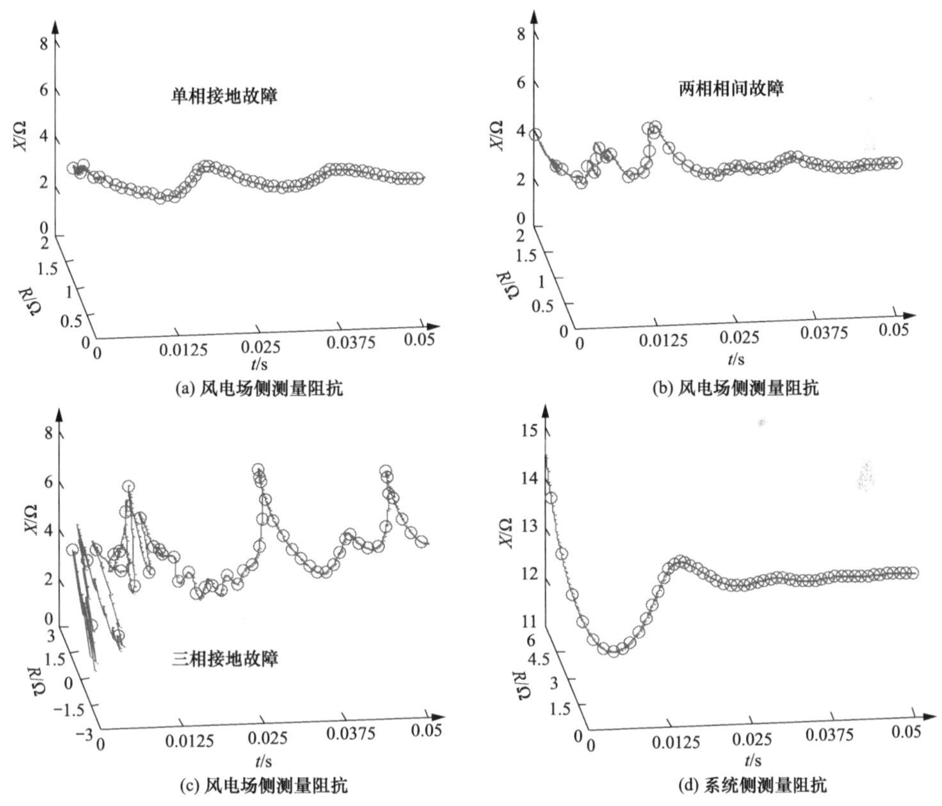

图 5−45　送出线路发生不同类型故障时双馈风电场测量阻抗变化曲线

从图 5−45 中可看出，单相和两相相间短路故障下，双馈风电场侧的测量阻抗均在较短时间内能够维持在 $R=0.96\Omega$，$X=4.24\Omega$ 附近（与 12.5km 的送出线路等值阻抗相对应）。其中，单相接地短路故障下，测量阻抗保持稳定不变所需时间为故障后约 25ms；而在两相相间短路故障下，测量阻抗达到稳定值所需时间稍长，约为 28ms，距离保护将可正确动作。

相比之下，如图 5−45（d）所示，上述不同故障发生时送出线路系统侧的测量阻抗将基本能在故障后约 15ms 之内维持稳定（其大小约为故障点至系统侧保护安装处送出线路的等值阻抗），这意味着系统侧距离保护均应该能够可靠动作。而结合前面分析可知，对于送出线路上双馈风电场侧距离保护装置而言，其测量阻抗将随故障类型不同而发生变化，这主要是由于送出线路上不同类型故障下双馈风电场短路电流中主要谐波含量及其大小有所不同造成。另外，不同故障类型还将影响风电场内机组 Crowbar 电路是否投入及投入时刻，实际上 Crowbar 电路投入前后双馈风电场短路电流中谐波含量有较大区别，况且对于整个风电场而言，机组 Crowbar 电路投入的时间存在一定差异，这将进一步导致双馈风电场测量阻抗在较长时间内发生大幅变化。

3）不同故障位置。正如前面所述，送出线路故障时，双馈风电场内部机组 Crowbar 电路是否投入及其不同位置机组 Crowbar 电路投入时刻不同均将会造成其测量阻抗发生较大幅度变化。实际上，送出线路不同位置故障也会导致风电场内机组 Crowbar 电路投入情况有所不同，以下将详细分析送出线路不同故障下双馈风电场侧测量阻抗的变化规律。图 5-46 为分别在送出线路长度 25% 处（距风电场主变压器，送出线路全长为 50km）、线路长度 50% 和线路长度 90% 处三相短路故障下双馈风电场测量阻抗的变化规律。故障前后风电场内所有机组的风速均为 12m/s（额定风速）。

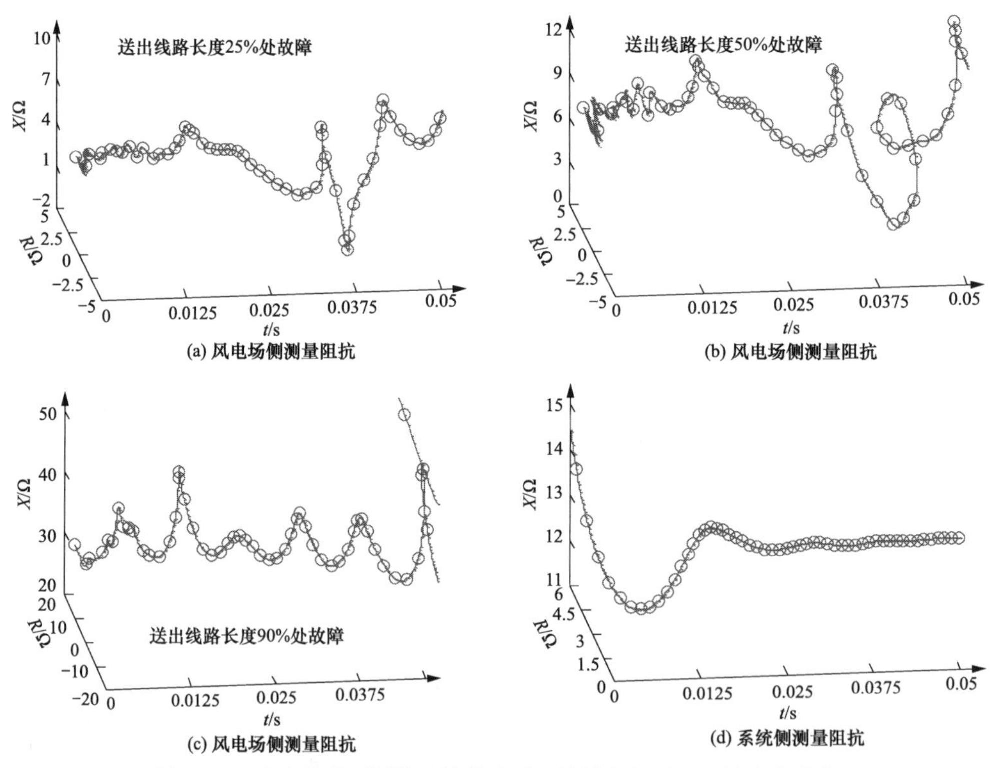

图 5-46　送出线路不同位置处故障时双馈风电场测量阻抗变化曲线

对比图 5-46（a）～（c）中曲线，可发现在离双馈风电场越远处故障，送出线路上双馈风电场侧测量阻抗发生大幅波动的时刻将越晚。当送出线路长度 25% 处故障时，风电场测量阻抗在故障后约 14～50ms 发生相对较大幅度波动，波动的范围为 $R=-3.34\sim3.272\Omega$，$X=-1.83\sim6.04\Omega$（实际阻抗为 $R=0.96\Omega$，$X=4.24\Omega$），这将会对Ⅰ段距离保护动作特性造成影响；而当送出线路 50% 处故障时，风电场测量阻抗在故障后约 19～50ms 发生相对较大幅度波动，波动的范围是 $R=-5.611\sim8.258\Omega$，$X=3.85\sim11.58\Omega$（实际阻抗为 $R=1.92\Omega$，$X=8.48\Omega$）。但是在送出线路 90% 处故障时，风电场测量阻抗在故障后约 45～50ms 发生相对较大幅度波动，波动的范围是 $R=-8.923\sim7.213\Omega$，$X=28.91\sim42.67\Omega$（实际阻抗为 $R=3.456\Omega$，$X=15.264\Omega$）。

对比以上送出线路不同位置故障时风电场侧测量阻抗发生大幅度波动的时刻，可发现时间差在 30ms 之内（该时间差主要与风电场内机组地理分布有关）。在前述情况下，送出线不同位置故障时风场侧测量阻抗大幅度波动在距离Ⅰ段动作时间范围内，实际上风电场内机组 Crowbar 投入时刻不仅与故障发生位置有关，还与风速有关。根据前面第 2 章双馈风电场故障特性分析可知，风速越小时，风电场内机组 Crowbar 电路投入的时间将越晚，此时可能会造成风电场测量阻抗大幅波动的时间范围扩大到距离保护Ⅱ段甚至Ⅲ段动作时间内。

4）不同风速。为了揭示风速对风场侧测量阻抗的影响，这里假定风电场内机组风速为 7.5、12m/s 和混合风速（根据空间分布将场内风电机组分群，包括 6 个群，风速分别为 7、8、9、10、11、12m/s），图 4-29 为不同风速下送出线路故障时（故障点距风电场侧主变压器 220kV 母线约 12.5km），双馈风电场侧和系统侧测量阻抗变化轨迹。

对比图 5-47（a）～（c）可发现，不同风速下，双馈风电场侧测量阻抗变化轨迹有所不同。事实上，图 5-47（a）、（b）中曲线分别与图 5-45 中（c）和图 5-46（a）相同，所以这里将不再重复图中风电场测量阻抗轨迹本身的变化规律，主要对比不同风速下风电场测量阻抗大幅波动的时间范围。从图 5-47（a）中看出，风速为 7.5m/s 时，双馈风电场侧测量阻抗最大幅波动的时间范围为 96～140ms 且在故障后 60ms 之内风电场测量阻抗的波动范围也相对较大；而风速为 12m/s 时，风电场测量阻抗大幅波动的范围为 14～50ms。这意味着，在风电场内所有风电机组风速相同情况下，风速越小，不同动作时间范围内距离保护越容易受影响。也就是说风速较大时，可能仅有部分距离保护（比如 I 段保护）会受影响。

接下来，将分析风电场内机组感受到的风速不同时，送出线路故障下风电场测量阻抗变化规律。由图 5-47（a）～（c）可知，双馈风电场风电机组风速不同时，尽管其测量阻抗变化幅度相对较小（变化幅度约为 $R=-1.222\sim2.058\Omega$，$X=3.1\sim5.789\Omega$；线路长度对应阻抗为 $R=0.96\Omega$，$X=4.24\Omega$），但是均会导致距离保护不正确动作。

综上所述，对于双馈风电场而言，小风速情况对距离保护的影响较为严重。但是，该结论主要适用于故障下风电场内机组 Crowbar 电路投入的情形。实际上，无论大小风速送出线路故障可能存在场内风电机组 / 机组群 Crowbar 电路不投入的情况，若 Crowbar 电路不投入，小风速对风电场侧测量阻抗影响应该相对较小。

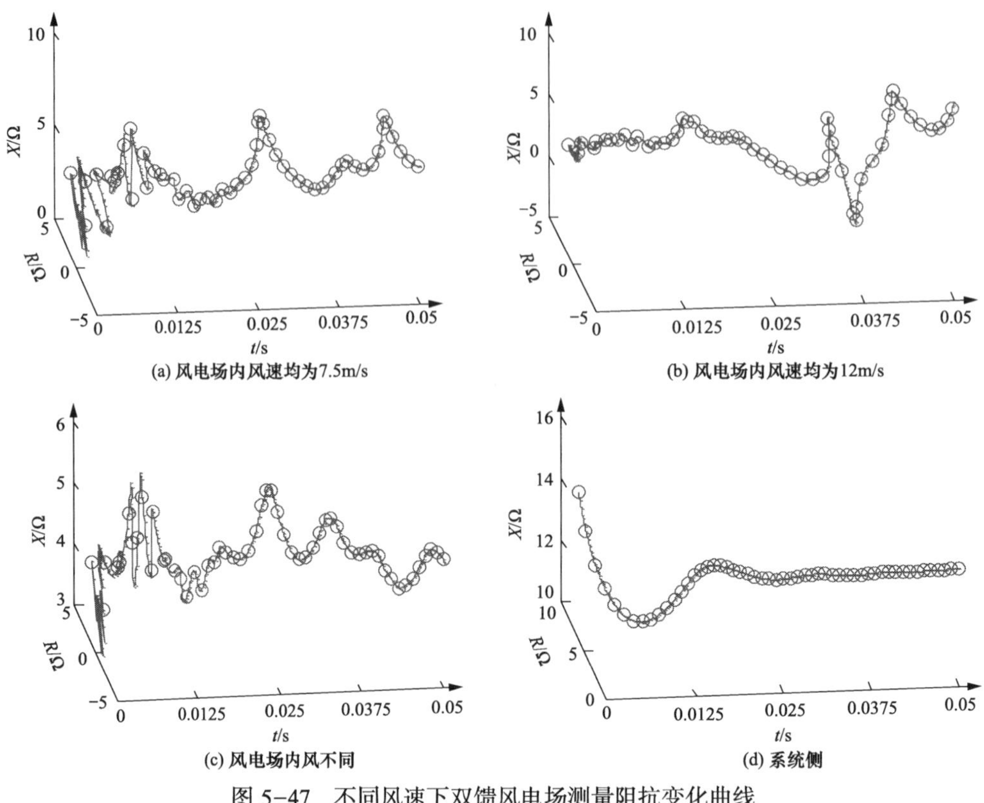

图 5-47 不同风速下双馈风电场测量阻抗变化曲线

5）风电场内机组不同投运情况。在上述风电场内机组风速不同时，其测量阻抗的变化规律研究的基础上，这里将通过切除大风速、小风速机组群，研究风电场内机组不同投运情况下测量阻抗的变化特性。假定切除风速为 11m/s 和 12m/s 机组群（22 台）、风速为 7m/s 和 8m/s 机组群（22 台），图 5-48 为送出线路故障时（故障点距风电场侧主变压器 220kV 母线约 12.5km），不同机组投运情况下双馈风电场侧测量阻抗的变化曲线。

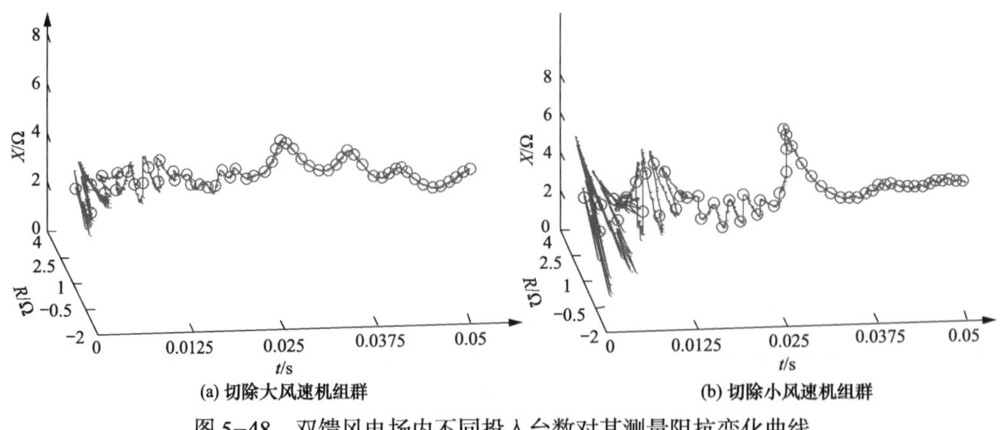

图 5-48 双馈风电场内不同投入台数对其测量阻抗变化曲线

从图 5-48（b）中可以看出，切除小风速机群后双馈风电场测量阻抗在故障后约 35ms 之内发生相对较大幅度的波动，R=−1.97～3.26Ω，X=2.01～6.53Ω（实际阻抗为 R=0.96Ω，X=4.24Ω），故障 35ms 之后风电场测量阻抗也并未能维持在某个稳定值附近，其变化范围为 R=0.02～1.519Ω，X=3.40～4.54Ω，比切除大风速机组群后风电场稳态测量阻抗的变化幅度大。由图 5-48（a）看出，故障后 50ms 之内双馈风电场内机组群仍主要由变换器控制作用，其测量阻抗的变化幅度为 R=−0.91～1.51Ω，X=3.19～5.46Ω。

综上所述，切除大风速机组群后风电场测量阻抗在故障后前 50ms 之内发生大幅波动会导致距离保护误动或拒动。然而，切除小风速机组群后故障期间风电场测量阻抗的波动范围始终较大，距离保护将不能够可靠动作。这意味着，对于送出线路距离保护而言，风电场内大风速机组群投运导致保护不正确动作的概率更大。

5.4　差动保护适应性

5.4.1　线路差动

（1）理论分析。

1）逆变型新能源电源。当线路发生故障，逆变型新能源电源的故障暂态特性受其故障穿越控制策略的影响，与传统同步电源的故障特性存在较大区别，部分研究将逆变型新能源电源所提供的短路电流看作不平衡电流进行处理，另有部分研究将逆变型新能源电源等值成理性受控源，这并不能反映逆变型新能源电源真实的短路电流特性。事实上，随着逆变型新能源接入比例增加，只有结合逆变型电源短路电流特性，分析线路两侧差动和制动电流大小，才能更准确地分析线路差动保护性能。

逆变型新能源场站送出系统典型主接线如图 5-49 所示。待分析电流差动保护配置在送出线路的场站侧和系统侧。

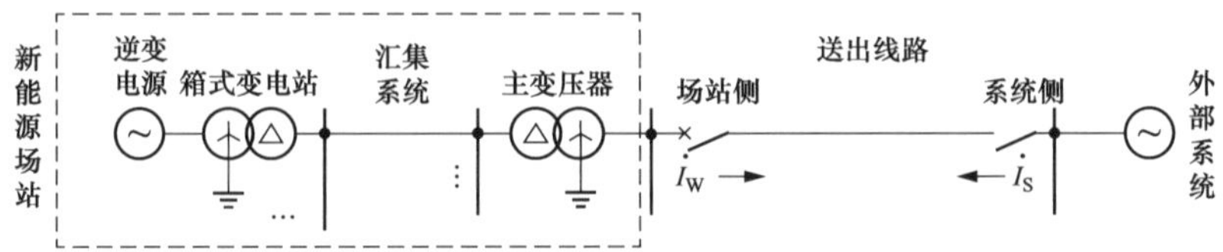

图 5-49　逆变型新能源场站典型主接线示意图

对于常见的比率制动型电流差动保护，其典型动作判据为

$$\begin{cases} I_d > I_{op0} \\ I_d > kI_r \end{cases} \tag{5-39}$$

式中：I_d 为差动电流；I_r 为制动电流，分别满足 $I_d=|\dot{I}_w+\dot{I}_s|$，$I_r=|\dot{I}_w-\dot{I}_s|$，其中 $\dot{I}_w$ 和 $\dot{I}_s$ 分别为送出线路场站侧和系统侧保护安装处同名相电流；I_{op0} 为启动值；k 为制动系数，常取 0.5～0.8。

假定送出线路发生区内BC两相短路，以逆变器控制系统定向于正转 d 轴电压、控制目标为消除负序电流、有功参考值 $P_{0*}=e_d+$ 和无功参考值 $Q^*=1.5e_d+(0.9-e_{d+})$ 为例，分析差动保护动作性能。在故障初始时刻，初相角 β_φ 满足

$$\tan\beta_\varphi=\frac{\sin(\theta_0+\varphi^{+*}-\alpha_\phi)+|K|L\sin(\theta_0-\varphi^{+*}+\alpha_\phi)}{\cos(\theta_0+\varphi^{+*}-\alpha_\phi)+|K|L\cos(\theta_0-\varphi^{+*}+\alpha_\phi)} \quad (5-40)$$

式中：θ_0 为故障时刻正转同步旋转 dq 坐标系中 d 轴与两相静止 α_β 坐标系中 α 轴之间的夹角 $\varphi+*=\arctan(i_q+*/i_d+*)$；$\varphi-*=\arctan(i_q-*/i_d-*)$；$i_q+*$、$i_d+*$、$i_q-*$、$i_d-*$ 为电流参考值。

将 $e_q+=0$，$K=0$，$P_0*=e_d+$，$Q*=1.5e_d+(0.9-e_d+)$ 代入式（5-40）可得场站侧短路电流初相角为

$$\beta_\varphi=\theta_0+\arctan\left[-1.5\times(0.9-e_d^+)\right]-\alpha_\phi \quad (5-41)$$

由式（5-41）可知，场站侧三相短路电流初相角互差120°，即故障B、C两相电流初相位差总是120°且该特性不受故障条件的影响。

对于系统侧，受基尔霍夫电流定律约束，两相短路时该侧B、C两相故障电流总是满足

$$\dot{I}_{SB}+\dot{I}_{SC}=-\dot{I}_{WB}-\dot{I}_{WC}+\dot{I}_{cap} \quad (5-42)$$

式中：$\dot{I}_{SB}$、$\dot{I}_{SC}$ 和 $\dot{I}_{WB}$、$\dot{I}_{WC}$ 分别为系统侧和场站侧保护安装处B、C相电流；$\dot{I}_{cap}$ 为送出线路分布电容电流。

另外由于 $K=0$，结合式（5-40）对式（5-42）进一步化简为

$$\dot{I}_{SB}+\dot{I}_{SC}=\dot{I}_{WA}+\dot{I}_{cap} \quad (5-43)$$

由式（5-43）可知，系统侧B、C两相故障电流相角关系受场站侧A相非故障电流和线路分布电容电流影响。下面分别针对并网系统为强、弱系统两种情形，展开系统侧两相故障电流相位关系及差动保护动作性能分析。

① 并网系统为强系统：当并网系统为强系统时，系统侧短路电流幅值往往大于 $\dot{I}_{WA}+\dot{I}_{cap}$ 幅值10倍以上。考虑不同故障场景下 $\dot{I}_{WA}$ 相角可在0°～360°变化，则 $\dot{I}_{WA}+\dot{I}_{cap}$ 相角也在0°～360°变化。依据式（5-43）作出图5-50所示的相量关系，可知系统侧故障B、C两相短路电流初相位差处于174°～180°。

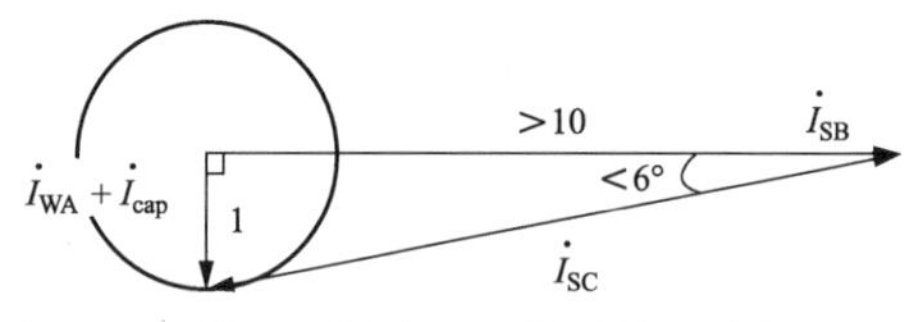

图5-50　并网系统为强系统时的电流相量关系

为便于分析，近似认为 $\dot{I}_{SB}$ 和 $\dot{I}_{SC}$ 初相位差保持180°不变；以 $\dot{I}_{SB}$ 为参考相量，当两侧B相电流相位差在0°～360°变化时，图5-51给出了两种典型情况下两侧故障B、C两相短路电流相位差示意图（图中相量长度不代表真实幅值，以下同），限于篇幅，其他情况不再赘述。

由图5-51（a）可知，当两侧B相故障电流初相位差 θ_B 小于30°时，两侧C相故障电流初相位差 θ_C 小于90°，由平行四边形法可知夹角小于90°的两个相量和大于其差

值，因此故障B、C两相差动电流均大于各自的制动电流，差动保护能可靠、灵敏动作。由图5−51（b）可知，当θ_B大于30°时，θ_C大于90°，此时故障B相差动电流仍大于制动电流，该相差动保护能可靠动作，但是C相差动电流小于制动电流，差动电流和制动电流的比值小于1，该相差动保护灵敏性下降，同时考虑外部系统为强系统，该比值一般不会小于制动系数典型值，差动保护不会拒动。

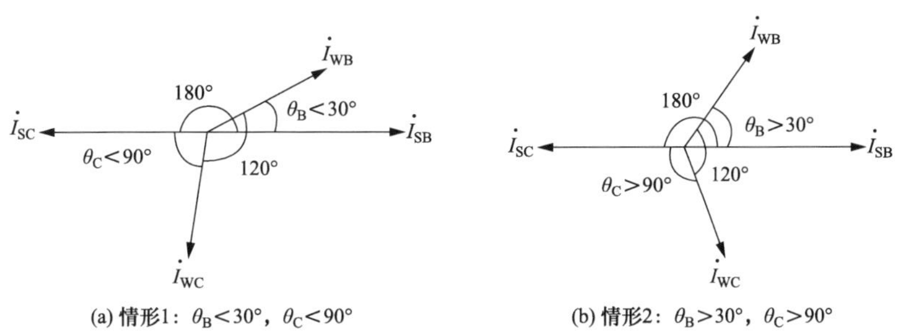

图5−51　并网系统为强系统时两侧B、C相故障电流相位差

② 并网系统为弱系统：当并网系统为弱系统时，系统侧故障电流幅值与场站侧电流幅值相差较小，再加上线路分布电容电流影响，此时系统侧B、C两相故障电流初相位差不再约为180°，仍以$\dot{I}_{SB}$为参考相量，图5−52给出了两种典型情况下两侧故障相短路电流相位差示意图。

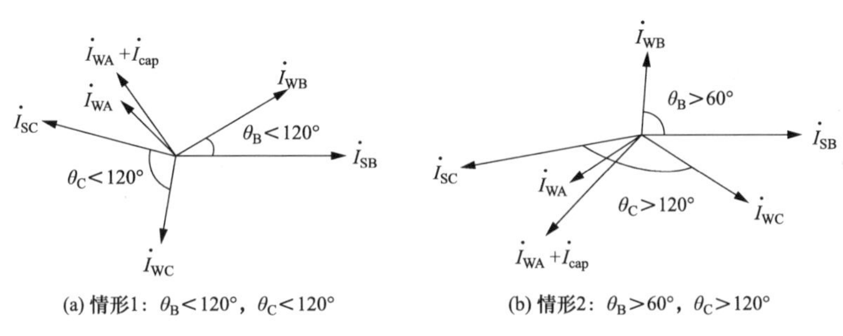

图5−52　并网系统为弱系统时两侧B，C相故障电流相位差

当$\dot{I}_{WA}+\dot{I}_{cap}$位于上半平面时，为满足式（5−40），必有$\dot{I}_{SC}$位于上半平面且超前于$\dot{I}_{WA}+\dot{I}_{cap}$；同时考虑$\dot{I}_{cap}$相对较小，可认为$\dot{I}_{WA}+\dot{I}_{cap}$和$\dot{I}_{WA}$相位差较小，因此$\dot{I}_{WA}$也滞后于$\dot{I}_{SC}$，如图5−52（a）所示。当$\dot{I}_{WA}+\dot{I}_{cap}$在0°～180°变化时，$\dot{I}_{SB}$和$\dot{I}_{SC}$相位差处于（0°，180°）；由于$\dot{I}_{WA}$，$\dot{I}_{WB}$和$\dot{I}_{WC}$互差120°，因而$\theta_B$和$\theta_C$均处于（0°，120°）。若某些故障场景下出现$\theta_B$或$\theta_C$大于90°，则相应相差动电流小于制动电流，该相差动保护灵敏性下降，甚至可能拒动。

当$\dot{I}_{WA}+\dot{I}_{cap}$位于下半平面，为满足式（5−43），必有$\dot{I}_{SC}$位于下半平面且滞后于$\dot{I}_{WA}+\dot{I}_{cap}$和$\dot{I}_{WA}$，如图5−52（b）所示。当$\dot{I}_{WA}+\dot{I}_{cap}$在0°～180°变化时，$\dot{I}_{SB}$和$\dot{I}_{SC}$相

位差处（0°，180°），θ_B处于（60°，180°），θ_C处于（120°，180°）。同样地，若某些故障场景下出现θ_B或θ_C大于90°，则相应故障相差动电流小于制动电流，该相差动保护灵敏性下降，甚至可能拒动。

由于场站主变压器高压侧中性点直接接地，场站侧短路电流除了正序分量还有零序分量，此时场站侧故障两相电流相位差不再等于120°。同样的，受零序分量影响，系统侧故障两相电流相位差也不为180°。

考虑场站侧零序等值阻抗由主变压器和送出线路零序阻抗构成，而系统侧零序等值阻抗也由线路和变压器的零序阻抗构成，可认为两侧零序阻抗角近似相等，又故障点为唯一的零序电压源，因而送出线路两侧零序电流分量同相位，减小了两侧故障同名相短路电流相位差。同时逆变型电源短路电流受限，场站侧短路电流以零序电流为主，尤其在外部系统为强系统时几乎全为零序电流，这进一步削弱了逆变器故障控制策略对故障相电流相位差的影响。

综上，送出线路发生两相短路接地时，两侧故障相电流相位差在外部系统为强、弱系统下均不会出现大于90°情况，差动保护能可靠动作。送出线路发生单相接地时有相同的结论。

2）双馈风电场。由于风力发电机含有变流器等电力电子设备，基于线性系统的叠加原理、对称分量法不再适用，通过理论分析距离保护、差动保护的适应性具有局限性，为此以实际风电系统及其参数为依据建立仿真模型，通过仿真保护正方向区内、外和反方向区外不同故障位置发生不同类型故障，系统、全面地分析送出线路风电场侧差动保护的适应性。

三端差动保护的差动电流和制动电流分别如下

$$I_d = \left|\dot{I}_1 + \dot{I}_2 + \dot{I}_3\right| \tag{5-44}$$

$$I_r = \left|\dot{I}_1 - \dot{I}_2 - \dot{I}_3\right| \tag{5-45}$$

式中：下标1、2、3分别表示图5-53中的主变压器侧、风电场3侧、风电场2侧。

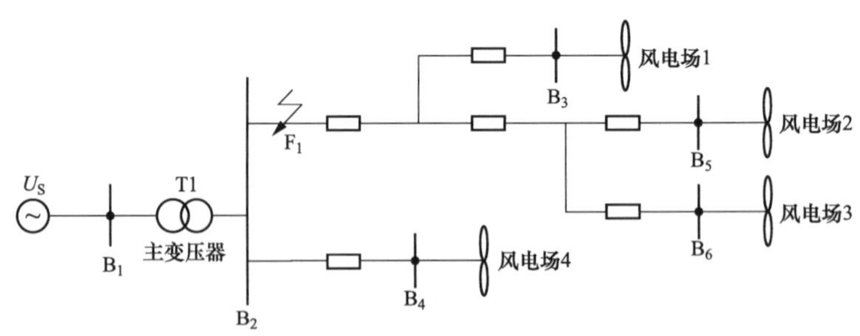

图5-53　风电场群接入系统拓扑图

三端差动保护的动作判据为

$$I_d > I_{qd} \tag{5-46}$$

$$\frac{I_{\mathrm{d}}}{I_{\mathrm{r}}} > k \tag{5-47}$$

式中：I_{qd} 为启动值；k 为比率制动系数，参考实际保护装置启动值设置，启动值和比率制动系数分别取为 0.64A（二次值）和 0.6。但差动电流和制动电流满足上述两个式子时，三端差动保护动作，而且差动电流和制动电流比值比 k 大得越多，保护出口时间越短。

（2）仿真分析。

1）逆变型新能源场站。结合某省含光伏电站实际电网数据，采用 PSCAD/EMTDC 仿真，评估光伏电站接入送出线路差动保护的动作特性，验证保护适应性分析的正确性。

图 5-54～图 5-56 分别为 AB 两相相间、A 相接地、AB 两相接地故障下制动电流与差动电流比值随时间变化的曲线。

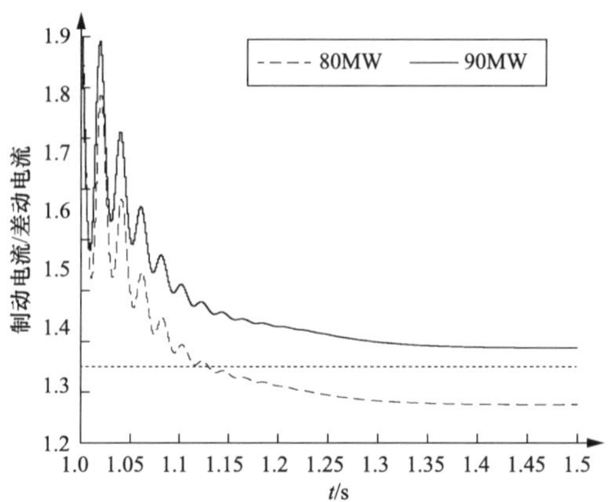

图 5-54　AB 相间短路制动电流与差动电流比值

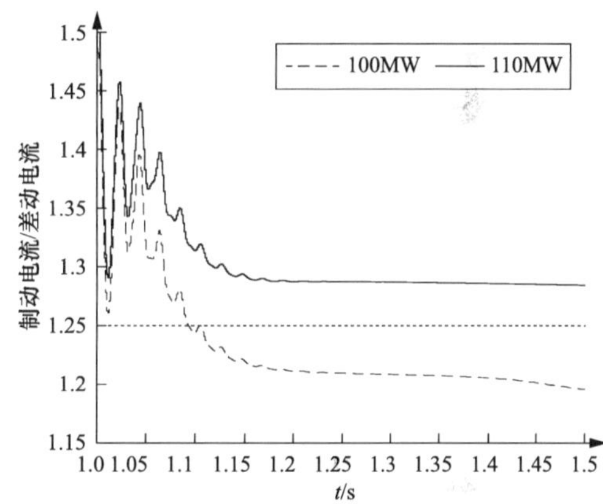

图 5-55　A 相接地短路制动电流与差动电流比值

对比图 5-54 中 AB 两相相间短路故障发生后不同容量下制动电流与差动电流比值变化曲线可发现，光伏电站接入容量 80MW 小于理论边界接入容量 87.586MW 时，制动电流与差动电流比值 1.175 小于 1.25，保护可正确动作；而接入容量 90MW 大于边界接入容量时，比值 1.289 大于 1.25，保护拒动。

同时，A 相接地短路故障发生后，光伏电站接入容量 100MW 小于理论计算边界接入容量 108.059MW 时，制动电流与差动电流比值 1.207 小于 1.25，保护可正确动作；而接入容量 110MW 大于边界接入容量时，比值 1.286 大于 1.25，保护拒动。

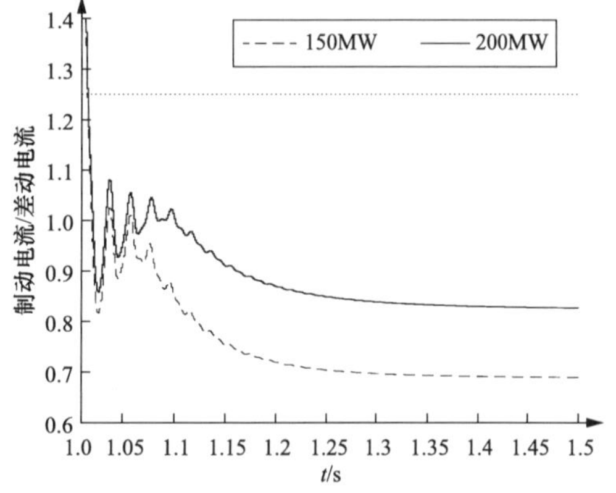

图 5-56　AB 两相接地短路制动电流与差动电流比值

另外，AB 两相接地短路故障下，图 5-56 中光伏电站接入容量分别为 150MW 和 200MW 时，制动电流与差动电流比值均小于 1.25，保护可正确动作。

2）双馈风电场。为了便于对比分析，采用图 5–57 所示为根据图 5–53 实际风电场拓扑结构搭建的风电系统仿真曲线。图 5–57（a）为仿真额定风速下风安线 K3 点发生 A 相经 10Ω 接地故障时得到的风电场 2 短路电流；图 5–57（b）为实际系统风安线某次 A 相接地故障。从两图波形可知仿真波形和实际录波波形变化规律基本一致，验证了模型正确性和有效性。

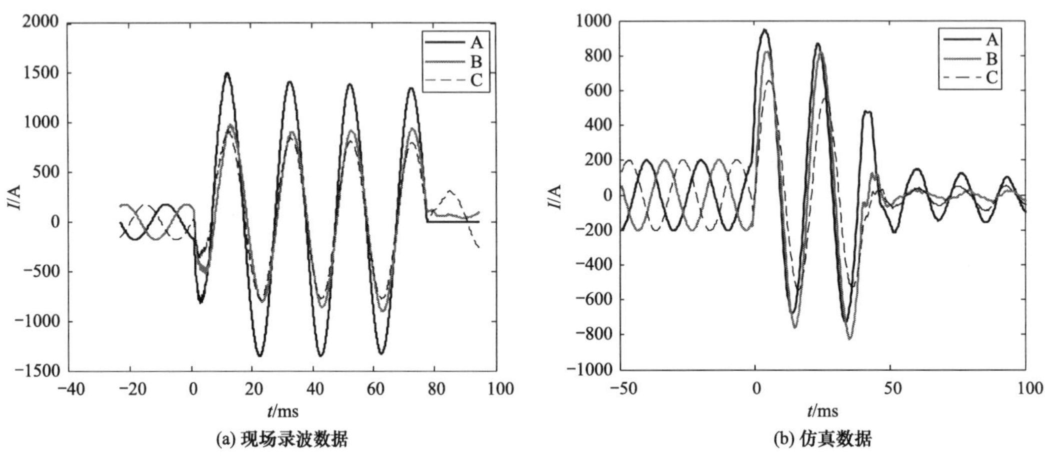

(a) 现场录波数据　　(b) 仿真数据

图 5–57　风电场 2 短路电流图

（3）差动保护适应性分析。按正方向区内、外故障和反方向区内、外故障全面设置仿真故障点，通过仿真分析了区内外故障时差动保护的适应性。

区内设置了 3 个故障点，分别为：主变压器、风电场 2 和风电场 3 各自 220kV 母线出口，记为 K1、K2、K3 处；差动保护区外设置了 3 个故障点，分别为主变压器、风电场 2 和风电场 3 各自 220kV 母线靠变电站侧出口。

1）区外故障时电流差动保护分析。当送出线路各风电场侧外部发生短路故障或系统侧外部发生短路故障时，送出线路两侧保护安装处流过的电流均为系统提供的短路电流或风电场提供的短路电流。对于送出线路电流差动保护来说上述两种短路电流均属于穿越性电流。若不考虑送出线路对地电容电流的影响，那么差动保护的差动电流为零，制动电流为穿越性电流的两倍，差动电流达不到启动值，差动保护可靠不动作。如图 5–58 所示为双馈型风电场反方向区外 C 相接地短路故障时三相差动电流和启动值。可知差动保护不动作。

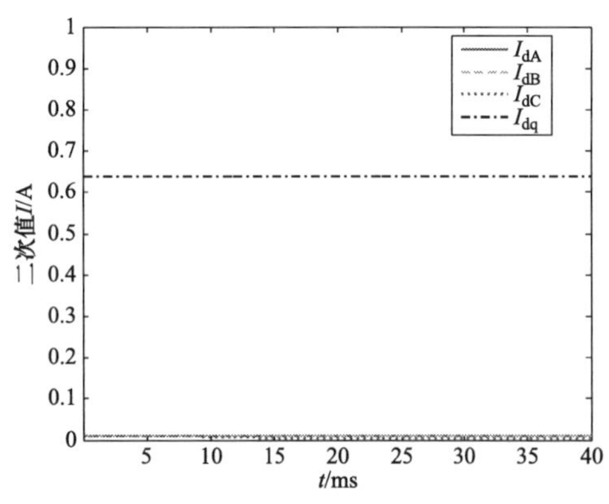

图 5–58　区外故障时三相差动电流和启动值

2）区内故障时电流差动保护分析。从差动电流和制动电流公式可知，影响其大小因素有各侧电流的幅值以及相角。若 3 侧幅值接近，则 3 侧两两之间较小的相位差异就会引起差动电流和制动电流较大的变化，两者比值也会产生较大变化，此时相位差异是差动保护动作性能的主要影响因素；若 3 侧幅值差异大，那么较大的相位差异也不会引起差动电流和制动电流比值很大的变化，此时幅值差异是差动保护动作性能的主要影响因素，其中越小的幅值差异对差动保护动作性能较不利。

风电系统模型中两个风电场容量分别为 99MW 和 49.5MW，主变压器母线三相短路时，外部等值系统短路容量为 3000MVA，风电场对于等值系统来说属于弱电源，当送出线路发生短路故障时，风电场提供的短路电流远小于系统短路电流，可知 3 侧幅值差异很大。若将区内故障分为接地故障和不接地故障两种情况，对于差动保护动作性能分析来说幅值差异越小越不利，因此只需要分别分析两种情况下幅值差异较小的故障类型。又由于风电场短路电流受限，3 侧幅值差异主要由系统侧短路电流大小决定。若将风电场视为负荷，则送出线路发生两相短路或三相短路时，系统侧三相短路电流大于两相短路电流，再考虑风电场实际有分流影响，系统侧三相短路电流更大于两相短路电流，因此不接地故障时只需要考察送出线路发生两相短路时差动保护动作性能，通过查看不同故障位置仿真数据验证了系统侧两相短路电流均小于三相短路电流。由于风电场属于弱电源，正、负序阻抗很大，同时风电场零序阻抗只包含主变压器零序阻抗，当送出线发生接地短路故障时，风电场零序分流大、正负序分流很小，系统侧单相接地电流和两相接地电流大小主要受到风电场零序分流的影响，通过查看不同故障位置仿真数据可知本风电系统参数下系统侧两相接地短路电流大于单相接地短路电流，因此接地故障时只需要考察送出线路发生单相接地时差动保护的动作性能。

① 接地故障时电流差动保护分析：鉴于上述分析，接地故障时电流差动保护的分析只考察恶劣情况下的单相接地。从不同故障位置及 Crowbar 不同投入情况两个方面对仿真数据进行了分析，并与弱馈系统数据进行对比，得出了接地故障时电流差动保护的适应性能结论。

首先考察送出线路系统侧出口 K1 处发生 A 相接地故障。图 5-59 为风电系统侧短

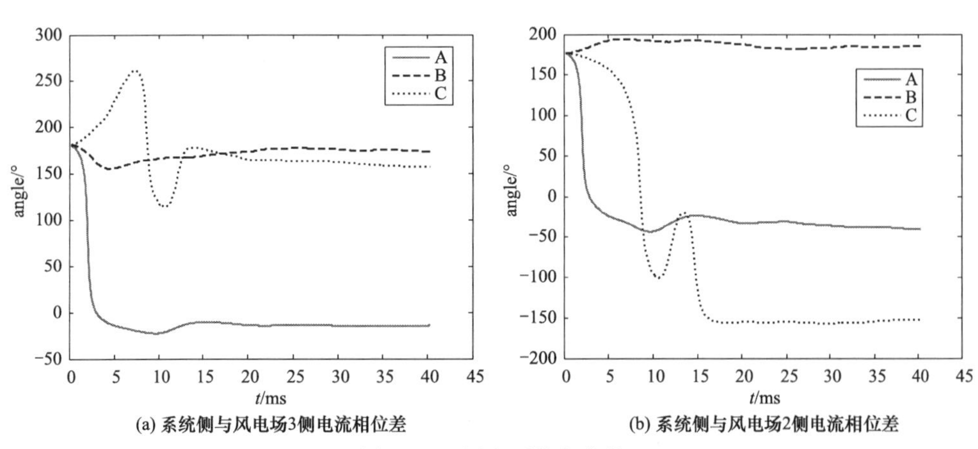

图 5-59 风电系统相位差

路电流与两个风电场侧短路电流的相位差。可知故障相A系统侧与各风电场侧电流相位差在故障后2～3ms内下降至0°附近，此后基本保持不变，而非故障相各侧相位差在故障15ms后基本保持在180°附近。

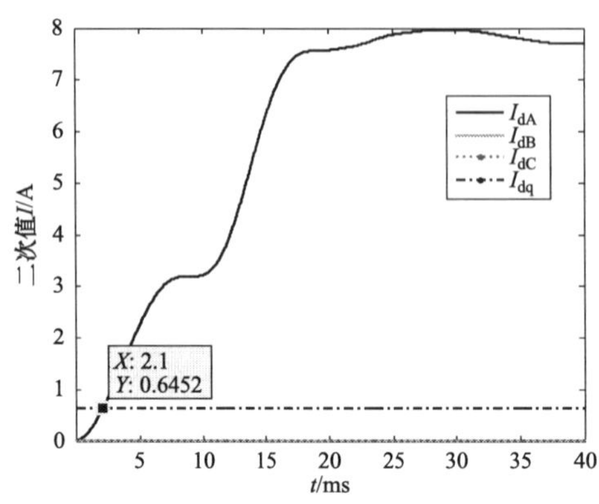

图5-60　风电系统三相差动电流和启动值

从图5-60可知，风电系统故障后2.1ms时故障A相差动电流大于启动值0.64A；从图5-61可知，风电系统故障后1.4ms故障A相差动电流和制动电流比值开始大于比率制动系数0.6，可知风电系统送出线路电流差动保护在2.1ms时满足两个动作条件且此后一直满足动作条件，风电系统差动保护能可靠快速动作。从图5-61可知，故障暂态过程中风电系统差动电流和制动电流比值增速要快于弱馈系统且20ms后稳态情况来看，差动电流和制动电流比值与弱馈系统基本相等，考虑差动保护只要有几个点满足动作条件就出口且该比值比比率制动系数k大得越多差动保护越灵敏，因此风电系统差动保护灵敏性要优于弱馈系统差动保护。另整个故障过程中非故障相差动电流均小于启动值I_{qd}，其差动电流和制动电流比值也均小于k，非故障相差动保护可靠不动。

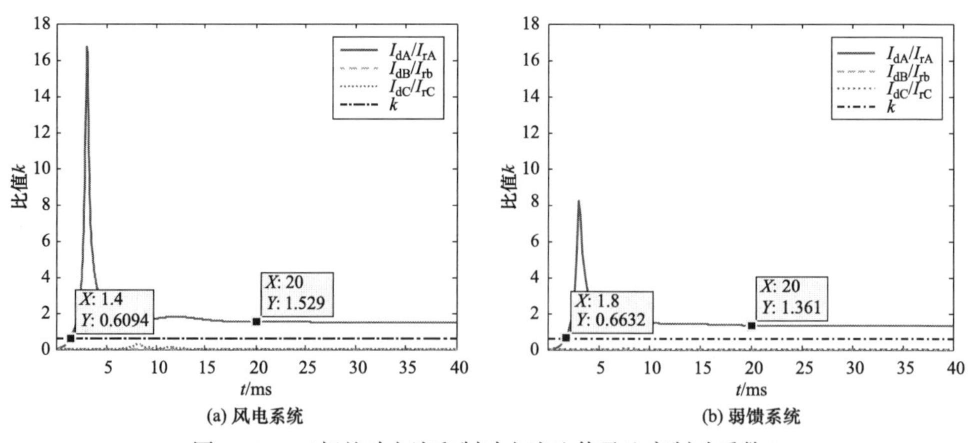

图5-61　三相差动电流和制动电流比值及比率制动系数k

然后考察送出线路风电场3侧出口K2处发生B相接地故障。图5-62为风电系统侧短路电流与两个风电场侧短路电流的相位差。可知系统侧与各风电场侧故障相B电流相位差在故障后从相差180°逐渐下降，至故障后10ms左右下降至0°，此后基本保持不变。非故障相各侧相位差在故障15ms后基本保持在180°附近。

从图5-63可知，风电系统故障相差动电流大于启动值0.64A的时间为故障后7.05ms；从图3-11可知，风电系统故障相差动电流和制动电流比值开始大于比率制动

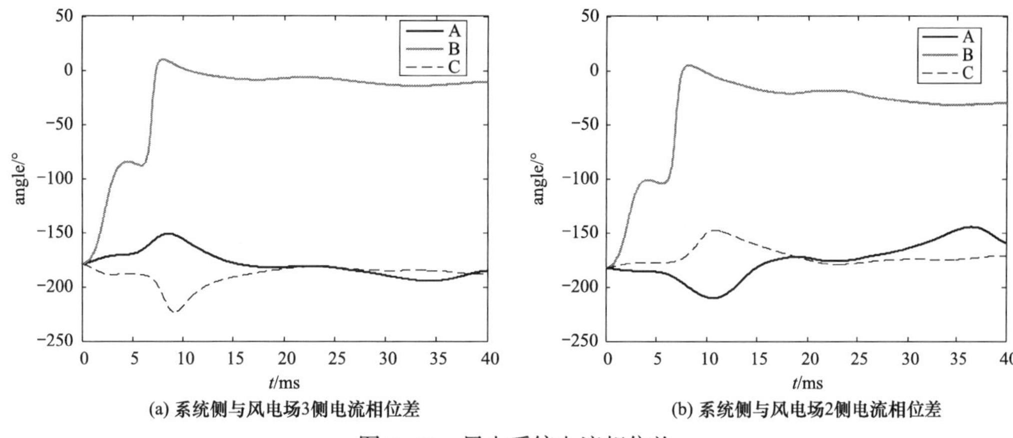

(a) 系统侧与风电场3侧电流相位差　(b) 系统侧与风电场2侧电流相位差

图 5-62　风电系统电流相位差

系数 0.6 的时间为故障后 2.45ms，可知风电系统送出线路电流差动保护在 7.05ms 时满足两个动作条件且此后一直满足动作条件，风电系统差动保护能可靠快速动作。从图 5-64 可知，故障暂态过程中风电系统差动电流和制动电流比值增速要快于弱馈系统且 20ms 后稳态情况来看，差动电流和制动电流比值与弱馈系统基本相等，考虑差动保护只要有几个点满足动作条件就出口，因此风电系统差动保护灵敏性要优于弱馈系统差动保护。另整个故障过程中非故障相差动电流均小于启动值 I_{qd}，其差动电流和制动电流比值也均小于 k，非故障相差动保护可靠不动。

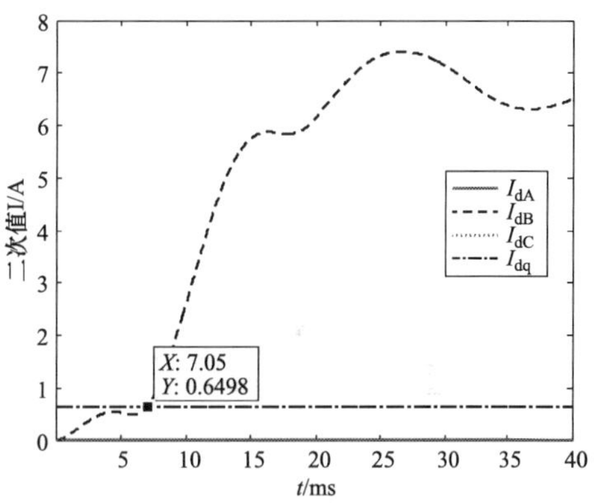

图 5-63　风电系统三相差动电流和启动值

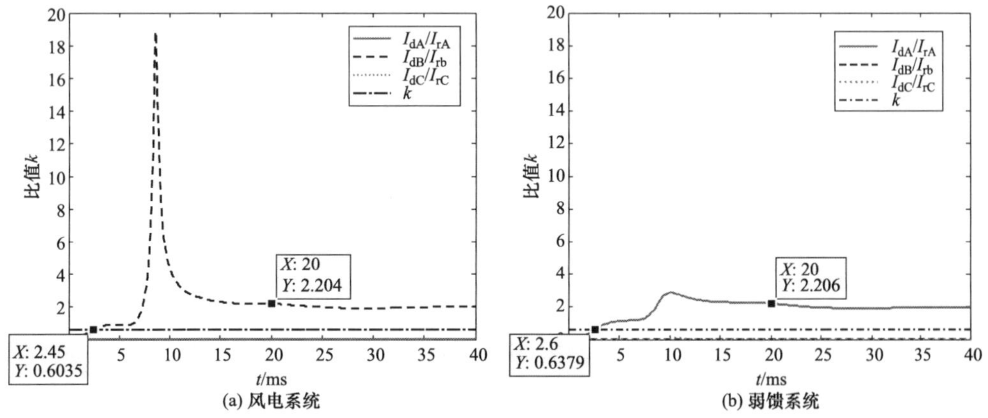

(a) 风电系统　(b) 弱馈系统

图 5-64　三相差动电流和制动电流比值及比率制动系数 k

接着考察送出线路风电场 2 侧出口 K3 处发生 C 相接地故障。图 5-65 为风电系统侧短路电流与两个风电场侧短路电流的相位差。可知故障相系统侧与风电场 3 侧电流相位差在故障后 5ms 内下降至 0°附近，此后基本保持不变，故障相系统侧与风电场 2 侧电流相位差在故障后 5ms 内下降至 0°附近，故障后 20ms 内相位差在 40°以内，而非故障相各侧相位差在故障 15ms 后基本保持在 180°附近。

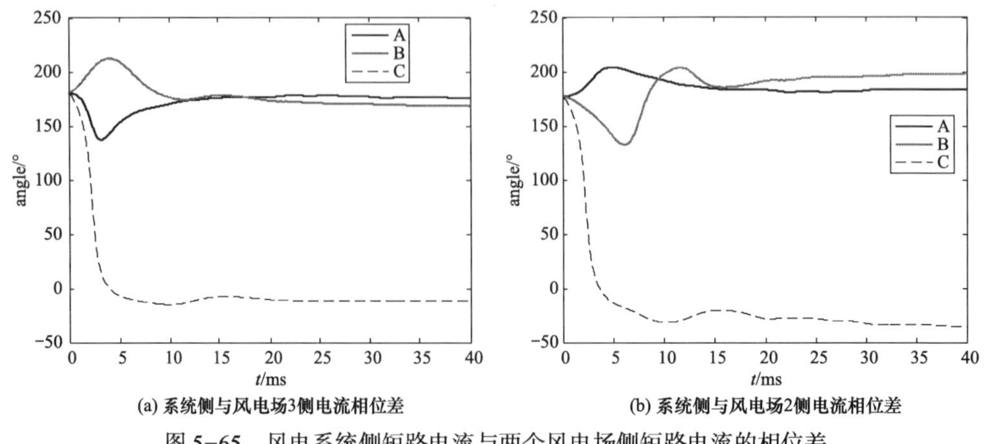

(a) 系统侧与风电场3侧电流相位差　(b) 系统侧与风电场2侧电流相位差

图 5-65　风电系统侧短路电流与两个风电场侧短路电流的相位差

从图 5-66 可知，风电系统故障相差动电流大于启动值 0.64A 的时间为故障后 2.3ms；从图 5-67 可知，风电系统故障相差动电流和制动电流比值开始大于比率制动系数 0.6 的时间为故障后 1.7ms，可知风电系统送出线路电流差动保护在 2.3ms 时满足两个动作条件且此后一直满足动作条件，风电系统差动保护能够可靠快速动作。从图 5-67 可知，故障暂态过程中风电系统差动电流和制动电流比值增速要快于弱馈系统且从 20ms 后稳态情况来看，差动电流和制动电流比值与弱馈系统基本相等。考虑差动保护只要有几个点满足动作条件就出口，因此风电系统差动保护灵敏性要优于弱馈系统差动保护。另整个故障过程中非故障相差动电流均小于启动值 I_{qd}，其差动电流和制动电流比值也均小于 k，非故障相差动保护可靠不动。

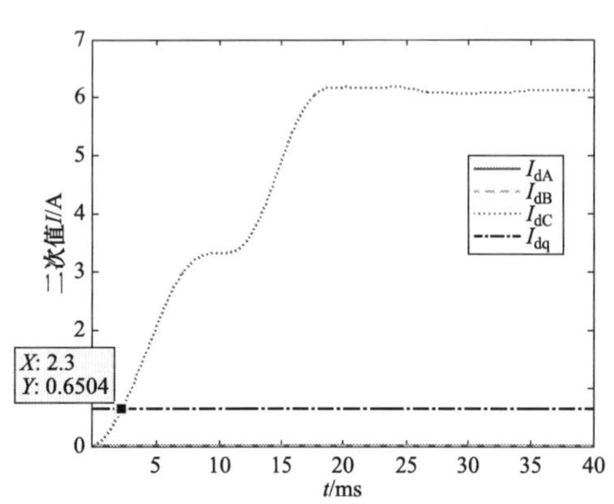

图 5-66　风电系统三相差动电流和启动值

最后考察送出线路单相接地故障时 Crowbar 是否投入对差动电流保护动作性能的影响。图 5-68、图 5-69 分别为风电场 3 侧出口 K2 处发生 B 相接地故障和风电场 2 侧出口 K3 处发生 C 相接地故障时 Crowbar 支路电流波形。可知双馈型风电场故障时 Crowbar 在故障后 15ms 左右投入，Crowbar 投入后风电场 3 短路电流衰减，使得差动电流减小、制动电流增大，两者比值减小，保护灵敏性下降。图 3-11 中风电系统故障后约 15ms 时，差动电流和制动电流比值要大于图 5-67 风电系统故障后约 15ms 时的比值，验证上述说法。

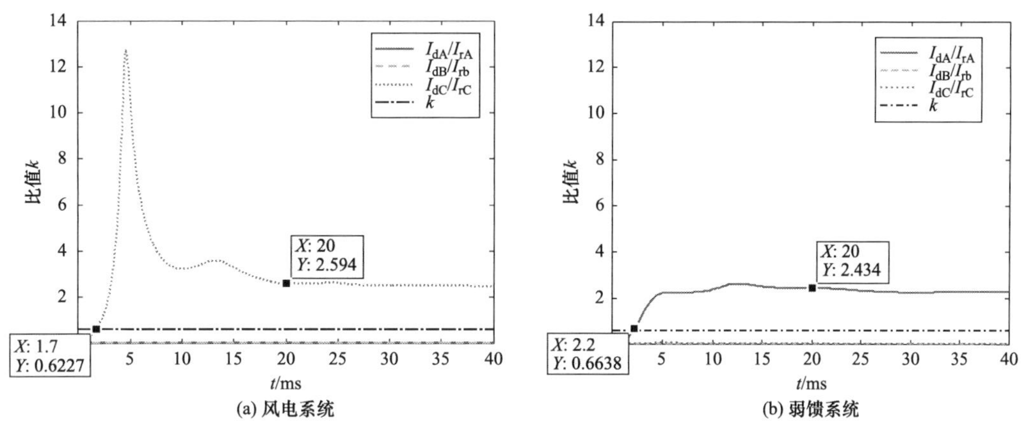

图 5-67　三相差动电流和制动电流比值及比率制动系数 k

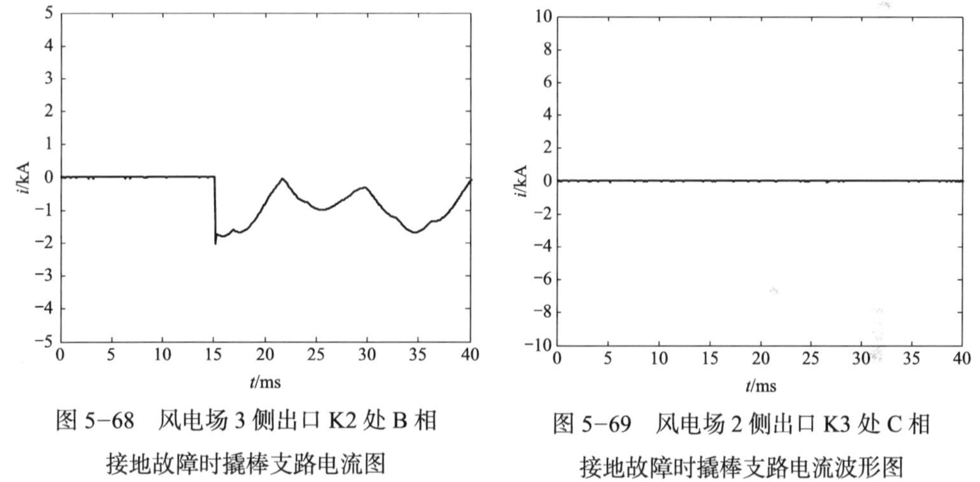

图 5-68　风电场 3 侧出口 K2 处 B 相接地故障时撬棒支路电流图

图 5-69　风电场 2 侧出口 K3 处 C 相接地故障时撬棒支路电流波形图

② 不接地故障时电流差动保护分析：不接地故障时电流差动保护的分析只考察恶劣情况下的相间短路。从不同故障位置及 Crowbar 不同投入情况两个方面，对仿真数据进行了分析，并与弱馈系统数据进行对比，得出了不接地故障时电流差动保护的动作性能结论。

首先考察送出线路系统侧出口 K1 处发生 AB 两相故障。图 5-70 为风电系统侧短路电流与两个风电场侧短路电流的相位差。可知在故障暂态过程中，故障相系统侧与各风电场侧电流相位差小幅振荡衰减：从相差 180°降至 0°再升至约 40°；20ms 后相位差基本稳定在差值 50°左右。而非故障相各侧相位差在故障 15ms 后基本保持在 180°附近。

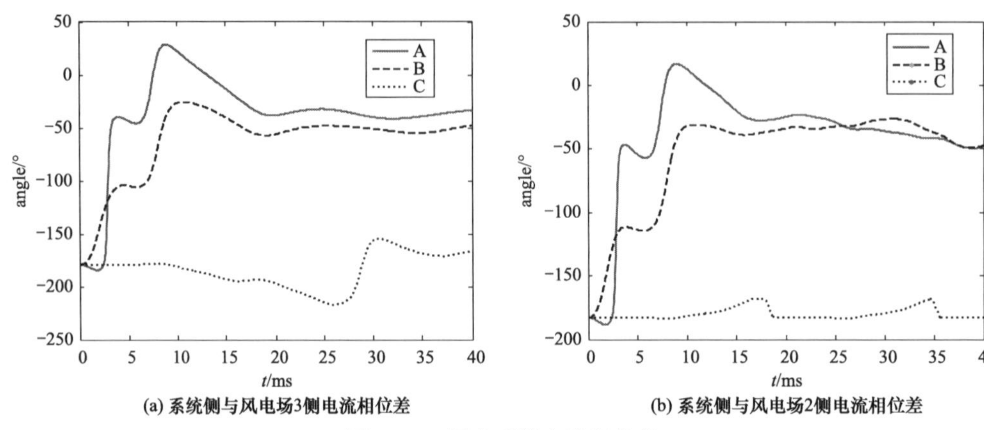

图 5-70　风电系统电流相位差

从图 5-71 可知，风电系统故障相差动电流大于启动值 0.64A 的时间为故障后出 5ms；

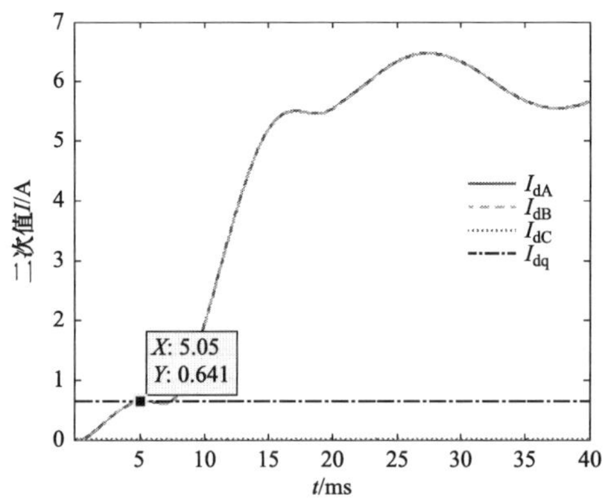

图 5-71　风电系统三相差动电流和启动值

从图 5-72 可知，风电系统故障相差动电流和制动电流比值开始大于比率制动系数 0.6 的时间为故障后 2.4ms 和 2.9ms，可知风电系统送出线路电流差动保护在 5ms 时满足两个动作条件且此后一直满足动作条件，风电系统差动保护能可靠快速动作。从图 5-72 可知，故障暂态过程中风电系统差动电流和制动电流比值增速要慢于弱馈系统（BC 两相短路），考虑差动保护只要有几个点满足动作条件就出口，因此弱馈系统差动保护灵敏性要优于风电系统差动保护。另整个故障过程中非故障相差动电流均小于启动值 I_{qd}，其差动电流和制动电流比值也均小于 k，非故障相差动保护可靠不动。

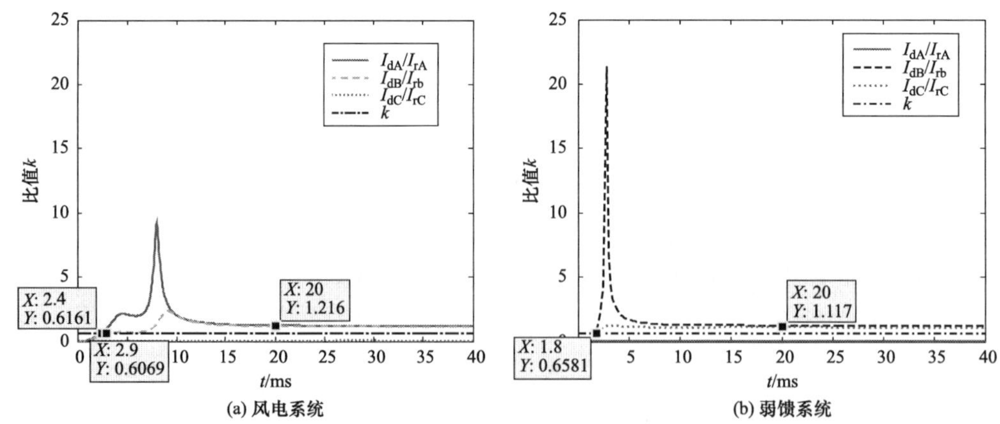

图 5-72　三相差动电流和制动电流比值及比率制动系数 k

然后考察送出线路风电场 3 侧出口 K2 处发生 AB 两相故障。图 5–73 为风电系统侧短路电流与两个风电场侧短路电流的相位差。可知在故障暂态过程中，故障相系统侧与各风电场侧电流相位差小幅振荡衰减，从相差 180°降至 0°再升至约 40°，20ms 后相位差基本稳定在差值 50°左右。而非故障相各侧相位差在故障 20ms 内基本保持在 180°附近。

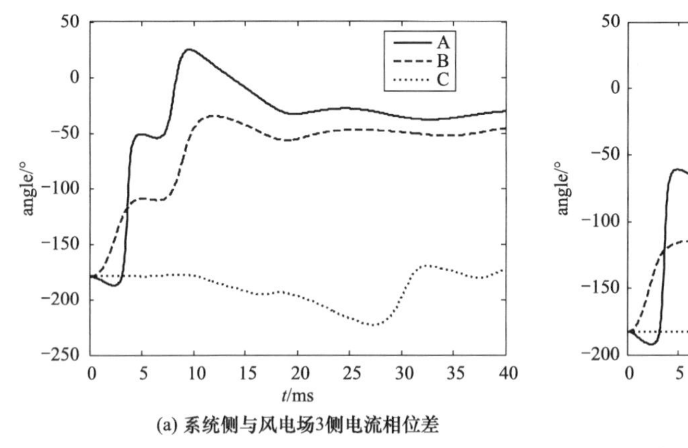

(a) 系统侧与风电场3侧电流相位差

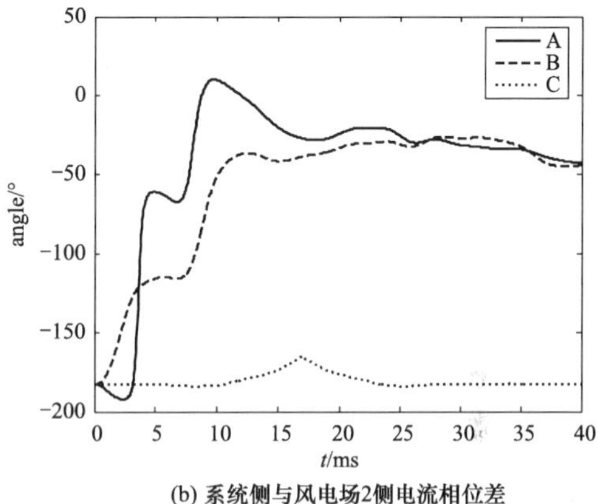

(b) 系统侧与风电场2侧电流相位差

图 5–73　风电系统电流相位差

从图 5–74 可知，风电系统故障相差动电流大于启动值 0.64A 的时间为故障后出 8.6ms；从图 5–75 可知，风电系统故障相差动电流和制动电流比值开始大于比率制动系数 0.6 的时间为故障后 3ms，可知风电系统送出线路电流差动保护在 8.6ms 时满足两个动作条件，且此后一直满足动作条件，风电系统差动保护能够可靠快速动作。从图 5–75 可知，故障暂态过程中风电系统差动电流和制动电流比值增速要慢于弱馈系统（BC 两相短路），考虑差动保护只要有几个点满足动作条件就出口，因此弱馈系统差动保护灵敏性要优于风电系统差动保护。另整个故障过程中非故障相差动电流均小于启动值 I_{qd}，其差动电流和制动电流比值也均小于 k，非故障相差动保护可靠不动。

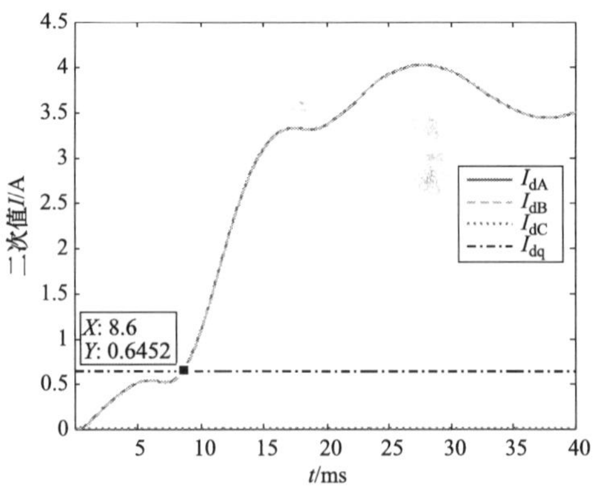

图 5–74　风电系统三相差动电流和启动值

接着考察送出线路风电场 2 侧出口 K3 处发生 B、C 两相故障。图 5–76 为风电系统侧短路电流与两个风电场侧短路电流的相位差。可知在故障暂态过程中，故障相系统侧与各风电场侧电流相位差从相差 180°降至 0°再升至约 50°；20ms 后相位差基本稳定在差值 50°左右。而非故障相各侧相位差在故障 20ms 内基本保持在 180°附近。

从图 5–77 可知，风电系统故障相差动电流大于启动值 0.64A 的时间为故障后 7ms；从图 5–78 可知，风电系统故障相差动电流和制动电流比值开始大于比率制动系数

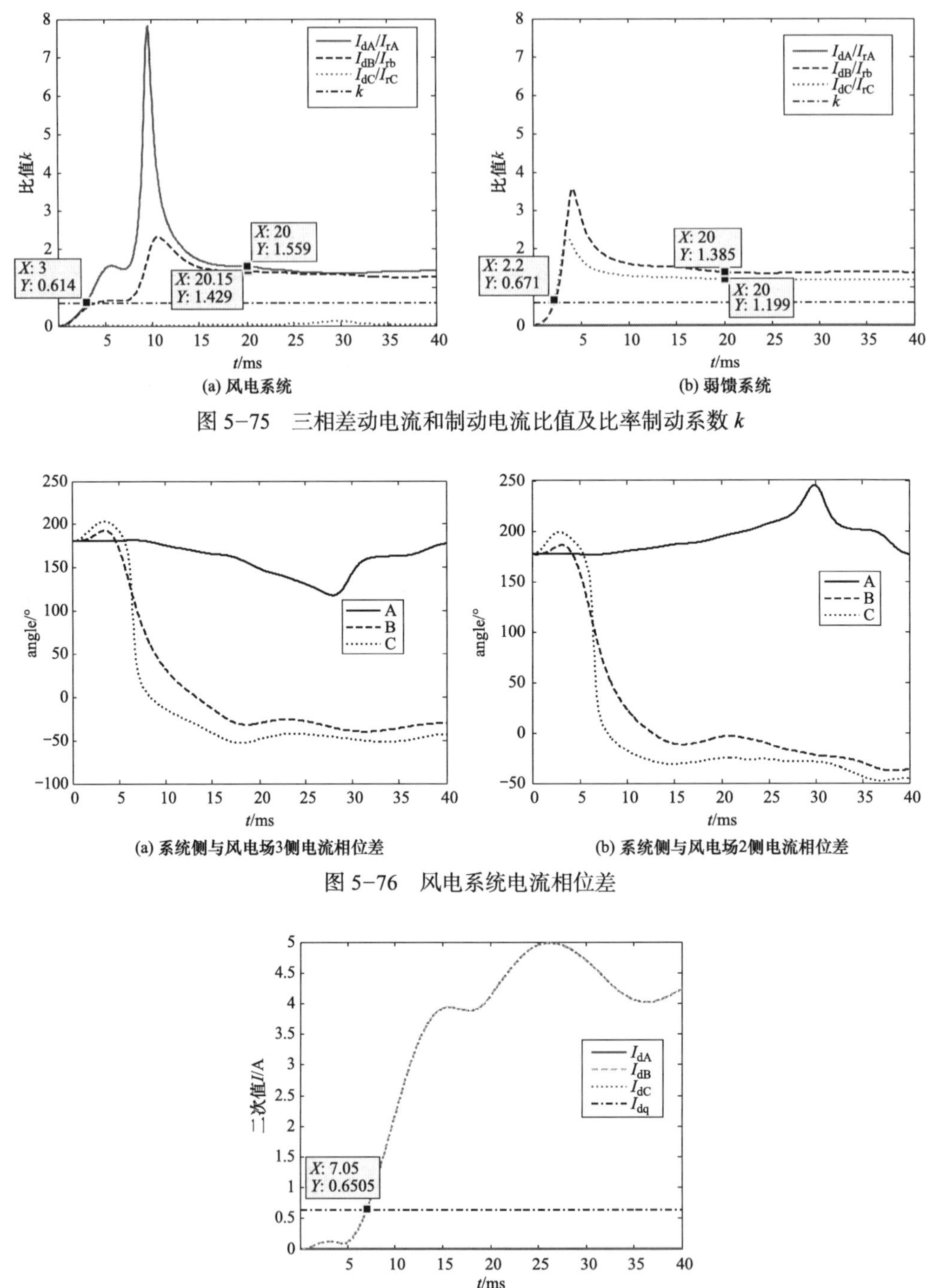

图 5-75　三相差动电流和制动电流比值及比率制动系数 k

图 5-76　风电系统电流相位差

图 5-77　风电系统三相差动电流和启动值

0.6 的时间为故障后 6.1ms，可知风电系统送出线路电流差动保护在 7ms 时满足两个动作条件，且此后一直满足动作条件，风电系统差动保护能够可靠快速动作。从图 5-78 可知，故障暂态过程中风电系统差动电流和制动电流比值增速要慢于弱馈系统（B、C

两相短路），考虑差动保护只要有几个点满足动作条件就出口，因此弱馈系统差动保护灵敏性要优于风电系统差动保护。另整个故障过程中非故障相差动电流均小于启动值 I_{qd}，其差动电流和制动电流比值也均小于 k，非故障相差动保护可靠不动。

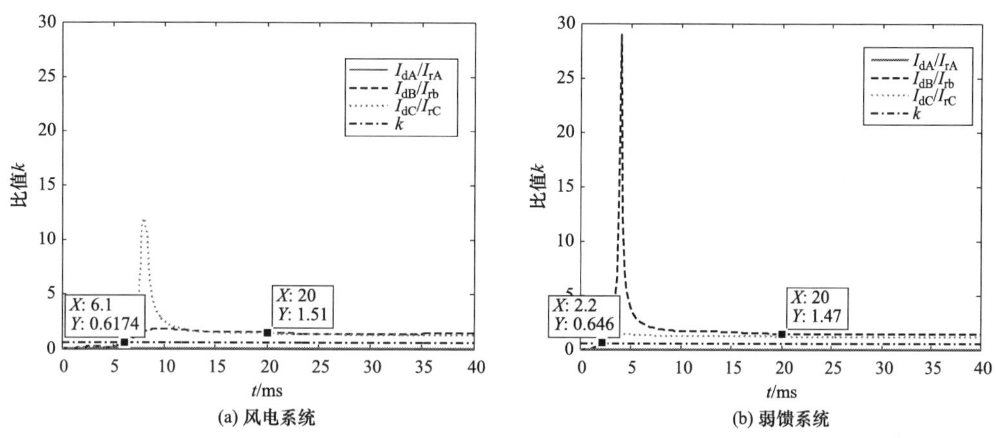

图 5-78 三相差动电流和制动电流比值及比率制动系数 k

最后考察送出线路两相短路故障时 Crowbar 是否投入对差动电流保护动作性能的影响。从图 5-79 可知，风电场 3 侧出口 K2 处发生 BC 两相故障时，Crowbar 在故障后约 11ms 投入；从图 5-80 可知，风电场 2 侧出口 K3 处发生 A、B 两相故障时，Crowbar 在故障后 15ms 左右投入。Crowbar 投入后风电场侧短路电流减小，差动电流和制动电流比值减小，差动保护灵敏度下降。但是由于两相短路时风电场侧不会出现零序电流，风电场短路电流远小于系统短路电流，即使 Crowbar 投入后风电场短路电流衰减，但对差动电流和制动电流比值影响不大。图 5-75 和图 5-79 差动电流和制动电流比值变化证实本结论。

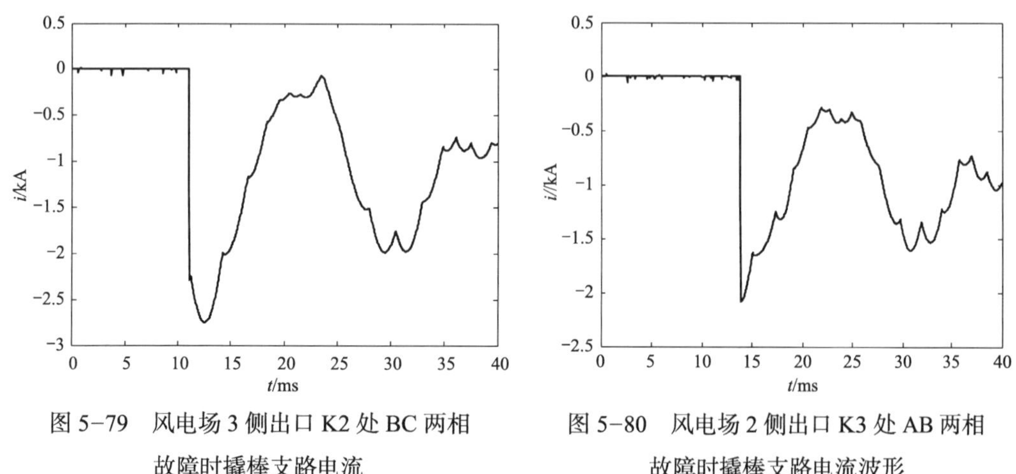

图 5-79 风电场 3 侧出口 K2 处 BC 两相故障时撬棒支路电流

图 5-80 风电场 2 侧出口 K3 处 AB 两相故障时撬棒支路电流波形

3）最恶劣情况时电流差动保护分析。风电场容量小，相对于系统来说其正、负序阻抗很大，而零序阻抗只包含主变压器零序阻抗，系统侧零序阻抗一般也包含变压器零序阻抗，两侧零序阻抗往往处在同一数量级。当风电系统送出线路发生接地故障时，风电场侧短路电流主要由零序电流构成，使得线路两侧故障电流相位差基本为0°。而当风电系统送出线路发生不接地故障时，风电场侧短路电流不存在零序电流，风电场内风机及变流器的故障特性对风场侧短路电流相角影响较大，风电场侧短路电流相角与系统侧短路电流相位差不再为0°左右。前述仿真波形中电流相位差分析也证实本说法。

考虑极端情况为送出线路风电场3出口K2处发生两相短路、风电场侧故障相短路电流相角与系统侧对应相短路电流相角反相，此时系统侧短路电流最小，又认为各侧电流反相，则差动电流幅值与制动电流幅值互换，对于差动保护是最恶劣的情况。在此极端情况下，图5−81、图5−82分别为K2处发生AB两相短路时三相差动电流和制动电流比值。从图5−81可知，故障10ms后差动电流才大于启动值，图5−74正常运行时故障后8.6ms差动电流就大于启动值，可知极端情况下送出线路差动保护启动变慢。从图5−82可知，故障A相在故障后5ms内出现差动电流和制动电流比值大于比率制动系数0.6情况，但随后即降至0.6以下；故障后20ms才出现A、B两相差动电流和制动电流比值大于比率制动系数0.6。结合差动保护两个动作条件的满足时间可知，极端情况下故障两相差动保护仍能可靠动作，但速动性和灵敏性将下降。同时非故障C相差动电流小于启动电流，保护不动作。

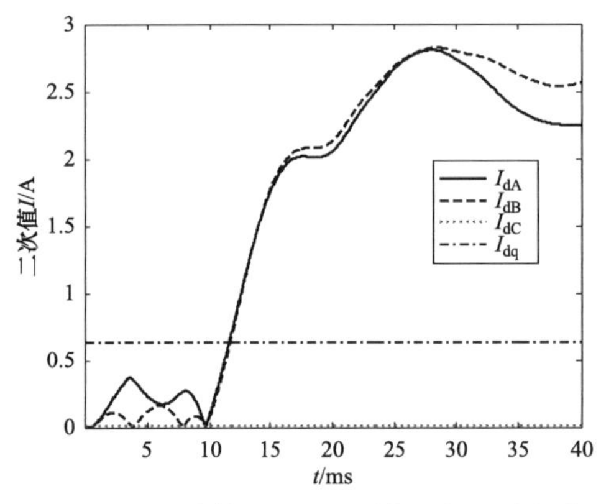

图5−81　极端情况下风电系统三相差动电流和启动值

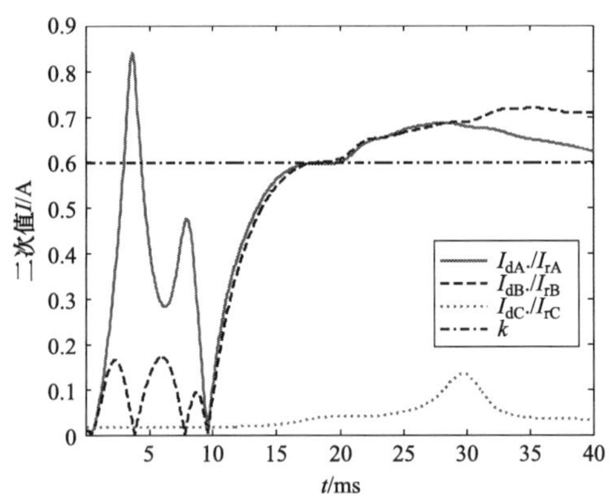

图5−82　极端情况下三相差动电流和制动电流比值及比率制动系数 k

4）三端差动保护适应性结论。由上述分析可知，正、反方向区外不同位置发生各种类型短路故障时，风电系统送出线路三端纵差保护能够可靠不动作。正方向区内不同位置发生各种类型短路故障时，风电系统送出线路三端纵差保护能可靠、有选择的动作。Crowbar投入使得差动保护灵敏度下降，但不影响保护可靠性，同时灵敏度下降程度与是否发生接地故障有关。区内故障时即使送出线路系统侧和风电场侧故障相电流相位差相差180°，风电系统送出线路三端纵差保护仍能可靠动作。

5.4.2　变压器差动

（1）理论分析。常见的变压器比率差动保护动作方程如下

$$\begin{cases} I_{op} > I_{op.0} & I_{res} \leqslant I_{res.0} \\ I_{op} \geqslant I_{op.0} + k(I_{res} - I_{res.0}) & I_{res.0} < I_{res} \leqslant 6I_e \\ I_{op} \geqslant I_{op.0} + k(6I_e - I_{res.0}) + 0.6(I_{res} - I_e) & I_{res} > 6I_e \end{cases} \tag{5-48}$$

式中：I_{op} 为差动电流；$I_{op.0}$ 为最小动作电流值；I_{res} 为制动电流；$I_{res.0}$ 为最小制动电流值；I_e 为变压器二次侧额定电流；k 为比率制动系数。各侧电流的方向都以指向变压器为正方向。

对于两侧差动有

$$\begin{cases} I_{op} = \left|\dot{I}_1 + \dot{I}_2\right| \\ I_{res} = \left|\dot{I}_1 - \dot{I}_2\right| / 2 \end{cases} \tag{5-49}$$

对于 3 侧差动

$$\begin{cases} I_{op} = \left|\dot{I}_1 + \dot{I}_2 + \dot{I}_3\right| \\ I_{res} = \max\left\{\left|\dot{I}_1\right|, \left|\dot{I}_2\right|, \left|\dot{I}_3\right|\right\} \end{cases} \tag{5-50}$$

式中：I_1、I_2、I_3 分别为变压器各侧折算后的电流。

比率差动动作特性如图 5-83 所示。

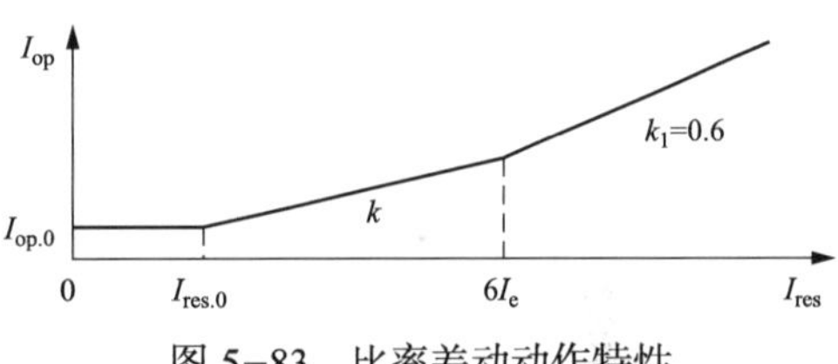

图 5-83　比率差动动作特性

由于双馈风电机组故障期间 Crowbar 的投入导致其故障电流中存在转差频率分量，其会对保护判据中电流基频量的提取精度产生影响。

归一化的单一频率正弦电流信号可表示为

$$i(t) = \sin(\lambda\omega_1 t + \varphi) \tag{5-51}$$

式中：$\lambda = \omega/\omega_1$ 为电流频率偏移系数；ω 为电流实际角频率；ω_1 为电流基频角频率的额定值。

电流基频相量的全波傅里叶余弦系数和正弦系数分别为

$$\begin{cases} I_{1c} = \dfrac{2}{T}\displaystyle\int_{-T/2}^{T/2} i(t)\cos(\omega_1 t)\mathrm{d}t = \dfrac{2\lambda\sin\varphi\sin(\lambda\pi)}{\pi(1-\lambda^2)} \\ I_{1s} = \dfrac{2}{T}\displaystyle\int_{-T/2}^{T/2} i(t)\sin(\omega_1 t)\mathrm{d}t = \dfrac{2\lambda\cos\varphi\sin(\lambda\pi)}{\pi(1-\lambda^2)} \end{cases} \tag{5-52}$$

电流基频相量的幅值

$$\left|\dot{I}_1\right| = \sqrt{I_{1c}^2 + I_{1s}^2} = \frac{\sin(\lambda\pi)}{\pi(1-\lambda^2)}\sqrt{2(1+\lambda^2) + 2(1-\lambda^2)\cos 2\varphi} \tag{5-53}$$

以上结果是运用连续函数的傅氏公式推导求得，它对离散信号也同样适用。式（5-53）中，在频率偏移系数 λ 一定时，只有 φ 为变量。全波傅里叶算法所取数据窗为当前一

周期采样值，φ 即为当前采样点（n）对应的相角，可表示为

$$\varphi=\varphi_0+\frac{2n\Pi}{N'}=\varphi_0+\frac{2\lambda n\Pi}{N} \tag{5-54}$$

式中：φ_0 为初始采样时信号的相角。则电流基频相量的幅值表示为

$$|I_1|=\frac{\sin(\lambda\Pi)}{\Pi(1-\lambda^2)}\times\sqrt{2(1+\lambda^2)+2(1-\lambda^2)\cos\left[2\left(\varphi_0+\frac{2\lambda n\Pi}{N}\right)\right]} \tag{5-55}$$

可以看出，当信号频率偏移即 $\lambda\neq1$ 时，利用 $\cos\left[2\left(\varphi_0+\frac{2\lambda n\Pi}{N}\right)\right]$ 傅里叶工频算法所求得基频相量幅值不再是恒定值，而是按的规律摆动，其摆动频率为 2 倍信号频率。当该余弦项取零时，对应于基频相量幅值的平均值，其必小于 1。

用类似方法可得到信号频率偏移时基频相量的相位，其变化规律与幅值变化规律相似，按 $\cos\left[2\left(\varphi_0+\frac{2\lambda n\Pi}{N}\right)\right]$ 的规律摆动。

信号频率偏移时，傅里叶工频算法无法准确提取基频相量，差动保护算法也将会产生很大误差。

为分析方便，令式（5-49）两正弦电流幅值均为 1，i_1 角频率为工频 ω_1，i_2 角频率 $\omega_2=\lambda\omega_1$ 偏移工频。利用傅里叶工频算法分别求取两电流基频相量后，差动动作电流为

$$I_{\mathrm{op}}=a+b\cos\left[(1-\lambda)\frac{2n\Pi}{N}\right]+c\cos\left[(1+\lambda)\frac{2n\Pi}{N}\right]+d\cos\left(2\lambda\frac{2n\Pi}{N}\right)^{-1/2} \tag{5-56}$$

式中：a、b、c、d 均为常数，大小取决于电流频率偏移系数 λ。

此时差动电流不再是恒定值，而是另外叠加 3 个频率分量，即（$1-\lambda$）f_1、（$1+\lambda$）f_1 和 $2\lambda f_1$。当 λ 在 1 附近变化时，b 值一般较大，即信号频率与工频的差值频率为差动电流的主要构成部分。

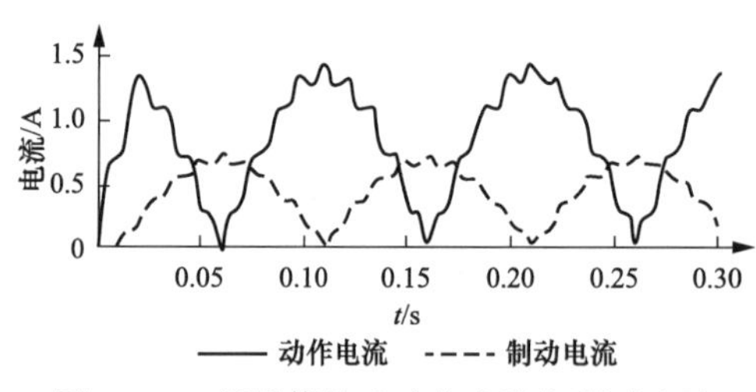

图 5-84　相量值差动动作电流与制动电流

取 $\lambda=0.8$，对一工频和 40Hz 正弦电流作差动分析，差动动作电流如图 5-84 中实线所示，动作电流不再保持恒定，主要构成分量为信号频率与工频的差值频率（即 10Hz）分量，同时叠加（$1+\lambda$）f_1=90Hz 和 $2\lambda f_1$=80Hz 频率分量。类似可得该情况下的制动电流变化规律，如图 5-84 中虚线所示。

因此两侧频率偏移时，基于相量值的差动保护动作电流与制动电流将以多个频率分量大范围波动，不再类似传统工频电流差动保持稳定，因为按此动作特性的差动保护无法保证准确稳定动作。

同理，两侧频率偏移时，利用傅里叶工频算法也无法准确提取差流中的 2 次谐波，2 次谐波分量将被傅里叶工频算法放大，致使比率差动保护被制动元件闭锁。

（2）仿真分析。

1）风电接入变压器差动保护。某地区有三个 50MW 双馈式风电场，每个风电场内部接线均是 1.5MW 机组通过单机单变，将出口电压 0.69kV 升高到中压 35kV，多台风电机组汇集到一条集电线路接入中压母线，经风电场主变压器及 110kV 风电场送出线到 110kV 母线，最后经风电集群再升压变压器将电能送至系统，如图 5-85 所示。

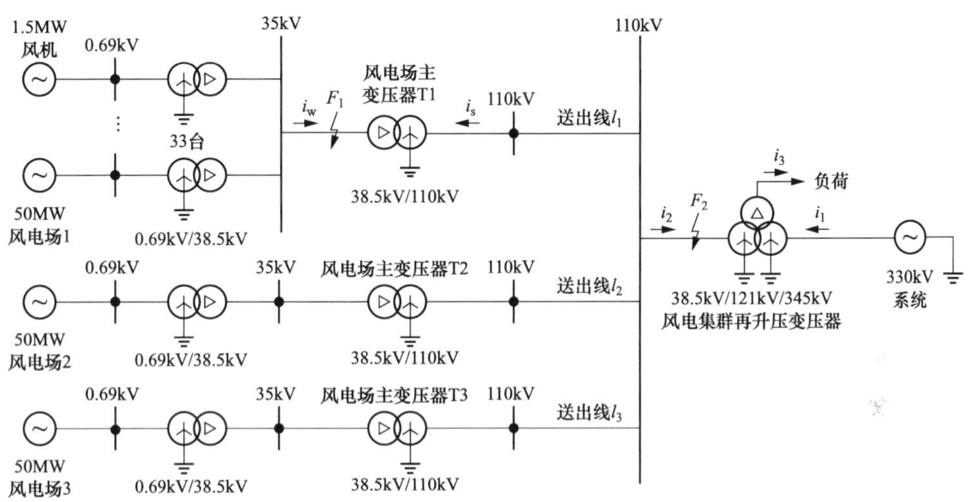

图 5-85 风电场送出变压器保护测试系统

在 PSCAD/EMTDC 下建立图 5-85 所示系统，分别研究风电场主变压器和风电集群再升压变压器的保护动作性能。

系统主要参数为：330kV 系统，正序阻抗 $Z_{s1}=24.2\Omega$，零序阻抗 $Z_{s0}=35.0\Omega$，系统短路容量 4500MV·A，150MW 风电短路容量比 3.3%；风电集群再升压变压器，额定容量 240MV·A，额定电压 38.5kV/121kV/345kV，阻抗电压百分比 $U_{k12}(\%)=0.70$，$U_{k13}(\%)=26.37$，$U_{k23}(\%)=13.18$；110kV 送出线路，正序阻抗 $Z_{l1}=0.131+j0.401(\Omega/km)$，零序阻抗 $Z_{l0}=0.328+j1.197(\Omega/km)$，线路长度 $l_1=13.7km$，$l_2=13.4km$，$l_3=3.3km$；风电场主变压器，额定容量 63MV·A，额定电压 38.5kV/110kV，阻抗电压百分比 $U_k(\%)=10.5$；箱式变压器，额定容量 1.6MV·A，额定电压 0.69kV/38.5kV，阻抗电压百分比 $U_k(\%)=6.5$；风电机组，额定容量 1.5MW，额定电压 690V，定子阻抗 $R_s+jX_s=0.011+j0.182$p.u.，转子阻抗 $R_r+jX_r=0.009+j0.144$p.u.，励磁电抗 $X_m=5.890$p.u.，惯性时间常数 $\tau_J=1.5$s，其中所有电阻和电抗均为以机组自身额定值作为基准的标幺值。

保护定值为：风电集群再升压变压器：高压侧 TA 变比 1250A/1A，二次侧额定电流 $I_e=0.32$A；比率差动保护：最小动作电流 $0.5I_e$，最小制动电流 $1.0I_e$，比率制动系数 $k=0.5$，二次谐波制动系数 $k_2=0.15$，差流速断电流 $6I_e$。

风电场主变压器：高压侧 TA 变比 800A/5A，二次侧额定电流 $I_e=2.07$A。比率差动保护最小动作电流 $0.32I_e$，最小制动电流 $1.0I_e$，比率制动系数 $k=0.5$，2 次谐波制动系数 $k_2=0.15$，差流速断电流 $8I_e$。

以风电场 1 主变压器为例，取最严重的故障情况，$t=0$s 时在主变压器低压侧 F1 点发生三相金属性短路，故障持续时间 0.1s，故障后 5ms 风电机组投入 Crowbar 电路，故障前风速较小，所有风电机组运行转速为 0.7p.u.，得到此时变压器两侧的三相电流（一次值）如图 5-86 所示。

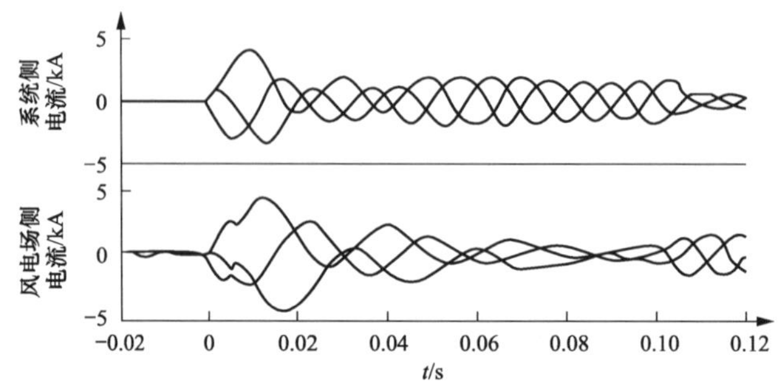

图 5-86 系统电流与风电场电流

故障期间在风电机组转子回路投入 Crowbar 电路后，风电场电流频率约为 0.7×50＝35（Hz）。系统侧电流为系统和其余两风电场共同提供，由于系统电流仍占较大比重，此时系统侧电流几乎为工频。

保护检测到故障发生后，首先调用半波傅里叶算法程序对故障数据采样进行差流速断判别，算法数据窗为半个工频周期，即 $N/2=12$ 采样点之后达到真值；当采样点数达到每周期采样数 $N=24$ 时，调用全波傅里叶算法程序进行比率差动判别及二次谐波制动判别。

以 A 相电流差动为例，差动动作量与制动量如图 5-87 所示，动作量与制动量均不再恒定并叠加有其他频率分量，会发生大范围抖动。A 相电流差动保护动作特性如图 5-87 所示，三相差动动作量二次谐波所占比率如图 5-88 所示。

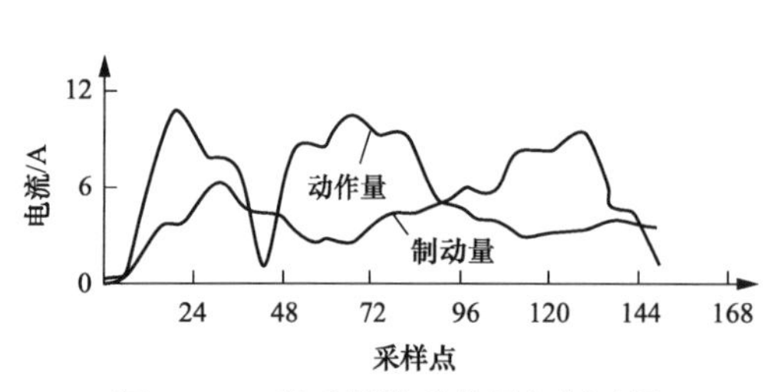

图 5-87 差动保护动作量与制动量

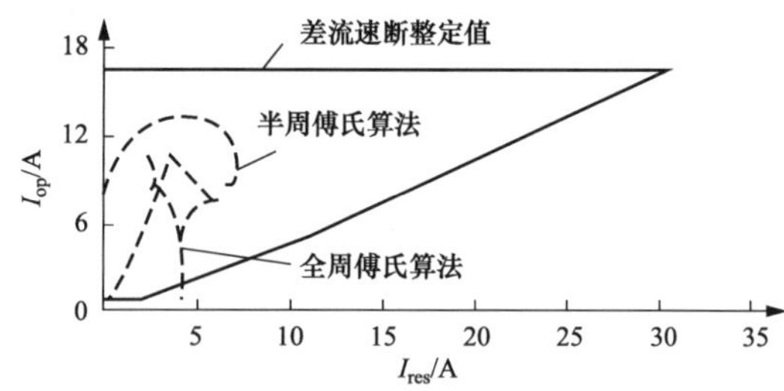

图 5-88 相量值差动保护动作结果

保护首先进行差流速断判别，差流结果未超过速断整定值，差流速断保护不会动作。

比率差动保护能否动作需进行二次谐波制动判别，一般保护装置采用三相或门制动，由图 5-89 综合三相制动元件分析得出，直到第 56 个采样点（故障后 46.7ms）比率差动才可以不被二次谐波制动元件闭锁。由图 5-88 比率差动判别结果，在故障初始阶段差动计算结果可以落入动作区，但随着动作量与制动量的抖动，计算结果逐渐向非动作区偏移，灵敏度逐渐降低，在第 42 个和 43 个采样点处落入动作区之外，随后又向动作区移动，如此反复波动，图 5-89 中仅给出前 3 个周期差动动作轨迹。因此，当二次谐波元件在故障后 46.7ms 开放时，比率差动结果落于动作区，比率差动保护动作。

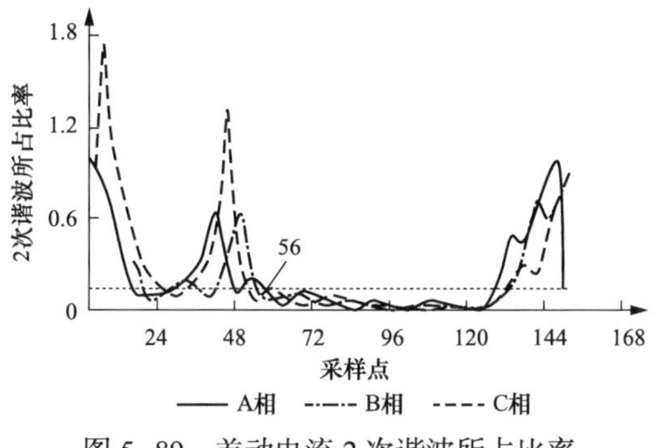

图 5-89　差动电流 2 次谐波所占比率

因此，由于风电电流在故障初期频率的偏移，二次谐波制动元件会闭锁比率差动保护一段时间（约 40～50ms），随着风电电流的衰减，二次谐波制动特性削弱，而此时比率差动元件的性能无法可靠保证灵敏度，如果比率差动结果落于动作区外，则保护动作时间将进一步延长。由于风电电流衰减较快，一般 2～3 个周期后相量值差动保护才可稳定动作。

为验证升压变压器内部故障时风电场故障特性对换流变压器差动电流的影响程度，在 t=4s 时在风场升压变压器高压侧设置不同严重程度故障，表 5-13 为不同故障严重程度下风场升压变压器差动电流二次谐波百分比。

表 5-13　　双馈风电场升压变内部故障差流谐波特性

差流二次谐波百分比	电压跌落至 80%	电压跌落至 50%	电压跌落至 20%
绕组三相短路	5.6	10.6	12.5
绕组单相接地	7.1	8.4	10.5

根据以上仿真结果可知，双馈风电机组送出系统的短路电流故障特性见表 5-14。

表 5-14　　双馈风电送出系统短路电流特性

测量点	短路电流特征
风机出口	短路电流峰值约 1.5～3p.u.，短路电流衰减时间范围在 80～200ms，随着电压跌落程度增加，短路电流峰值逐渐增大、短路电流衰减时间逐渐增长
风场主变压器高压侧	对称故障和相间故障时与风机出口电流一致，接地故障时主要由零序电流决定
送出线系统侧	由系统侧短路容量决定
变压器内部故障谐波	短路故障越严重，差流中二次谐波成分越大，电压跌落较深时二次谐波成分接近 15%

2）直驱风电场接入对变压器差动保护影响。为验证升压变内部故障时风电场故障特性对换流变压器差动电流的影响程度，在 $t=4s$ 时，风场升压变压器高压侧设置不同严重程度故障，表 5-15 为不同故障严重程度下风场升压变差动电流二次谐波百分比。随着变压器内部故障的严重程度加剧，差流中的二次谐波比例逐渐增大。

表 5-15　　直驱风电场升压变内部故障差流谐波特性

差流二次谐波百分比	电压跌落至 80%	电压跌落至 50%	电压跌落至 20%
绕组三相短路	6.2	11.1	13.0
绕组单相接地	3.3	8.1	10.6

根据以上仿真结果可知，直驱风电送出系统的短路电流故障特性见表 5-16。

表 5-16　　直驱风电送出系统短路电流特性

测量点	短路电流特征
风机出口	短路电流幅值约 1.1～1.5p.u.，取决于电流限幅值和负序抑制策略，暂态过渡时间 10～30ms。当达到限流幅值时，短路电流不随过渡电阻减小而增大
风场主变压器高压侧	对称故障和相间故障时与风机出口电流一致，接地故障时受升压变中性点接线方式影响
送出线系统侧	由系统侧短路容量决定
变压器内部故障升压变差流	短路故障越严重，差流中二次谐波成分越大，二次谐波成分整体低于 15%

3）光伏电站接入对变压器差动保护影响。为验证升压变内部故障时光伏故障特性对换流变差动电流的影响程度，在 $t=4s$ 时在光伏升压变高压侧设置不同严重程度故障，表 5-17 为不同故障严重程度下光伏升压变差动电流二次谐波百分比。随着变压器内部故障的严重程度加剧，差流中的二次谐波比例逐渐增大。

表 5-17　　光伏电站升压变内部故障差流谐波特性

差流二次谐波百分比	电压跌落至 80%	电压跌落至 50%	电压跌落至 20%
绕组三相短路	3.3	7.0	10.2
绕组单相接地	2.4	7.0	10.0

根据以上仿真结果可知，光伏电源送出系统的短路电流故障特性见表 5-18。

表 5-18　　光伏电源送出系统短路电流特性

测量点	短路电流特征
光伏出口	短路电流幅值约 1.1～1.5p.u.，取决于电流限幅值和负序抑制策略，暂态过渡时间 10～30ms。当达到限流幅值时，短路电流不随过渡电阻减小而增大

续表

测量点	短路电流特征
光伏电站主变压器高压侧	对称故障和相间故障时与风机出口电流一致，接地故障时主要由零序电流决定
送出线系统侧	由系统侧短路容量决定
变压器内部故障升压变差流	短路故障越严重，差流中二次谐波成分越大，二次谐波成分整体低于 15%

5.5 工频突变量保护适应性

（1）工频电流突变量差动保护。工频电流突变量差动保护与工频电流差动保护的判据类似，其主要区别在于利用故障分量电流实现制动量，从而消除了负载电流的不利影响，动作判据如下

$$\Delta I_{cd}=|\Delta\dot{I}_m+\Delta\dot{I}_n|\geqslant k|\Delta\dot{I}_m-\Delta\dot{I}_n|+I_0=\Delta I_{zd} \tag{5-57}$$

式中：ΔI_m 和 ΔI_n 为线路两侧的短路电流故障分量；ΔI_{cd} 为故障分量差动电流；ΔI_{zd} 为故障分量制动电流。

工频电流突变量差动保护与工频电流差动保护的原理本质上是相同的，适应分析过程不再赘述，同样风电系统由于弱馈性而受电容电流影响较大，存在区外故障误动风险和电容电流过补偿情况下区内经高阻接地故障时拒动的风险。

（2）工频变化量距离保护。将工频变化量距离保护动作方程改写为阻抗形式

$$|Z_{set}+Z_b|>|Z_p+Z_b| \tag{5-58}$$

式中：Z_p 为测量阻抗，由保护安装处电压变化量与电流变化量的比值得到；Z_b 为保护安装处背侧电源的等值阻抗。

与前述三种工频量距离保护相比，工频变化量距离保护的动作区域相当于直径为整定值、圆心为原点的全阻抗圆沿阻抗 Z_b 方向偏移。尽管也考虑了保护安装处背侧电源阻抗 Z_b 的变化特性，但相比于比相式工频量保护在正向故障下工频变化量保护的动作范围会缩小，导致新能源场站接入后保护易拒动。况且工频变化量距离保护中电压和电流变化量只会存在于故障发生后短时间范围内，在故障稳态期间会变为零。因此，工频变化量距离保护仅能用作快速保护。

5.6 小　　结

本章分析了新能源电源接入后现有电网中广泛应用的阶段式电流保护、零序电流保护、距离保护、差动保护和工频突变量保护的适应性，通过理论和仿真分析，得到如下结论：

（1）对于阶段式电流保护。双馈电场所接电网过电流保护均能可靠动作，而光伏电站或永磁直驱风电场等逆变电源所接配电网过电流保护在单相高阻接地时存在保护拒动

情况。由于一部分短路电流经高阻接地故障后，抬高了接地电位，使得系统侧测得的电流偏小，导致保护拒动；对于场站侧所配过电流保护，由于逆变电源并网用逆变器的电流限幅环节存在，使故障期间流过电力电子逆变器的最大短路电流不超过额定电流的1.1～1.5倍。而对应线路的过电流保护整定并未考虑新能源接入特性，使得过电流保护拒动。

（2）对于零序保护。双馈风电场及逆变电源所配零序保护在各种故障情况下均能可靠、准确动作。

（3）对于距离保护。若双馈风电场接入，因转速频率分量和暂态自然分量的存在，使得基于傅里叶算法的传统距离保护得到的测量阻抗Zm并不准确，可能会引起保护的误动或拒动；若逆变型新能源电源接入，在金属性故障下距离保护测量阻抗不受光伏电站故障电流和系统运行方式的影响，因而保护仍能可靠动作；在有过渡电阻的故障下逆变电源接入会导致测量阻抗中出现额外的附加分量，该附加分量的阻抗性质主要取决于光伏电站和系统电源所提供故障电流大小和相位，此情况下线路距离保护的动作特性不仅与故障点位置、故障类型以及过渡电阻大小有关，而且光伏电站的容量、接入位置及其故障控制策略都会对其产生不同程度的影响。

（4）对于差动保护。由于差动保护本身具有较高的灵敏性和可靠性，在结合实际数据进行仿真分析后可知，新能源所接电网为强系统时，差动保护在对称、不对称故障，高阻接地及金属性接地故障下均能可靠动作，其适应性较好；但若电网为弱系统时，在相间短路故障下容易出现新能源侧与系统侧短路电流相位差大于90°的情况，此时差动保护的动作特性将会受到影响，会出现区内拒动的风险。

6 安全自动装置适应性

6.1 电力系统稳定及控制措施

随着电力需求不断增长，电力系统规模不断扩大，电网结构日益复杂，以大机组、大电网、超高压、长距离、重负荷、大区域联网、交直流联合系统为特点，强有力地保证了社会的用电需求，但同时也产生了一系列的系统稳定问题。由于受到资源、经济和环境等因素的制约，区域内密集电源和远距离大容量输电系统不断出现，在电网建设的初期和发展期间，电网结构相对薄弱，常导致电力系统运行在接近极限的状态，使得电力系统稳定问题严重。稳定一旦破坏，会导致并列运行的发电机失去同步，频率持续严重降低造成系统崩溃，电压持续严重降低造成系统崩溃，将会造成大范围、较长时间停电。在最严重的情况下，可能会导致电力系统崩溃和瓦解。

电力系统稳定是指电力系统受到扰动后保持稳定运行的能力，主要包括功角稳定性、频率稳定性和电压稳定性。

功角稳定是指互联系统中的同步发电机受到扰动后，保持同步运行的能力。功角失稳可能由同步转矩或阻尼转矩不足引起，其中，同步转矩不足引起非周期失稳，阻尼转矩不足将引起振荡失稳。根据扰动的大小，将功角稳定分为小扰动功角稳定与大扰动功角稳定。小扰动功角稳定是指系统遭受小扰动后保持同步运行的能力，取决于系统的初始运行状态；大扰动功角稳定又称暂态功角稳定，是指电力系统遭受线路短路、切机等大扰动时，保持同步运行的能力，它由系统的初始运行状态和受扰动的严重程度共同决定。

电压稳定是指处于给定运行点的电力系统在经受扰动后，维持所有节点电压为可接受值的能力。它依赖于系统维持或恢复负荷需求和负荷供给之间平衡的能力。根据扰动的大小，电压稳定分为小扰动电压稳定和大扰动电压稳定。小扰动电压稳定是指系统受到小的扰动后（如负荷的缓慢增长等）维持电压的能力。这类形式的稳定受某一给定时刻负荷特性、离散和连续控制影响；大扰动电压稳定是指系统受到大的扰动后（如系统故障、失去负荷、失去发电机等）维持电压的能力。这类形式的稳定取决于系统特性、负荷特性、离散和连续控制与保护及它们之间的相互作用。电压稳定可能是短期的或长期的现象。短期电压稳定与快速响应的设备有关，必须考虑负荷的动态，及邻近负荷的短路故障，时间大约在几秒钟；长期电压稳定与慢动态设备有关，它通常由连锁的设备停运引起，与初始扰动程度无关，时间可以是几分钟或更长的时间。

频率稳定是指电力系统受到严重扰动后，发电和负荷需求出现大的不平衡，系统仍能保持稳定频率的能力。电力系统功率不平衡量是变化的，频率的变化是一个动态过程。频率稳定可以是短期的或长期的现象。

提高系统稳定的措施可以分为两大类：① 加强网架结构；② 配置提高系统稳定的安全自动装置。电力系统正常运行及常见的扰动情况应由电网结构保证安全稳定，加强网架结构投资一般很大，但能可靠地在各种条件下提高电力系统的安全性。针对一些较严重和出现概率较低的系统扰动适合采取配置提高系统稳定的安全自动装置措施。

电力系统安全自动装置是指在电力网中发生故障或出现异常运行时，为确保电网安全稳定运行，防止电力系统稳定破坏、防止电力系统事故扩大、防止电网崩溃及大面积停电以及恢复电力系统正常运行的各种自动装置的总称，主要包括安全稳定控制装置、失步解列装置、低频低压减负荷及解列装置、高频切机装置、故障解列装置、防“孤岛”装置、备用电源自投装置、输电线路的自动重合闸等。低频低压减负荷及解列装置、过频切机及过频过电压解列装置又统称为频率电压异常紧急控制。

随着新能源场站大规模并网，火电机组装机容量不断下降，电动汽车等可调节负荷向多元化方向转变，电力系统正向新型电力系统发生转变，系统的运行方式和运行工况将出现一些新的变化，使得电力系统稳定问题变得更为复杂化，对安全自动装置正常运行带来了新的挑战。

6.2 安全稳定控制装置

安全稳定控制系统主要用于区域电网及大区域互联电网的安全稳定控制，主要功能包括：① 当电力系统受到扰动引起设备超出自身承受能力现象时切除相应电源点，如并行线路跳闸引起线路过载切机组等；② 当电力系统受到扰动出现功角失稳问题切除相应电源点；③ 当电力系统受到扰动时出现系统功率缺额，紧急协调直流功率或切除相应负荷，如直流输电工程闭锁切电力系统中相应负荷等。

安全稳定控制系统由多个厂站的安全稳定控制站共同组成。根据安全稳定控制站在整个安全稳定控制系统中所起的功能作用不同，一般分为安全稳定控制主站（以下简称主站）和安全稳定控制子站（以下简称子站）。主站又可称为策略站，一般用来存放策略并根据子站上送信息及主站信息按策略进行逻辑运算，满足条件时向子站发送指令实现跳闸、切机、降直流功率等控制命令。子站一般分为信息采集子站、命令执行子站和综合功能子站（具有采集信息上送及执行主站命令的功能），如图 6-1 所示。

当新能源场站大比例接入电力系统时，安全稳定控制系统存在以下影响：

（1）当配有稳控系统的电力系统中有大量新能源场站并网时，新能源场站出力存在间歇性、不稳定性，造成新能源场站出力协调控制难度大；新能源不具备电压构建能力，对系统电压支撑调节能力不足，缺少系统转动惯量，大量替换火电机组，引起电力系统整体转动惯量降低，加上新能源故障穿越功能和电压频率适应性能力限制，在系统电压和频率异常时极易脱网，造成系统在扰动下功率、电压和频率稳定控制能力下降，

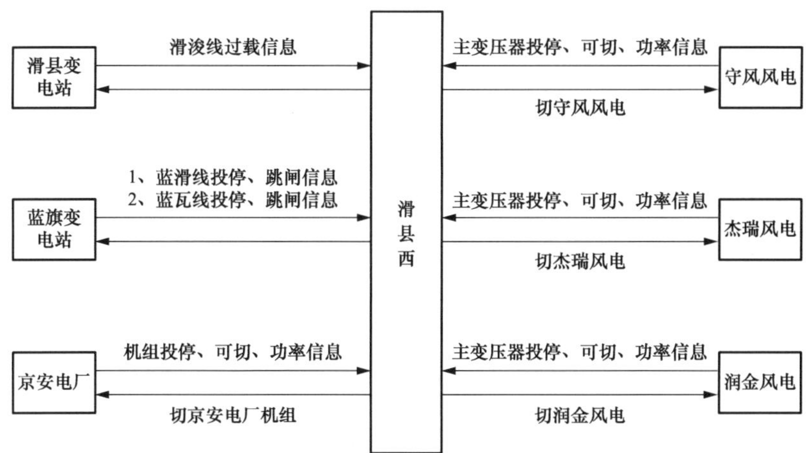

图 6-1　安全稳定控制系统配置方案示意图

配置的稳定控制策略无法自适应新能源出力变化，原有稳控动作量、储能参与紧急功率支撑、负荷侧响应等措施存在稳定控制能力不足问题。需根据新能源接入后电网实际稳定控制能力，制订新的安全稳定控制策略，完善安全稳定控制系统。

（2）随着大量分布式新能源并网，造成电网潮流随时间不断发生变化，如在日间出现主变压器潮流上翻问题，在晚间负荷高峰期出现潮流下送，引起电网电压越限，造成地区电网输电断面越限，影响设备安全运行。需根据分布式新能源接入情况，制订新的安全稳定控制系统，控制潮流断面不超出限制，抑制系统末端电压异常升高。

（3）稳控系统运维难度大。现有稳控系统整体结构设计复杂，装置和架构标准化程度低，装置定制化设计极易造成误操作，给调度管理和现场运维造成较大隐患。稳控系统涉及范围广、链条长、影响范围大，投运前缺少稳控策略有效验证手段，如稳控装置与直流极控通信接口软件隐性缺陷难以通过常规实验室联调和现场调试发现，某些特殊工况下可能存在导致稳控系统不正确动作风险；投运后整体停电检验困难，动作正确性及可靠性缺乏有效验证手段，检验超期现象普遍存在，对设备可靠运行造成隐患。稳控系统运行可靠性高度依赖通信通道，对于通道运行可靠性验证缺乏常态机制，并且稳控系统大部分采用单路由模式，可靠性低；部分光缆存在重载情况，通道运行风险增大。调度端对于稳控系统运行状态缺乏监视手段，“8.29”吉泉特高压直流稳控拒动和“4.21”洪沟稳控调试过程中压板漏投导致拒动事件表明，对复杂和庞大的稳控系统难以全面及时掌握运行情况，无法开展高级应用，应运用有效技术手段对全回路进行监测，实时运行中能及时发现装置、压板、通道异常，避免装置拒动。

6.3　低频低压减负荷装置

低频低压减负荷是保证电力系统安全稳定的重要措施之一，当电力系统出现严重的有功功率缺额时，通过切除一定的非重要负载来减轻有功缺额的程度，使系统的频率保持在事故允许限额之内，保证重要负载的可靠供电。当系统出现较为严重的事故时，为防止事故范围进一步扩大，保证对系统内的重要负荷继续供电，需要采取电力系统自动解列措施。在电力系统失步振荡、频率崩溃或电压崩溃的情况应实施自动解列措施，解列点应为预先选定的适当地点，必须是严格而有计划地实施。满足解列点的基本条件是：解列后备区各自同步运行和解列后的各区供需基本平衡。

目前电力系统低频低压减负荷主要通过低频减载装置和低压减载装置实现，主要存在分布式低频低压减载和集中式低频低压减载两种形式。分布式低频低压减载主要采用线路保护中集成的低频低压减负荷功能实现，通过不同的频率和延时定值，实现不同轮次的负荷切除（见图 6-2）；集中式低频低压减载采用独立的安全自动装置，采集变电站高电压等级母线电压，按预设的控制策略分轮次切除指定的线路负荷（见图 6-3）。一般由网调、省调下发减负荷量，地市供电公司按省调下发减负荷量核算出需要减多少，避开新能源、地区电源等接入线路，采用各县域相对均衡的原则选择减载线路。

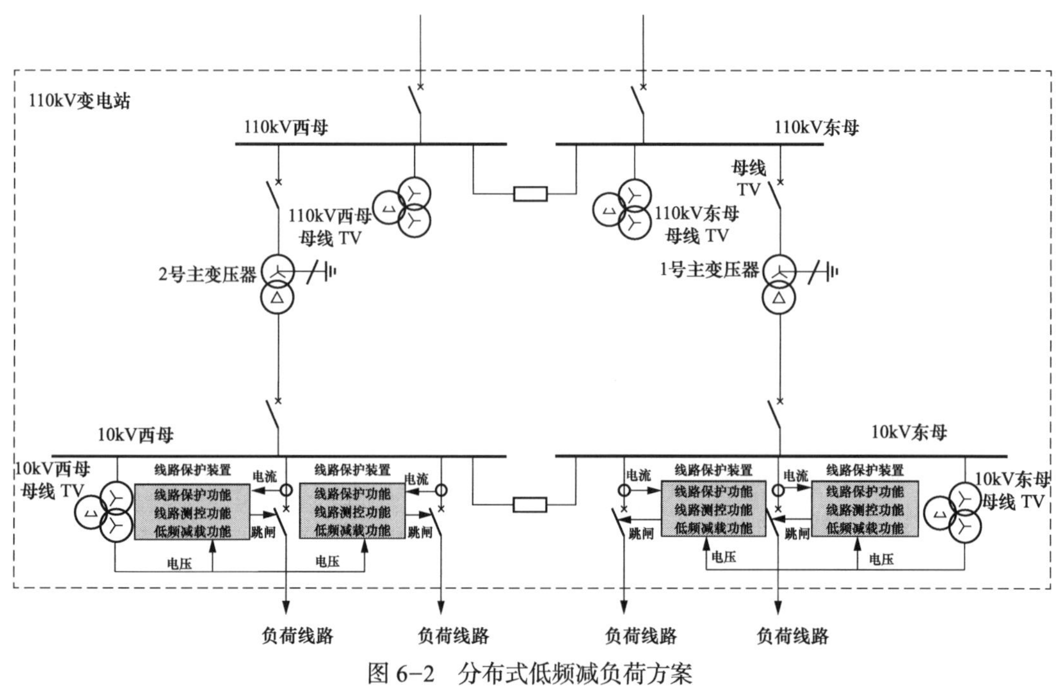

图 6-2　分布式低频减负荷方案

随着新能源大量接入电力系统，低频低压减负荷存在以下影响：

（1）第三道防线低频减负荷量相对不足。新能源大量并网并替代常规机组时，挤压网内火电机组的开机空间，将造成系统旋转惯量降低，新能源一次调频能力弱，在同等功率缺额下，新型电力系统频率跌落程度增加，原有低频减载动作量未考虑新能源影响，切负荷量可能无法保证系统频率恢复到稳定需求水平；同时在严重故障方式下，新能源机组将进入低电压穿越控制逻辑，无功电流输出增加，有功出力将进一步下降，部分新能源机组频率电压适应性未能严格满足标准要求，在电网低频期间将先于低频减载动作而脱网，进而造成新能源连锁脱网，恶化电网频率稳定特性。

（2）低频减负荷点选取受限。随着新能源大量接入电力系统，尤其是整县屋顶光伏

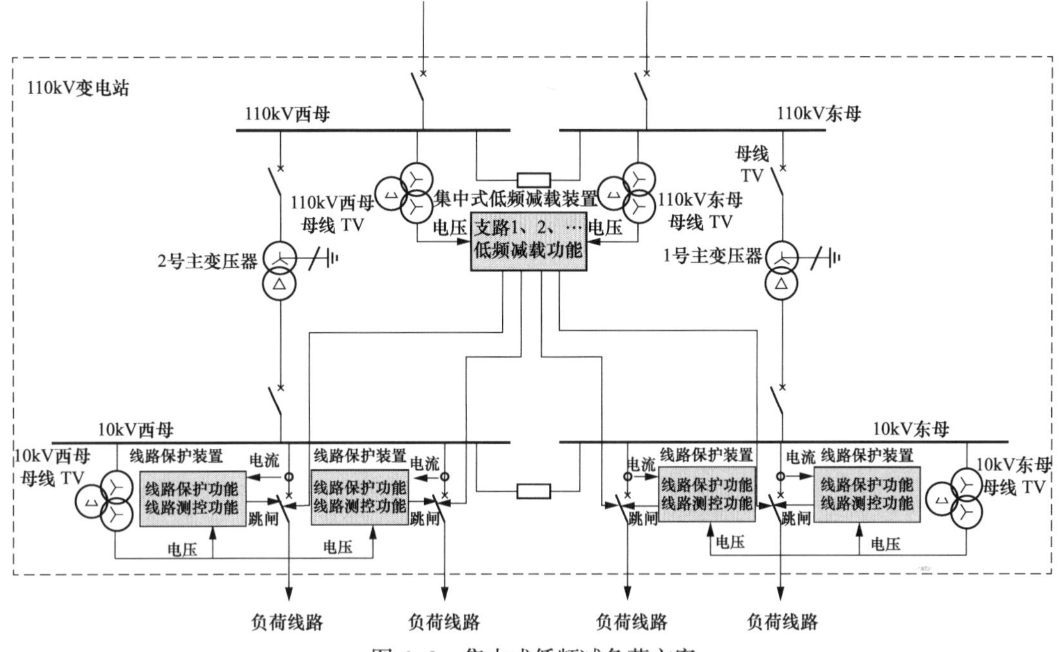

图 6-3 集中式低频减负荷方案

建设推进，新能源场站在电网中的渗透率越来越高，分布式新能源空间分布与负荷重叠，适合布置低频低压减负荷的线路将越来越少，造成低频减载配置困难，低频低压可切馈线有源化将加剧，造成系统整体可切负荷量难以满足低频低压减负荷策略需求，影响系统三道防线安全。需根据新能源场站接入和出力实际情况，以及所辖电网实际负荷情况，重新校核电网功率缺额，按实际需求选取低频低压减负荷点，尽量避免将下级接有新能源的负荷支路选作低频低压减负荷点（见图 6-4）。

（3）低频减载策略执行存在困难。随着地区分布式新能源渗透率不断增加，配电网线路功率上翻数量日益增多，对电网低频减载策略执行产生影响。分布式电源接入可切负荷线路，可切负荷线路可能存在负荷运行状态和电源运行状态两种运行方式。当切除电源运行状态的线路时，反而加剧系统频率恶化。当可切负荷线路存在功率上翻情况时，为保证系统可切负荷量满足低频减载方案要求，需增加可切负荷线路的整体投入量，但当分布式新能源停发时，过量投入可切负荷线路又存在负荷过切风险，引起系统频率过高。

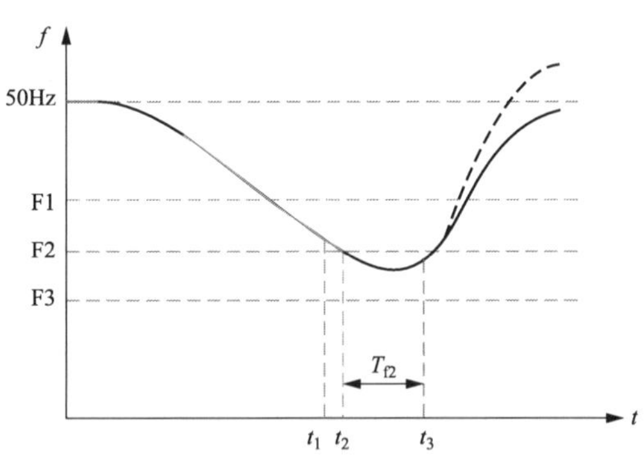

图 6-4 低频低压减载维持系统频率示意图

由于新能源发电自身的随机性和不稳定性，以及现有新能源并网管理措施限制（系统故障时为防止孤网运行需切除新能源场站），导致电网出现故障或扰动时，新能源容易出现大量脱网，向电力系统提供的有功功率减少，将增大有功功率缺额，加剧系统频率的降低，极易引发频率安全稳定问题。

考虑新能源并网影响，在制定低频低压减载策略时，需充分考虑新能源出力变化因素，优化低频低压减载切负荷量，改善系统频率控制效果，防范新能源脱网状态下低频低压减载切除负荷容量不足系统频率无法稳定的风险。

6.4 高频切机装置

随着国内大容量直流和大规模新能源的快速发展，系统支撑调节能力逐步下降，直流输电系统故障、新能源脱网等新型故障扰动形态对电网的冲击特性日益显著，电压、频率稳定问题逐步凸显，尤其是送电端常出现系统频率异常升高问题，加上新能源机组调频能力差，电力系统安全稳定防御面临极大挑战，对系统高频切机功能提出了新的要求。

在西北电网、东北电网等大型能源基地，为防止电力设备故障切除功率外送通道，引发电网出现频率电压异常升高问题，一般通过配置大型安全稳定控制系统，量化系统可以承受切机切负荷量，提出大容量交直流送端系统高频切机相关规定，切除一定机组和负荷，实现系统稳定控制。

在四川省，为防止电力过剩引发电网出现频率电压异常升高问题，主要配置高频切机装置，制订合理高频切除机组方案，分轮次过频切除机组，加快大停电后的系统恢复进程，实现系统稳定控制。

高频切机方案配置的机组选取应综合考虑发电机组类型、发电机组容量、事故后潮流转移及电网电压支撑等因素，切机顺序宜按照 GB/T 38969 相关规定，宜优先考虑切除水电机组和新能源机组，并避免机组切除后出现线路过载等衍生事故。高频切机方案配置的机组选取不宜与第二道防线稳定控制的机组选取重叠。

6.5 故障解列装置

6.5.1 地区电源故障解列配置

地区电源通常以单回线或双回线在一个变电站与主系统单点联网。当地区电源侧的线路保护对联网线路的故障不能满足灵敏系数要求时，则地区电源侧的联网线路保护定值按故障解列装置的要求整定，故障时将地区电源与主网解列。

地区电源侧配置故障解列装置，在联网线路发生故障地区电源侧断路器跳闸后，切除部分发电设备或非重要负荷，防止地区电网与系统失去连接后，长期维持低频低压运行状态，保持地区功率平衡及相关线路不超限。

6.5.2 系统侧保护联切新能源

新能源接入 110kV 及以下配电网后，尤其是新能源渗透率不断提升，电网保护配置难以满足切除故障需求，尤其是新能源侧过电流保护和距离保护，存在拒动风险。为保障新能源并网线路及接入变电站故障时，可靠切除新能源场站，防止新能源场站带故障运行，造成电网设备故障或引起保护不正确动作，早期主要采用保护联切新能源场站技术。

目前国内各省份220kV及以下基本全部实现解环运行，从220kV变电站到110kV变电站到35kV（10kV）线路，基本采用辐射状供电运行方式，部分110kV及以下线路仅单侧（电网侧）配置保护装置。当新能源厂站通过并网线路接入电力系统后，新能源厂站与220kV变压器之间便形成一条明显的新能源并网通道。

如图6-5所示，以新能源110kV电压等级并网为例，从220kV甲变电站站内主变压器、甲站110kV母线、110kV甲乙线、甲乙线所带110kV乙变电站站内母线、110kV串带线路乙丙线、乙丙线串带110kV丙变电站站内母线，新能源110kV并网线路丙丁线，形成新能源厂站的并网通道。并网通道上母线、变压器所带的其他线路或分支我们定义为新能源并网通道上所带的负荷支路。

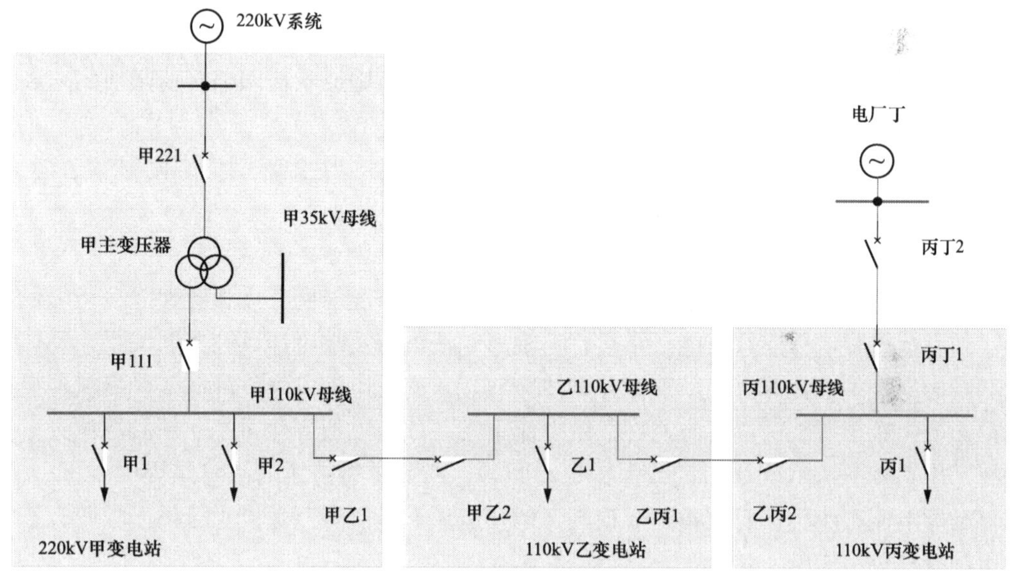

图6-5　新能源并网通道概念

假设110kV甲乙线仅在甲乙1侧配置有线路保护。当甲乙线发生故障时，甲乙1侧保护正确切除故障电流，因甲乙2未配置保护，新能源提供的故障电流无法切除，将出现新能源场站带区域电网及故障点故障运行，需要采用甲乙1侧保护联切新能源场站。

假设110kV甲乙线路两侧均配置有线路保护（如差动保护），并且两侧保护均正确动作，动作后故障点被隔离，则会出现新能源场站带区域电网“孤岛”运行状态。目前河南电网不允许新能源场站带区域电网“孤岛”运行，需配置防“孤岛”保护及时切除新能源场站。

此外，当新能源接入变电站配有备自投装置时，新能源场站所带母线有残压，会导致备自投无法正常启动或非同期合闸，需要主变压器保护和备自投装置联切新能源场站。

采用电网侧保护联切新能源，不增加保护装置配置，保护动作时将第一时间准确切除新能源场站，确保不会出现新能源“孤岛”运行状态，同时不影响线路重合闸和备自投动作时间，有利于恢复负荷送电，还能防止系统发生接地故障时主变压器中性点不会出现绝缘破坏问题。

但保护联切新能源也存在以下缺点：

（1）联切二次回路复杂化，现有二次回路跳闸节点数量有限，增加跳闸节点、扩充继电器或者装置增加了保护动作环节，可靠性降低。

（2）增加完善联切回路，需要设备停电实施，停电计划不易安排；部分联切回路甚至需要跨站实施，增加投资；保护检验时二次安全措施复杂，极大地增加误切间隔的风险。

（3）无法自适应运行方式变化，变电站运行方式变化时需通过联切压板投退实现保护出口调整，增加调度运行压力，尤其在倒换方式时，极易造成误投退压板。

（4）随着新能源并网机组数量不断增加，通过不断增加联切回路将使联切回路和联切逻辑更为复杂，调度、运维人员工作压力巨大。

鉴于保护和备自投联切回路复杂，运行困难，目前国内主要采用故障解列装置代替复杂的保护联切方式，实现新能源故障切除。

6.5.3 新能源侧故障解列

与同步发电机组相比，新能源主要通过变流器接入配电网，无自行建立运行电压能力，需系统提供电压支撑才能正常运行，输出电流值与机端电压存在关联关系，整体对外表现为压控型电流源。当新能源并网线路或接入的配电网发生故障时，受变流器控制策略影响，新能源故障电流限制在额定电流附近且故障电流变化量小，新能源侧过电流保护、距离保护存在无法启动或保护拒动问题，新能源将持续向故障点提供故障电流，虽然故障电流很小不会对设备造成损害，但会造成系统侧线路保护重合闸于故障，影响配电网恢复负荷供电。

从继电保护配置上，可通过在新能源并网线路和接入配电网配置差动保护，解决现有配电网保护配置不完善问题。当配电网有新能源接入时，要求对原有配电网保护进行改造，新能源并网线路、新能源接入变电站上级多级串带线路均配置差动保护，母线配置母线差动保护。

当新能源接入不具备配置差动保护条件时，应配置故障解列装置，解决新能源侧保护灵敏度不足问题。如分布式新能源通过 10kV 或 35kV 公共线路并网时，需在分布式新能源侧配置故障解列装置。当新能源接入变电站高压侧母线及上级线路发生故障，新能源侧保护配置灵敏度不足时，需在高压侧母线配置故障解列装置。

目前标准仅规定 35kV 及以下电压等级新能源配置故障解列装置，下面按电压等级进行讨论分析。

对于 35kV 及以下电压等级配电网，主要为中性点不接地系统，继电保护配置以过电流（带方向）保护为主，保护配合采用远后备方式，没有断路器失灵保护。当新能源接入时，需通过要求新能源并网线路和新能源接入变电站上级多级串带线路配置差动保护，母线和变压器配置差动保护，解决主保护过电流保护拒动问题。当线路断路器失灵或母线配置差动困难时，缺少可靠的远后备保护，需要借助新能源低电压自动脱网或新能源并网点配置故障解列装置来切除故障。

对于 110kV 电压等级配电网，220kV 主变压器中压侧中性点一般设有接地点，正常运行时为中性点接地系统。继电保护配置以距离保护为主，零序保护、过电流（带方向）保护为后备保护，保护配合采用远后备方式，没有断路器失灵保护。当新能源接入配电网，配电网发生 110kV 电压等级故障，系统电源侧保护正确动作后，新能源侧将转变为中性点不接地系统，配置的零序保护失效，距离保护、过电流（带方向）保护存在拒动问题。因此当新能源接入时，需通过要求新能源并网线路和新能源接入变电站上级多级串带线路配置差动保护，母线和变压器配置差动保护，解决主保护距离保护拒动问题。当断路器失灵时，缺少可靠的远后备保护，需要借助新能源低电压自动脱网或新能源并网点配置故障解列装置来切除故障。

对于 220kV 及以上电压等级主电网，主变压器中性点接地，为中性点接地系统。继电保护双重化配置，以差动保护为主保护，距离保护、零序保护、过电流（带方向）保护为后备保护，设有断路器失灵保护。新能源接入 220kV，继电保护配置有差动保护做主保护，零序保护、失灵保护做后备保护，因此不需要配置故障解列装置。

综上，110kV 及以下电压等级新能源并网点需配置故障解列装置。

6.6 防“孤岛”保护装置

6.6.1 光伏与储能电站防“孤岛”保护配置

大量光伏发电接入配电网，光伏发电容量与当地负荷容量相比，占比逐渐增加，部分地区甚至出现主变压器潮流上翻问题。在这种情况下，当局部电网因保护跳闸、开关误跳等原因与主网断开后，由于光伏、储能与配电网连接程度不可预测，会形成光伏与储能电站带局部电网非计划性“孤岛”运行。

局部电网非计划性“孤岛”运行，主要存在以下危害：①“孤岛”内电源和负荷难以实现功率平衡，供电电压和频率的稳定性得不到保障，造成“孤岛”内电网过频过电压或低频低压运行，给用电设备带来危害；②“孤岛”内电压变化过慢时，投入检无压重合功能的线路重合闸和检无压启动的备自投装置存在无法正常启动问题，无法快速恢复主网向负荷供电；③“孤岛”内电压迅速跌落，满足线路重合闸或备自投启动条件时，孤网存在残压且频率与主电网不同步，将引起非同期合闸，产生冲击电流危害设备安全和主网稳定；④“孤岛”内电力设备和线路继续带电运行，危害事故处理和设备检修人员人身安全。

按电力管理机构要求，禁止局部电网非计划性“孤岛”运行。目前主要通过在光伏电站和储能电站自身变流器内置防“孤岛”保护功能和在并网点配置独立的防“孤岛”

保护装置，快速检测出“孤岛”运行方式，切除光伏电站和储能电站，解除孤网运行。线路重合闸和备自投通过延时躲过防“孤岛”保护动作时间，解决非同期重合闸和备自投无法启动等问题。

光伏电站和储能电站自身变流器内置防“孤岛”保护功能，采用内部软件算法为基础，主要分为被动式“孤岛”检测方法和主动式检测方法。被动式检测方法主要监测变流器机端电压的频率、幅值、相角或谐波，当发现频率、电压幅值超出限值，相角发生突变，或谐波成分超出允许值，判定出现孤网运行状态，将变流器从电网脱离。主动式检测方法主要通过偏移变流器频率或电压，观察系统频率或电压能否在扰动下恢复正常运行，或向系统注入特殊频率的信号，测量并网阻抗是否发生变化，以此判定是否出现孤网运行。正常运行时光伏电站和储能电站自身变流器内置防“孤岛”保护功能应处于投入状态。

为提高光伏电站和储能电站整站孤网检测功能，国家标准明确要求在并网点配置独立的防“孤岛”保护装置，采用被动式检测原理，监测并网点电压的频率、幅值，识别是否出现孤网运行问题。但采用这种方式，存在保护动作死区问题，当频率和电压稳定在一定范围内时，仅能解决 90% 以上的“孤岛”运行问题，无法从根本上解决孤网运行问题。

6.6.2 新能源并网点安全自动装置配置问题

当新能源接入电网后，由于缺乏对新能源运行特性的认知，根据现有标准规定，10～35kV 新能源场站接入电力系统时，并网线路电网侧和电源侧应配置故障解列装置，接入变电站高压侧应按母线配置故障解列装置。35kV 及以上电压等级光伏电站应配置独立的防“孤岛”保护，所有电压等级光伏逆变器本身应配置防“孤岛”保护。10kV 及以上电压等级新能源场站应配置频率电压紧急控制装置。

由于新能源并网点安全自动装置配置标准不统一，新能源并网点安全自动装置有三类设备类型，分别为独立的防“孤岛”保护、故障解列装置、频率电压紧急控制装置。从解决新能源带局部电网“孤岛”运行问题出发，新能源需配置独立的防“孤岛”保护；从完善新能源侧继电保护功能角度出发，新能源需配置故障解列装置；从电网紧急控制控制角度出发，要求新能源配置频率电压紧急控制装置，在紧急情况下控制新能源出力。

国内各省各地市新能源场站在并网接入时，安全自动装置配置在执行不统一，主要有以下几种情况：① 新能源并网点配置一套安全自动装置，当新能源场站带负荷“孤岛”运行时，安全自动装置动作切除新能源场站，代表地市为浙江省杭州市；② 新能源并网点配置故障解列和防“孤岛”保护装置，代表地市山东省烟台市；③ 新能源并网点不配置安全自动装置，通过稳控系统解决新能源接入问题，代表地市江苏省淮安市。

由于故障解列装置、频率电压紧急控制装置和防“孤岛”保护装置三类装置都是通过监测系统母线电压和频率的变化，识别电力系统异常或故障运行状态，通过跳开新能源并网线路断路器实现新能源场站的切除。设计和运维人员对三类装置功能理解存在混淆，导致目前电网并网新能源以配置频率电压紧急控制装置配置比例较高；独立的防“孤岛”保护和故障解列装置配置偏低。

故障解列装置主要反映系统发生故障所引起的频率电压突变，包含低压解列保护、低频解列保护、零序过电压解列保护、过电压解列保护、过频解列保护，多用于切除系统电源，避免电源侧故障影响到电网安全运行。为防止故障解列装置误动作，故障解列装置动作时间需躲过继电保护切除故障时间。

频率电压紧急控制装置主要反映系统事故、异常或紧急情况，通过切除负荷、调整机组有功、无功出力甚至切除并网机组等手段，确保系统电压频率被控制在要求范围内，适用于频率电压缓慢变化的情况。频率电压紧急控制装置主要配置低频减负荷功能、低压减负荷功能、过频切机功能、过电压解列功能。频率电压紧急控制装置与故障解列存在以下区别：① 无零序过电压保护功能，不能反映不对称故障；② 设有 df/dt、du/dt、负压闭锁、低电压闭锁、频率值异常闭锁和零序过电压闭锁功能。

防“孤岛”保护是防止分布式电源并网发电系统非计划持续“孤岛”运行的保护措施，在检测出含分布式电源的配电系统出现“孤岛”运行状态后，及时将分布式电源发电装置与电网解列，一般通过新能源机组配置的防“孤岛”保护功能和独立的防“孤岛”保护装置实现。“孤岛”运行可能损坏电力设备，导致电网重合闸失败，甚至会威胁工作人员的生命安全。独立的防“孤岛”保护装置主要包括低频保护、过频保护、低电压保护、过电压保护，见表 6-1。防“孤岛”保护目前没有相关技术标准和整定计算标准，主要依据新能源电压和频率适应性进行设置。

表 6-1　　防“孤岛”、故障解列、频率电压紧急控制装置功能对比表

设备类型	独立防“孤岛”保护装置	故障解列装置	频率电压紧急控制装置
使用场景	防止新能源“孤岛”运行	系统故障时解列电源	用于系统功率平衡，不可用于系统故障
功能对比	1. 低频保护	1. 低频解列保护	1. 低频减负荷功能
	2. 过频保护	2. 过频解列保护	2. 过频切机功能
	3. 低电压保护	3. 低压解列保护	3. 低压减负荷功能
	4. 过电压保护	4. 过电压解列保护	4. 过电压解列功能
	—	5. 零序过电压解列保护	5. df/dt、du/dt、负压闭锁、低电压闭锁、频率值异常闭锁和零序过电压闭锁功能

对于大规模外送电的区域电网，新能源场站适合配置过频过电压切机装置。对于大规模受电的区域电网，主要存在低频低压运行风险，没有过频过电压切新能源机组功能

需求，配置安全自动装置切除新能源，将导致电网出现更多有功缺额，而外网潮流转移将造成电网电压进一步跌落，并不利于电网恢复。因此从大电网角度，新能源并网点无配置故障解列和防“孤岛”保护需求，在其他场景下配置故障解列和防“孤岛”保护，需定值整定考虑不影响大电网安全稳定运行；存在配置电压紧急控制装置，在紧急情况下提升新能源有功出力和无功支撑需求。

相对于常规发电机组，新能源机组运行通常采用最大能量跟踪方式，有功输出不具有可控性。在电力系统事故和紧急情况下，难以通过频率电压紧急控制装置调整新能源出力。而频率电压紧急控制装置本身从功能实现上，存在滑差闭锁、低电压闭锁、低频闭锁等闭锁条件，影响频率电压紧急控制装置功能正常运行，将频率电压紧急控制装置代替故障解列装置或防“孤岛”保护装置切除新能源是不可取的。因此新能源并网点不建议配置频率电压紧急控制装置，仅需考虑故障解列和防“孤岛”保护。

6.6.3 新能源并网点故障解列和防“孤岛”保护整定问题

防“孤岛”保护与故障解列装置定值整定缺少相关标准。关于防“孤岛”保护过频、过电压、低频、低压切机定值，目前无相关整定标准，仅对防“孤岛”保护动作时间做出范围规定。《光伏发电站接入电力系统技术规定》（GB/T 19964—2012）规定光伏发电站应配置独立的防“孤岛”保护装置，动作时间应不大于 2s。对于防“孤岛”保护装置低频低压、过频过电压具体定值和时间无相关整定原则和详细规定。

关于故障解列装置整定，目前无相关针对新能源的明确整定标准。目前省内基本沿用地区电源相关整定条款进行整定。《3kV～110kV 电网继电保护装置运行整定规程》（DL/T 584—2017）7.2.19 对地区电源侧配置的故障解列装置进行了整定规定。低频定值一般整定为 48～49Hz，动作时间 0.2～0.5s。低电压定值按保证解列范围内有足够的灵敏系数整定，动作时间躲过解列范围内后备保护动作时间。相间低电压一般整定为 65～70V。零序电压一般整定为 10～15V，零序电流一般为 40～100A（一次值）。

《3kV～110kV 电网继电保护装置运行整定规程》（DL/T 584—2017）7.2.20 条款规定了分布式电源电网侧配置故障解列装置的整定原则。低电压和过电压定值根据分布式电源允许电压偏差能力整定，低频率和过频率定值根据分布式电源允许频率偏差能力执行，时间定值应与分布式电源侧配合，配合级差不小于 0.2s。

安全自动装置电压、频率等定值参数整定不当将会导致误动或拒动，对电网和设备造成严重影响。

（1）过频切机定值。整定过高，损害新能源机组设备和电网用电设备；整定过低，将会导致新能源机组过早脱网，恶化系统稳定问题。

（2）低频切机定值。整定过高，在大系统出现频率稳定问题时，先于第三道防线低频切负荷控制策略切除新能源机组，进一步恶化系统频率问题；整定过低，会增加低频运行时间，损害电力变压器、新能源机组设备和电网用电设备。

（3）过电压切机定值。整定过高，损害电力变压器、新能源机组设备和电网用电设备；整定过低，新能源机组受系统扰动易脱网，降低新能源消纳。

（4）低压切机定值。整定过高，当大系统正常运行中电压发生波动，新能源易脱网；整定过低，当出现“孤岛”运行时，切除“孤岛”内新能源时间过长，影响恢复负荷供电。因此，需制订合理的安全自动装置定值整定原则。

独立配置的防“孤岛”保护采用被动式防“孤岛”原理，保护自身存在动作死区问题。当新能源场站因保护跳闸、解列等原因形成“孤岛”运行时，新能源出力与负荷间很难实现功率平衡，孤网将出现过频过电压、低频低压和稳定在一定频率和电压三种运行工况。目前要求独立配置的防“孤岛”保护装置，通过监测系统电压频率出现过频过电压和低频低压，来识别电网“孤岛”运行状态，从原理上并不能解决孤网维持在一定频率和电压下稳定运行的工况问题，无论防“孤岛”保护定值如何设置，均存在动作死区问题。因此新能源自身防“孤岛”功能需保证处于投入状态。

6.6.4 区域保护新技术

为解决防“孤岛”保护和故障解列装置无法解决的死区问题，目前国内各省地市在不断尝试新的技术方案来解决“孤岛”运行问题，其中比较成熟的是区域保护。新能源场站接入变电站及上级变电站均按站配置区域保护，各区域保护采用开关断面方式判断本站是否出现“孤岛”运行问题，即根据变电站内多个开关位置判定是否出现“孤岛”运行方式，“孤岛”时跳开新能源并网开关。区域保护通过站与站之间通信传递“孤岛”判定结果，实现变电站多级串带新能源“孤岛”切除问题，如图 6-6 所示。国内主流保护厂家均具备生产相关设备能力，装置按站进行定制，区域保护执行策略和防“孤岛”装置定值由地市公司方式专业提供，保护专业负责装置运维定检管理工作。

含新能源并网线路的变电站，可在站内更高电压等级配置区域保护。区域保护配置以逐级比较母线供电负荷与新能源并网容量为原则，以下情况宜配置区域保护：

1）变电站高压母线分列运行时，每段母线所接的新能源并网容量大于本母线最小供电负荷时；

2）变电站高压母线并列运行时，该变电站所接的新能源并网总容量大于本站最小总供电负荷时。

区域内两个或以上相邻变电站所接的新能源并网容量大于相应变电站最小总供电负荷时，可能造成相应两个或以上变电站非计划“孤岛”运行的，可配置覆盖相应变电站、实现区域防“孤岛”功能的区域保护。

区域保护实现新能源防“孤岛”保护、就地故障解列装置失效情况下的站域（区域）防“孤岛”保护、故障解列功能。区域保护功能应包括变电站站域（区域）“孤岛”检测、低 / 过频保护、低 / 过电压保护等。区域保护动作联跳新能源并网线路，条件具备时，宜联跳新能源并网点断路器。

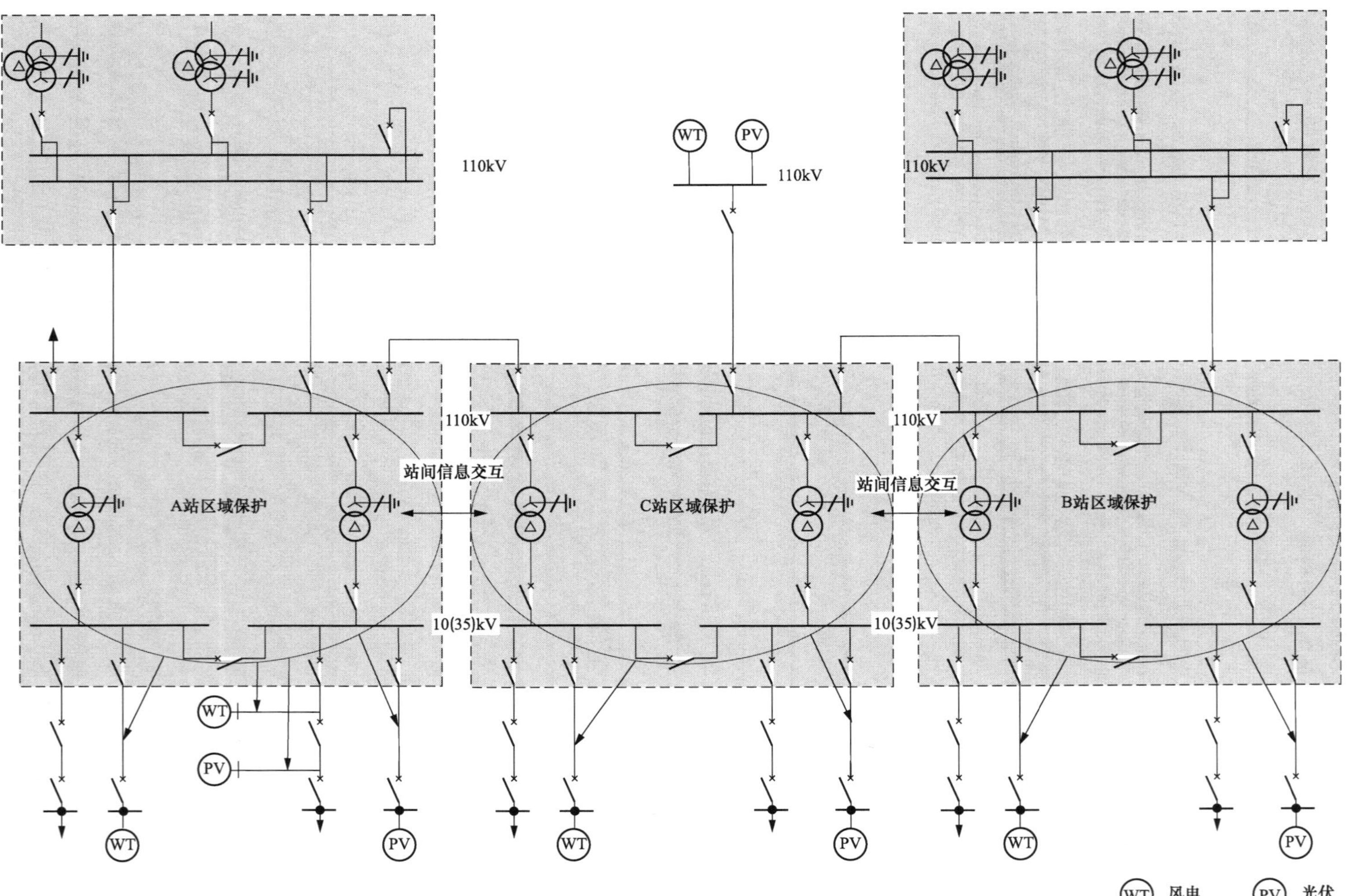

图 6-6 区域保护配置示意图

6.7 备用电源自动投入装置

备用电源自动投入装置（简称备自投）是电力系统中十分重要的自动元器件。当电力系统故障或其他原因使工作电源被断开后，备自投能迅速将备用电源自动投入工作，或将被停电的设备自动投入到其他正常工作的电源，确保用电负荷及用户不失电。

目前电力系统常用的备自投方式主要有分段（母联）备自投和进线备自投，如图 6-7 所示。主变压器高低压侧 110kV 及 10kV 两个电压等级各配置有一套备自投装置，分别实现各电压等级的分段（母联）备自投和进线备自投。

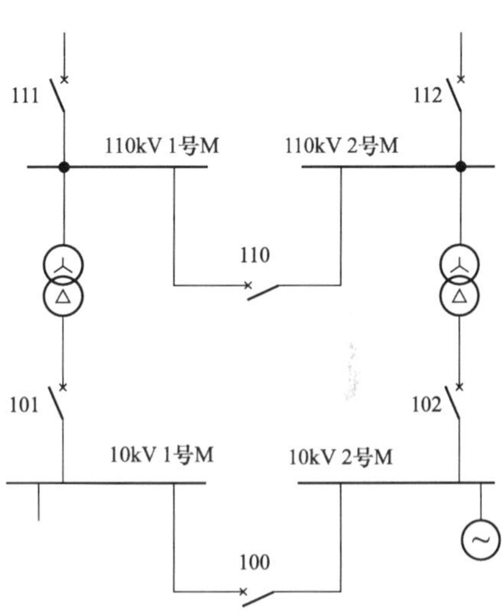

图 6-7 新能源接入下备自投接线示意图

新能源接入备自投存在拒动风险。当新能源场站通过并网线路接入配有备自投装置的母线时，电源进线由于某种原因被断开后，新能源并网母线失压，备自投装置应迅速动作。但由于新能源场站的存在，当母线与主网断开后，新能源、并网母线及母线所带其他支路负荷将形成短时局部“孤岛”，导致母线仍有电压。母线电压过高时不满足备自投启动条件，备自投无法动作，降低了供电可靠性。

新能源接入备自投存在非同期合闸风险。当新能源容量较小，母线电压跌落满足一定程度时，将满足备自投启动条件，备自投动作，而此时新能源场站低压低频运行，备用电源与新能源场站之间将产生非同期合闸问题，对变电站和新能源站内设备产生冲击和破坏。

新能源场站接入时，备自投存在拒动或非同期合闸风险，早期多采用备自投装置启动后联切新能源方式，即备自投动作第一时限联切新能源机组，第二时限跳主进电源、合备用电源。当新能源场站接入数量增加时，备自投联切回路将越来越复杂且不能从根本上解决备自投拒动问题，因此建议：① 当配置有备自投装置的变电站接有重要负荷时，应尽量避免新能源场站接入；② 按备自投装置接入母线配置故障解列装置，系统故障时解列新能源并网线路，必要时提高故障解列装置低电压定值和缩短动作时间；③ 备自投动作时间应与故障解列装置动作时间相配合。

6.8 自动重合闸装置

由于输电线路故障多为瞬时性故障，约占总故障次数的 80%～90%，采用自动重合闸能有效提高电网供电可靠性。10kV 及以上电压等级线路保护均配置重合闸功能，重合闸时间一般整定为 1s。鉴于新能源场站均采用单一送出线路接入电力系统，并网线路重合闸方式多借鉴单回线路相关标准。

大量新能源接入配电网的情况下，当局部电网因保护跳闸、开关误跳等原因与主网断开后，会形成新能源带局部电网非计划性“孤岛”运行，孤网存在残压且频率与主电网不同步。当输电线路系统侧配置有重合闸功能时，容易出现非计划性运行孤网与系统非同期合闸，产生冲击电流危害设备安全和主网稳定。

由于新能源场站需依靠系统电压建立运行环境，当保护切除故障造成新能源场站孤网运行时，并不能维持系统电压和频率稳定运行，电压频率将逐渐降低。由于新能源场站目前不具备调频调压能力，同期重合闸难以真正实现。

因此建议新能源场站并网线路保护应配置重合闸功能，电网侧配置线路抽压 TV，采用检无压三相重合闸，不具备条件时停用重合闸；新能源侧采用停用重合闸方式。电网侧重合闸时间与新能源场站线路后备保护、故障解列装置、防“孤岛”保护等动作时间进行配合。

6.9 小　　结

本章分析了分布式电源接入后对电力系统及系统中配置的安全装置产生的影响，并给出了一些可行的解决措施。

（1）分布式电源，尤其是风力和光伏发电系统存在出力间歇性、控制逻辑不具备构网电压能力，缺少系统转动惯量支持能力等问题，造成电力系统频率电压稳定特性下降；同时分布式电源发电出力不断挤占火电机组出力空间，进一步影响了电力系统频率电压响应特性，安全稳定控制系统需根据电网实际情况优化调整装置性能和稳控逻辑。

（2）随着分布式电源在配电网中渗透率越来越高，分布式电源和负荷在空间分布上重叠，适合选作低频低压减负荷的供电线路越来越少，造成低频低压减载策略执行困难，低频低压减负荷功能需向配电网下级负荷采取更精准的控制措施。

（3）为保障分布式电源接入配电网时能有效快速地切除系统故障和消除非计划孤网运行，需在分布式电源统一配置故障解列和防“孤岛”保护。

（4）为保障能在故障后快速恢复负荷供电，需优化线路重合闸、备自投与分布式电源配置的安全自动装置配合关系。

7 新能源接入电网继电保护和安全自动装置配置与整定

7.1 一 般 规 定

新能源接入电网，新能源及输配变系统相关电力设备的继电保护和安全自动装置应纳入电网统一规划、设计、运行和管理。在新能源接入电网规划建设中，应充分考虑继电保护和安全自动装置的适应性，综合考虑电网接入点、新能源并网容量等情况，分析评估对接入区域电网继电保护和安全自动装置可靠性、选择性、灵敏性和速动性的影响，避免出现特殊接线方式造成继电保护和安全自动装置配置及整定难度的增加，为继电保护和安全自动装置安全可靠运行创造良好条件。

新能源接入应坚持三道防线配合原则，做好继电保护与备自投、低频减负荷、故障解列、防“孤岛”保护等装置的配合。并网新能源场站有关涉网保护的配置整定应与电网相协调。

接带火电、水电和生物质发电等并网电源的 110kV 变电站，宜保持一台变压器 110kV 侧中性点直接接地；接带风电、光伏等并网电源和无并网电源的 110kV 变电站，变压器 110kV 侧中性点宜不接地。大范围新能源、可再生能源接入系统，可能增加区域电网中性点接地运行的 110kV 变压器数量，此时应充分评估区域电网零序保护的灵敏性及配合关系，必要时应改进保护配置，如提高区域线路差动保护配置率，改善保护故障切除性能。

应充分评估新能源接入后对变压器短路电流的影响，综合考虑变压器抗短路能力情况，针对抗短路能力不足的老旧变压器，应采取加强保护配置、优化整定配合等措施，降低变压器在区外短路下发生故障的概率。分布式电源的接入点应充分考虑配电网继电保护级差配合要求，避免出现接入点不合理造成继电保护配置及整定难度的增加。

7.2 新能源并网线路保护

7.2.1 新能源经专线接入 220kV 及以上电压等级电网

（1）保护配置。新能源经专线接入 220kV 及以上电压等级电网典型接线方式见图 7-1。

220kV 及以上并网新能源送出线路应按照双重化原则配置两套完整的、相互独立的、主后一体化的光纤电流差动保护，距离保护和零序电流保护作为后备保护。双重化

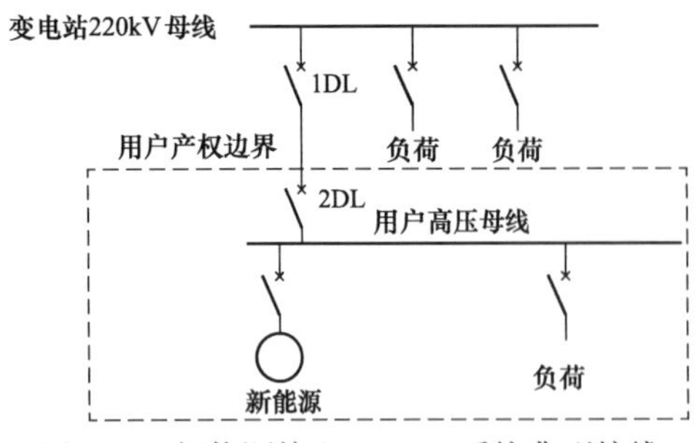

图 7-1　新能源接入 220 kV 系统典型接线

配置的线路保护及二次回路应满足电力系统反事故措施要求。

（2）保护整定。光纤电流差动保护定值整定沿用 DL/T 559—2018《220kV～750kV 电网继电保护装置运行整定规程》整定原则。

7.2.2　新能源经专线或 T 接接入 110kV 电压等级电网

（1）保护配置。新能源经专线或 T 接接入 110kV 电网典型接线方式如图 7-2 所示。110kV 经专线并网新能源送出线路应配置一套主后一体的光纤电流差动保护，距离保护和零序电流保护作为后备保护。110kV 经 T 接并网新能源送出线路应配置一套主后一体的三端光纤电流差动保护，距离保护和零序电流保护作为后备保护。

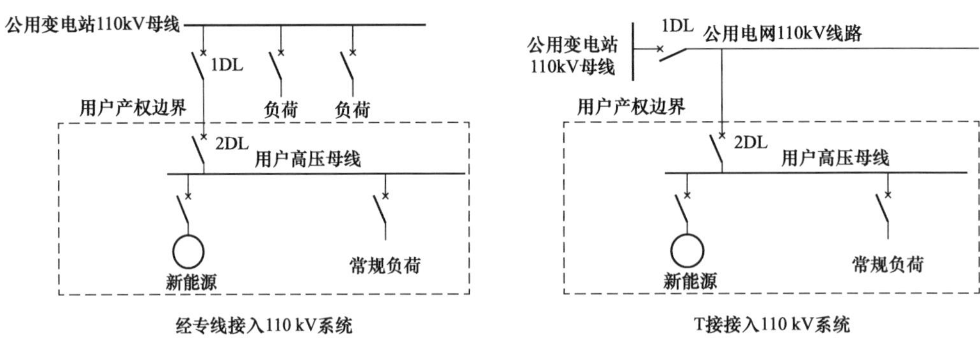

图 7-2　新能源接入 110 kV 电网典型接线

（2）保护整定。光纤电流差动保护定值整定沿用 DL/T 584—2019《3kV～110kV 电网继电保护装置运行整定规程》整定原则。

7.2.3　分布式电源经专线接入 10（6）～35kV 配电网

（1）保护配置。分布式电源经专线接入 10（6）～35kV 配电网典型接线如图 7-3 所示。用户高压总进线断路器（见图 7-3 中 2DL）处应配置阶段式（方向）过电流保护、故障解列。若根据系统要求需要采用全线速动保护时，宜配置纵联电流差动保护作为主保护。当用户为线变组接线且以主变压器高压断路器作为与系统交接面唯一的并网开关时，可另行配置（复压方向）过电流保护。

用户高压母线含分布式电源的馈线断路器（见图 7-3 中 3DL）可配置阶段式（方向）过电流保护、重合闸。

用户高压总进线总断路器处配置的保护在电网侧故障时，保护动作于各个有源支路断路器跳闸。对于线变组接线或某一变压器支路的低压侧同时具有负荷和电源的接线，故障解列动作后可跳电源支路断路器（见图 7-3 中 3DL 和 2DL）。满足相关技术条件的情况下，可跳低压电源支路断路器。

（2）保护整定。用户高压总进线断路器（见图 7–3 中 2DL）处配置的保护应符合以下技术要求：① 当用户用电负荷大于分布式电源装机容量时电流保护应经方向闭锁，保护动作正方向指向线路，定值能躲过负荷电流时，可退出方向元件，变流器型分布式电源电流定值可按 110%～120% 分布式电源额定电流整定；② 故障解列相关技术要求：各地区根据实际情况，参照以下整定原则，可适当调整；③ 故障解列优先接入并网点三相母线电压，当用户为线变组接线时可取三相线路电压。故障解列装置电压二次回路宜配置单相低压断路器；④ 低频解列功能一般退出，需要时按运行方式部门要求整定；⑤ 低压解列定值按线路末端故障对侧开关跳开有灵敏度整定，当解列装置装设在小电源侧时，可取（60～70）V；如需考虑低电压穿越，动作延时按躲过运行方式部门要求整定；⑥ 零序过电压解列定值应躲过系统正常运行时的零序不平衡电压，零序过电压解列定值（一次值）可取 15% 相电压额定值，TV 变比为（10kV/$\sqrt{3}$）/（100V/3）时二次值 15V，TV 变比为（10kV/$\sqrt{3}$）/（6.5V/3）时二次值 0.975V；⑦ 零序过电压解列动作时间与相邻线路及本站出线接地故障切除时间配合，应不小于各零序保护时间的最大值，对于小电流接地系统，如允许带接地点运行一段时间，应退出零序过电压解列功能；⑧ 母线过电压解列定值应可靠躲过系统正常运行时的母线最高电压，可取（120～130）V；⑨ 动作时间应与相邻线路及本站各侧出线保护灵敏段时间配合，并小于对侧线路（1DL）重合闸时间以及公用变电站侧自投时间。

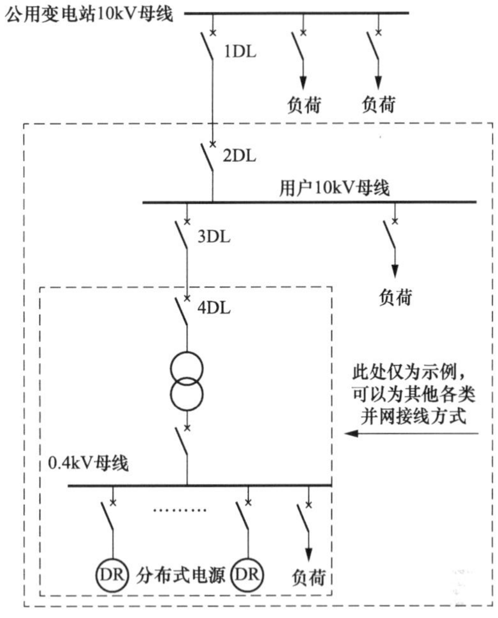

图 7–3　分布式电源经专线接入 10（6）～35kV 配电网典型接线

用户高压母线的分布式电源馈线断路器（见图 7–3 中 3DL）处配置的保护应满足以下技术要求：电流保护按方向指向分布式电源整定，应符合分布式电源联络线配电网侧断路器（见图 7–3 中 1DL）处保护的配合要求，必要时可经方向闭锁。用户高压母线的分布式电源馈线断路器（见图 7–3 中 3DL）跳闸后是否重合可根据用户需求确定。若采用重合闸，其延时宜与上下级配合，不宜低于 2s 且具备后加速功能。

7.2.4　分布式电源 T 接接入 10（6）～35kV 配电网

（1）保护配置。分布式电源 T 接接入 10（6）～35kV 配电网典型接线如图 7–4 所示。用户高压总进线开关（见图 7–4 中 2DL）处可配置阶段式（方向）过电流保护、故障解列；当过电流保护无法整定或配合困难时，可配置多端纵联差动保护。

用户高压母线的分布式电源馈线断路器（见图 7–4 中 3DL）处可配置阶段式（方向）过电流保护、零序过电流保护、重合闸。

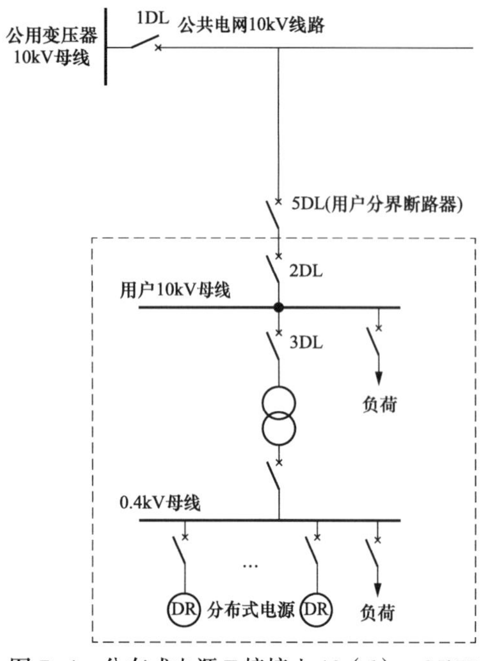

图 7-4　分布式电源 T 接接入 10（6）～35kV 配电网典型接线

用户高压总进线断路器（见图 7-4 中 2DL）处配置的保护动作于跳本断路器。故障解列动作于跳用户高压母线的分布式电源馈线断路器（见图 7-4 中 3DL）；有多条分布式电源线路时，同时跳各个分布式电源馈线断路器。

用户高压母线的分布式电源馈线断路器（见图 7-4 中 3DL）处配置的保护动作于跳本断路器。

（2）保护整定。用户高压总进线断路器（见图 7-4 中 2DL）处配置的继电保护和安全自动装置应符合以下技术要求：① 分布式电源额定电流大于用户高压总进线断路器（见图 7-4 中 2DL）处装设的保护装置末段电流保护整定值时，用户高压总进线断路器（见图 7-4 中 2DL）处配置的电流保护按方向指向用户母线整定，反之，不经方向闭锁，纵联差动保护定值按 DL/T 584 要求整定；② 故障解列动作时间宜小于公用变电站或分界断路器故障解列动作时间且有一定级差，低（过）电压和零序电压时间定值应躲过系统及用户母线上其他间隔故障全线灵敏度段切除时间，同时考虑符合系统重合闸的配合要求，低（过）电压定值按 DL/T 584 要求整定。零序过电压定值参考专线接入时的整定要求执行。频率定值按运行方式部门要求整定，应停用重合闸功能。

用户高压母线的分布式电源馈线断路器（见图 7-4 中 3DL）处配置的保护应满足以下技术要求：① 应按与用户高压总进线断路器（见图 7-4 中 2DL）处配置保护的配合整定，当按配合整定的分布式电源馈线断路器（见图 7-4 中 3DL）处配置的保护电流保护整定值；② 小于分布式电源额定电流时，3DL 处装设的电流保护应按方向指向分布式电源整定，反之，不经方向闭锁。分布式电源馈线断路器（见图 7-4 中 3DL）处配置的保护还应设置一段过电流，逆变器类型分布式电源电流定值可按 110%～120% 分布式电源额定电流整定。纵联差动保护定值按 DL/T 584 要求整定。3DL 断路器跳闸后是否重合可根据用户需求确定。若采用重合闸，其延时应与公共变电站馈线断路器（图 7-4 中 2DL）处重合闸配合且具备后加速功能，并与变流器防“孤岛”时间配合。

7.2.5　分布式电源经开关站（配电室、箱式变电站）接入 10（6）～35kV 配电网

（1）保护配置。分布式电源经开关站（配电室、箱式变电站等，以下简称为开关站）接入 10（6）～35kV 配电网典型接线如图 7-5 所示。用户高压总进线开关（见图 7-5 中 3DL）处应配置阶段式（方向）电流保护、故障解列，可配置重合闸。

用户高压母线的分布式电源馈线开关（见图 7-5 中 4DL）可配置阶段式方向过电流保护、接地保护。

用户高压总进线断路器（见图 7–5 中 3DL）处配置的过电流保护正方向指向线路时，动作于跳用户高压母线的分布式电源馈线断路器（见图 7–5 中 4DL），反之，则动作于跳 3DL 断路器。

用户高压总进线断路器（见图 7–5 中 3DL）配置的故障解列动作时，可选择仅动作于跳分布式电源馈线开关（见图 7–5 中 4DL）。

（2）保护整定。用户高压总进线断路器（见图 7–5 中 3DL）处配置的保护应符合以下技术要求：① 阶段式（方向）电流保护作为分布式电源侧保护。电流定值躲过负荷电流与分布电源额定电流之和的最大值，动作时限与上下级保护通过时间级差配合；② 电压闭锁方向电流保护作为并网线路保护，电流定值可整定为分布式电源额定电流之和的 105%～110%，电压定值可整为额定电压的 0.9 倍，时间定值应躲过系统及用户母线上其他间隔故障切除时间，同时考虑与系统重合闸配合；③ 零序过电压定值参考专线接入时的整定要求执行；④ 若配置重合闸，应具备后加速功能。

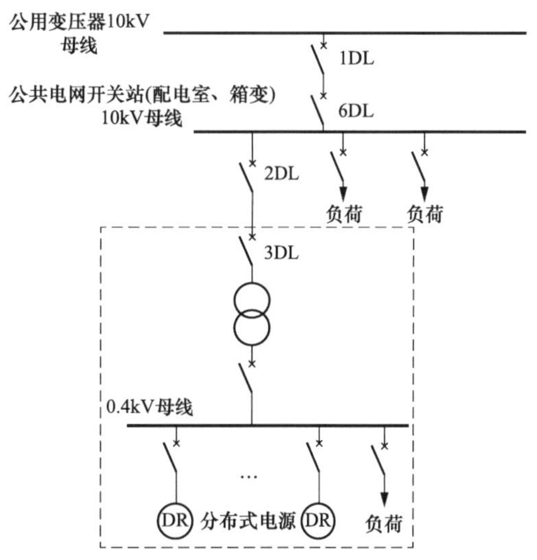

图 7–5　分布式电源经开关站接入 10（6）～35kV 配电网典型接线

用户高压母线的分布式电源馈线断路器（见图 7–5 中 4DL）处配置的保护应满足以下技术要求：① 阶段式（方向）电流保护：电流定值按 110%～120% 倍的分布式电源额定电流之和整定，动作时限与上下级保护通过时间级差配合；② 零序电流保护按躲过系统最大电容电流整定，动作时限与上下级保护通过时间级差配合。

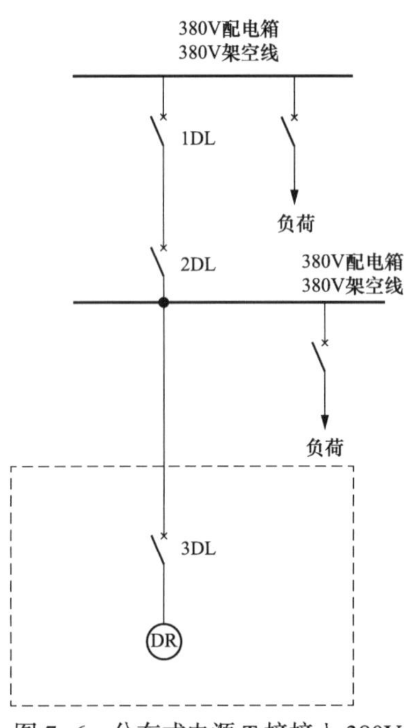

图 7–6　分布式电源 T 接接入 380V 配电网典型接线

7.2.6　分布式电源接入 380V 配电网

（1）保护配置。分布式电源经专线或 T 接接入 380V 配电网典型接线如图 7–6 所示。用户侧低压进线开关（见图 7–6 中 2DL）及分布式电源出口处开关（见图 7–6 中 3DL）应具备短路瞬时、长延时保护功能和分励脱扣、欠电压脱扣功能。

（2）保护整定。失压跳闸定值宜整定为 20%U_n，时间 10s，检有压定值宜整定为 85%U_n。需要时，应校验用户侧低压进线开关（见图 7–6 中 2DL）处相关保护符合分布式电源接入要求。用户侧低压进线开关（见图 7–6 中 2DL）及分布式电源出口处开关（见图

7-6 中 3DL）处配置的保护应符合以下技术要求：保护定值中涉及的电流、电压、时间等定值应符合 GB 50054、GB 13955 的要求。必要时，2DL 或 3DL 处配置的相关保护应与用户内部系统配合，符合配电网侧的配电低压总开关（见图 7-6 中的 1DL）处配置保护的配合要求。

7.3 母线保护

（1）保护配置。220kV 及以上电压等级并网新能源场站送出母线应按双重化原则配置两套母线保护（两套均含失灵保护功能）；110kV 并网新能源场站送出母线应配置一套母线保护。110kV 并网新能源场站站内 35kV 汇集母线应配置一套母线保护。分布式电源接入 35kV 配电网，设置有 35kV 母线时，应配置一套母线保护；设置有分段汇集母线时，正常情况不允许并列运行，汇集母线为单母线或单母线分段并列运行时，有且只能有一台接地变压器（或带接地平衡绕组变压器）接入该母线运行。

（2）保护整定。母线保护差动电流元件应按最小方式下母线故障有足够灵敏度整定，灵敏系数不小于 2。

母线保护低电压闭锁元件按躲过正常最低运行电压整定，一般可整定为额定电压的 0.6～0.7 倍；负序电压或零序电压闭锁元件按躲过最大不平衡电压整定，负序一般可整定为 4～12V，3 倍零序电压一般可整定为 4～12V。

7.4 变压器保护

（1）保护配置。新能源场站站内升压变压器，电压在 10kV 以上且容量在 10MVA 及以上的，应配置纵差动护作为主保护，带时限的过电流保护作为后备保护。

电压在 10kV 及以下或容量在 10MVA 及以下的变压器，应配置两段式电流保护，第一段为不带时限的电流速断保护，第二段为带时限的过电流保护。

油浸式变压器应装设瓦斯保护，在瓦斯保护动作后应瞬时动作断开变压器的各侧断路器。

中性点接地系统中，变压器应配置阶段式零序保护，并与系统侧零序保护配合；不接地系统中，变压器应配置中性点间隙保护，跳开变压器高压侧开关。

（2）保护整定。差动保护最小动作电流应按躲过正常运行时不平衡电流整定，一般可整定为 0.3～0.5 倍额定电流。

变压器高压侧电流速断保护作为变压器主保护时，按高压侧引线故障有灵敏度，并躲过低压侧母线故障和励磁涌流整定，灵敏系数不小于 1.5。

变压器高压侧限时电流速断保护按低压侧母线故障有足够的灵敏度整定，并躲过负荷电流，灵敏系数不小于 1.5。低压侧限时电流速断保护按低压侧汇集线路末端相间故障有灵敏度并躲负荷电流整定，灵敏系数不小于 1.5。

变压器电压闭锁元件低电压定值按躲过保护安装处最低运行电压整定，可整定为额定电压的 0.6～0.8 倍；负序电压定值按躲过正常运行时不平衡负序电压整定，可整定为额定电压的 0.05～0.1 倍。

变压器高压侧零序电流Ⅰ段保护按本侧母线故障有灵敏度整定，灵敏系数不小于 1.5，并与送出线路零序电流保护配合。零序电流Ⅱ段保护按与本侧送出线路零序保护最末一段配合整定。

变压器间隙保护零序电压取 TV 开口三角电压时，$3U_0$ 定值（$3U_0$ 额定值 300V）可整定为 100V，延时 0.5s；当取自产电压时，$3U_0$ 定值（$3U_0$ 额定值 173V）可整定为 120V，延时 0.5s。间隙电流定值按间隙击穿时有足够的灵敏度整定，一次电流定值一般整定为 100A，时间与线路零序保护动作时间配合。

7.5 集电线路保护

（1）保护配置。新能源场站每回汇集线路应在汇集母线侧配置一套线路保护，在风机侧（逆变器侧）可不配置线路保护。对于相间短路，应配置阶段式过电流保护，还可选配不经振荡闭锁的阶段式相间距离保护。中性点经电阻接地系统，应配置反应单相接地短路的二段式零序电流保护，动作于跳闸。

（2）保护整定。新能源场站汇集线路过电流保护Ⅰ段应对本线路末端相间故障有足够的灵敏度，并躲过单台发电机的单元变压器低压侧相间故障电流，灵敏系数不小于 1.5，时间可取为 0～0.2s。过电流Ⅱ段应躲过本线路最大负荷电流，尽量对本线路最远端单元变压器低压侧故障有灵敏度，时间定值与单元变压器的过电流保护延时配合，如单元变压器电流保护为瞬时段，时间可取为 0.3～0.5s。过电流保护可不经方向控制，也可不经电压闭锁。

相间距离保护Ⅰ段应对本线路末端相间故障有灵敏度，灵敏系数不小于 1.5，时间可取为 0～0.2s。相间距离保护Ⅱ段应躲过线路最大负荷电流时的负荷阻抗，尽量对本线路最远单元变压器低压侧故障有灵敏度，时间可取为 0.3～0.5s。

汇集线路不采用自动重合闸。

中性点经电阻接地系统，零序电流Ⅰ段对本线路单相接地故障有灵敏度，灵敏系数不小于 2，动作时间应满足电站运行电压适应性要求。中性点经电阻接地系统，零序电流Ⅱ段按可靠躲过线路电容电流整定，时间可比零序电流Ⅰ段多一个级差。

7.6 独立防“孤岛”保护与故障解列

（1）保护配置。110kV 经专线（或 T 接）接入电网的新能源场站内部，应配置故障解列装置，动作于切除并网断路器。10（6）～35kV 接入配电网的分布式电源内部，应配置故障解列装置，动作于切除并网断路器。

10kV 及以上电压等级光伏电站应配置独立的防“孤岛”保护功能。当防“孤岛”保护装置包含低电压、过电压、低频、过频和零序过电压解列全部功能时，可不再单独配置故障解列装置，动作于切除并网断路器或升压变高压侧断路器。

（2）保护整定。新能源并网点防“孤岛”保护与故障解列装置定值整定应遵循以下原则：

1）防“孤岛”保护与故障解列装置低电压和过电压定值、低频率和过频率定值应参考新能源频率电压适应性要求整定，时间定值应与新能源频率电压适应性要求相配合，防止新能源场站在系统扰动下大面脱网，恶化系统频率电压稳定运行。

2）防“孤岛”保护与故障解列装置低频率定值应与系统低频减负荷控制策略相配合，防止新能源场站在低频减负荷动作恢复电网频率前脱网，增大系统有功功率缺额。

3）防“孤岛”保护与故障解列装置动作时间应与电网侧重合闸时间和备自投时间相配合，防止重合闸和备自投非同期合闸。

4）防“孤岛”保护动作时间应不大于 2s。

7.7 不接地系统消弧线圈和小电流选线

（1）保护配置。新能源汇集系统中性点应采用经电阻接地或经消弧线圈接地的方式，汇集系统单相接地故障应快速切除。对于中性点经电阻接地的场站，应配置动作于跳闸的接地保护；对于经消弧线圈接地的场站，应配置小电流接地故障选线装置实现跳闸。在满足一次系统要求前提下，设计单位在选择电阻接地系统中接地电阻时应考虑零序电流保护对单相接地故障有足够的灵敏度。

（2）小电流接地故障选线装置整定。小电流接地故障选线装置整定应满足：① 汇集系统中性点经消弧线圈接地的升压站应按汇集母线配置小电流接地故障选线装置；② 汇集线路应配置专用的零序电流互感器，供小电流接地故障选线装置使用；③ 接地故障选线装置的零序电压元件对汇集系统单相接地故障应有足够灵敏度，灵敏系数不小于 1.5；④ 接地故障选线装置应具备跳闸出口功能，在发生单相接地故障时经短延时（一般不超过 0.5s）切除故障汇集线路，经较长延时（一般不超过 1s）跳主升压变压器低压侧断路器，经更长延时（一般不超过 1.5s）跳升压变压器各侧断路器。

7.8 故障录波及保信子站

（1）保护配置。110kV 及以上电压等级新能源场站升压站应配置线路和主变压器故障录波装置，动态无功补偿设备宜配置专用故障录波。故障录波装置数量根据现场实际情况配置。

新能源场站升压站汇集系统运行信息，如汇集母线、汇集线路、无功补偿设备、站用变压器与接地变压器的交流电气量、保护动作信息等应接入故障录波装置。故障录波装置技术性能应满足 DL/T 553 规定，应具备足够的记录通道并满足相关技术要求，并能记录故障前 10s 至故障后 60s 的电气量数据，暂态数据记录采样频率不小于 4000Hz。故障录波器应具备将录波信息传送到调度端的远传功能，并满足二次系统安全防护要求。

110kV 及以上电压等级并网的新能源场站应配置继电保护及故障信息子站（可集成在综合自动化系统），送出线路、主变压器、母线、汇集线路、无功补偿设备、站用接地变压器的继电保护及故障录波装置等应接入继电保护及故障信息子站，并通过调度数据网与电力系统调度机构通信。

（2）故障录波整定。变化量电流启动元件定值按最小运行方式下线路末端金属性故障最小短路检验灵敏度整定，灵敏系数不小于 4。

稳态量相电流启动元件按躲过最大负荷电流整定；负序和零序电流启动元件按躲过最大运行工况下的不平衡电流整定，按线路末端两相金属性短路校验灵敏度，灵敏系数不小于 2。

相电压突变量启动元件按躲过电压正常变化整定，一般可取 10%U_n，电压越限定值按躲过电网电压正常波动范围整定，负序和零序电压启动元件按躲正常运行工况下的最大不平衡电压整定。

频率越限启动元件按大于电网频率允许偏差整定，变化率一般按 0.1～0.2Hz/s 整定，局部电网频率变化较大者可适当放宽。

7.9　电网侧继电保护配置要求

7.9.1　110kV 及以上电压等级新能源接入电网侧继电保护

（1）保护配置。新能源场站经两级及以上 110kV 线路并入 220kV 变电站供电区域，应明确运行方式和并网路径（并网路径指从新能源接入点到 220kV 变电站 110kV 母线），并网路径上 110kV 线路均应配置一套主后一体的光纤电流差动保护，并网路径上 110kV 母线应配置一套母线保护。

（2）保护整定。线路保护和母差保护定值整定沿用 DL/T 559—2018《220kV～750kV 电网继电保护装置运行整定规程》和 DL/T 584—2019《3kV～110kV 电网继电保护装置运行整定规程》整定原则。

7.9.2　接入分布式电源时 10（6）～35kV 配电网继电保护

（1）保护配置。分布式电源经专线接入 10（6）～35kV 配电网的典型接线如图 7-3 所示。联络线配电网侧（见图 7-3 中 1DL）应配置阶段式电流（方向）保护，电网安全运行需要时可配置距离保护；低电阻接地系统应配置零序电流保护，中性点不接地 / 经消弧线圈接地系统应配置单相接地故障检测功能。若根据系统要求需要采用全线速动保护时，宜配置纵联电流差动保护作为主保护。系统变电站可在更高电压等级母线或联络线配电网侧（见图 7-3 中 1DL）按符合区域电源接入系统的安全自动装置要求配置故障解列装置，含低 / 过电压保护、零序电压保护、低 / 过频率保护功能等。联络线配电网侧（见图 7-3 中 1DL）宜配置重合闸。

分布式电源 T 接接入 10（6）～35kV 配电网典型接线如图 7-4 所示。在公用变电站馈线断路器（见图 7-4 中 1DL）处应配置阶段式电流（方向）保护，电网安全运行需要时可配置距离保护；低电阻接地系统应配置零序电流保护，中性点不接地 / 经消弧线圈接地系统应配置单相接地故障检测功能；若根据系统要求需要采用全线速动保护时，宜配置纵联保护。公用变电站馈线断路器（见图 7–4 中 1DL）可按符合区域电源接入系统的安全自动装置要求配置故障解列，含低（过）电压保护、零序电压保护、低（过）频率保护功能等。公用变电站馈线断路器（见图 7–4 中 1DL）处应配置重合闸，宜采用检无压重合。

分布式电源接入 10（6）～35kV 配电网开关站（配电室、箱式变电站等，以下简称为开关站）时的典型接线如图 7–5 所示。公共变电站馈线断路器（见图 7–5 中 1DL）应配置阶段式电流（方向）保护，电网安全运行需要时可配置距离保护；低电阻接地系统应配置零序电流保护，中性点不接地 / 经消弧线圈接地系统应配置单相接地故障检测功能。若根据系统要求需要采用全线速动保护时，宜配置纵联保护作为主保护，宜选用电流差动保护。为保证开关站与公共配电网之间联络线路（见图 7–5 中 1DL 和 6DL 之间线路）故障时分布式电源可靠离网，可采用以下配置方案之一：① 开关站母线处装设故障解列，联跳开关站分布式电源馈线断路器（见图 7–5 中 2DL）；② 公共变电站馈线断路器（见图 7–5 中 1DL）和开关站进线断路器（见图 7–5 中 6DL）之间装设纵联差动保护，差动保护跳开 1DL、6DL 并联跳分布式电源侧断路器 2DL；③ 开关站进线断路器（见图 7–5 中 6DL）处装设方向过电流保护，方向正向指向配电网系统侧，联跳开关站分布式电源馈线断路器（见图 7–5 中 2DL）；④ 开关站配置备自投装置，设置为无压跳方式时，无压跳开关站进线断路器（见图 7–5 中 6DL），联跳开关站分布式电源馈线断路器（见图 7–5 中 2DL）。

开关站的馈线已配置断路器时，在开关站含分布式电源的馈线断路器（见图 7–5 中 2DL）处宜配置阶段式电流（方向）保护，电网安全运行需要时可配置距离保护；低电阻接地系统应配置零序电流保护，中性点不接地 / 经消弧线圈接地系统应配置单相接地故障检测功能。若根据系统要求需要采用全线速动保护时，在开关站的分布式电源馈线断路器（见图 7–5 中 2DL）和用户高压母线电源侧进线断路器（见图 7–5 中 3DL）可配置纵联保护。

开关站的分布式电源馈线断路器（见图 7–5 中 2DL）处宜按符合区域电源接入系统的安全自动装置要求配置故障解列。公共变电站馈线断路器（见图 7–5 中 1DL）处宜配置重合闸，宜采用检无压重合。开关站的分布式电源馈线断路器（见图 7–5 中 2DL）处宜配置重合闸，宜采用检电网侧有压、分布式电源馈线侧无压重合。当系统变电站内中性点采用低电阻接地时，公共变电站馈线断路器（见图 7–5 中 1DL）、开关站进线断路器（见图 7–5 中 2DL）应配置零序电流保护。

（2）保护整定。

1）阶段式电流（方向）保护。保护整定应符合与上一级电网配合要求，按阶段式电流保护整定原则整定，充分考虑选择性与灵敏性，整定原则参照 DL/T 584 执行。

2）距离保护。应按 DL/T 584 中的阶段式距离保护整定原则整定。

3）纵联保护。按常线路纵联保护整定原则整定，整定原则参照 DL/T 584 执行。

4）重合闸。重合闸的电压、时间等整定原则宜参照 DL/T 584 执行。重合闸时间应考虑分布式电源退出时间。

分布式电源接入可能导致变压器中、低压侧过电流保护作为本侧出线远后备的保护灵敏度不足。分布式电源接入时，应校核主变压器过电流保护对线路末段远后备的灵敏度，必要时，应进行相应保护策略调整。分布式电源接入可能导致变压器在其他侧系统发生故障时，分布式电源并网侧主变压器过电流保护误动。分布式电源接入时，应校核其他侧故障时分布式电源并网侧主变压器过电流保护动作情况，必要时，应投入过电流保护方向功能。局部 110kV 系统变为中性点不接地系统时，发生单相接地故障情况下，分布式电源接入可能引起 110kV 变压器中性点过电压。分布式电源并网容量大于变压器供电负荷最小值时，变压器中性点长期接地运行有困难的，应装设中性点间隙保护，间隙过电流、过电压保护第一时限跳分布式电源进线开关（具备区域保护功能时，第一时限跳分布式电源并网开关，第二时限跳分布式电源进线开关），第二时限跳变压器各侧开关。

故障解列：低频解列功能一般退出，需要时按运行方式部门要求整定。低压解列定值按线路末端故障对侧断路器跳开有灵敏度整定。当解列装置装设在系统侧时，可取 50～6V；如需考虑低电压穿越，按运行方式部门要求整定。零序过电压解列定值应躲过系统正常运行时的母线零序不平衡电压，并保证线路末端故障对侧开关跳开时有灵敏度，可取 10～15V。当本站及相邻下一级主变压器中性点都不接地时，定值取 150～180V。母线过电压解列定值应可靠躲过系统正常运行时的母线最高电压，可取 120～130V。动作时间应与相邻线路及本站各侧出线或元件保护灵敏段时间配合，并小于对侧线路重合闸时间。故障解列装置电压宜经三个单相电压空开后接入，同时经 TV 断线闭锁。相关判据应与现场互感器条件、二次回路相适配。配电网侧故障解列装置与分布式电源侧故障解列装置，动作时间可不作配合要求。电网故障时应优先通过安全自动装置切除分布式电源，宜使用故障解列装置联切功能实现。

7.9.3　接入分布式电源时 380V 配电网继电保护

（1）保护配置。分布式电源经专线、T 接接入 380V 配电网的典型接线图如图 7-6 所示。配电网侧的馈线开关（见图 7-6 中的 1DL）应具备短延时保护、长延时保护功能和分励脱扣、欠电压脱扣及低压闭锁合闸等功能，同时应配置剩余电流动作保护装置。

馈线发生短路故障时，馈线上的开关保护功能或熔丝保护等应快速动作，符合全线故障时快速可靠切除故障的要求。

配电网侧的馈线开关（见图 7-6 中的 1DL）处配置保护应与下级线路保护配合，符合快速可靠切除故障的要求。

（2）保护整定。馈线开关（见图 7-6 的 1DL）宜采用万能式或塑壳式断路器，并配置短延时保护、过载长延时反时限保护、欠电压脱扣保护及剩余电流保护，涉及的电流、时间、电压等定值应符合 GB 50054、JGJ/T 16 的要求。

1）短延时保护。应考虑躲过冲击性负荷及系统短路故障流过分布式电源的短路电流，并充分考虑与上下级配合情况。短路瞬时保护电流定值宜取 2～8I_e（I_e 为配电变压器或本配电总开关的额定电流，以下同），短路瞬时保护延时宜取 0.0～0.5s。

2）过载长延时反时限保护。应充分考虑与上下级配合情况，按躲过本开关最大负荷电流整定，过载长延时电流定值宜取 1.2～2I_e；时间定值考虑达到 6 倍长延时电流定值时，动作时限不大于 10s，宜取 5～10s。

3）欠电压脱扣定值。脱扣欠电压整定为额定控制电源电压的 35%～70%。

4）剩余电流保护定值。剩余电流保护动作电流 30～300mA，动作时间可设置为非延时或延时动作，延时动作时间可整定为 0.25～1.9s。

7.10 小　　结

本章讨论和归纳了新能源电源接入电网继电保护和安全装置配置和整定，对常规继电保护配置和整定原则进行了优化。

（1）110kV 及以上新能源并网线路配置光纤电流差动保护；35kV 及以下专线并网线路配置光纤电流差动保护，其他方式配置阶段式方向过电流保护。

（2）新能源场站配置故障解列和防“孤岛”保护装置，整定时需和系统侧重合闸、低频低压解列策略相配合。

（3）110kV 及以上新能源接入电力系统侧线路和母线配置差动保护，35kV 及以下电压等级配置阶段式过电流保护。

（4）整定时需校核过电流保护的灵敏度和方向。

8 适用于新能源接入的继电保护新技术

8.1 基于频域量的继电保护技术

（1）工频量保护原理。

1）基于电压突变量的故障选相新方法。根据保护安装处各相电压突变量 ΔU_A、ΔU_B、ΔU_C。与其余两相相间电压突变量之间的比例关系，定义故障相别选择系数为

$$\begin{cases} K_1 = \dfrac{|\Delta \dot{U}_A|}{|\Delta \dot{U}_B - \Delta \dot{U}_C|} \\ K_2 = \dfrac{|\Delta \dot{U}_B|}{|\Delta \dot{U}_C - \Delta \dot{U}_A|} \\ K_3 = \dfrac{|\Delta \dot{U}_C|}{|\Delta \dot{U}_A - \Delta \dot{U}_B|} \end{cases} \tag{8-1}$$

式中：K1、K2 和 K3 为故障相别选择系数。在此基础上，将 K1、K2 和 K3 的大小进行比较，可得到其从小到大的排序为

$$K_{min} < K_{mid} < K_{max} \tag{8-2}$$

接地故障相判别：当电网发生单相故障时（以 A 相故障为例），$|\Delta U_A|>|\Delta U_B|$ 且 $|\Delta U_A|>|\Delta U_C|$； 同 时，$|\Delta U_{BC}|<|\Delta U_{CA}|$ 且 $|\Delta U_{BC}|<|\Delta U_{AB}|$，$K_1 \leqslant K2$（$K_3$），$K_{mid} \approx K_{min}$。因此，单相接地故障选相判据可为

$$mK_{min} < K_{max} \tag{8-3}$$

式中：m 为比例系数，其值与故障类型、过渡电阻大小、系统等值阻抗及故障线路的正序和零序阻抗等因素有关，主要受电网故障类型和过渡电阻大小的影响。本节根据传统电压突变量将 m 取值为 4，在考虑实际电网可能存在的极端运行条件基础上，通过改变系统等值阻抗、过渡电阻大小和线路参数，对 m 取值的有效性进行了仿真验证，可适用于采用抑制负序电流的双馈风电场或光伏电站。当式（8-3）成立时，判断为单相接地故障，K_{max} 对应相为故障相，否则为两相接地故障且 K_{min} 对应的相为健全相。因此，通过判断故障相别选择系数的大小，可对单相接地故障和两相接地故障进行正确判断。相间故障相判别：当电网发生两相相间故障时（以 BC 相间故障为例），有 $|\Delta U_A|<|\Delta U_B|$ 且 $|\Delta U_A|<|\Delta U_C|$； 同 时，$|\Delta U_{BC}|>|\Delta UCA|$ 且 $|\Delta U_{BC}|>|\Delta U_{AB}|$，$K_1 \leqslant K_2$（$K_3$），$K_{mid} \approx$ max 两相相间故障判据为

$$mK_{min} < K_{mid} \tag{8-4}$$

当式（8-4）成立时，为两相相间故障且 K_{min} 对应的相为健全相。在三相对称故障情况下，单相电压突变量的灵敏度类似，而两相相间电压突变量的灵敏度也基本相同，不满足上述判据。因此，通过判断故障相别选择系数的大小，同样可区分两相相间故障和三相对称故障。图 8-1 为双馈风电场联络线电压突变量综合选相方法流程。

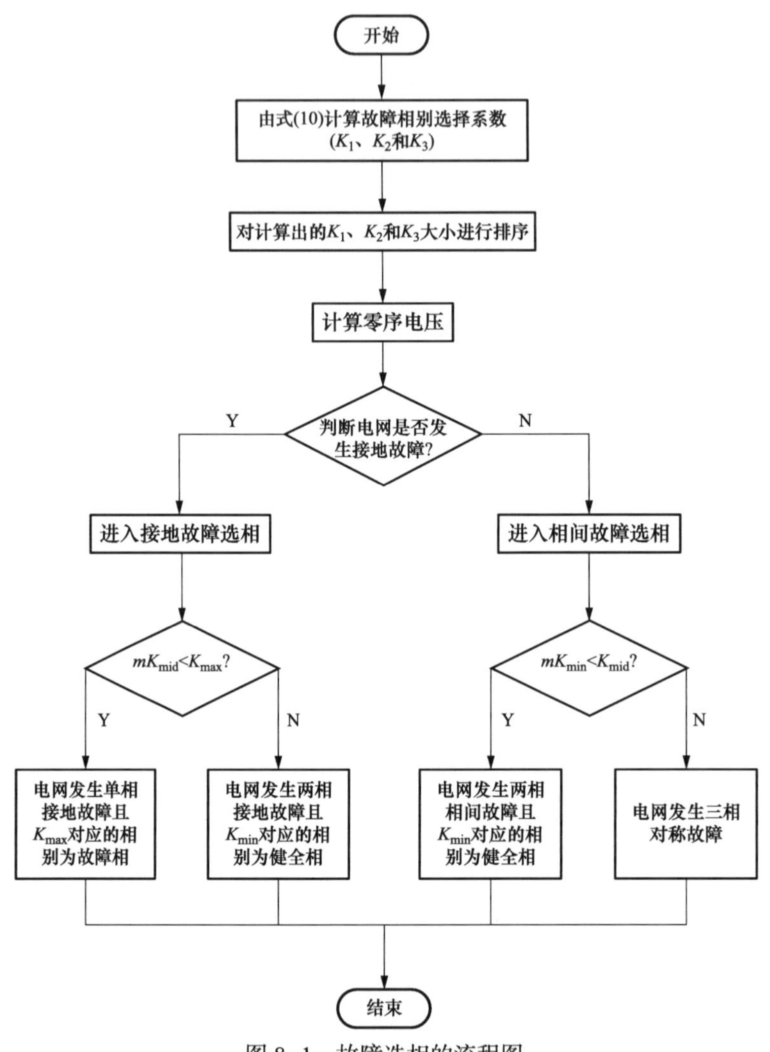

图 8-1　故障选相的流程图

相较于传统的突变量选相方案，本节所提的选相方法在双馈风电机组撬棒动作条件下的选相性能同样具有更好的选相能力，但所提方案在其他控制策略下的动作性能有待分析。

2）基于正序电流相角突变量方向的保护新方法。对于如图 8-2 所示的两端电源系统，当 F 点发生故障时，其复合序网可分解成正常状态和故障附加状态。正常状态与图 8-3（a）等效，故障附加状态如图 8-4 所示。其中 ΔZ 为故障附加阻抗，其大小由故障类型决定。

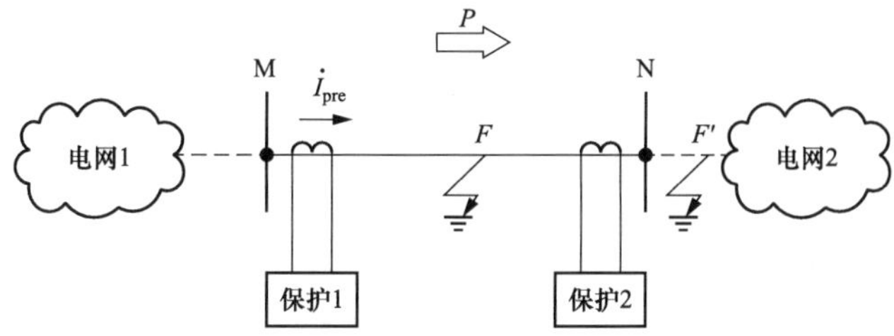

图 8-2 接有电流保护的简单配电网

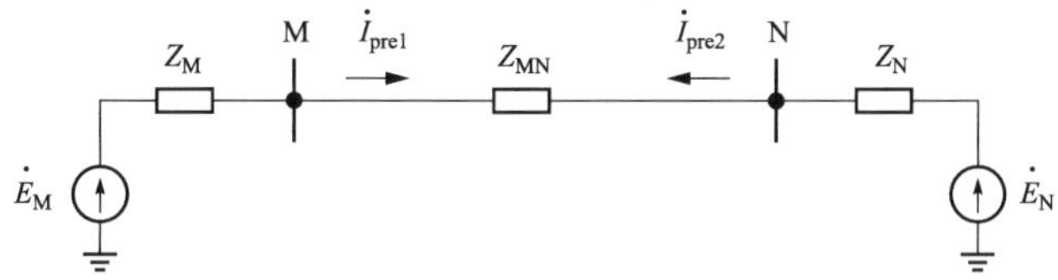

(a) 故障前状态

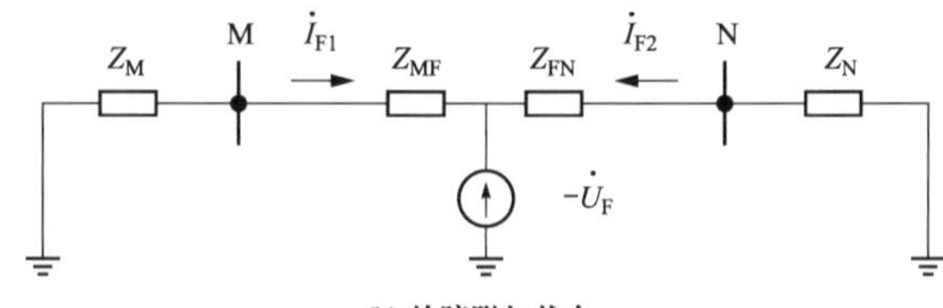

(b) 故障附加状态

图 8-3 配电网故障等值网络

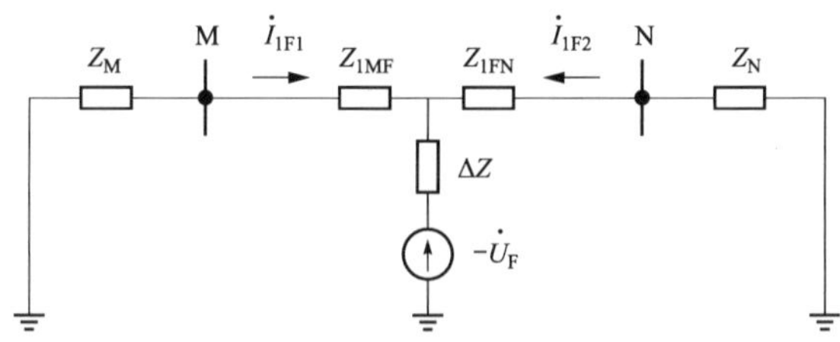

图 8-4 复合序网的故障附加网络

图 8-4 中 Z_{1MF} 和 Z_{1FN} 分别为节点 M 和节点 N 到故障点 F 的线路正序阻抗；Z_{1MF} 和 Z_{1FN} 分别为 M 侧和 N 侧等效系统正序阻抗；i_{F1} 和 i_{F2} 分别为线路两端的正序故障分量电流，保护 1 处的正序故障分量电流 I_{1F1} 可表示为

$$\dot{I}_{1F1} = -\frac{-\dot{U}_F}{\Delta Z + Z_{1M\Sigma}//Z_{1N\Sigma}}\frac{Z_{1N\Sigma}}{Z_{1M\Sigma} + Z_{1N\Sigma}} = \frac{\dot{U}_F}{Z_{1\Sigma 1}} \tag{8-5}$$

$$Z_{1\Sigma 1} = \frac{(\Delta Z + Z_{1M\Sigma}//Z_{1N\Sigma})(Z_{1M\Sigma} + Z_{1N\Sigma})}{Z_{1N\Sigma}} \tag{8-6}$$

式中：$Z_{1M\Sigma}=Z_{1M}+Z_{1MF}$，$Z_{1N\Sigma}=Z_{1N}+Z_{1FN}$ 分别为故障点两侧的总正序阻抗。

仍假定各序阻抗为纯感性，$Z_{1\Sigma 1}$ 与 Z_M+Z_{MF} 只是幅值不同，而阻抗角相同。因此，I_{1F1} 与 I_{F1} 的相角相同，I_1 相对于 I_{pre1} 的相角突变量方向也不变。采用正序分量电流，仍有前文分析得出的电流相角突变量方向规律。根据以上针对故障电流相角变化的分析，本节提出了一种基于电流相角突变量方向的纵联保护方案。该方案需要测量线路两端的电流，并分析故障时电流相角与故障前电流相角的差，得到电流相角突变量方向，以此来确定故障是否位于保护区内，每个保护都对本地的电流量进行处理，并将处理结果经通信通道发送到对端保护方案的逻辑框图如图 8-5 所示。线路 M 端的电流经过滤波，然后计算出电流正序分量。再经离散快速傅里叶变换（DFFT），得到电流正序分量的相角 φ。当故障发生时，保护启动并计算故障电流与故障前电流的相位差 $\Delta\varphi$。

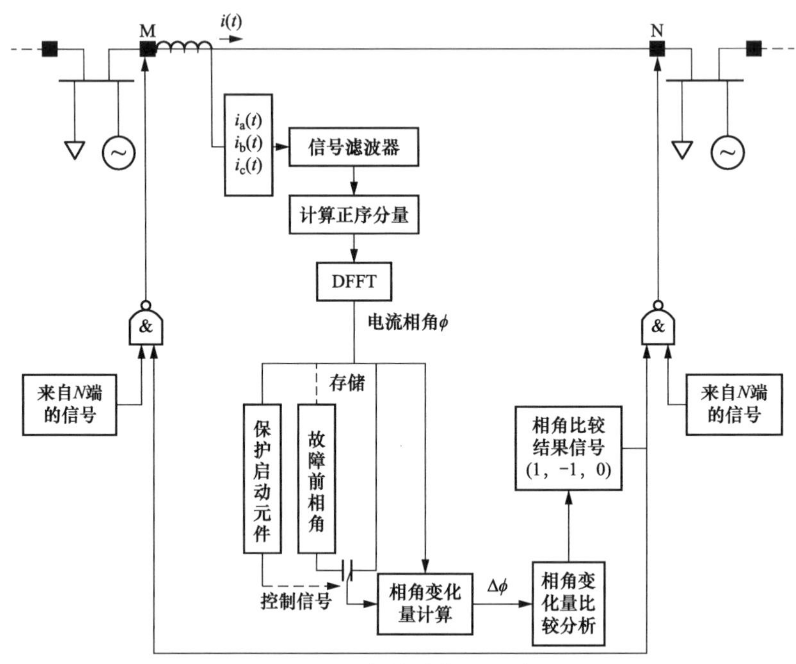

图 8-5　保护动作原理图

当电流相位差为正值时，则判定结果为“1”；当相位差为负值时，则判定结果为“-1”。另外，在配电网正常运行或相角变化量在保护的敏感度之外时，输出判定结果“0”。然后，将方向比较结果发送到对端保护。如果两端判定结果相同，则判定为外部故障，保护不动作；如果两端判定结果不同，则判定为内部故障，两端保护动作，切除故障线路。

该保护技术只利用线路两端电流相角突变量的方向信息，便可准确识别区内故障，对通信通道要求不高并且由于对故障位置的判定不需要电压信息，与现有方向保护相比，节省了电压互感器的投资。但本保护技术适用于被保护线路中间无分支线的情况。如果有分支线，会影响保护处故障前电流的相角，降低保护的灵敏性。在某些影响严重的情况下，可能会使保护无法正确动作。

总体而言，基于工频量构造的保护原理存在两个问题：① 由于控制系统响应速度快，新能源电源故障前后内电动势不再恒定，利用工频故障分量构造的新原理保护存在理论依据不足、可能失去可靠性的问题；② 受转速频分量对工频相量提取精度的影响，利用工频全量构造的新原理保护应用于双馈风电场送出线路时面临动作性能下降，甚至误拒动。

（2）转速频分量保护原理。图 8–6 为分散接入 DFIG 型风力发电后典型辐射状配电网变成有源配电网的示意图。

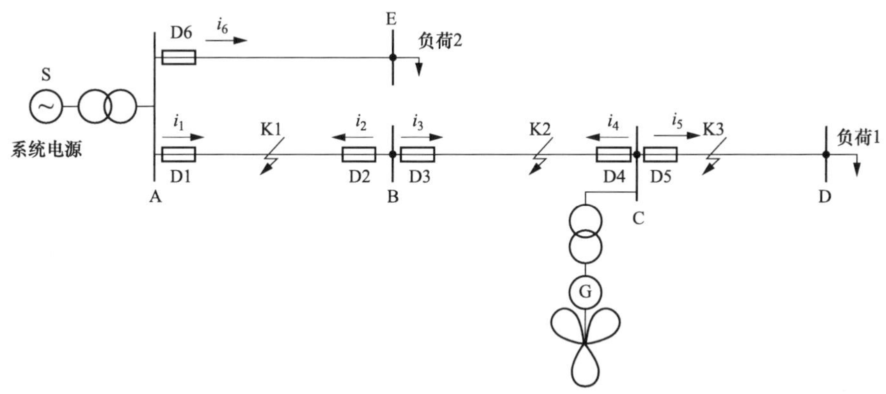

图 8–6　典型的辐射式配电网接入分散式 DFIG

D1、D2、…、D6—安装的线路保护；K1、K2、K3—故障点；S—系统电源

若 K2 处发生短路故障时，D1、D2、D3、D4 都检测到故障电流 i_1、i_2、i_3、i_4。在保护区间 AB 段，因为 D1 和 D2 测得的电流相同，其电流频率差为 0：在保护区间 BC 段，D3 所测得电流 i_3 为大系统电源提供的短路电流，D4 测得的电流 i_4 为风电场提供的短路电流，由前述的故障特性分析，i_3 频率是 50Hz，而 i_4 频率不是 50Hz，甚至显著小于 50Hz，因此 i_3 的频率 f_3 与 i_4 的频率 f_4 差值 Δf_{34} 不等于 0。

根据上述的暂态特性分析，含 DFIG 的配电网发生线路故障时，故障线路两端电流频率具有明显差异，而正常运行线路两端电流频率相等。据此，提出对比被保护线路首、末两端故障电流的频率差，即可构成有源配电网的线路保护。因此，该线路保护的原理思想是

$$\begin{cases}\Delta f=|f_{首}-f_{末}|=0, & 判区外故障\\ \Delta f=|f_{首}-f_{末}|>0, & 判区内故障\end{cases} \tag{8-7}$$

式中：Δf 为线路首末两端故障电流的频率差。

由于上述原理是比较线路两端的电流频率差，因此，保护算法的关键是快速而准确地求取故障电流频率值。DFIG 的故障电流可分为 3 部分，若除去直流分量，其表达式与系统振荡相类似。因此，采用瞬时频率计算方法并加以改进求取故障电流的瞬时频率值。该方法在迭代次数达到 3 时，频率计算误差在 0.02Hz 以下，而且可在 20ms 内准确计算瞬时频率，具有较高的快速性。基于频率差的线路保护算法如图 8–7 所示，流程如下：

1）若有源配电网故障发生，线路首、末两端的电流互感器分别将检测到的电流传送到启动元件中，同时向对端发送请求信号，保证对端保护也正常启动。

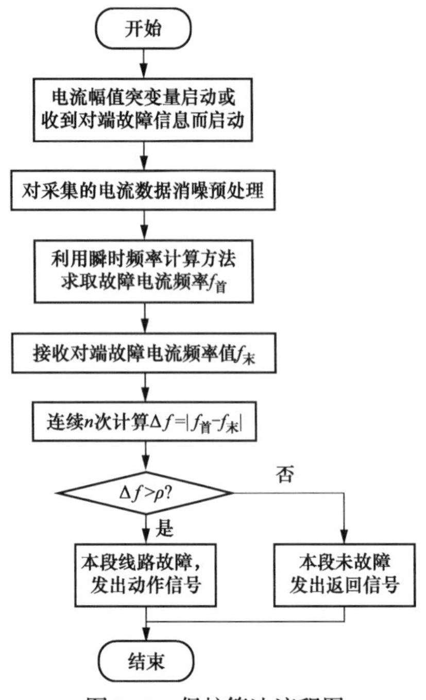

图 8-7　保护算法流程图

2）对所采集的电流数据进行消噪处理，利用瞬时频率计算方法获取故障电流频率值。

3）确认接收到对端信息后，保护进入频率比较环节。若比较结果小于频率差的整定值（门槛）p，则发出保护返回信号；若比较结果大于p，则发出保护动作信号。

4）为了排除通信干扰引起的保护误动作或拒动，这里进行了次频率差的比较来保证结果的正确性，判别次数，一般选择在 3 次及以上即可。

在区外故障时，线路两端电流的频率为同一电流，其频率必定相同，但考虑电流互感器测量、频率计算方法等方面的误差以及系统频率波动的影响，本文设定门槛 $p=0.3\text{Hz}$，基本判别式如下

$$\begin{cases}\Delta f\leqslant\rho, & \text{判区外故障}\\ \Delta f>\rho, & \text{判区内故障}\end{cases}\tag{8-8}$$

由于分布式电源的接入，在配电网发生故障时，一端短路电流可能不满足电流幅值来进行保护元件的启动条件。但在故障时刻必定有一端的短路电流为系统电源提供，系统电源所提供的短路电流能满足这样的启动条件。因此利用在线路上任意端保护启动，则立刻向另一端发送启动请求，使得两端都能在故障情况下准确启动，减少保护拒动的可能。

上述保护的实现方案如图 8-8 所示，其中包括电流互感器 TA 测量部分、保护启动部分、频率计算模块以及频差比较模块。

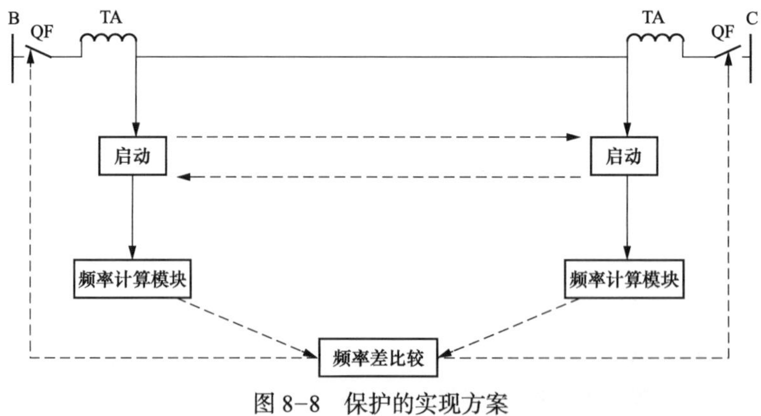

图 8-8　保护的实现方案

基于电流频率差的线路保护，即通过线路两端故障电流的频率差值比较来识别故障区域，转速频分量保护原理不适用于逆变型电源并网线路，其应用范围受限。而且电网发生轻微故障时双馈风机撬棒电路不投入，短路电流中不存在转速频分量，基于转速频

分量的保护将无法动作。

（3）高频分量保护原理。故障产生的行波在传播过程中遇到波阻抗不连续点会发生折返射，进而产生一系列周期性高频分量。这些高频分量在频域上表现为一个特定频率的整数倍频率分量，这些频率统称为固有频率，这个特定频率称为固有频率的主频。一些学者提出了利用固有频率及其主频构造新原理保护，包括纵联保护和距离保护。

1）基于电流行波固有频率的输电线路纵联保护新技术。利用输电线路两侧检测到的固有频率特征可以构成频率差动保护判据

$$\Delta f = |f_{S1} - f_{R1}| > f_{set} \tag{8-9}$$

式中：f_{S1} 和 f_{R1} 为线路 S 侧和 R 侧检测到的固有频率主频；f_{set} 为动作门槛值。为充分考虑固有频率主频提取误差，保证区外故障保护不误动，取 f_{set} 为 100Hz。

对三相或多相输电线路，由于导线之间相互耦合，应首先利用模量解耦矩阵对三相电气量进行解耦，本文选用 Clarke 变换矩阵作为解耦矩阵。

由于高频电流量受互感器传变特性影响较小，本文利用电流量提取固有频率，进而构成保护判据。完整的保护算法步骤如下：采集故障后四分之一周期的三相电流数据利用 Clarke 变换进行相模变换。

2）选择合适的模量，用多信号分类 multiple 主频和二次频率。若线路一侧的保护未提取到固有频率，则视固有频率主频为 0。

3）计算线路两侧保护提取到的固有频率主频差值，若满足下式

$$\Delta f = |f_{S1} - f_{R1}| > f_{set} \tag{8-10}$$

则判断为区内故障，保护出口；若不满足，转至步骤 3。

比较线路两侧保护提取的固有频率二次成分，若满足式（8-11），判断为区内故障，保护出口；否则，判断为区外故障，保护复归。图 8-10 给出了利用电流行波固有频率进行区内、区外故障判断流程图

$$f_{min2} = \min(f_{S2}, f_{R2}) \geq f_{set2} \tag{8-11}$$

式中：f_{set2} 为频率整定门槛值，对于给定的线路长度 L，可取大 f_{set2}=5v/（4L），如图 8-9 所示。

该保护算法仅利用了电流行波的固有频率信息不需两端电流进行同步采样，与工频保护算法相比，大大提高了动作的快速性且保护性能不受系统运行方式、故障类型、过渡电阻等因素的影响，在各种工况下均能可靠区分区内、外故障。但其辅助判据在母线处不存在折、反射时难以有效判断区内盲点故障和区外故障，其解决方案需要进一步研究。

4）一种基于固有频率的长距离输电线路保护新技术。利用固有频率下的测量阻抗来区分区内、外故障，具体步骤如下：

① 确定固有频率：采集三相电流、电压，求取故障分量，进行相模转换，利用差分算法，滤除故障电流中的非周期分量，然后分析线模电流的频谱，确定固有频率的大小。

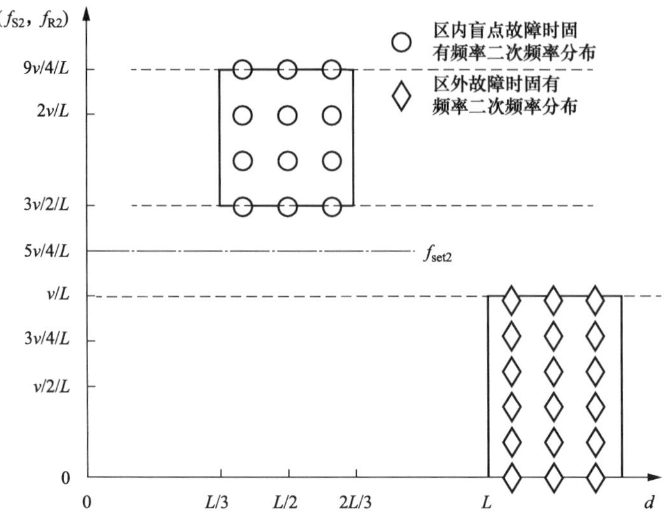

图 8-9　区内盲点故障和区外故障时固有频率二次频率分布

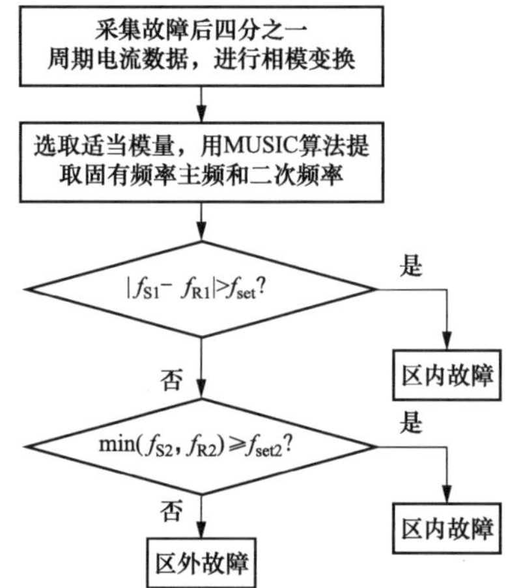

图 8-10　利用电流行波固有频率进行区内、外故障判断流程图

由表 8-1 公式可得，固有频率与故障点到电源的距离有关，当故障点距离电源 300km 时，固有频率主频介于 250～500Hz，采用 1/4 周期的数据窗即可提取到固有频率主频，实际应用中，可通过缩短数据窗来提取固有频率中的高次分量。

表 8-1　　集中参数等值下的输电线路固有频率

电源阻抗	由 N 个 T 形网络等效的输电线路的固有频率
0	$f_k=\dfrac{N}{\pi\sqrt{LC}}\sin\dfrac{k\pi}{2N}(k=1,2,\cdots,N^{-1})$
无穷大	$f_k=\dfrac{N}{\pi\sqrt{LC}}\sin\dfrac{(2k-1)\pi}{4N}(k=1,2,\cdots,N)$

② 提取固有频率：电流、电压采用带通滤波器提取固有频率下的电流、电压分量，这里采用狭窄带通滤波器，转移函数为

$$H(z)=\frac{1-z^{-2}}{1-2p\cos(\omega_1 T_s)z^{-1}+p^2 z^{-2}} \tag{8-12}$$

式中：$p=0.97$；$\omega_1=2\pi f$，f 为固有频率；T_s 为采样周期。

为了适应本方案的滤波需要，可采用如下方法：在现有微机保护中，提高低通滤波器的截止频率，这样既兼顾工频分量，又考虑了固有频率信号。这种滤波器的延时是较短的。在获得上述硬件滤波之后，再采用数字的狭窄带通滤波器，此时，延时主要取决于计算机的计算速度。在现有计算机运算速度的条件下，这个延时一般在 1ms 以内。

③ 计算固有频率阻抗利用固有频率下的电流、电压，计算固有频率下的测量阻抗。

④ 确定故障位置：利用判据 1 和判据 2 确定区内、外故障。保护流程如图 8-11 所示。

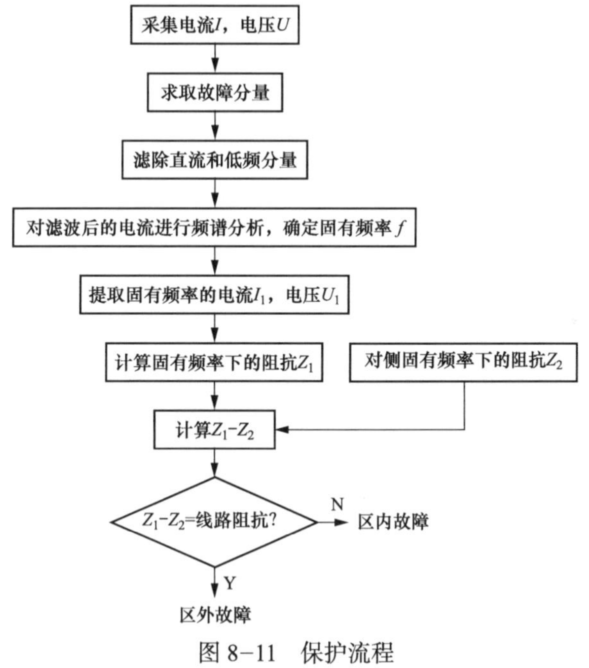

图 8-11　保护流程

本节分析了长距离输电线路的固有频率及其影响因素，提出了一种基于固有频率测量阻抗识别区内、外故障的保护方案，该方案有以下特点：① 动作速度优于现有的工频量保护；② 相比较行波保护，该方案不受故障时刻影响不需要准确捕捉行波波头，不受母线出线数目的影响；③ 判据两只需要利用线路参数即可实现，可作为主判据，判据 1 作为辅助判据。但对于如何正确提取单相接地故障下线模分量的固有频率有待进一步研究。

固有频率属于高频，这些保护将不受新能源电源转速频分量、内电动势不恒定等因素影响，但应用于新能源场站送出线路时还有待解决如下问题：① 固有频率与电源

波阻抗特性有关，需要深入研究新能源场站波阻抗特性及其对保护动作性能的影响；②新能源电源短路电流谐波含量丰富，需要分析这些谐波对保护性能的影响。

基于高频分量的保护能有效避免新能源电源整次和非整次谐波、内电动势不再恒定等特征影响，从原理上能适用于新能源场站送出线路。但是高频信号的获取要求保护装置具有较高的采样频率和数据处理能力。

8.2　基于时域量的继电保护技术

（1）基于线路两侧电流余弦相似度的纵联保护原理。据被保护线路两侧所采集的电流瞬时采样值，利用余弦相似度公式构造出纵联保护原理，适用于风电场站送出线路的公式为

$$\cos(x,y)=\frac{\sum_{i=1}^{n}(x_i\cdot y_i)}{\sqrt{\sum_{i=1}^{n}x_i^2}\sqrt{\sum_{i=1}^{n}y_i^2}} \tag{8-13}$$

式中：向量 $x=\{x_1, x_2, \cdots, x_n\}$，为线路风场侧互感器 TAw 的采样值；向量 $y=\{y_1, y_2, \cdots, y_n\}$，为线路系统侧互感器 TAs 的采样值；$\cos(x, y)$ · 为两高维向量之间夹角的余弦值，范围为 [−1，1]；n 为采样点数。

其中 TAw 和 TAs 分别为风电场站侧和系统侧的电流互感器，电流正方向均为母线指向线路。发生区外故障时，线路两侧互感器检测到的暂态电流波形相反，计算得到相似度系数 $\cos(x, y)=-1$；发生区内故障时，由于两侧电源故障特性不同，两侧暂态电流波形相似度较差，计算得到的相似度系数将大于 −1。

对于纵联保护而言，存在可靠系数的概念，可以利用可靠系数躲过误差以进行保护定值整定。由于余弦相似度计算值的取值范围为 [−1，1] 且系统正常运行时相似度计算值为 −1，为了保证可靠性，保护整定值需在 −1 的基础上乘小于 1 的可靠系数，可由下式确定可靠系数的数值

$$K=K_{\text{ang}}\cdot K_{\text{amp}}\cdot K_{\text{mar}} \tag{8-14}$$

式中：K 为可靠系数；K_{ang} 为角度误差系数；K_{amp} 为幅值误差系数；K_{mar} 为裕度系数；上述系数数值均小于 1。

保护定值的整定是依靠大量仿真数据测试以及现场运行经验来确定的，对于余弦相似度原理保护可靠系数的选定已经通过了大量考虑仿真数据的验证，综合多方面因素的影响，最终选取角度误差系数为 0.95、幅值误差系数为 0.99、裕度系数为 0.95，计算得到可靠系数为 0.9。该定值可根据现场实际设备的同步误差、TA 误差情况来适当调整。则保护动作判据为

$$\cos(x,y)\phi>-0.9 \tag{8-15}$$

式中：$\cos(x, y)\,\phi$ 为两侧 ϕ 相暂态电流波形的余弦相似度。

所提保护新原理的判别流程如下：

1）保护装置启动元件启动后，将线路两侧保护装置采集到的电流数据在 10ms 数据窗内按照式（8-13）计算各相余弦相似度。

2）若某一相余弦相似度计算值满足式（8-15），则判断该相发生区内故障，保护动作；若相似度系数始终小于 -0.9，则判断为区外故障，保护不动作。

3）三相的余项相似度计算值均不满足判据式（8-15）时，保护复归。

以风电为代表的新能源场站发电原理与同步机不同，导致其故障特性与同步机有较大差异，使得基于工频量的传统保护性能下降，甚至出现误拒动现象。为解决工频量保护面临的问题，通过分析各类风电场站故障暂态电流特性，发现波形差异，利用送出线路两侧暂态电流时域波形特征的差异判断故障位置和相别。相似度算法是根据时域波形特征的差异所量化的指标为基准，合理设定整定值，以实现可靠保护的目的。

本方法所使用的余弦相似度在风电场出力较低的场景中，面临异常计算，保护性能有待提高。

（2）基于余切相似度的纵联保护新原理。考虑区内故障下送出线路风电场侧与系统侧短路电流变化规律差异性的特征，本书提出基于余切相似度的纵联保护新原理。余切相似度是一种基于数据差异均值来比较数据相似程度的计算方法，能有效应对数据向量方向相同模长相异的特殊情况。而余弦相似度是通过计算数据向量的夹角余弦来表征两者的相似程度，夹角越大则余弦值越小，表示两者的相似程度越低，它只关注数据向量的方向，对数据向量模长的差异不敏感。这也就意味着，当风电场短路电流接近于零时，基于余弦相似度的保护判据无法准备识别故障，而基于余切相似度的保护新原理依旧具有较好的动作特性。

如图 8-12 所示为含风电场电网典型拓扑结构图，TAw 和 TAs 分别为送出线路风电场侧和系统侧的电流互感器，电流正方向为由母线指向线路。

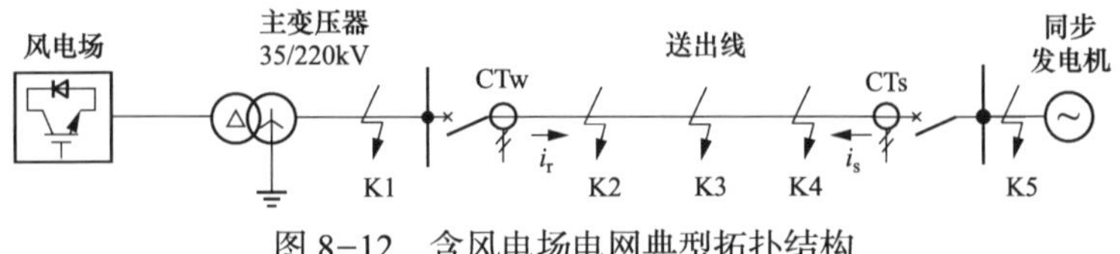

图 8-12　含风电场电网典型拓扑结构

采用余切相似度构造的适用于风电场送出线路保护新原理的判据为

$$\cot(\boldsymbol{i}_r,\boldsymbol{i}_s)=\begin{cases}\cot(\dfrac{\pi}{4}+\dfrac{\pi}{4}\times\dfrac{1}{k}\sum\limits_{j=1}^{n}\left|i_r(j)-i_s(j)\right|), & k\neq 0\\ 1, & k=0\end{cases} \tag{8-16}$$

式中：向量 $i_r=\{i_r(1), i_r(2), \cdots, i_r(n)\}$ 为风电场侧线路的电流互感器采样值；n 为采样点数；向量 $i_s=\{i_s(1), i_s(2), \cdots, i_s(n)\}$ 为系统侧电流互感器的采样值；$\cot(i_r, i_s)$ 为两高维向量的余切夹角值；k 为 $|i_r(j)-i_s(j)|\neq 0$ 的个数。当 $k=0$，表明 i_r 和 i_s 完全相似，此时 $\cot(i_r, i_s)=1$；当 $k\neq 0$，表明 i_r 和 i_s 存在差异，则计算各维度差值的平均值，从而获知送出线路两侧短路电流变化

特性的相似度，此时 $\cot(i_r, i_s) \in (0,1)$；当且仅当 $\frac{1}{k}\sum_{j=1}^{n}\left|i_r(j)-i_s(j)\right|=1$，表征 i_r 和 i_s 完全不相似，此时 $\cot(i_r, i_s)=0$。

在正常运行及区外故障时，线路两侧电流互感器检测到的瞬时电流的变化规律相同，余切相似度计算值接近于 1；而发生区内故障时，余切相似度计算值小于 1。考虑到电流互感器传变误差和通信同步误差等，并预留一定裕度，所提保护动作整定的可靠性系数计算公式为

$$K = K_{\text{ang}} \cdot K_{amp} \cdot K_{\text{mar}} \tag{8-17}$$

式中：K 为可靠系数；K_{ang} 为电流互感器传变、通信同步等引起的角度误差系数，取 0.95；K_{amp} 为电流互感器传变、通信同步等引起的幅值误差系数，取 0.99；K_{mar} 为裕度系数，取 0.95；这里取 K=0.9，结合式（8−16）和式（8−17）保护动作判据为

$$\cot(i_r, i_s) < 0.9 \tag{8-18}$$

综上所述，基于余切相似度的保护新原理算法实现流程如图 8−13 所示。

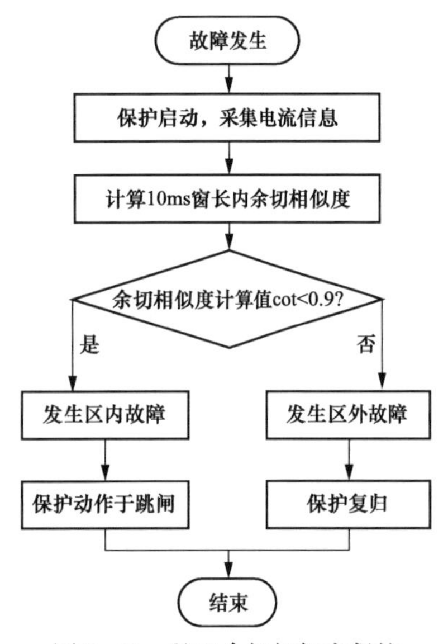

图 8−13　基于余切相似度保护新原理算法的实现流程

（3）基于线路两侧电流变化量相似度的纵联保护原理。根据被保护线路两侧所获取的电流瞬时采样值，利用以下公式定义电流变化量数据

$$\Delta i_{\varphi}(k) = i_{\varphi}(k) - i_{\varphi}(k-N) \tag{8-19}$$

式中：$i(k)\varphi$ 表示电流的第 k 个采样值；$i(k)\Delta\varphi$ 表示第 k 个采样值的电流变化量；N 表示电流一周波的采样点数；φ 表示相别。

将利用上式计算得到的交流送出线路两侧电流变化量按时间顺序分别放入下式所示的集合 A 与集合 B 中，适应于经柔直并网海上风电场交流送出线路的表达方式如下

$$A = \{\Delta i_{\varphi\text{w}1}, \Delta i_{\varphi\text{w}2}, \cdots, \Delta i_{\varphi\text{w}n}\} \tag{8-20}$$

$$B = \{\Delta i_{\varphi\text{m}1}, \Delta i_{\varphi\text{m}2}, \cdots, \Delta i_{\varphi\text{m}n}\} \tag{8-21}$$

式中：下标 w 与 m 分别表示风场侧与柔直侧；下标 1, 2, ⋯, n 表示按时间顺序采集到的电流变化量的编号。

从两个集合中取相对应的元素构成集合 C 为

$$C = \{(\Delta i_{\varphi\text{w}1}, \Delta i_{\varphi\text{m}1}), (\Delta i_{\varphi\text{w}2}, \Delta i_{\varphi\text{m}2}), \cdots, (\Delta i_{\varphi\text{w}n}, \Delta i_{\varphi\text{m}n})\} \tag{8-22}$$

在 kendall 算法中，当 $\Delta i_{\varphi\text{wi}} > \Delta i_{\varphi\text{wi}}$ 且 $\Delta i_{\varphi\text{mi}} > \Delta i_{\varphi\text{mi}}$ 或 $\Delta i_{\varphi\text{wi}} < \Delta i_{\varphi\text{wi}}$ 且 $\Delta i_{\varphi\text{mi}} < \Delta i_{\varphi\text{mi}}$ 时，称其为一致性元素对，若不满足以上条件，称其为不一致性元素对。易得，同增同减的元素对为一致性元素对，此增彼减的元素对为不一致元素对。

根据电流变化量集合 C，利用 Kendall 算法的计算公式，定义其相关系数为

$$\tau_2=\frac{n_c-n_d}{\sqrt{(n_0-n_1)(n_0-n_2)}} \tag{8-23}$$

式中：τ_2 表示计算所得的 Kendall 相关系数；$n_0=\frac{n(n-1)}{2}$，其中 n 为采样点的个数；n_c 表示集合 C 中满足一致性元素的对数；n_d 表示集合 C 中满足不一致元素的对数；$n_1=\sum_{z=1}^{m}\frac{1}{2}t_z(t_z-1)$，其中 m 表示集合 A 中相同元素组成的小集合数，t_z 表示第 z 个小集合包含的元素个数。同理 n_2 相对于集合 B 也是如此。

由式（8–23）可知，Kendall 算法的取值范围为 [−1, 1]，当相关系数为 1 时为完全正相关；当其值为 −1 为完全负相关；当相关系数为 0 时，表示两个波形无相关性。可得出波形变化方向相同的呈正相关，波形变化方向相反的呈负相关。

保护动作判据主要考虑正常运行时保护不会误动、发生故障时保护不拒动的情况进行整定考虑。理想状态时，流经两侧互感器的电流为同一电流，前后周期的电流几乎一致，则其变化量逼近于 0，此时式（8–23）中 $n_c=n_d=0$，计算所得 kendall 相关系数 $\tau_2=0$，考虑以 0 作为整定值。考虑到实际情况中因线路参数等因素的影响，使前后一周波电流波形略有差异，但由于正常运行时流过线路两侧的是同一电流，根据设定的参考方向，两侧电流波形的变化量必然相反，满足 $\tau_2<0$，因此将整定值 τ'_{set} 设为 0 是合理的。

综上所述，最终可得整定值如下式所示

$$\tau'_{set}=0 \tag{8-24}$$

考虑到在实际应用中，Kendall 算法所得相关系数处于 [−1, 1] 之间，受不确定因素的干扰较大，因此可将 Kendall 算法计算所得相关系数乘以系数 K

$$\tau'_2=K\tau_2 \tag{8-25}$$

式中：K 为放大系数，其值为 10；τ_2 为计算所得的 Kendall 相关系数；τ'_2 表示经放大 10 倍后的相关系数。

综合上述分析结果，可绘制出基于 Kendall 算法的纵联保护判据流程如图 8–14 所示。

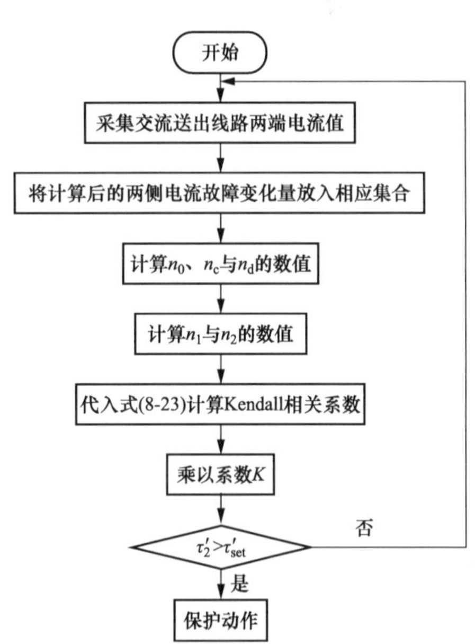

图 8–14　保护判据流程图

目前在大规模海上风电场交流送出线路中常采用纵联保护作为主保护，其特有的故障特征，使得传统的纵联保护措施存在灵敏度下降、拒动、易受过渡电阻影响等问题。相较于利用送出线路两侧波形的工频分量进行比较的传统纵联保护而言，本方法在此种场景下的适应性更好。

（4）基于线路阻感模型符合度识别保护原理。从时域角度出发，用模型识别的方法，结合线路两端故障全量电压电流信息，提出系统的纵联保护方案。这里介绍一种适应于交直流混联系统时域全量故障模型判别纵联保护方案，首先进行模型建立。

以逆变侧出口处交流线路内部发生单相故障为例，对出口侧交流系统进行分析，采用Π型等效电路，其系统等效电路如图 8-15 所示。

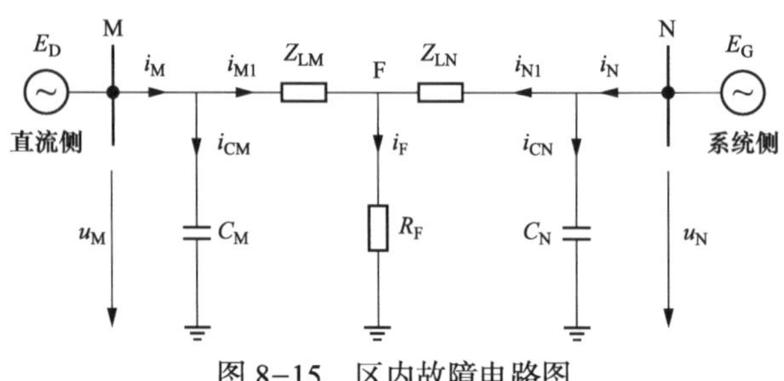

图 8-15　区内故障电路图

由图可得，M、N 侧电压分别为

$$\begin{cases} u_M = R_{LM}i_{M1} + L_{LM}\dfrac{di_{M1}}{dt} + R_F i_F \\ u_N = R_{LN}i_{N1} + L_{LN}\dfrac{di_{N1}}{dt} + R_F i_F \end{cases} \tag{8-26}$$

式中：u_M、u_N、i_M、i_N 分别为母线 M、N 保护安装处所测得的电压和电流。

近似忽略线路的容抗电流，则流过送出线路阻感参数的电流可近似看作保护安装处的电流 i_M、i_N。定义差动电压、差动电流可表示为

$$\begin{cases} u_{cd} = u_M + u_N \\ i_{cd} = i_M + i_N \end{cases} \tag{8-27}$$

发生区内故障时，线路两端差动电流 i_{cd}、电压 u_{cd} 满足

$$u_{cd} = R_{LM}i_M + L_{LM}\frac{di_M}{dt} + R_{LN}i_N + L_{LN}\frac{di_N}{dt} + 2R_F i_F \tag{8-28}$$

令 $K_M = Z_{LN}/(Z_{LN}+Z_{LM})$、$K_N = Z_{LM}/(Z_{LN}+Z_{LM})$，再令等效电阻、电感 $R = R_{LMKM} + R_{LNKN} + 2R_F$，$L = L_{LMKM} + L_{LNKN}$，可得到

$$u_{cd} = Ri_{cd} + L\frac{di_{cd}}{dt} \tag{8-29}$$

由此可知，系统交流送出线发生区内故障时，差动电压电流参数满足表达式（8-29），因此可将区内故障模型等效为阻感模型。

此阻感模型对应单向线路，实际工程应用为三相线路，三相线路运行过程中发生不对称接地短路故障时，考虑到线路的零序阻抗与正负序阻抗不同，在此对各相的差动电流进行补偿

$$\begin{gathered} i_{mcd\varphi} = i_{cd\varphi} + K_0 i_0 \\ \frac{di_{mcd\varphi}}{dt} = \frac{d(i_{cd\varphi} + K_0 i_0)}{dt} \end{gathered} \tag{8-30}$$

式中：$i_{\mathrm{mcd}\varphi}$ 为补偿后对应相的差动电流；φ=A, B, C 对应三相电路；i_0 为两侧保护安装处的零序电流；K_0 为零序补偿系数，$K_0=z_0/z_1-1$，z_0、z_1 为线路单位长度的零序、正序阻抗值。

联立式（8–30）得三相线路的阻感模型表达式

$$u_{\mathrm{cd}\varphi}=L(\frac{R}{L}i_{\mathrm{mcd}\varphi}+\frac{\mathrm{d}i_{\mathrm{mcd}\varphi}}{\mathrm{d}t}) \tag{8-31}$$

式中：L 为线路等效电感值，为正数；R 为线路等效电阻值，为正数，故 K_0 的值恒为正数。令 $K_1=1/\mathrm{L}$，$K_2=\mathrm{R/L}$，则有

$$K_1u_{\mathrm{cd}}=K_2i_{\mathrm{mcd}}+\frac{\mathrm{d}i_{\mathrm{mcd}}}{\mathrm{d}t} \tag{8-32}$$

而同样以单相输电线路为例，发生区外故障时，电路如图 8–16 所示。

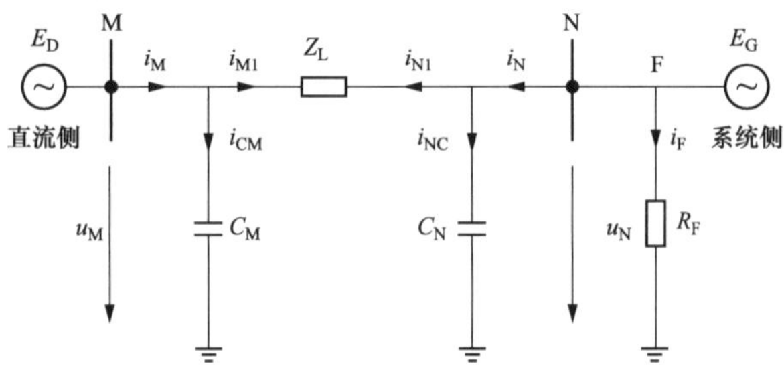

图 8–16　区外故障电路图

由图 8–16 可知，M、N 侧保护安装处电压分别为

$$\begin{cases}u_{\mathrm{M}}=R_{\mathrm{L}}i_{\mathrm{M1}}+L_{\mathrm{L}}\dfrac{\mathrm{d}i_{\mathrm{M1}}}{\mathrm{d}t}+R_{\mathrm{F}}i_{\mathrm{F}}\\u_{\mathrm{N}}=R_{\mathrm{L}}i_{\mathrm{N1}}+L_{\mathrm{L}}\dfrac{\mathrm{d}i_{\mathrm{N1}}}{\mathrm{d}t}+R_{\mathrm{F}}i_{\mathrm{F}}\end{cases} \tag{8-33}$$

发生外部故障时，i_{M1} 与 i_{N1} 大小相等、方向相反。定义外部故障时差动电压、电流为 $u_{\mathrm{cd}}=u_{\mathrm{M}}+u_{\mathrm{N}}$、$i_{\mathrm{cd}}=i_{\mathrm{M}}+i_{\mathrm{N}}$，送出线容抗电流可忽略不计，则

$$i_{\mathrm{cd}}=i_{\mathrm{M}}+i_{\mathrm{N}}=i_{\mathrm{M1}}+i_{\mathrm{N1}}=0 \tag{8-34}$$

即发生区外故障时，无论何种故障类型，均不可用阻感模型进行等效。综合两种故障，可以看出，交直流混联系统出口侧交流线路发生区内故障时，差动电压电流符合阻感模型，发生区外故障时不符合阻感模型。因此可通过算法衡量实际值与模型的匹配程度。

要判断故障量是否符合阻感模型，也就是判断式（8–32）等号两侧数据的一致程度，即是否满足强正相关性的要求。为简化表达，将参量用下式中的符号表示

$$\begin{cases}X=u'_{\mathrm{cd}}=K_1u_{\mathrm{cd}}\\Y=i'_{\mathrm{cd}}=K_2i_{\mathrm{mcd}}+\dfrac{\mathrm{d}i_{\mathrm{mcd}}}{\mathrm{d}t}\end{cases} \tag{8-35}$$

式中：差动电流的导数用差分方法进行计算，为满足计算要求，数据从 $k=2$ 开始取值。为量化 X 和 Y 的相似程度，引入改进的余弦相似度算法，传统余弦相似度存在对数值不敏感的问题，故采用修正的余弦相似进行阻感模型相关性的计算

$$A\cos(X,Y)=\frac{\sum_i[(x_i-\overline{R_x})(y_i-\overline{R_y})]}{\sqrt{\sum_i(x_i-\overline{R_x})^2(y_i-\overline{R_y})^2}} \tag{8-36}$$

式中：X、Y 为上式中对应数据所组成的两样本序列，$\overline{R_x}$、$\overline{R_y}$ 表示 X、Y 的平均值

考虑线路参数误差、互感器传变误差及忽略分布参数效应的影响，结合仿真结果，在保证高灵敏度的基础上留出充足的裕度，将门槛值定为 0.5，即本文纵联保护判据为

$$A\cos(X,Y)\geqslant 0.5 \tag{8-37}$$

当求取的相关系数值满足保护判据时，发生区内故障；三相均不满足保护判据时，发生区外故障。

交直流混联系统同时包含直流系统和交流系统，两系统相互影响，故障特征是各部分叠加的结果。经分析，在交直流混联系统中，叠加原理不再完全适用。本方法从时域的角度出发，分析过程不采用叠加原理，不需要故障分量网络，故障瞬间及故障前后全部采用电气量的全量信息，所提保护方案不受频率偏移的影响。

从目前已有的文献来看，时域量保护主要有短路电流波形相似度保护和线路模型识别保护。电流波形相似度的方法大同小异，针对不同的应用场景和需求，选取不同的相似度算法和不同的识别对象特征，以实现保护目的；线路模型识别保护方法针对性更强，不同的线路要建立不同的模型。随着新能源并网比例的不断增高，线路中电力电子电源的特征更加明显，故障电流大多呈现幅值受限、相角受控的非工频特性，时域量保护的发展需求与日俱增。

8.3 配电网保护新技术

8.3.1 分布式电源对配电网电流保护的适应性改进策略

分布式电源的接入，使得原来由单一系统电源供电的配电网改变为多电源配电网，进而影响配电网故障电流的大小和方向，原有无源配电网的保护策略可能不再适应。本节首先分析分布式电源接入不同位置对传统电流保护的影响，同时给出克服这些影响的策略。

1. DG 接入配电母线

如图 8-17 所示，DG 接入配电母线，此时各条馈线的单电源辐射式供电方式没有改变。针对图中 F1～F4 四个短路点，DG 对各段保护的影响分析如下：

（1）F1 或 F3 点发生短路故障。当 F1 或 F3 点发生短路故障时，系统电源和 DG 共同向短路点提供短路电流。此时，流过 P1 或 P3 的短路电流较 DG 接入前有所增加，提高了 P1 或 P3 保护的灵敏度，P1 或 P3 能可靠动作并切除故障线路。

（2）F2 或 F4 点发生短路故障。系统电源和 DG 共同向短路点提供短路电流，流过 P2 或 P4 的短路电流较 DG 接入前有所增加，提高了 P2 或 P4 保护的灵敏度，P2 或 P4

能够可靠动作并切除故障线路。

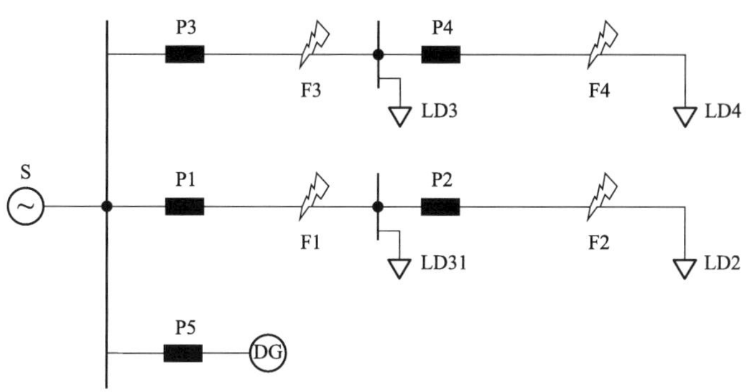

图 8-17 DG 接入配电母线

1）影响。当 F2 或 F4 点发生短路故障时，流过 P1 或 P3 的短路电流较 DG 接入前也有所增加，如果 DG 容量相对较大，过度增大的短路电流可能导致 P1 或 P3 瞬时速断保护躲不开而误动，从而使保护失去选择性。

2）对策。P1 或 P3 的瞬时电流速断保护是按躲过 P2 或 P4 处最大短路电流来整定的，若分布式电源的短路电流不超过系统电源短路电流的 10%（或含分布式电源配电网的刚性系数不小于 10），按 1.3 倍的可靠系数，这种误动是不可能发生的。必要时，在灵敏度满足的情况下，可适当提高 P1 和 P3 瞬时电流速断保护的可靠系数。

2. DG 接入馈线中部

如图 8-18 所示，DG 接入馈线中部，此时该条馈线由原来的单电源辐射式供电变为部分双电源供电。针对图中 F1～F4 四个短路点，DG 对各段保护的影响分析如下：

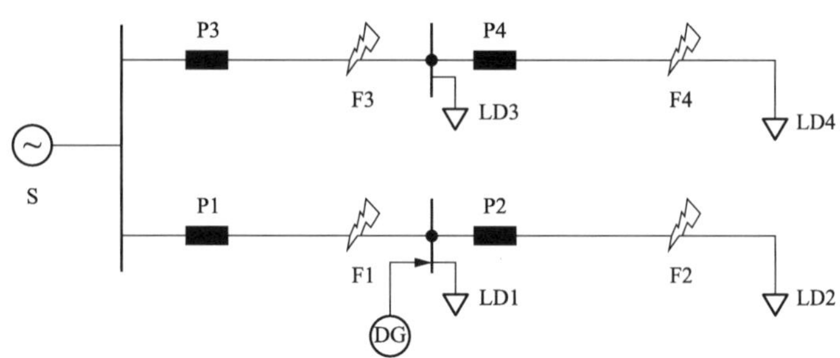

图 8-18 DG 接入馈线中部

（1）F1 点发生短路故障。当 F1 点发生短路故障时，故障电流并不流过保护 P3 和 P4，因此 DG 接入与否对保护 P3 和 P4 没有影响。

当 F1 点发生短路故障时，系统电源和 DG 共同向短路点提供短路电流。此时，保护 P1 流过来自系统电源的短路电流，P1 能可靠动作并切除故障线路；同时，保护 P2 不流过短路电流，DG 必须依靠自身解列与故障点隔离。

【影响 1】如果 F1 点发生非金属性短路且 DG 容量较大，则 DG 会导致短路点的短路电流明显增大、短路点的电压会有所升高，进而使得系统电源供出的短路电流有所减少，这会影响 P1 保护的灵敏度，严重时导致 P1 电流速断保护拒动。

【对策 1】给 P1 配置定时限过电流保护作为后备保护。按定时限过电流保护的整定原则，其灵敏度足以克服 DG 的影响，此外，可适当限制 DG 的容量，提高刚性系数。

（2）F2 点发生短路故障。故障电流不流过保护 P3 和 P4，因此 DG 接入与否对保护 P3 和 P4 没有影响。

当 F2 点发生短路故障时，系统电源和 DG 共同向短路点提供短路电流。此时，保护 P2 流过来自系统电源和 DG 的短路电流，短路电流较 DG 接入前有所增加，因此有利于 P2 可靠动作并切除故障线路。此时，虽然 P1 也流过来自系统电源的短路电流，但由于 P1 与 P2 时限上的配合关系，P2 先于 P1 将故障切除。

（3）F3 点发生短路故障。当 F3 点发生短路故障时，系统电源和 DG 共同向短路点提供短路电流。此时，流过 P3 的短路电流较 DG 接入前有所增加，提高了 P3 保护的灵敏度，P3 能够可靠动作并切除故障线路。

【影响 2】当 F3 点发生短路故障时，保护 P1 将流过来自 DG 的故障电流，若此电流足够大，可能导致 P1 误动并切除本线路，造成 D1、LD2 与 DG 形成电力“孤岛”，最终 DG 将自行解列。

【对策 2】给 P1 配置方向过电流保护，只有当 P1 流过系统供出的短路电流时才动作，避免了相邻馈线发生故障时本馈线 DG 反向电流的影响。此外，适当限制 DG 的容量，提高刚性系数。

（4）F4 点发生短路故障。当 F4 点发生短路故障时，系统电源和 DG 共同向短路点提供短路电流。此时，流过 P4 的短路电流较 DG 接入前有所增加，提高了 P4 保护的灵敏度，P4 能够可靠动作并切除故障线路。

【影响 3】当 F4 点发生短路故障时，流过 P3 的短路电流较 DG 接入前也有所增加，增大的短路电流可能导致 P3 瞬时电流速断保护躲不开而误动，从而使保护失去选择性。

【对策 3】适当提高 P3 电流速断保护整定的可靠系数。此外，适当限制 DG 的容量，提高刚性系数。

【影响 4】与影响 2 一样，当 F4 点发生短路故障时，保护 P1 将流过来自 DG 的故障电流，若此电流足够大，可能导致 P1 误动并切除本线路，造成 LD1、LD2 与 DG 形成电力“孤岛”，最终 DG 将自行解列。

【对策 4】同对策 2，给 P1 配置方向过电流保护。此外，适当限制 DG 的容量，提高刚性系数。

3. DG 接入馈线末端

如图 8-19 所示，DG 接入馈线末端，此时该条馈线由原来的单电源辐射式供电变为双电源供电。针对图中 F1～F4 四个短路点，DG 对各段保护的影响也不同。

（1）F1 点发生短路故障。故障电流不流过保护 P3 和 P4，因此 DG 接入与否对保护 P3 和 P4 同样没有影响。

当 F1 点发生短路故障时，系统电源和 DG 共同向短路点提供短路电流。此时，保护 P1 流过来自系统电源的短路电流，DG 的影响甚微，P1 能可靠动作并切除故障线路；同时，保护 P2 只流过来自 DG 的短路电流，若此电流足够大，P2 可能动作并隔离故障点，若此电流较小或 P2 配置电流方向保护，只有依靠 DG 的自行解列切断电源。

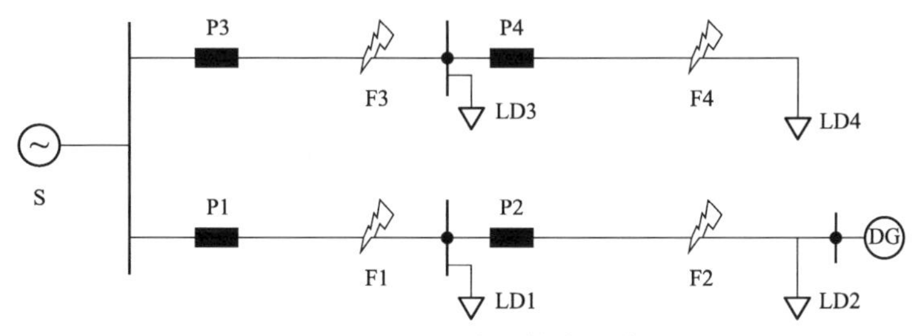

图 8-19　DG 接入馈线末端

（2）F2 点发生短路故障。故障电流也不流过保护 P3 和 P4，因此 DG 接入与否对保护 P3 和 P4 没有影响。

当 F2 点发生短路故障时，系统电源和 DG 共同向短路点提供短路电流，保护 P1 和 P2 同时流过来自系统电源的短路电流，由于时限级差的关系，此时 P2 能先行可靠动作并切除故障线路，而 DG 必须依靠自行解列与故障点隔离。

【影响 1】如果 F2 点发生非金属性短路且 DG 容量较大，则 DG 会导致短路点的短路电流明显增大、短路点的电压会有所升高，进而使得系统电源供出的短路电流有所减少，这会影响到 P2 保护的灵敏度，可能导致 P2 电流速断保护拒动。

【对策 1】给 P2 配置定时限过电流保护作为后备保护。按照定时限过电流保护的整定原则，其灵敏度足以克服 DG 的影响。

（3）F3 点发生短路故障。当 F3 点发生短路故障时，系统电源和 DG 共同向短路点提供短路电流。此时，流过 P3 的短路电流较 DG 接入前有所增加，提高了 P3 保护的灵敏度，P3 能够可靠动作并切除故障线路。

【影响 2】当 F3 点发生短路故障时，保护 P1 和 P2 将流过 DG 供出的故障电流，若此电流足够大，可能导致 P2 误动并切除本线路（因为 P2 动作电流和动作时限都比 P1 小），造成 LD2 与 DG 形成电力“孤岛”，最终 DG 将自行解列。

【对策 2】给 P1 和 P2 都配置方向过电流保护，只有当 P1 或 P2 的电流方向为正（即从系统电源流向负荷）时才动作，避免了相邻馈线发生故障时本馈线 DG 反向电流的影响。

（4）F4 点发生短路故障。当 F4 点发生短路故障时，系统电源和 DG 共同向短路点提供短路电流。此时，流过 P3 和 P4 的短路电流较 DG 接入前有所增加，提高了 P4 保护的灵敏度，P4 能先行可靠动作并切除故障线路。

【影响 3】当 F4 点发生短路故障时，流过 P3 的短路电流较 DG 接入前也有所增加，增大的短路电流可能导致 P3 瞬时电流速断保护躲不开而误动，从而使保护失去选择性。

【对策 3】适当提高 P3 电流速断保护整定的可靠系数。

【影响 4】与影响 2 一样，当 F4 点发生短路故障时，保护 P1 和 P2 都将流过 DG 供出的故障电流，若此电流足够大，可能导致 P2 误动并切除本线路（因为 P2 动作电流和动作时限都比 P1 小)，造成 LD2 与 DG 形成电力“孤岛”，最终 DG 将自行解列。

【对策 4】同对策 2，给 P1 和 P2 都配置方向过电流保护。上述分析表明，DG 对配电网继电保护的影响与 DG 的容量密切相关。如果 DG 容量很小，除 DG 自身应具备反“孤岛”保护外，DG 对传统电流保护的影响可忽略；如果 DG 容量较大，可能导致保护失去选择性，使短路点上游非故障线路保护误动，或使相邻接有 DG 的正常馈线保护误动，也可能导致短路点上游保护的灵敏度降低，严重时保护拒动，具体影响与 DG 接入位置有关。基于上述分析，降低分布式电源的渗透率或 DG 容量，提高配电系统的短路容量和刚性系数，是解决 DG 影响的共同策略。上述解决分布式电源对配电网传统电流保护的影响的对策归纳如下：

1）适当提高靠近系统电源侧断路器的瞬时电流速断保护可靠系数，可从原来的 1.2～1.3 提高到 1.3～1.5，同时增设限时电流速断保护以弥补瞬时电流速断保护灵敏度降低的不足。

2）给分布式电源接入点到系统母线之间所有断路器的电流保护配备方向元件，只有流过系统电源供出的短路电流时才启动保护。

3）给分布式电源接入点到系统母线之间的所有断路器配置定时限过电流保护，作为后备保护。

4）接入馈线的 DG 必须配置低压低频自动解列保护和反“孤岛”保护。

8.3.2 分布式电源对配电网自动重合闸的适应性改进策略

在配电网故障中，瞬时性故障所占的比例高达 80% 以上，采用自动重合闸可显著提高系统供电可靠性，尤其是在单电源辐射式供电网络中，自动重合闸前加速保护获得了广泛的应用。分布式电源对自动重合闸的主要影响及其对策如下：

【影响 1】分布式电源增强了故障点电弧的持续性。设接入有 DG 的线路发生瞬时性故障，系统电源侧断路器在保护作用下跳闸并启动重合闸功能，若 DG 在故障后没能及时脱离线路，而是继续向故障点输送电流并导致故障点的电弧持续，进而将会导致自动重合闸重合失败。

【对策 1】可有以下几种对策：

（1）要求变流器型分布式电源具有快速监测“孤岛”并在检测到“孤岛”后立即断开与电网连接的能力，而且防“孤岛”保护的时间必须小于重合闸时间。

（2）重合闸采取检无压重合策略，即确保在分布式电源断开后、下游配电网无电压时才启动重合闸。

（3）在分布式电源或微电网接入点的上游侧装设断路器并配置方向过电流保护和重合闸功能，当线路故障时，检测到来自分布式电源的短路电流时，先将此断路器跳闸，待电弧消除且电源侧重合成功后，再自动重合。方向过电流保护的电流整定值应不大于保护点下游线路上的分布式电源额定电流。

【影响 2】分布式电源导致重合闸非同期合闸。设接入有 DG 的线路发生瞬时性故障，系统电源侧断路器在保护作用下跳闸，若 DG 没有从电网中解列，而是形成一个电力“孤岛”或微电网继续运行。由于电力“孤岛”与电网不能保持同步，此时非同期重合闸会对电网造成很大的冲击，这种情况通常是不允许发生的。

【对策 2】自动重合闸必须具备检同期或自动同期功能。以图 8-20 所示配电网为例，在保护 P1 处设有自动重合闸前加速功能。图 8-20（a）所示为改进前的线路，若 k 点发生瞬时性短路故障，保护 P1 无选择地断开，若 DG 未解列前 P1 重合，将因电弧持续而导致重合失败。图 8-20（b）所示为采取上述对策后的线路，保护 P3 为专门增设的带有电流方向保护和检同期重合功能的断路器，电流整定值应不大于分布式电源的额定电流。若 k 点发生瞬时性短路故障，保护 P1 无选择地断开，同时保护 P3 因感受到来自 DG 方向的故障电流而断开，故障点被隔离，电弧熄灭，经过一个延时后 P1 重合成功，此后 P3 检测到正常电网电压并同期重合，电网恢复正常供电。

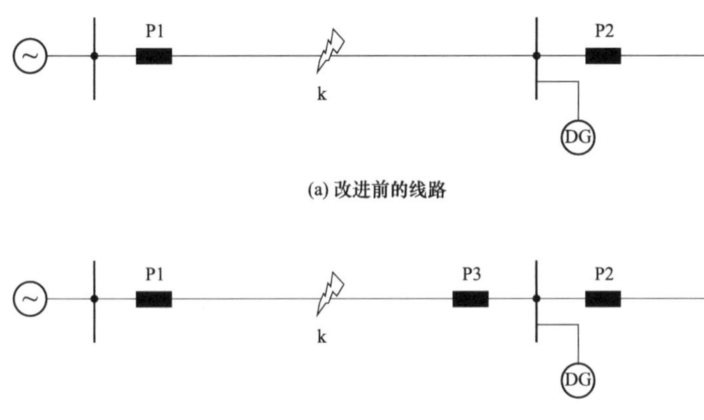

图 8-20 分布式电源对自动重合闸的影响与对策

8.3.3 广域保护技术

根据测量信息的利用方式，电力系统保护可分为利用单点（间隔层）电气量的间隔保护（如电流保护、距离保护）、利用一个变电站内多点电气量的站域保护（如母线保护）与利用多个变电站电气量的广域保护。

广域保护概念中的“多个变电站”源自其英文定义中的“multiplesubstations”，指两个及以上的变电站，也有人将其解释为 3 个及以上的变电站。为了能与仅利用一个变电站内测量信息的就地和站域保护技术相区分，宜将“多个变电站”理解为两个及以上的变电站。这样，常规的线路纵联保护也属于一种广域保护。

广域保护能更全面地利用故障测量信息、更好地协调相关站点保护装置的行为，克服传统保护仅利用本地信息的局限性，提高保护的自适应能力，具有更为优越的性能，可快速、可靠地切除故障。

广域保护是目前继电保护技术的研究热点，但现有研究主要针对输电网的后备保护以及系统的稳定控制应用。事实上，广域保护特别适用于配电网，其主要原因是：① 在配电网中，一般将一条配电线路或一组有联络关系的配电线路（称为配电线路组）作为一个保护对象来对待，保护范围较小，涉及的站点（开关、开闭所、配电所等）一般不会太多（不超过 100 个），广域保护通信网的建设以及保护系统的实现相对比较容易；② 配电网保护对动作速度的要求相对较低，允许有 100ms 甚至更长的动作延时。应用现代通信技术，完全可做到使不同站点保护装置之间的实时数据交换时间不大于 10ms，保证保护装置在 100ms 内获取需要的故障测量信息、执行保护算法并发出跳闸命令。

可与配电网自动化系统共享现场装置与通信系统，降低保护投资。近年来，配电网自动化技术快速发展。在配电网自动化系统中，IP 通信网络获得了广泛应用，配电网终端的数据处理能力与智能化水平也大为提高，能支持更为复杂的高级应用，因此，可在配电网终端内置应用软件，实现基于多个站点信息的广域保护。

需要说明，输电网广域保护的覆盖范围比较大，横跨不同的地区；而在配电网中，一个独立的供电区域仅局限于一个城市小区内，因此，有人认为使用“区域保护”的称谓更合适，也有人使用“面保护”“网络保护”的说法。根据广域保护的定义及其在配电网中是利用不同站点（开关、开关站、配电所）电气量的事实，本书仍使用广域保护这一术语。广域保护的研究兴起于 20 世纪 90 年代末，主要集中在输电网安全稳定控制方面与后备保护方面。近年来，国内外已有学者研究配电网广域保护技术，探讨配电线路上多个保护装置之间交换信息、提高保护动作的选择性与动作速度的可行性。但总体来说，对配电网广域保护的研究还处于起步阶段，还缺少成熟、实用的技术，更没有形成完整的理论与技术体系。随着对供电质量要求的提高以及分布式电源的大量接入，传统的配电网保护面临挑战，作为一种性能优越的新型保护技术，广域保护在配电网中具有广阔的应用前景广域保护利用多个站点的测量信息，有集中与分布式两种实现方式。

集中式广域保护，也称集中控制式广域保护，由一个控制主站集中采集、处理一个保护范围内保护装置的测量信息，进行保护控制决策并将保护控制命令下发至保护装置予以实施。集中控制式广域保护系统由保护装置、控制主站与通信网络组成。保护装置安装在现场开关处，采集并上传测量数据，同时接收控制主站下发的保护控制命令。在配电网中，保护装置还同时具备基于就地测量信息的保护功能，并且还可将其设计成配电网综合自动化终端，同时完成配电网自动化测量与控制功能。配电网广域保护控制主站可与配电网自动化子站复用，将广域保护作为配电网自动化子站的一个高级应用功能。通信通道完成保护装置与控制主站之间的实时数据传输功能，既可以是点对点串行通道，也可以是点对点对等通信网络。广域保护对数据传输的实时性有严格要求：保护数据传输延时不应大于 10ms。当广域保护数据与配电网自动化数据共用通信网络时，需要采取措施保证保护数据传输的实时性与可靠性。

分布式广域保护也称分布式保护，指基于分布式控制的广域保护。分布式控制又称分布式智能控制，由相关智能装置对等交换实时测控信息进行协调控制。在分布式保护系统中，保护装置自行采集、处理当地站点以及其他相关站点的测量和控制信息，进行保护控制决策并直接向所控制的开关发出跳闸命令。分布式保护要求保护装置具有比较强的实时数据处理能力，能支持广域保护高级应用软件，而且保护装置之间需要交换测量与控制信息，必须采用点对点对等通信网络。

集中控制式广域保护的控制主站能获取全面的配电网运行与故障信息，保护算法的设计相对简单，其缺点是保护装置与控制主站之间的数据传输量大，动作速度慢；需要安装专门的控制主站，主站故障会导致整体保护功能的丧失或不正常。分布式保护不需要安装专门的控制主站，动作速度快、灵活性好、系统结构简单、成本低，是配电网广域保护的发展方向。作为例子，本节下面介绍分布式电流保护与分布式电流差动保护。

8.3.4 分布式保护技术

8.3.4.1 分布式电流保护

传统的配电网电流保护难以兼顾保护动作的选择性与速动性，原因是仅利用当地的电流测量信息，上下级保护装置之间通过电流定值与动作时限实现配合。而采用分布式电流保护，上下级保护装置之间交换故障检测信息，可判断故障是否在保护区内，实现有选择性地快速动作，解决传统电流保护因多级保护配合带来的动作延时长的问题。

目前配电网的设计，线路上分段开关一般不配保护装置。一方面是为减少投资，分段开关使用负荷开关，不能遮断短路电流；更重要的原因是，主干线路配置保护后，保护级数增加（可能超过 5 级），互相之间难以实现有效的配合。目前，市场上断路器价格与负荷开关相差不大（约 20% 左右），使用断路器作为分段开关，不会增加多少投资。而随着配电网自动化技术的推广应用，许多配电线路采用光纤通信，不同开关与配电所之间能实现点对点实时通信。相信分布式电流保护作为一项减少故障停电时间的关键技术，会在配电网有一定范围的应用。

（1）保护构成与工作原理。配电线路分布式电流保护系统由安装在线路的出口断路器、主干线路分段断路器、分支线路断路器（统称为线路断路器）与配电变压器断路器上的分布式电流保护（本节以下简称保护）装置以及用于保护装置交换故障检测信息的点对点对等通信网络构成。如图 8-21 所示放射式配电线路分布式电流保护系统 0，其中

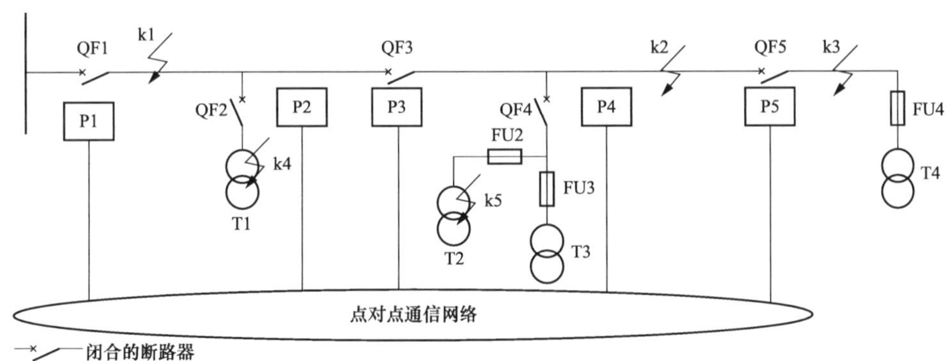

图 8-21 放射式线路分布式电流保护系统

包括线路出口断路器保护 P1、主干线路分段断路器保护 P3 和 P5、分支线路断路器保护 P4 与配电变压器断路器保护 P2 共 5 套保护根据保护的安装位置，分布式电流保护系统中的保护可分为末端保护与上级保护。末端保护包括变压器断路器保护以及其下游没有断路器保护的分支线路与主干线路断路器保护，在其下游出现短路故障时直接动

作于跳闸。上级保护是位于末端保护上游的保护，在检测到短路电流后启动，等待一个固定的动作延时，在此期间，如果接收到任何一个下游保护启动的信息，则闭锁保护；否则在达到动作时限后判断出故障在其相邻的下游保护区内，发出跳闸命令。以图 8-21 所示放射式线路分布式电流保护系统为例，P2、P4 与 P5 是末端保护；P1、P3 是上级保护。令保护的动作时限为 0.15s，在线路上不同位置故障时，保护的动作情况如下：

1）主干线路上 k1 处故障。P1 检测到短路电流起动，而其他保护不启动。P1 接收不到下级保护起动的信息，在起动后延时 0.15s 动作于跳闸。

2）主干线路上 k2 处故障。P1、P3 起动。P1 在 0.15s 内接收到 P3 起动的信号，闭锁保护。P3 在 0.15s 内接收不到下级保护起动的信号，动作于跳闸。

3）QF5 下游 k3 处故障。P5 起动，直接动作于跳闸。P1 与 P3 起动，P1 在 0.15s 内接收到 P3 的起动信号，判断为发生了区外故障；P3 在 0.15s 内接收到 P5 的起动信号判断为发生了区外故障，从而避免了越级跳闸。

4）配电变压器 T1（k4 处）故障，P2 直接动作于跳闸。P1 起动，在 0.15s 内接收到 P2 的启动信号，判断为发生了区外故障。

5）配电变压器 T2（k5 处）故障，其熔断器保护 FU2 动作切除故障（熔断器熔断时间小于 0.1s）。保护 P1、P3、P4 启动，在 0.1s 内检测到短路电流消失，3 个保护均返回，不会出现越级跳闸的现象。

分布式电流保护配置电流Ⅱ段保护作为主保护。电流Ⅱ段保护的电流定值按躲过冷起动电流整定，选为 6 倍的保护安装处的最大负荷电流。要确保下一级保护的电流定值不大于上一级保护的 0.9 倍，以使上下级保护之间可靠地配合。电流Ⅱ段保护的动作时限选为 0.15s，以与保护区内的配电变压器或分支线路的熔断器保护配合。

为简化系统构成、减少投资，可仅在线路出口断路器、主干线路分段断路器上安装分布式电流保护装置，配电变压器、分支线路仍采用常规的断路器或熔断器保护。这种情况下，分布式电流Ⅱ段保护动作时限宜选为 0.3s，以避免其在配电变压器或分支线路故障时越级动作。此外，线路断路器还要配置电流Ⅲ段保护作为后备保护，电流定值按 2 倍的最大负荷电流整定；动作时限有高、低两套定值，低时限定值按躲过冷启动电流的持续时间整定，一般选为 1s；高时限定值按常规的阶梯式原则整定。在线路上发生故障时，上级保护按与电流Ⅱ段保护类似的方法与下级保护通信，如判断出故障在其保护区内，在短路电流持续时间达到低动作时限时动作。在通信网络故障、保护之间不能正常通信时，高时限电流Ⅲ段保护按阶梯式时限动作于跳闸。

可见，由于上下级保护之间是通过交换故障检测信息判断故障是否在保护区内，因此分布式电流保护可保证在 0.15s（或 0.3s）内切除大短路电流故障。

下级保护信号的利用方式根据对下级保护信息的利用情况，分布式电流保护有闭锁型与允许型两种实现方式。

（2）闭锁型分布式电流保护。闭锁型分布式电流保护的上级保护在动作时限内接收到下级保护的启动信号后闭锁保护，否则在短路电流持续时间达到动作时限后动作。如

图 8-21 所示系统中，主干线路上 k2 点故障时，P1 与 P3 起动，P3 接收不到下级保护 P4 或 P5 的启动信号动作，而 PI 接收到 P3 起动的信号闭锁保护。

从原理上讲，上级保护既可利用所有下游保护的起动信息闭锁，也可只利用相邻的下级保护的起动信息。利用所有下游保护的起动信息，可避免下级相邻保护失灵时无法判断故障点是否在保护区内，但需要为保护装置配置所有下游保护的名称。简单起见，实际工程中可只利用下级相邻保护的起动信息的实现方式，下级相邻保护的名称在对保护装置进行配置时写入，以图 8-21 所示系统中保护 P1 为例，可仅利用相邻的下级保护 P2 与 P3 的起动信号作为闭锁信号。

闭锁型分布式电流保护实现起来简单，动作时间比较确定，不足之处是在通信线路与下级保护装置故障时，上级保护会因接收不到闭锁保护而误动。在正常运行时，保护装置应实时监测通信网络以及下级保护是否正常，在发现通信网络或下级保护故障时，自动退出分布闭锁式电流保护功能。

（3）允许型分布式电流保护。允许型分布式电流保护中的上级保护起动后主动与相邻的下级保护通信，查询下级保护的起动情况，只有在确认下级保护未起动后，才判断为故障在本保护区内，进而发出跳闸命令。下级保护发出的未起动信号，实际上是允许上级保护动作的信号，因此，称为允许式保护方式。仍以图 8-21 所示的保护系统为例，主干线路上 k2 处故障时，P1、P3 起动，P1 将接收到 P3 的启动信号闭锁。P3 接收到两个相邻的下级保护 P4、P5 都未起动的信号，判断为故障在其保护区内，在短路电流持续时间达到动作时限后动作，由于是接收到相邻的下级保护未起动的信号后才动作，因此，允许式电流保护不会因通信通道或下一级保护失效误动。考虑到配电网通信网络的故障率较高，从保证保护动作的可靠性考虑，实际工程中，应优先考虑使用允许式保护。

（4）环式线路中下级保护信号的利用方式。以上介绍的分布式电流保护针对放射式配电线路。对于带有联络电源的环式线路，保护之间的上下游关系会随着供电电源的不同而改变。例如图 8-21 所示配电线路中，假如断路器 QF1 断开，线路由 QF5 右侧电源供电，则保护 P3、P4 就成为 P5 的下级。如果采用上述放射式线路上分布式电流保护，在供电电源切换时，就需要为保护重新配置下级保护信息。因为线路的运行方式可能经常变化，采用人工方式在当地或通过主站进行配置工作量大且容易出错。可由主站识别实时线路拓扑结构，并根据拓扑结构的变化自动对保护配置，也可由保护装置采用逐级查询的方式，自动识别线路拓扑结构的变化并改变保护的配置。

为避免在环式线路供电电源改变时重新配置保护的上下级关系，除线路出口保护外，上级保护需与两端相邻的保护通信，闭锁型分布式电流保护的闭锁条件改为：接收到双侧相邻保护的起动信号闭锁；而允许型分布式电流保护的动作条件为：其中一侧所有的相邻保护均未启动。

下面以允许型分布式电流保护为例，介绍环式线路分布式电流保护的工作原理。图 8-22 所示分布式电流保护系统中，假设断路器 QF5 是联络开关，正常运行时处于分位。保护 P1 的动作条件与放射式线路保护相同，保护 P3、P5 与 P6 动作条件为有一侧的相邻保护均没有起动。主干线路上 k1 处故障，P1 动作过程与放射式线路相同。k2 处故障，P1 与 P3 起动，P1 接收到相邻保护 P3 的起动信号闭锁，P3 接收到左侧相邻保护 P1 的起动信号，但 P3 右侧的相邻保护 P4 与 P5 发来的均是保护未起动的信号，因此 P3 动作于跳闸。

当运行方式改变时，如 QF5 处于合位但 QF3 处于分位（见图 8-23）。k1 处故障时 P1 动作过程与前面介绍的情况类似。k2 处故障时，P5、P6、P7 起动，P7 将接收到 P6 的起动信号闭锁，P6 接收到两端相邻 P5 与 P7 的起动信号也闭锁，P5 接收到右侧相邻保护 P6 的起动信号，但 P5 左侧的相邻保护 P3 与 P4 发来的均是保护未起动的信号，因此 P5 动作于跳闸。

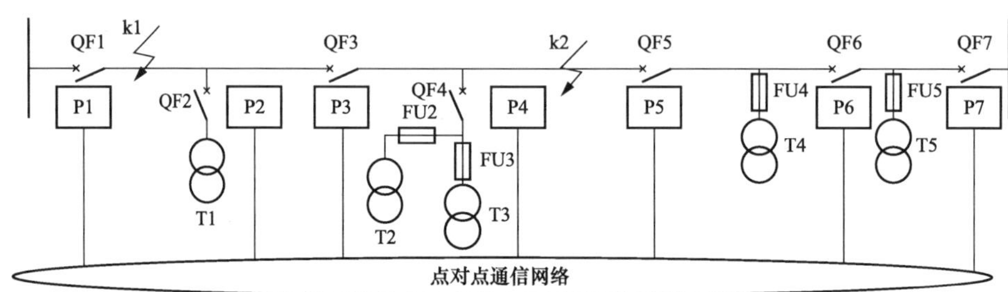

图 8-22　环式线路分布式电流保护系统

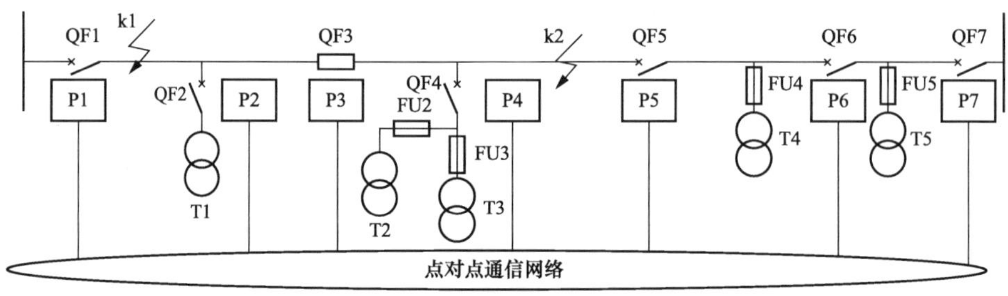

图 8-23　运行方式改变后的环式线路

8.3.4.2　*分布式电流差动保护*

闭环运行环网（简称闭式环网）采用断路器分段，联络断路器正常运行时处于合位，在线路发生短路时由保护装置直接跳开故障区段两端断路器切除故障，使非故障区段用户的供电不受影响，实现故障的无缝自愈。闭式环网具有非常高的供电可靠性，在中国香港、新加坡以及美国的奥兰多等地有大量的应用。现有的闭式配电环网采用常规的电流差动保护，需要为每一个线路区段安装一对（两套）保护装置且使用专用的导引线或通信通道，构成复杂、投资大；而采用分布式电流差动保护，相邻保护装置之间交换、处理线路区段两端的故障电流信息识别故障区段，则可简化保护系统的构成，减少保护成本。分布式电流差动保护还可用于有源配电网中，解决电流保护没有保护区的问题。

（1）保护的构成与工作原理。电缆环网的分布式电流差动保护系统如图 8-24 所示，保护装置（P）或具有保护功能的智能终端（STU）之间通过以太网交换实时数据，比较流过电缆线路区段两端进线断路器的短路电流相量测量结果，判断故障是在被保护区内还是区外。

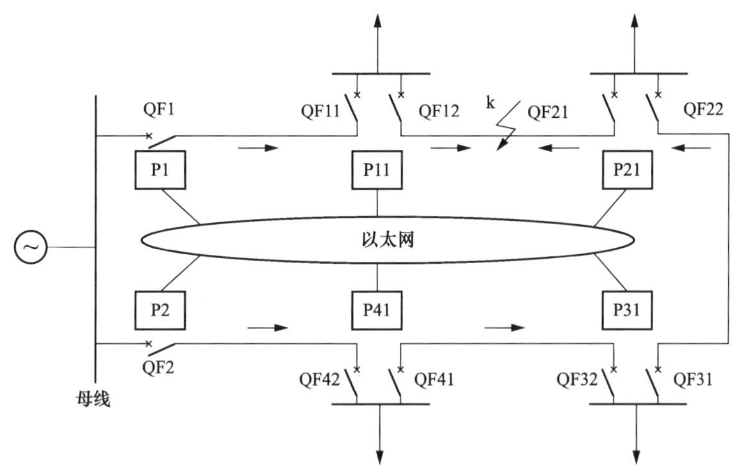

图 8-24　闭式环网广域电流差动保护系统

闭式环网中的分布式电流差动保护采用分相电流相量差动方法，其保护判据为：非故障区段两端短路电流幅值相同、相位相反（电流参考方向由断路器指向线路），相量差动电流为零；而故障区段两端短路电流相位相同，相量差动电流大于门槛值。如图 8-24 所示闭式环网中，设 k 点发生永久故障，各保护装置在检测到短路电流后立即与相邻保护交换短路电流测量信息。QF12 处保护 P11 与 QF21 处保护 P21 检测的短路电流相量相同，差动电流大于门槛值，判断出故障在 QF12 与 QF21 之间区段上，控制 QF12 与 QF21 跳闸切除故障。其他各区段两端保护检测到的短路电流相位相反，差动电流为零，判为健全区段，保护不动作。

有源配电网中的分布式电流差动保护需要考虑分布式电源短路电流的影响，在保护区内分布式电源短路电流比较大（大于 1.5 倍的线路额定电流）时，可采用端部电流相位比较保护。

分布式电流差动保护通过以太网而不是专用通道交换信息。而所有的保护装置同时使用一个以太网交换保护信息而且还要同时传输实时监控信息，因此人们会担心保护信息的传输速度与可靠性没有保证，进而影响保护性能。理论分析与实际测试结果表明，采用专门的技术措施，保护装置能过以太网在 10ms 以内将保护信息传输到目的装置，保证保护在 100ms 内可靠动作。

（2）利用故障信号的电流相量测量同步方法。数字式电流差动保护要求两端保护装置之间同步测量故障电流相量。常规的数字式差动保护采用点对点专用通信通道，线路两端保护装置之间通过交换信息，测量通道传输延时进而核对装置的时标，实现同步采样。而由于分布式电流差动保护装置之间通过以太网交换信息，数据传输时间存在不确定性，因此采用常规的差动保护同步方法，难以保证时间同步精度。解决问题的途径是采用接收全球定位系统（如 GPS、北斗系统）授时信号的同步时钟（或模块）给保护装置对时，但存在增加成本与安装空间的问题且在授时系统故障时会因失去同步信号造成保护功能不正常。

配电线路距离很短，可忽略故障电流传播时间，认为线路上所有保护装置同时感受到故障电流，以保护装置检测到故障电流出现的时刻作为相量测量的时间参考点，即可实现两端保护装置相量测量的同步。这种同步方法不需要增加硬件，具有易于实施、可靠性高的优点。

1）故障时刻检测误差。故障电流出现时刻的检测，可通过判断电流突变量是否超过门槛值来实现电流（相电流）突变量的计算公式为

$$\Delta i = i - i(t-T) \tag{8-38}$$

式中：i 为当前电流瞬时值；T 为工频周期；$i(t-T)$ 为一个周期前电流瞬时值。在正常运行时，负荷电流幅值恒定或变化缓慢，前后两个周期的值基本相等，突变量接近为零；而当故障电流出现时，对于故障后第一个周期内的瞬时值来说，前一个周期的瞬时值是负荷电流瞬时值，因而式（6–1）计算出的突变量是短路电流中的故障分量瞬时值。根据故障分析知识，无论配电网中发生任何形式的短路，电流故障分量（突变量）中的稳态周期分量表达式为

$$\Delta i = \Delta I_m \sin(\omega t + \varphi) \tag{8-39}$$

式中：ΔI_m 为电流故障分量中周期分量的幅值；φ 为电流故障分量中周期分量故障时刻初相角。

由于配电网中包含电感分量，电路中的电流不能突变，电流故障分量中还包含非周期分量。在故障时刻电流故障分量的值为零，因此，非周期分量的幅值与周期分量在故障时刻的值相等，总的电流故障分量的表述式为

$$\Delta i = \Delta I_m \sin(\omega t + \varphi) - \Delta I_m \sin\varphi e^{-\frac{t}{\tau}} \tag{8-40}$$

式中：t 为故障回路的衰减时间常数。

故障电流出现时刻检测的判据为电流故障分量绝对值 $|\Delta i|$ 不小于门槛值 e，即

$$|\Delta I_m \sin(\omega t + \varphi) - \Delta I_m \sin\varphi e^{-\frac{t}{\tau}}| \geqslant \varepsilon \tag{8-41}$$

假设 $t=0$ 时发生故障，在 t 时刻电流故障分量绝对值 $|\Delta i|$ 等于门槛值 e，就是故障时刻检测误差。

门槛值 ε 一般根据被保护线路的最大负荷电流（有效值）I_N 设定，例如设为 pI_N，p 为门槛值占额定电流的比例。设电流故障分量中周期分量的有效值是额定电流的 m 倍，则其幅值为

$$\Delta I_m = \sqrt{2} m I_N \tag{8-42}$$

由此得到计算故障时刻检测误差的方程式为

$$|\sin(\omega t_{\rm d}+\varphi)-\sin\varphi e^{-\frac{t_{\rm d}}{\tau}}|\geqslant 0.707\frac{\rho}{m} \tag{8-43}$$

可见，大小与故障电流幅值、故障初始相角、故障回路时间常数以及门槛值的大小有关。

配电网故障回路的时间常数 t 一般在 10ms 左右；门槛值设为额定电流的 10%，即 $p=10\%$；假设保护装置的采样频率为 6.4kHz，采样时间间隔为 0.39ms，为 0.39ms 的整数倍考虑较不利的情况，故障电流幅值是额定电流的 2 倍，则根据式（8–43）得到如图 6–5 所示的故障电流时刻检测误差 $t_{\rm d}$ 与故障初始相角 φ 的关系。可见，当 φ 等于 0 时，$t_{\rm d}$ 最大，达 6.6ms（17 个采样点）；而当 φ 等于 ±90°时，$t_{\rm d}$ 最小，为 0.39ms（1 个采样点）。

故障时刻检测误差引起的故障电流相位检测误差为

$$\alpha=\frac{360^\circ}{T}t_{\rm d} \tag{8-44}$$

对于频率为 50Hz 的交流电力系统，每 1ms 故障时刻检测误差引起的相位测量误差为 18°。根据上面的分析，故障电流时刻检测最大误差为 6.6ms，故障电流相位测量最大误差为 118.8°显然是比较大的。

由式（8–43）可知，故障时刻检测误差 t 的大小与故障电流的幅值成反比。故障电流越大，检测误差越小。实际配电网中，故障电流的幅值一般不会小于额定电流的 4 倍，而且绝大部分（90% 以上）故障的初始相角大于 30，故障时刻的检测误差远小于上面计算得出的 6.6ms。以上介绍的检测故障出现时刻的方法比较简单。而发挥现代微处理器数字信号处理能力强的优势，采用更为高级的算法，可提高故障时刻检测的精度。这是下一步分布式电流差动保护研究需要解决的关键技术问题。

2）故障时刻检测误差对电流差动保护的影响。下面分析故障时刻检测误差对差动电流的影响，进而评估故障检测时刻误差对电流差动保护动作的影响。

设配电网发生故障时，线路区段 M、N 两端的故障电流相量为与，则差动电流为

$$I=|\dot{I}_{\rm M}+\dot{I}_{\rm N}| \tag{8-45}$$

理想情况下，外部故障时，两端短路电流幅值相同、相位相反（电流参考方向由断路器指向线路），差动电流为零；而故障区段两端短路电流相位相同，差动电流大于门槛值。

考虑故障时刻检测误差后，非线路区段两端保护计算出的故障电流相量分别为

$$\begin{cases}\dot{I}_{\rm M}=I_{\rm M}e^{{\rm j}(\varphi+\alpha_{\rm M})}\\ \dot{I}_{\rm N}=I_{\rm N}e^{{\rm j}(\varphi+\alpha_{\rm N}+\pi)}\end{cases} \tag{8-46}$$

式中：$\alpha_{\rm M}$ 与 $\alpha_{\rm N}$ 分别是线路区段两端保护故障时刻检测误差引起的相量相位测量误差由于存在故障时刻检测误差，线路区段两端保护计算出的故障电流相量之间存在数值为（$\alpha_{\rm M}-\alpha_{\rm N}$）的相位误差。在出现外部故障时，即便线路区段两端故障电流幅值相等，其相量差也并不为零。假设两端电流幅值均为 I，根据图 6–6，相位测量误差引起的差动

电流计算误差的幅值为

$$\Delta I=\sqrt{2}I\sqrt{1-\cos(\alpha_{\mathrm{M}}-\alpha_{\mathrm{N}})} \tag{8-47}$$

可见，外部故障时线路区段两端相量差动电流大小取决于两端相位测量误差 α_{M} 与 α_{N} 之间的差值。实际系统中，检测到的故障电流出现时刻总是滞后于实际故障发生时刻，α_{M} 与 α_{N} 都是正值。因为非故障区段的两端位于故障点的同一侧，两端故障电流的幅值差别不会太大，电流相位检测误差 α_{M} 与 α_{N} 接近，由此引起的差动电流的计算误差 ΔI 也比较小，不会造成保护误判断。

对于故障区段来说，两端故障电流的幅值差别可能很大，两端电流相位的检测误差 α_{M} 与 α_{N} 会有较大的差别，由此引起的差动电流计算误差也可能比较大。但这种情况下，因为两端电流幅值之间的差别大，电流相位计算误差不会对计算出的差动电流产生很大的影响，不会造成保护拒动。

8.3.5 配电网反“孤岛”保护

根据配电网“孤岛”运行的特征和检测技术，反“孤岛”保护主要有基于本地电气量的被动式反“孤岛”保护、通过注入信号或者由逆变器施加扰动的主动式反“孤岛”保护，以及基于远方通信的反“孤岛”保护。实际分布式电源并网时应用较多的主要有电压保护、频率保护以及基于通信的远方联跳保护等。

（1）电压保护。电压保护即通过检测“孤岛”运行时电压的变化实现的反“孤岛”保护，包括欠电压和过电压保护。欠电压与过电压保护的整定要分别躲过正常运行时允许的电下限与上限值，动作时限应比上一级保护的动作时限大一个时间级差，以防止上一级保护区外故障时误切分布式电源。

为在分布式电源出口附近发生故障以及在过电压值比较大时快速切除分布式电源可根据不同的电压偏移选择不同的动作时限，例如 GB/T 33593—2017《分布式电源并网技术要求》就对小型光伏电站的欠电压与过电压保护提出了要求，见表 8-2。

表 8-2　　电压保护整定的要求

并网点电压	动作时限
$U<50\%U_{\mathrm{N}}$	最大分闸时间不超过 0.2s
$50\%U_{\mathrm{N}}\leqslant U<85\%U_{\mathrm{N}}$	最大分闸时间不超过 2.0s
$85\%U_{\mathrm{N}}\leqslant U<110\%U_{\mathrm{N}}$	连续运行
$110\%U_{\mathrm{N}}\leqslant U<135\%U_{\mathrm{N}}$	最大分闸时间不超过 2.0s
$135\%U_{\mathrm{N}}\leqslant U$	最大分闸时间不超过 0.2s

注：U_{N} 为分布式电源并网点的电网额定电压。

为了防止上一级保护区外故障时造成反“孤岛”保护误动，按与电流Ⅱ段保护动作时限配合的原则，宜将深度欠电压保护的动作时限整定为 0.5s。

随着分布式电源渗透率的提高，为避免分布式电源在系统故障或扰动时大量脱网可能使系统电压崩溃，要求分布式电源具备低电压穿越能力。这种情况下，需要调整欠电压保护的电压定值与动作时限，以满足分布式电源实现低电压穿越的要求

（2）频率保护。频率保护包括反映频率偏移与频率变化量两类保护。

1）低频率与过频率保护。频率异常分为低频率保护与过频率保护，其整定值要分别躲过正常运行时允许的频率下限与上限，动作时限躲过系统（包括配电网）故障的持续时间，以防止频率测量不准确造成保护误动。实际工程中，频率保护的动作时限可按与电流Ⅱ段保护配合的原则整定，选为 0.6～1s。

为了防止频率保护在系统扰动时误动，分布式电源并网标准规定的频率保护下限与上限与额定值的偏差都比较大，并且要求分布式电源在频率升高时降低有功输出。表 8-3 给出了 GB/T 33593—2017《分布式电源并网技术要求》对频率偏移保护的要求，对分布式电源退出运行的频率下限与上限分别是 48Hz 与 50.5Hz，远远超过了正常运行时允许的频率变化范围。

表 8-3　频率保护整定的需求

频率范围	要求
低于 48Hz	退出运行
48～49.5Hz	每次频率低于 49.5Hz 时要求至少能运行 10mm
49.5～50.2Hz	连续运行
50.2～50.5Hz	频率高于 50.2Hz 时，分布式电源根据调度要求降低有功输出
高于 50.5Hz	退出运行

2）频率变化率保护。为提高保护灵敏度，可采用频率变化率 d/dt 保护，其频率变化率的整定值在 0.1～10Hz/s，动作时限也是要躲过系统故障的持续时间，一般选为 0.6～1s。

频率变化率保护也存在无法区分系统扰动与“孤岛”运行引起的频率变化的问题。系统扰动引起的频率变化率相对较小，而“孤岛”运行引起的频率变化率比较大，如果将定值设得大一些，如设为 0.5Hz/s，大部分情况下，可避免在系统频率变化时误切分布式电源。

（3）基于通信的远方联跳保护。

1）直接远方跳闸保护。直接远方跳闸保护（direct trip transfer，DTT）是通过安装在变电站内的保护装置或配电线路智能终端（smart terminalunit，STU）在检测到变电站出线断路器或线路开关跳闸时，通过通信通道向下游分布式电源并网开关处的智能终端发出命令，跳开并网开关。直接远方跳闸保护需要建设通信设施，如果和配电网自动化系统共享通信通道则可以避免建设专门的通信通道，就可以节省通信投资

2）分布式远方跳闸保护。直接远方跳闸保护是一种非常可靠的反“孤岛”保护措施。不过，如果在分布式电源与变电站出口断路器之间还有分段开关时，则需要采用集

中控制装置，统一采集处理出口断路器与上游分段开关的动作信息，在上游任何一个开关动作时都发出远方跳闸命令，断开分布式电源。集中控制装置需要额外的投资且控制响应速度比较慢。

以图 8-25 所示的由 STU 和以太网构成的广域测控系统为例，分布式电源并网处的 STU 是反“孤岛”保护主控 STU，它保存分布式电源上游出口断路器以及所有线路分段（分支）断路器的名称等信息，这些断路器处的 STU 在跳闸时会在以太网上发布一个断路器变位信号，反“孤岛”保护主控 STU 接收到这些断路器的变位信号后，发出断开分布式电源并网断路器的命令。

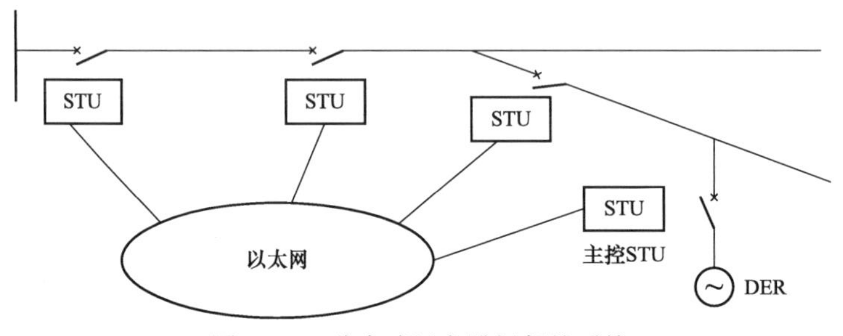

图 8-25　分布式远方跳闸保护系统

8.3.6　5G 差动保护

（1）5G 无线通信技术特点。

1）5G 通信的特点。2015 年 6 月，在国际电信联盟（ITU）第 22 次会议上明确了 5G 通信关键特性的提升，包括高速率、高连接数密度、低时延、高可靠性等。综合相关文献及数据对比表明，5G 与前几代无线通信技术在通信速率、端到端时延、通信可靠性以及时间同步等技术指标方面均有质的飞越，与配电网差动保护对通道的技术需求非常吻合。

2）5G 通信的应用场景与切片技术。ITU 定义了 5G 的三种应用场景，分别为超高可靠和低延时通信（ultra-Reliableand Low Latency Communications，uRLLC）、增强型移动宽带（enhanced Mobile Broadband，eMBB）和海量机器类通信（massive Machine Type Communication，mMTC），5G 通过三种应用场景为不同垂直业务领域提供差异化服务。

配电网差动保护是 5G 三大应用场景中的 uRLLC 业务，其对端到端（End-to-end，E2E）时延以及传输可靠性有严格的要求。按移动标准定义，一个通用的网络架构是由终端、基站、核心网、应用服务器组成，除了终端与基站属于空口传输，其他都是光纤汇聚的形式，即经过的节点越多，业务流的时延就会越大。为满足 uRLLC 业务端到端超低时延要求，需要在 5G 架构内引入网络切片技术。其实施方案是通过移动边缘计算（Mobile Edge Computing，MEC）、用户面功能（User Plane Function，UPF）下沉、控制面和用户面分离等技术，摒弃常规传输链路，将多跳传输简化为一跳或最小跳数，最大程度降低基站至核心网的回传时间以及核心网内的传输延时。单向端到端网络时延示意图如图 8-26 所示。

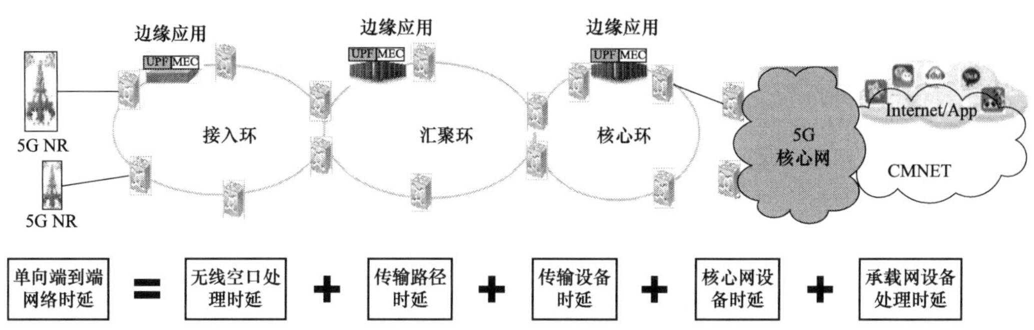

图 8-26 单向端到端网络时延示意图

网络切片是基于同一个物理网络而构建不同逻辑网络的技术；MEC 是指通过在无线接入网侧部署通用服务器，为接入网提供云计算能力的技术。采用基于 MEC 的网络切片，既能保证配电网差动保护通信延时的需求，又能保证通信安全性要求。

（2）5G 通信自同步配电网差动保护关键技术。配电网差动保护构成方式如图 8-27 所示，MN 代表有源配电网中的某个馈线区段，两端保护装置通过 5G 终端模块接入 uRRLC 切片网络，从而实现保护装置之间基于 5G 网络的实时数据交换。

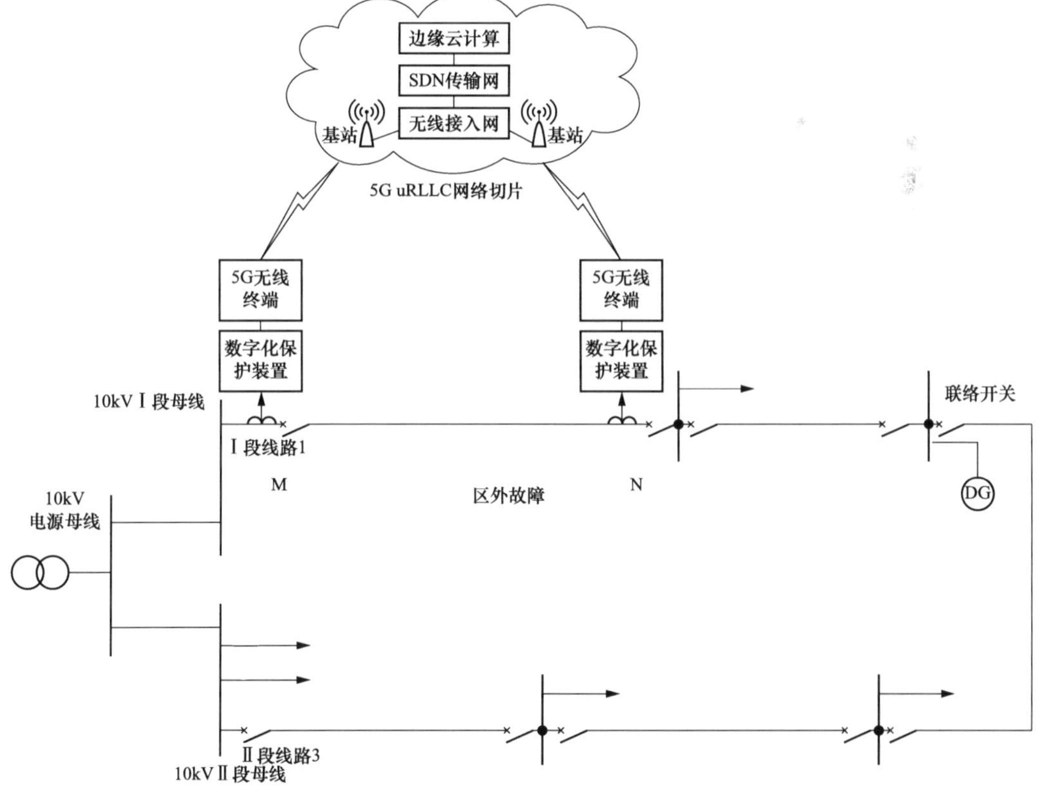

图 8-27 配电网差动保护构成方式

1）故障时刻自同步技术。差动保护建立在基尔霍夫电流定律之上，在原理上需要两端电流数据的同步。与输电系统专用光纤通道不同，5G 通信来回时延不等，传统算法无法应用；虽然基于卫星时钟的同步方法不要求通道来回时延相等，但是需额外增加接收装置和同步电路，带来了成本增加、结构复杂和可靠性问题。

为解决以上矛盾，研究提出了故障时刻自同步专利技术，由于配电线路较短（几百米至十几千米），电磁波在线路上的传播时间为几微秒至几十微秒，故障发生时线路两端几乎同时出现故障引发的电流突变；两端保护以检测到的电流突变时刻（等同为故障发生时刻）为时间起点，计算或提取各侧的电流量（相量或瞬时值），实现两端电流数据的同步测量，然后将同步测量数据打上时标并经 5G 信道传到对侧，完成差动保护需要的数据同步与实时交互。

理论分析与仿真及实验结果表明，该方法满足差动保护的同步要求。该方法依靠自身软件实现数据同步，不依赖外部同步时钟，不受通道来回时延影响，不受保护装置安装环境影响，完全适配 5G 通信配电网差动保护。

2）差动保护动作判据。配电网差动保护主要用来快速识别和隔离馈线区段上发生的相间短路。为适应配电网在结构、故障特性、负荷特性上的多样性，配电网差动保护采用不同的电流量及差动判据形式。

① 区段内无分支配电网场景：该场景下环网柜之间馈线上没有负荷分支。此时，可采用全电流分相差动动作判据，公式为$|\dot{I}_{m}\alpha+\dot{I}_{n}\alpha|>K|\dot{I}_{m}\alpha-\dot{I}_{m}\alpha|$、$|\dot{I}_{m}\alpha+\dot{I}_{n}\alpha|>I_{op}$。

第一个方程为带有比率制动特性的主判据，用在故障情况下有效区分区段内、外部短路；第二个方程为辅助判据，用来防止保护在稳态情况下因负荷波动、不平衡电流等因素引起的误动。

该判据能正确检测环网或有源配电网被保护区段上发生的两相或三相短路；若是小电阻接地系统，也能反应单相接地短路。单侧电源供电（如开环运行）或弱馈现象（如一端为逆变类 DG）发生时，一端电流为零或很小，而系统侧电流很大，由于比率制动系数 K 小于 1，同时最小动作门槛 I_{op} 又小于负荷电流，因此判据中的两公式恒满足，保护能可靠动作。

② 区段内有分支配电网场景：该场景下环网柜之间常接有分支负荷或分支电源，形成 T 接馈线。若分支点处电流可测（如分支电源场景），则可采用三端线路差动保护判据形式；即在上述公式的基础上，将分支线路电流添加到差动电流与制动电流中，任一分支发生短路均可判定为内部故障。若分支点处电流不可测（如分支负荷场景），则需要考虑分支负荷变化对差动保护产生的影响。此种情况下，可采用基于故障分量的差动判据形式。考虑到任何故障类型都存在正序分量且逆变类 DG 故障情况下的输出电流主要是正序电流，因此采用基于正序故障分量电流的差动判据，能适应具有不可测分支电流的配电网场景。

（3）保护装置实现。

1）硬软件开发部分。通过配置 5G 用户终端模块（CustomerPremiseEquipment，CPE）、更新通信接口配置方案、升级软件算法等方式，研制开发出嵌入电流差动保护功能的智能终端单元（Smart TerminalUnit，STU）。装置应支持 5G 网络（无线）与光纤通道（有线）两种不同类型的通信方式，并支持模拟量输入、空接点输入和开出（控制分、合闸）、周波采样、A/D 转换，并具有相关电以太网口和通信口。

装置软件开发分为底层软件和上层应用软件两部分。底层软件主要负责模拟量的采集、存储和计算、开关量的监测和控制、装置 IP 的获取、AI 与 DI/DO 等进程之间的功能串联等。上层应用软件主要负责装置间通信的建立、数据帧的收发和解析、差动逻辑的判断以及保护跳闸命令发出等。针对单侧电源供电或由于弱馈导致一端保护不能启动的内部故障情况，装置设计了远方启动及跳闸逻辑，能保证两端保护的可靠动作。装置除具备差动保护功能外，同时具备“三遥”、TA 断线检测和通信中断闭锁等功能。

2）通信协议和数据帧结构。5G 差动终端之间的通信采用面向连接的 TCP/IP 协议，数据帧由报文头、电流量、电压量、开关量、时间标签、采样值标号、控制位、校验位、报文尾等信息组成。其中，电流信息可根据保护判据的需要选择三相电流相量、三相电流瞬时值、序分量等不同形式，也可包含全部；电压信息则根据现场条件及判据需要选择相电压、线电压或零序电压相量。一帧数据的字节数将会因传送不同形式的电流、电压信息而发生变化，考虑备用信息裕度后将不少于 60 字节。5G 终端工作时需要置入 SIM 卡，通过在 CPE 中设置镜像连接，使保护发出的数据帧可由 CPE 经过 5G 切片网络发送至对端。正常运行情况下，保护装置通过定间隔发送测试帧来实时监测通道状态。故障状态下，两端保护启动并执行故障处理程序，通过交换数据帧实现差动判定。

3）5G 差动时延分析。动作时间是衡量差动保护性能的一个重要指标，5G 通信条件下需要分析其时延构成及理论数值。由于两端保护采用对等通信，N 端保护动作时间与 M 端保护大致相等。综上，本文所开发的 5G 通信差动保护其动作时间在理论上小于 60ms；若采用就地跳闸，则故障的隔离时间不会超过 100ms。这对于缩短敏感负荷在低电压下的运行时间，实现快速故障自愈具有重要支撑作用。

（4）技术总结。

1）5G 切片网络的端到端通信延时为 8～14ms，平均值小于 11ms，比光纤通信长约 8ms，满足配电网差动保护对通道的延时要求。

2）采用相量形式进行数据交换，在所进行的上千次测试中没有发现数据传送错误，验证了切片网络通信的可靠性。

3）故障时刻自同步方法构思新颖、实现简单，不需要外部时钟对时，不受通道来回时延影响，为 5G 通信配电网差动保护提供了实用化同步手段。

4）能正确识别不同接地方式系统发生的相间短路和小电阻接地系统发生的单相接地故障，适用于单侧电源供电、双侧电源供电、DG 接入等不同配电网场景。

5）保护装置结构紧凑、易于安装，适用于在环网柜或开关站内按单间隔进行配置，构成面向馈线区段的分布式差动保护，实现馈线故障的准确定位和快速隔离，动作时间在 60ms 以内。

8.3.7 多端电流差动保护的实现

（1）适用于多点T接输电线路的拓扑结构。适用于多端系统的保护装置通信配置，从拓扑结构上看，主要有环（链）式和主从式。对于多点T接线路，典型的环式光纤配置方案如图8-28所示。保护装置分别配置在线路上的各个节点，保护装置之前的通道通过“手拉手”的方式形成了环形链路。采用环形链路时，各侧的保护装置通过数据的上行和下行，能完成数据共享，每台保护装置都能进行差动保护计算，满足差动动作条件后，各侧保护可独立出口，但是采用这种方式时，在进行节点线路扩展时，涉及三个节点的光纤配置并且随着环路的扩大，通信节点的增加，会导致整个环网的通信延时增加，从而可能会造成保护装置的动作时间偏长。

如图8-29所示，对于主从式的多端系统，各侧分别安装保护装置，从机和主机之间通过光纤连接，主机完成本侧和其他各侧的数据收集和数据同步，并完成差动保护的计算，满足动作条件后，差动保护动作，同时主机将跳闸信号发送至各侧，由各侧独立完成跳闸行为。这种方式节点扩展简单，结构清晰，易于多点线路上接点的改变，采用主从方式时，保护动作时间不随节点的增加而增加，仅和各通道的最大通道延时有关。

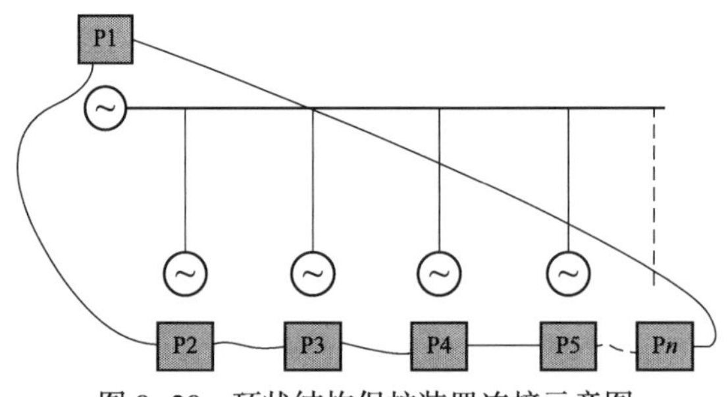

图8-28 环状结构保护装置连接示意图

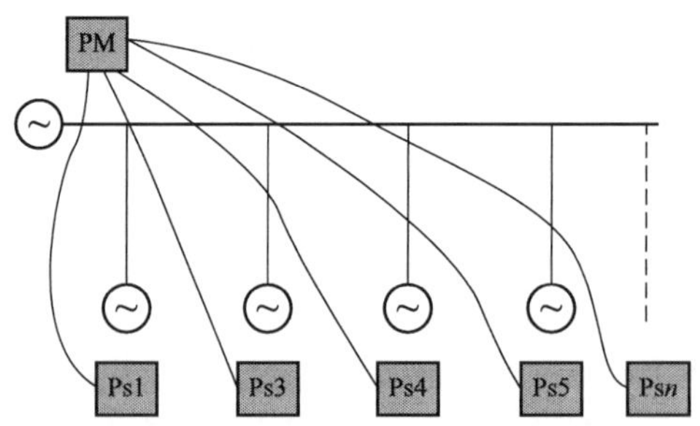

图8-29 主从式保护装置连接示意图

多点T接线路由于其灵活的输电方式，并且新能源存在分布式的特点，多点T接主线上会存在经常变化的情况。为此，差动保护的设置需要能够根据线路的拓扑结构进行灵活设计，为此，主从结构的拓扑方式更加适用于多点工接输电线路。

（2）多点T接线路差动保护装置设计及方式转换。对于主从结构的差动保护装置，主机需要完成对所有子机的数据收集，其对通道接口的数量要具备可扩展性。为此，保护装置采用可扩展的总线设计方式，通过对主机通信板卡的扩展，可完成通信节点的扩容，通信板卡采用即插即用的方式，能灵活扩展。

在通信软件设计上，为了能满足T接端数的灵活增加和减少的需求，保护装置采用以下主从机通道投入的方式来进行通道以及差动保护功能控制：

1）主机的每个通道均设置有对应的通道压板。

2）从机的通道设置通道压板。

3）仅当从机的通道压板和从机对应通道的通道压板投入时，该通道才能投入，并参与差动逻辑。采用这种通道投退方案时，能保证在某端进行一次T点结构变化时，其他侧的保护装置仍能正常运行。

（3）适用于多点T接线路的差动判据。一般情况下，比例差动保护动作方程为

$$\begin{cases} I_{\text{dif}} > kI_{\text{res}} \\ I_{\text{dif}} > I_{\text{ser}} \end{cases} \tag{8-48}$$

式中：I_{diff} 为差动电流；I_{set} 为制动电流；k 为制动系数。对于多端系统，差动电流和制动电流的表达式为

$$\begin{cases} I_{\text{dif}} = \sum_{a=1}^{n} \dot{I}_{\text{a}} \\ I_{\text{res}} = \sum_{a=1}^{n} |I_{\text{a}}| \end{cases} \tag{8-49}$$

采用式（8-49）作为差动电流和制动电流，在发生区外故障时，保护装置能获取最大的制动量，但同时会导致在区内故障时制动量同样大的问题，制动系数取值不能太高，一定程度上影响了判据的可靠性。另外，对于一个多点T接系统，可能会出现电流汲出问题，往往会导致差动保护灵敏度不够，甚至会出现差动保护拒动的情况。

理想的制动电流应满足在区外故障时能保有最大的制动量保证可靠性，在区内故障时制动量尽量小保证灵敏度。取制动电流 I_{res} 为

$$I_{\text{res}}(t) = |\sin(\theta/2)| \left| \dot{I}_{\max} - (\sum_{a=1}^{n} \dot{I}_{\text{a}} - \dot{I}_{\max}) \right| \tag{8-50}$$

式中：$I_{\max}$ 为幅值最大的相量；θ 为相量 $I_{\max}$ 和 $I_{\text{a}}-I_{\max}$ 的夹角。

当发生区外故障时，根据基尔霍夫电流定律相量和（>, 1-1.）呈现出大小方向相反的特征，制动量能达到 $2|I_{\max}|$；区内发生故障时，$I_{\max}$ 和 $I_{\text{a}}-I_{\max}$ 相位基本接近，此时的制动电流可维持在一个较小的水平，能保证灵敏度，两者相角正弦函数的引入，进一步强调了两者的区内外特征，有助于灵敏度的提升。即使对于电流汲出的情况，由于穿越性的汲出电流其矢量和始终为零，不贡献制动量，故差动保护在区内故障时，能始终保证高灵敏度。另外，对于端数可自由变换多端系统，为了能进一步提高差动保护的自适应程度，将系统端数引入制动系数，保护装置能根据接入的通道数进行制动系数 k 值的自动调整，形成 k 为

$$k_{new} = k \times (\frac{1}{n})^{\frac{1}{e}}$$

式中：n 为主机感受到的投入通道的数量；e 为自然常数取 2.7183。使用此常数可以保证 k 得到个比较良好的变化区间，从 2 端系统到 6 端系统的系数见表 8-4。

表 8-4　从 2 端系统到 6 端系统的 k 值系数

系统端数	2	3	4	5	6
k 值系数	1	0.78	0.67	0.6	0.55

8.4　小　　结

本章首先介绍了一些主要基于频域量和时域量的继电保护新原理。其中，目前已有基于频域量的继电保护技术包括基于电压突变量的故障选相新方法、基于正序电流相角突变量方向的保护新方法、转速频分量保护原理、基于电流行波固有频率的输电线路纵联保护新技术和基于固有频率的长距离输电线路保护新技术等。目前已有的基于时域量的继电保护技术包括基于线路两侧电流余弦相似度的纵联保护原理、基于余切相似度的纵联保护新原理、基于线路两侧电流变化量相似度的纵联保护原理和基于线路阻感模型符合度识别保护原理等。

其次，主要针对分布式电源大规模接入配电网场景下，传统配电网保护面临严峻挑战，进而催生一系列配电网保护新技术。在应对分布式电源对配电网电流保护的影响时，采取重新计算和调整电流保护定值等适应性改进策略，使保护能够适应电流分布变化。针对分布式电源对配电网自动重合闸的影响，优化重合闸逻辑，确保动作的安全可靠。

同时，广域保护技术和分布式保护技术代表了配电网保护的新方向。广域保护技术借助通信网络，广泛收集分布在不同位置的电气量信息，从全局层面实时监测和快速保护电力系统；分布式保护技术强调各保护单元的自主决策与信息交互协作，提升保护的灵活性与可靠性。配电网反“孤岛”保护技术则是防止分布式电源在电网失电后形成“孤岛”运行，保障人员与设备安全。

此外，随着通信技术发展，5G 差动保护利用 5G 通信的高速率、低时延优势，实现差动保护信号快速传输，显著提升保护动作速度与准确性。多端电流差动保护通过综合分析多端电气量变化，进一步提高保护的可靠性与灵敏性，为配电网的安全稳定运行提供了更有力的保障。

9 新能源场站送出线路典型故障案例

9.1 风电场送出线路故障

9.1.1 某风电场送出线路故障

某风电场为内陆山地风电场，风电机组布置区域为一条不连续、东西走向的山脊，单台机组发电容量 2MW，全站总装机容量 100MW，有双馈和直驱两种机组类型，机端电压 700V，经箱式变压器升压至 35kV，50 台机组经 5 条汇集线路接入 220kV 升压站 35kV 母线，经主变压器升压至 220kV，经断路器和一条 32km 的架空线路接入 220kV 电力系统，系统接线图如图 9-1 所示。

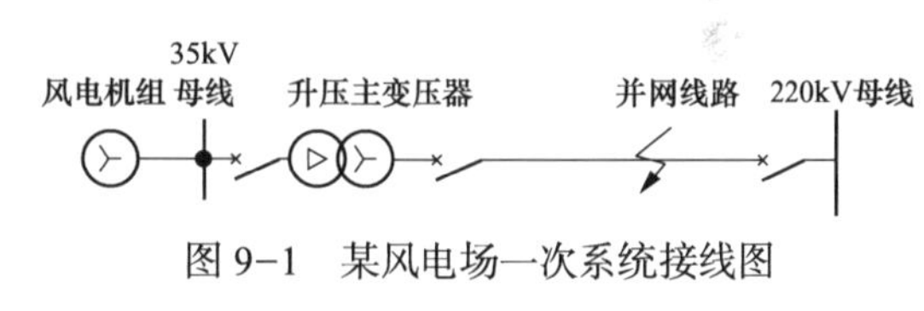

图 9-1　某风电场一次系统接线图

220kV 主变压器配置两套主变压器保护，220kV 架空线路配置两套纵联电流差动保护。某日上午 11 时 30 分 04 秒，并网线路距新能源场站侧 3km 处发生 C 相单相接地短路故障，故障电流 4.958A（TA 变比 800/5A），两套纵联电流差动保护均出口动作，跳开主变压器高压侧断路器和线路对侧断路器，单相接地故障时故障录波图如图 9-2 所示。三相电压中 C 相电压突降为零，三相故障电流相位基本一致，主要为零序故障电流。

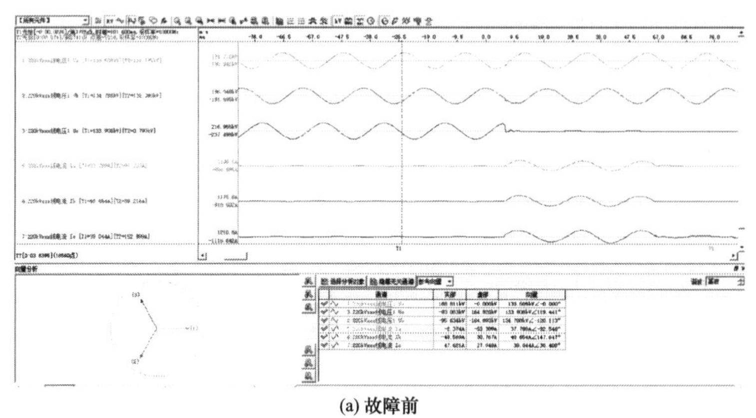

(a) 故障前

图 9-2　并网线路风电场侧故障录波图（一）

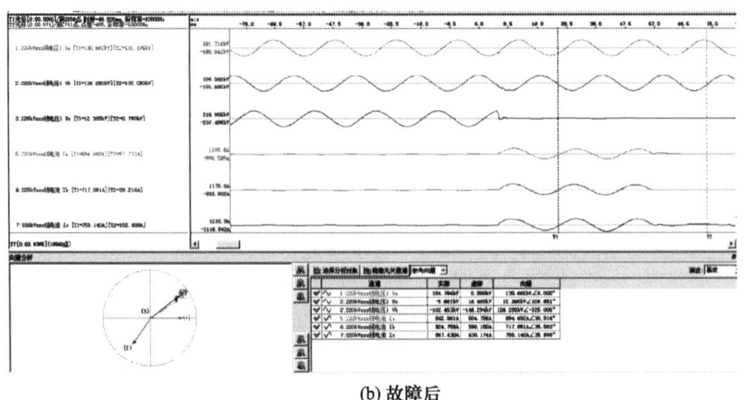

(b) 故障后

图 9-2　并网线路风电场侧故障录波图（二）

观察故障发展过程中故障电压电流各序分量变化，正序电压存在缓慢降低趋势，负序电压和零序电压均有增加，电压存在暂态变化。正序电流存在增长趋势，负序电流增长后迅速被抑制在很小的范围内，零序电流存在增长趋势（见图 9-3）。

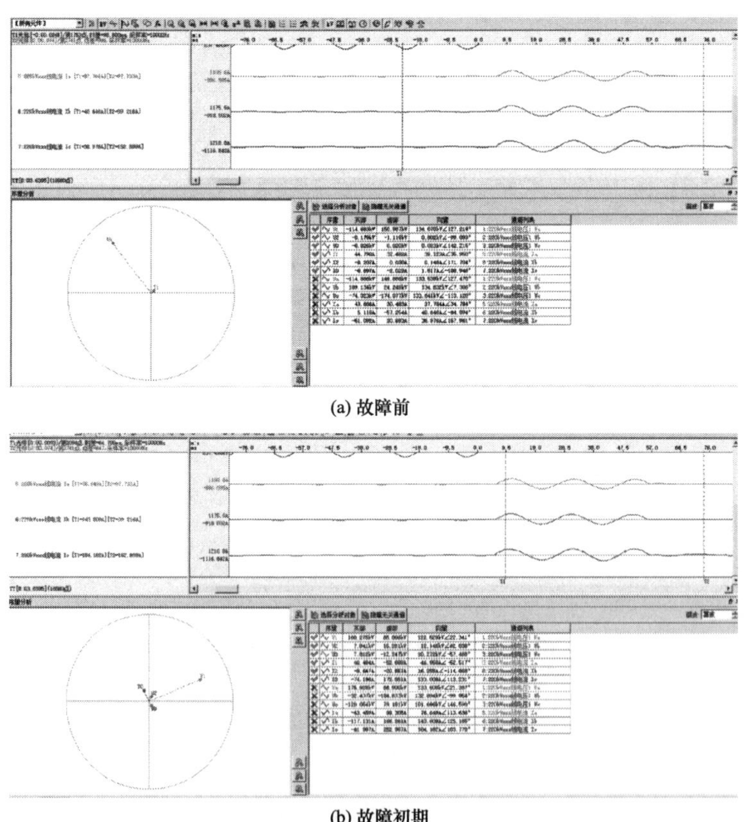

(a) 故障前

(b) 故障初期

图 9-3　并网线路风电场侧电气序分量图（一）

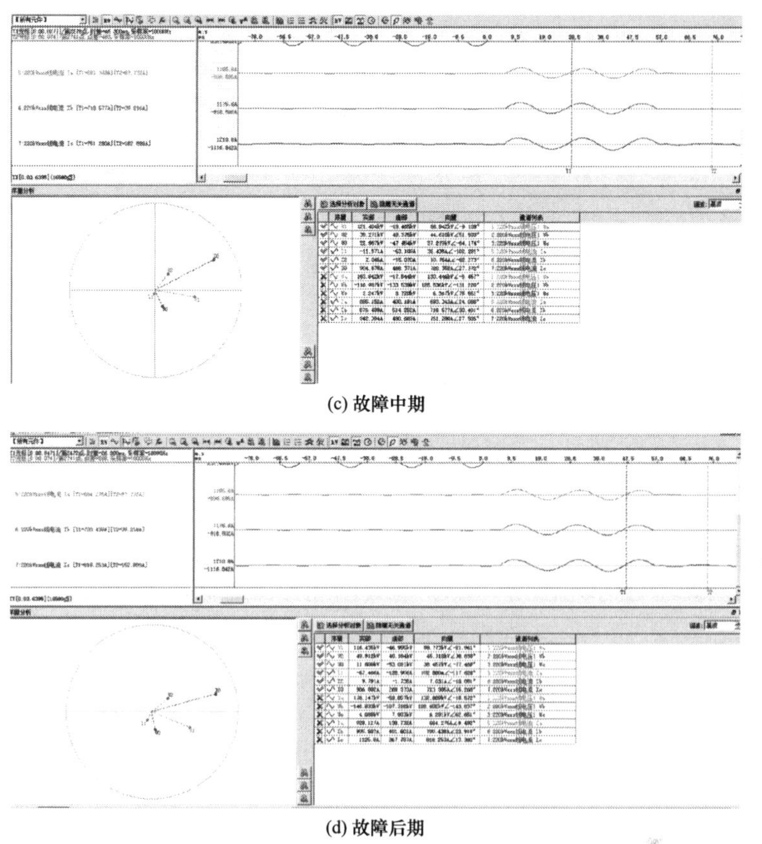

(c) 故障中期

(d) 故障后期

图 9-3 并网线路风电场侧电气序分量图（二）

观察故障发展过程中故障电压电流谐波变化，新能源侧非故障相电压谐波成分变化量不大，只从 0.75% 增长至 3%；新能源侧故障相电流谐波成分存在明显变化，从 4% 增长至 24%（见图 9-4）。

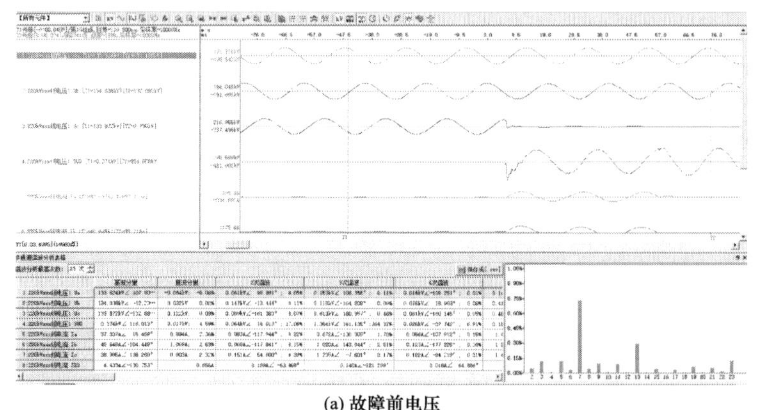

(a) 故障前电压

图 9-4 并网线路风电场侧谐波分量图（一）

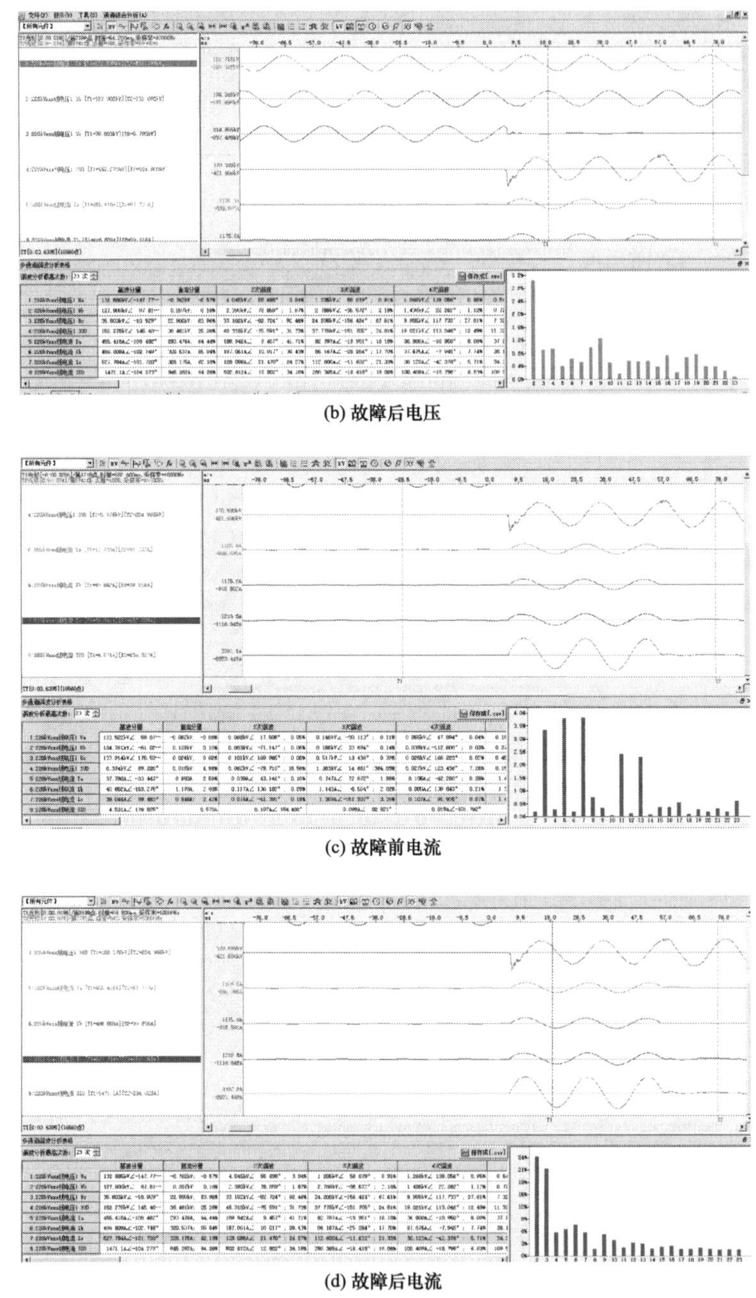

(b) 故障后电压

(c) 故障前电流

(d) 故障后电流

图 9-4　并网线路风电场侧谐波分量图（二）

观察故障发展过程中测量阻抗变化（见图 9-5），故障前三相测量阻抗均为负荷阻抗 3000Ω 以上，指向 Y 轴正方向，故障后 A、B 两相测量阻抗迅速向第二象限和第四象限偏移，C 相向第一象限偏移，测量阻抗值均迅速变小，A、B 两相测量阻抗最小值 60Ω，C 相测量阻抗一个周波后降至 2Ω 左右，满足保护出口跳闸条件，距离保护正确动作。（线路阻抗单位参数正序 0.1839+j0.6799，负序 0.5518+j2.0396）

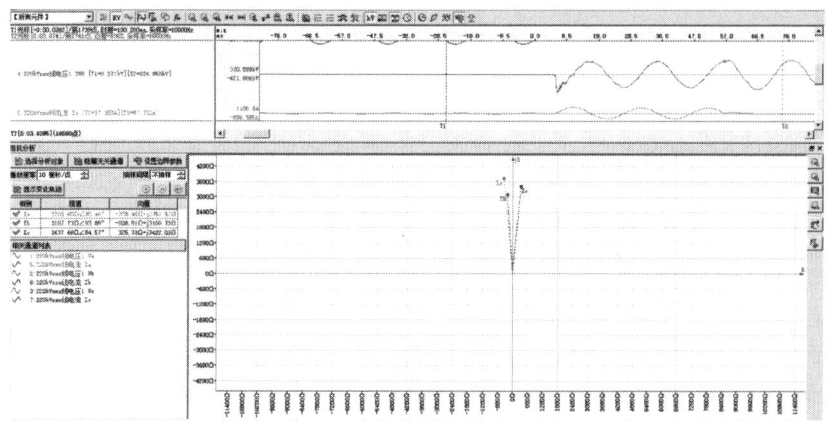

(a) 故障前测量阻抗

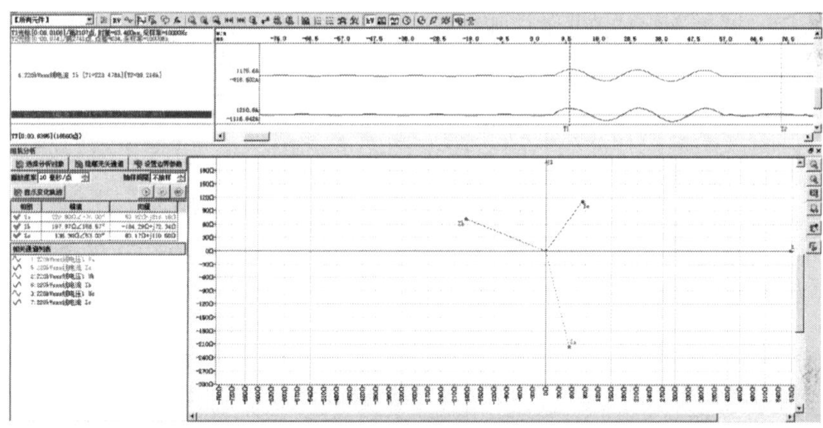

(b) 故障初期测量阻抗

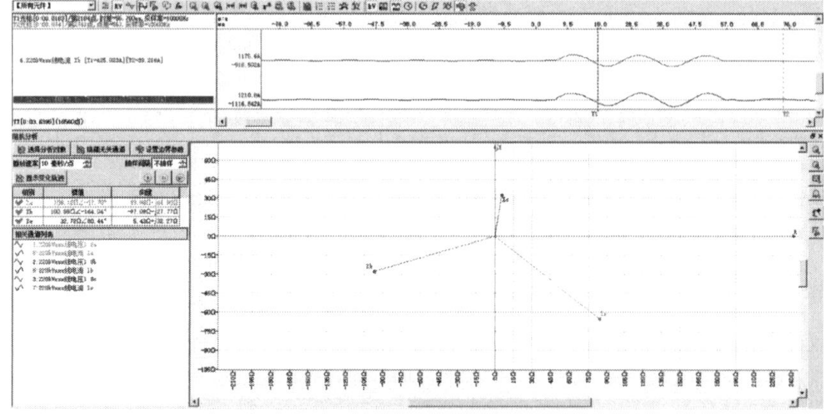

(c) 故障中期测量阻抗

图 9-5 并网线路风电场侧测量阻抗（一）

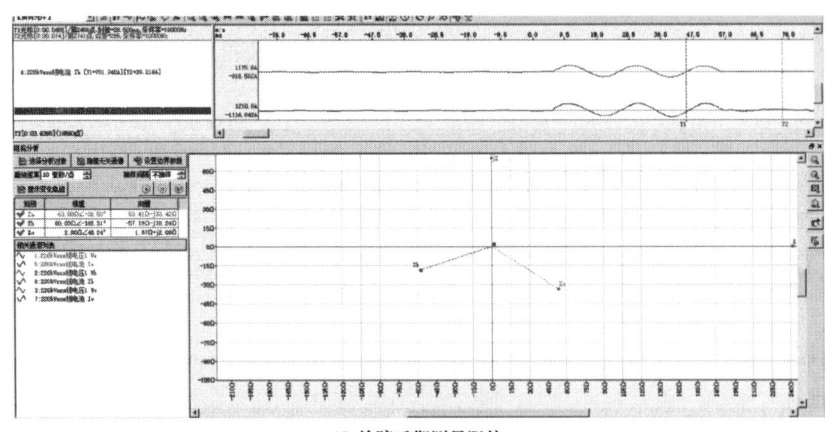

(d) 故障后期测量阻抗

图 9-5 并网线路风电场侧测量阻抗（二）

观察故障发展过程中线路两侧故障电流及差流变化，故障发生前，线路两侧三相电流方向相反，正相序，相角稳定不变；故障初期，两侧 C 相电流相角发生越变，两侧 C 相电流夹角迅速变小，同时 AB 两相相角同时发生变化，新能源侧电流相角向 C 相偏转，电网侧 AB 两相电流方向与新能源侧保持相反。半个周期后，电流相角逐渐稳定，新能源侧电流与 ABC 三相相角基本同相位，系统侧 AB 两相电流与新能源侧 C 相反向，系统侧 C 相电流与新能源侧 C 相同向（见图 9-6）。AB 两相差动电流基本为零，小于对应制动电流，C 相差动电流明显，大于制动电流（见图 9-7），差动保护正确动作。

9.1.2 某风电场接入系统近区故障

某风电场丁为内陆风电场，总装机容量 50MW，经一条 25km 的架空线路接入 110kV 乙站，再经甲乙线接入 220kV 甲站，110kV 乙站至 110kV 丙站经乙丙线连接，系统接入方式如图 9-8 所示。

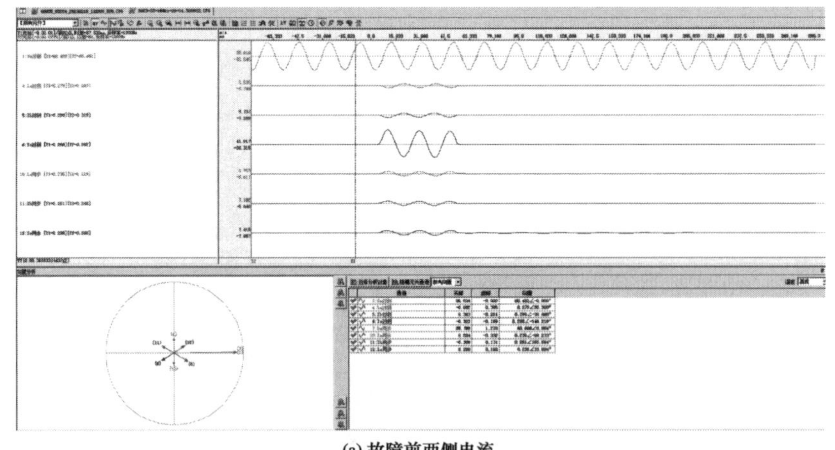

(a) 故障前两侧电流

图 9-6 并网线路两侧故障电流波形（一）

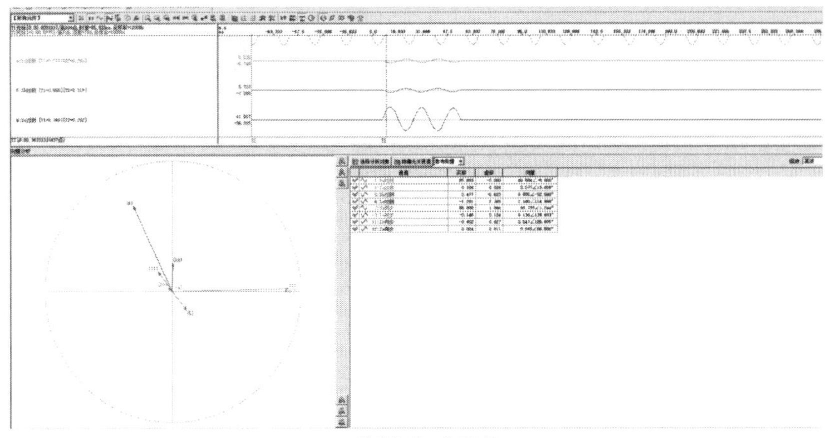

(b) 故障初期两侧电流

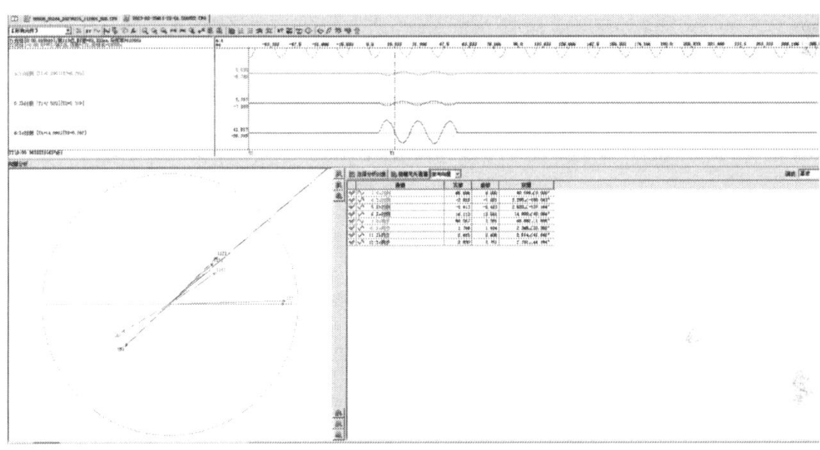

(c) 半周波后两侧电流

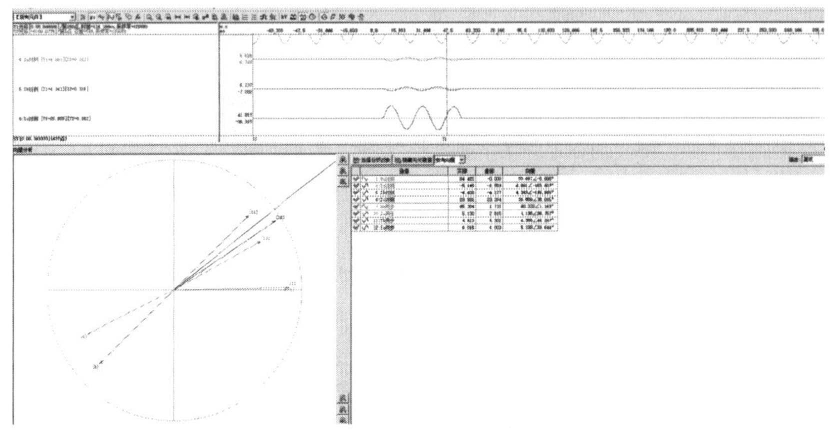

(d) 故障后期两侧电流

图 9-6　并网线路两侧故障电流波形（二）

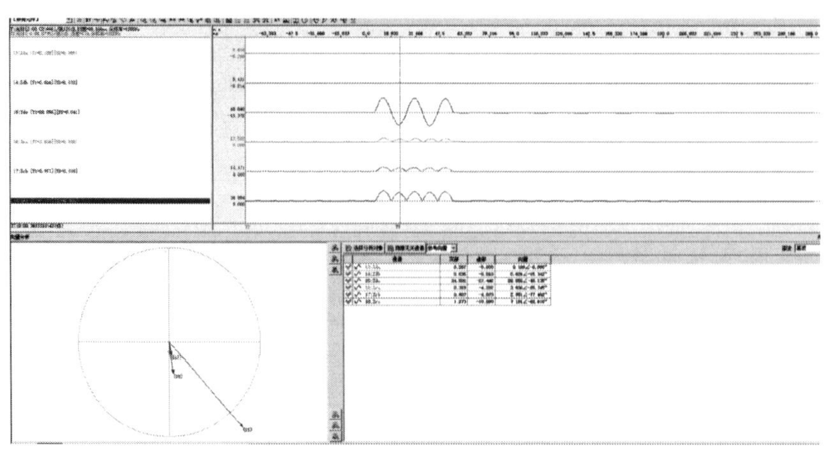

图 9-7 并网线路两侧故障电流差流值

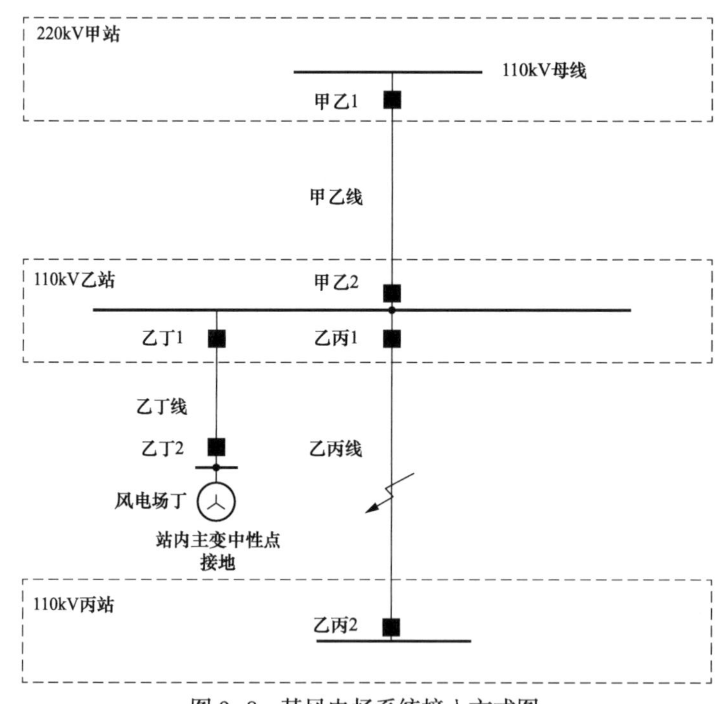

图 9-8 某风电场系统接入方式图

某日 7 时 42 分 52 秒，乙丙线发生 A 相单相接地故障，乙丙线乙丙 1 保护拒动，甲乙线甲乙 1 保护、乙丁线乙丁 2 保护两套保护跳闸最终清除故障。观察乙丁线乙丁 2 保护电压电流变化情况，单相接地故障期间故障录波图如图 9-9 所示。故障前三相电压电流对称等幅值，电流超前电压，向外发有功和无功；故障初期，A 相电流相角发生变化，由超前电压变为滞后电压；故障初期稳定后 A 相电压降低，但不为零，BC 两相电压夹角发生变化，与对应相电流夹角增大，三相电流接近同相，AB 两相电流增大，C 相电流略有下降；故障后期（甲乙线跳开后），A 相电压接近于零，BC 两相电压将为 36V 左右，三相电流均降低，A 相在三相中最大，C 相最小。

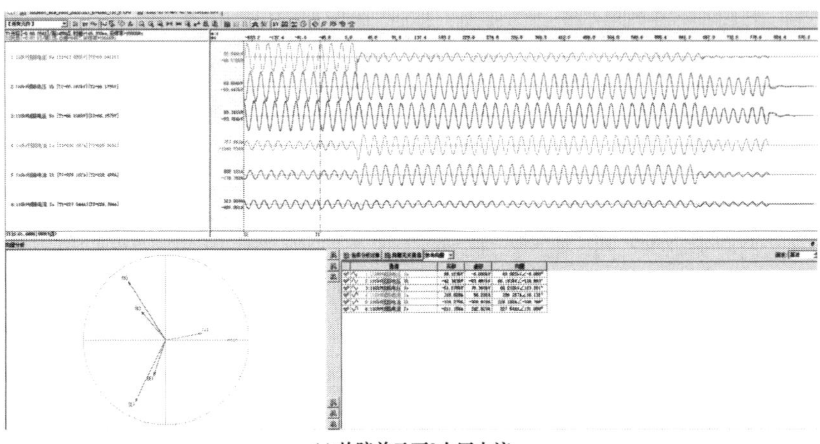

(a) 故障前乙丙2电压电流

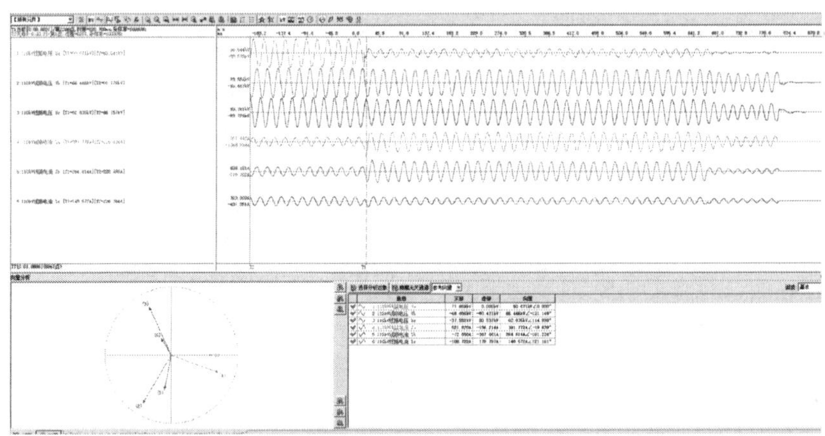

(b) 故障初期乙丙2电压电流

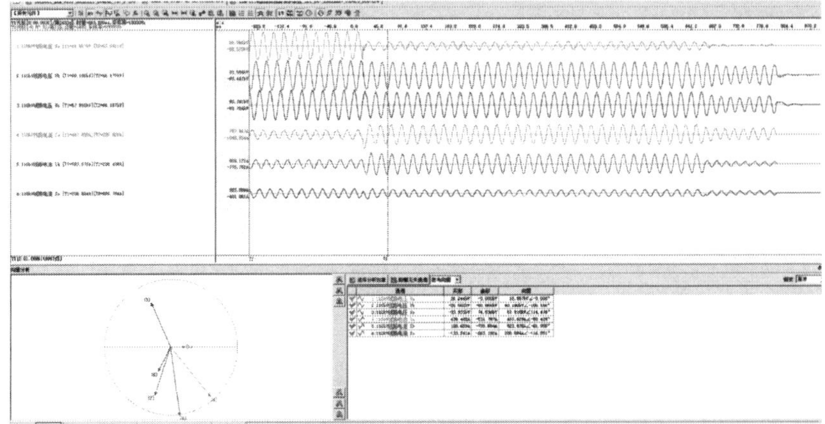

(c) 故障初期稳定后乙丙2电压电流

图 9-9 单相接地故障期间乙丙 2 波形图（一）

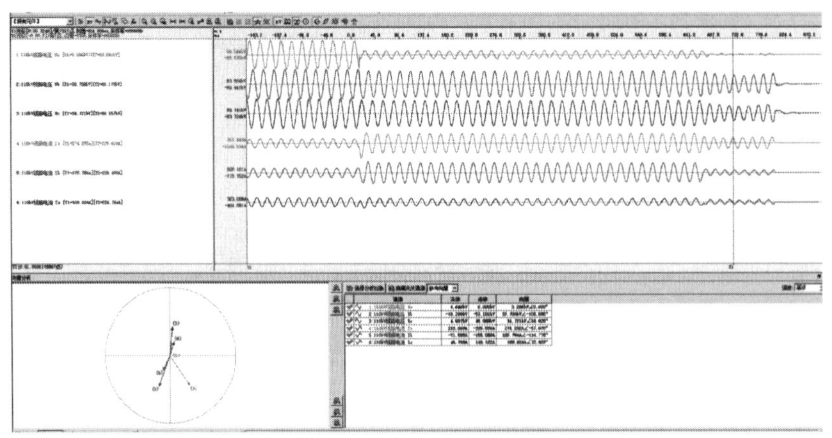

(d) 故障后期稳定后乙丙2电压电流

图 9-9　单相接地故障期间乙丙 2 波形图（二）

观察故障发展过程中故障电压电流各序分量变化。故障前只存在正序分量。故障后初期，电压、电流均存在正序、负序和零序分量，正序电流与正序电压同相位，零序电压与零序电流角度接近 90°，主要流经变压器绕组，负序电压和负序电流夹角小于 90°。故障稳定期间，正序电流与正序电压同相位，负序零序电压与负序零序电流角度接近 90°，负序零序电压与正序电压反方向，各序分量幅值角度关系基本不变。故障后期稳定后，正序电流与正序电压出现相位差，向外发有功、无功，负序零序电压与负序零序电流角度接近 90°，负序电压与正序电压反方向，零序电压与负序电压不再同方向，正序电压幅值由 44kV 降至 22kV，负序电压幅值维持 18kV，零序电压幅值由 8kV 降至 2.6kV，正序电流幅值由 173A 降至 140A，负序电流幅值由 71A 降至 42A，零序电流幅值由 365A 降至 82A（见图 9-10）。对比不同阶段序分量变化特征，在有系统电压做支撑时，各序分量稳定不变；在失去系统电压做支撑后，各序分量均在逐渐衰减。

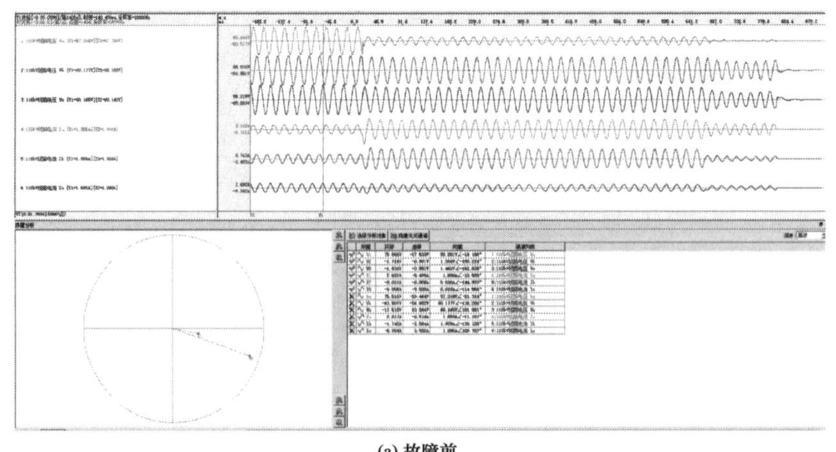

(a) 故障前

图 9-10　乙丙 2 电压电流序分量（一）

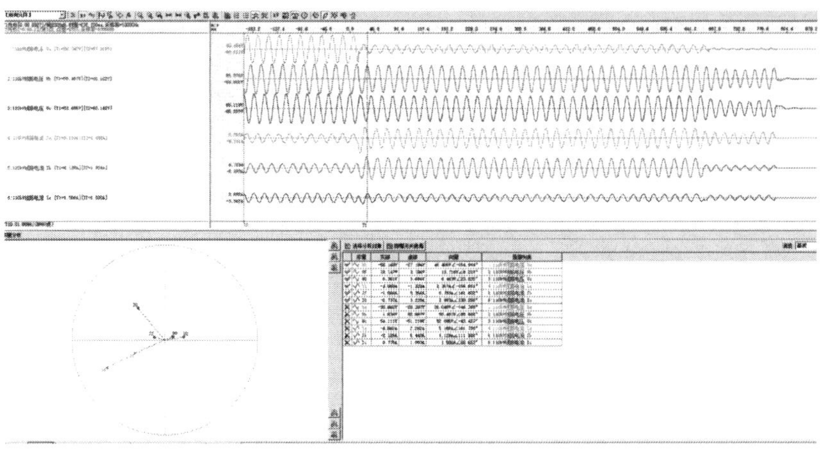

(b) 故障初期

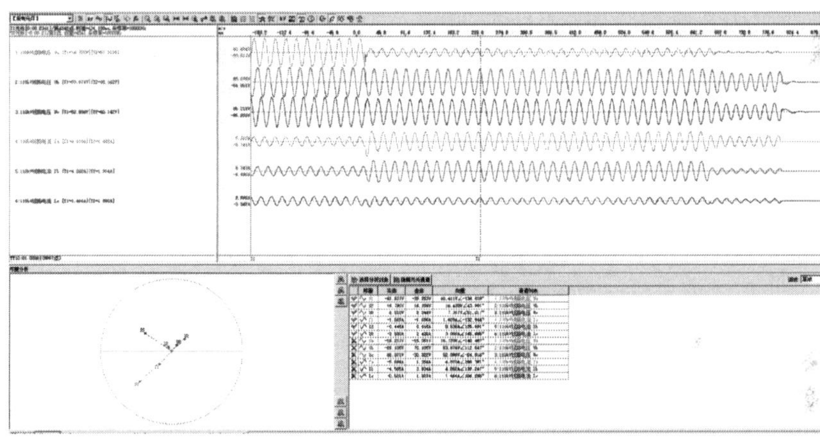

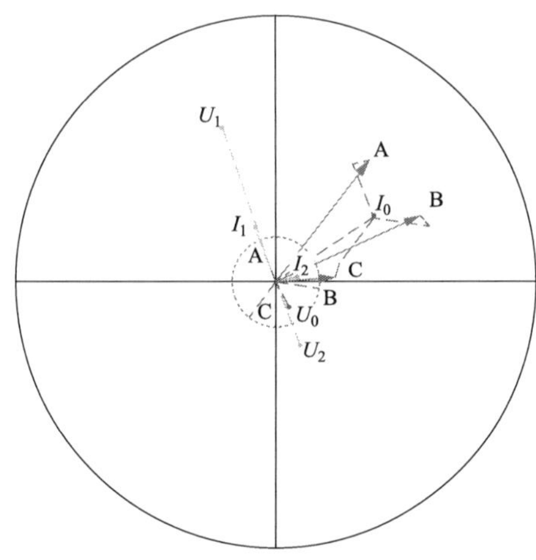

(c) 故障初期稳定后

图 9-10 乙丙 2 电压电流序分量（二）

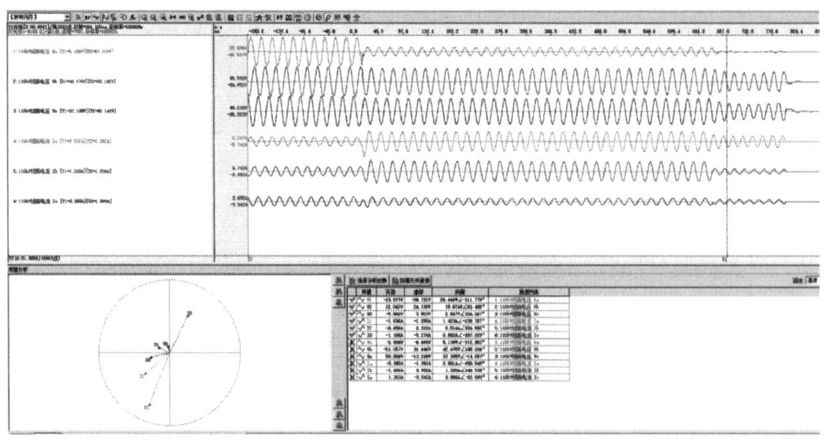

(d) 故障后期稳定后

图 9-10　乙丙 2 电压电流序分量（三）

观察故障发展过程中故障电压、电流谐波变化，故障前，三相电流谐波成分 0.6%，均比较低；故障初期，故障相（A 相）谐波成分达到 42%，非故障相（C 相）谐波成分达到 78%；故障初期稳定后谐波成分衰减至故障前水平 0.4%；故障后期稳定后谐波比例在 7%～16% 波动（见图 9-11）。

观察故障发展过程中测量阻抗变化（见图 9-12），故障前三相测量阻抗均为负荷阻抗 30Ω，处于第四象限；故障后 A、C 两相测量阻抗迅速向第一象限和第三象限偏移，三相测量阻抗值均迅速变小，A 相测量阻抗最小值 1.69Ω，满足距离Ⅱ段保护出口跳闸条件（1.9Ω），距离保护正确启动。甲乙线跳开后，故障后 A 相测距发生不断波动变化，在 0.5～1.1Ω 波动，满足距离Ⅰ段出口跳闸条件（0.76Ω）。对比不同阶段测量阻抗的变化特征，在有系统电压做支撑时，线路距离保护测量阻抗稳定不变且能准确

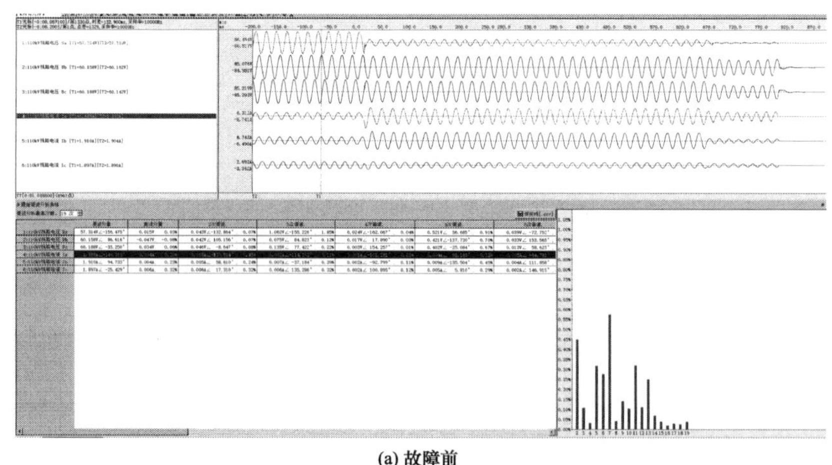

(a) 故障前

图 9-11　乙丙 2 电压电流谐波成分（一）

区分区内区外故障；在失去系统电压做支撑后，整个系统构成一个存在故障的孤网，系统电压线路距离保护测量阻抗存在波动，在动作圆内外反复转变（线路阻抗单位参数正序 0.0113286+j0.0421026，负序 0.0340489+j0.1246327）。

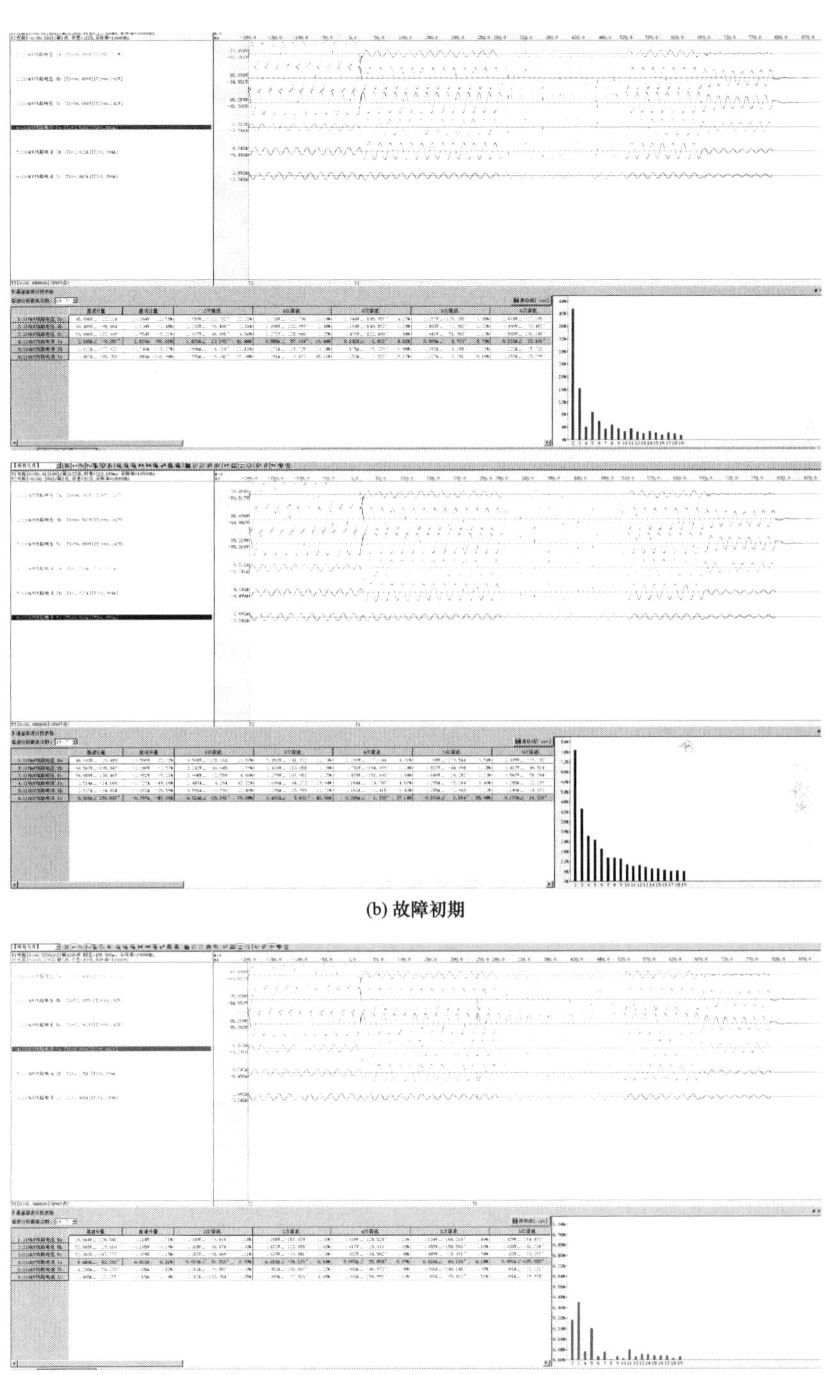

(b) 故障初期

(c) 故障初期稳定后

图 9-11　乙丙 2 电压电流谐波成分（二）

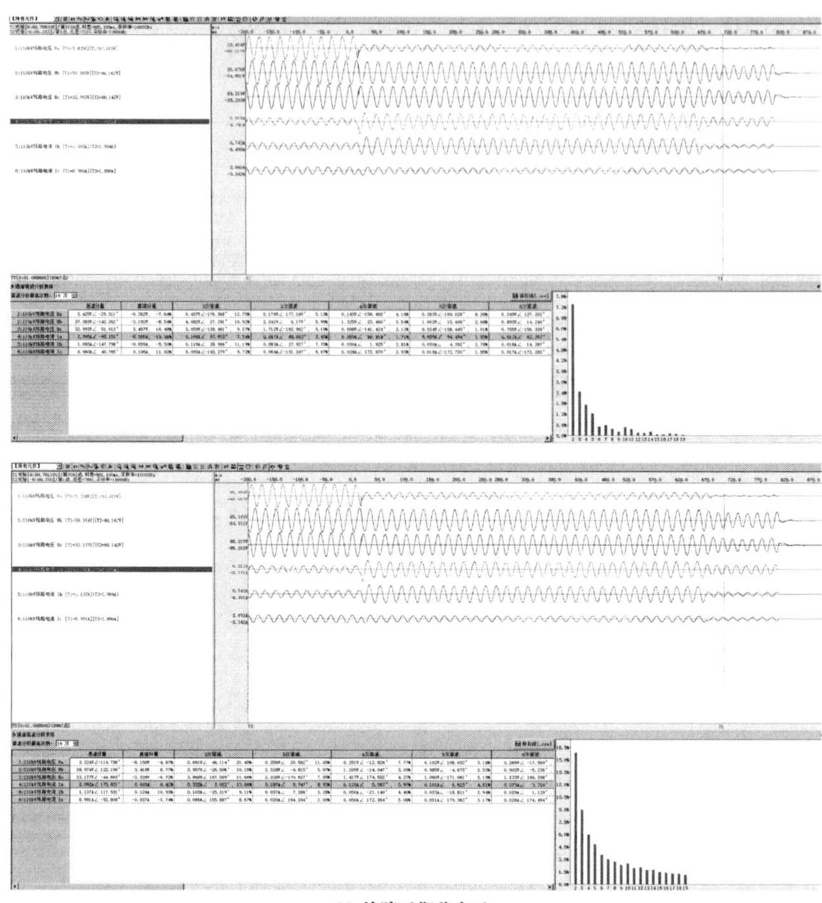

(d) 故障后期稳定后

图 9-11　乙丙 2 电压电流谐波成分（三）

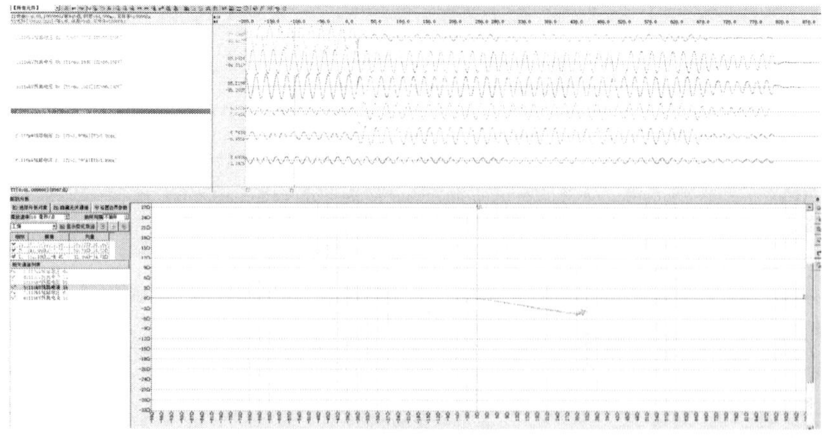

(a) 故障前期测量阻抗

图 9-12　乙丙 2 测量阻抗（一）

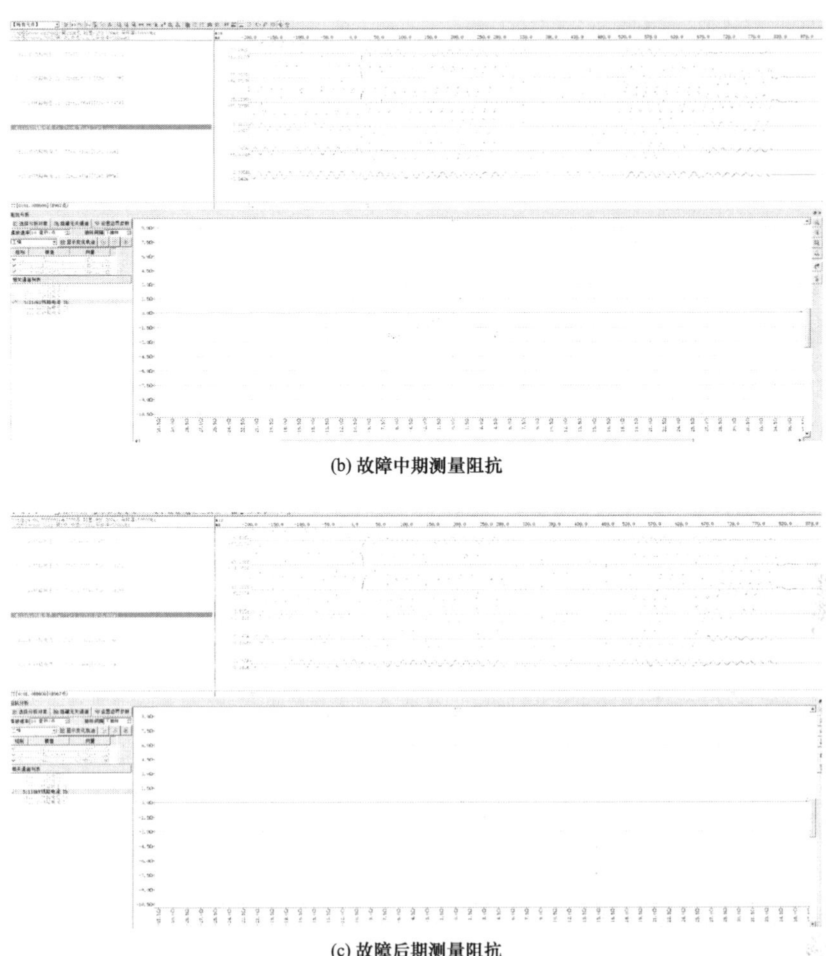

(b) 故障中期测量阻抗

(c) 故障后期测量阻抗

图 9-12 乙丙 2 测量阻抗（二）

9.1.3 某风电场送出线路故障

某风电场丁为内陆风电场，总装机容量 100MW，经一条 22.7km 的架空线路接入 110kV 乙站，系统接入方式如图 9-13 所示。

图 9-13 风电场系统接入图

某日 15 时 21 分 56 秒，并网线路距新能源场站侧 17km 处发生 C 相单相高阻接地短路故障，故障电流 2.3A，纵联电流差动保护出口动作，跳开线路两侧断路器，单相接地故障时故障录波图如图 9-14 所示。故障前，风电场侧三相电压电流等幅值正相序，电流滞后电压 3.4°，向外发有功和无功。故障期间，风电场侧三相电压电流幅值相序均未发生明显变化，电流滞后电压略有增大 6°；故障切除后，风电场侧三相电压幅值由 60V 升高至 80V，持续 0.1s，之后电压恢复正常幅值，持续 0.4s。

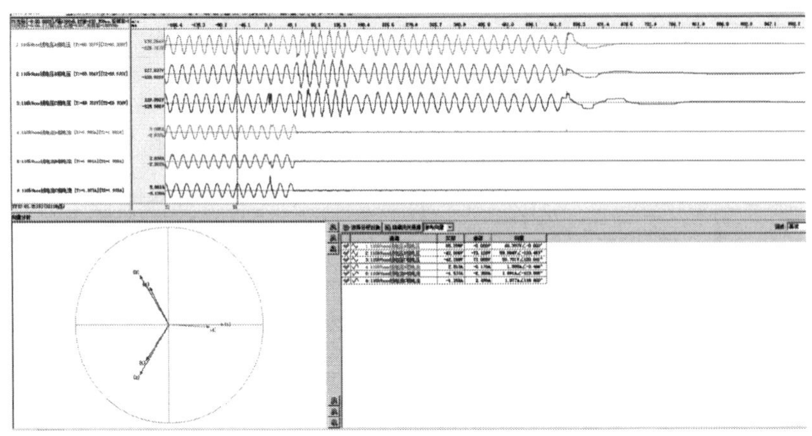

(a) 故障前

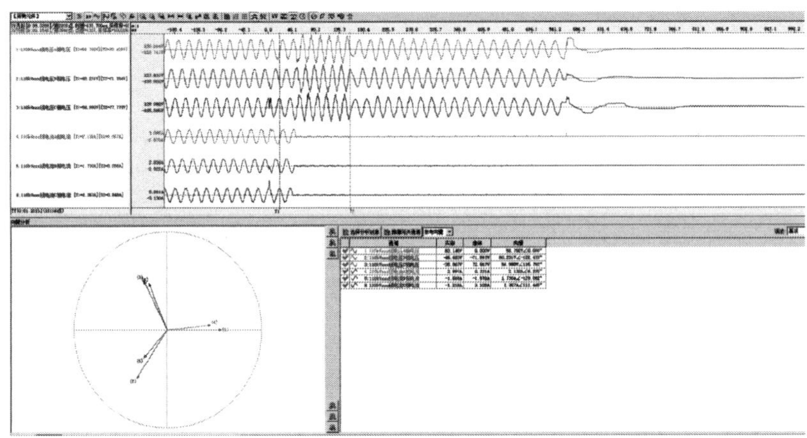

(b) 故障期间

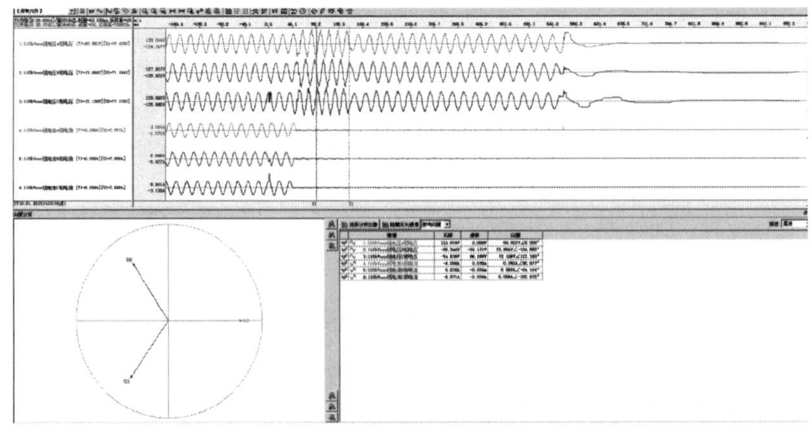

(c) 故障切除后

图 9-14　并网线路风电场侧故障录波图（一）

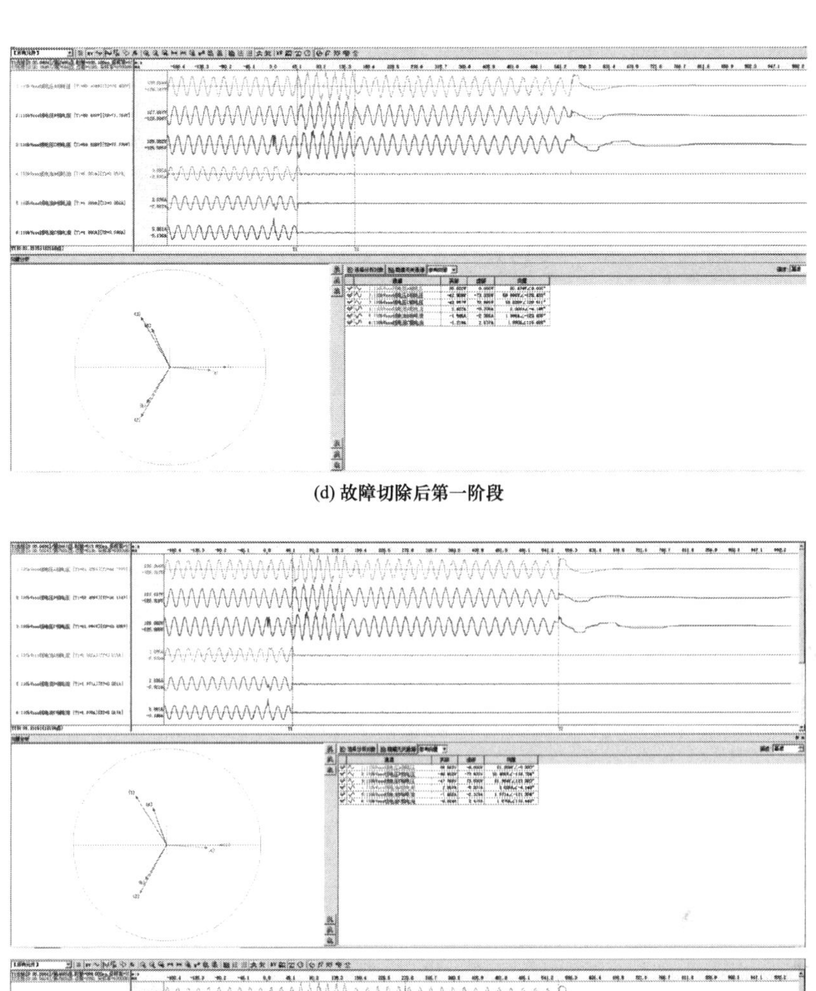

(d) 故障切除后第一阶段

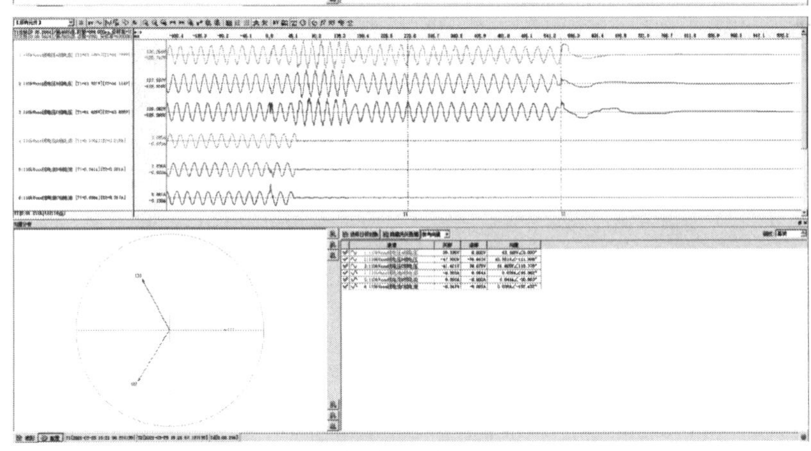

(e) 故障切除后第二阶段

图 9-14 并网线路风电场侧故障录波图（二）

观察故障期间电压、电流频率变化，如图 9-15 所示。故障前，风电场侧三相电压、电流频率在 50.004Hz，处于正常工作范围；线路故障期间，风电场侧 C 相电压频率上升至 51.875Hz，A 相电流频率下降至 49.53Hz，B 相电流频率上升至 53.409Hz，C 相电流频率上升至 51.459Hz，随后 A 相电流频率上升至 54.651Hz，B 相电流频率下降至 51.943Hz，C 相电流频率下降至 49.996Hz；线路故障切除后，风电场侧三相电压幅值升高阶段，C 相电压频率保持在 51.661Hz，电压恢复正常后，B 相电压频率下降至在 48.61Hz，C 相电压频率上升至 54.95Hz，随后，A 相电压频率下降至在 48.5241Hz，B 相电压频率上升至在 54.979Hz，C 相电压频率回落至 50.492Hz。

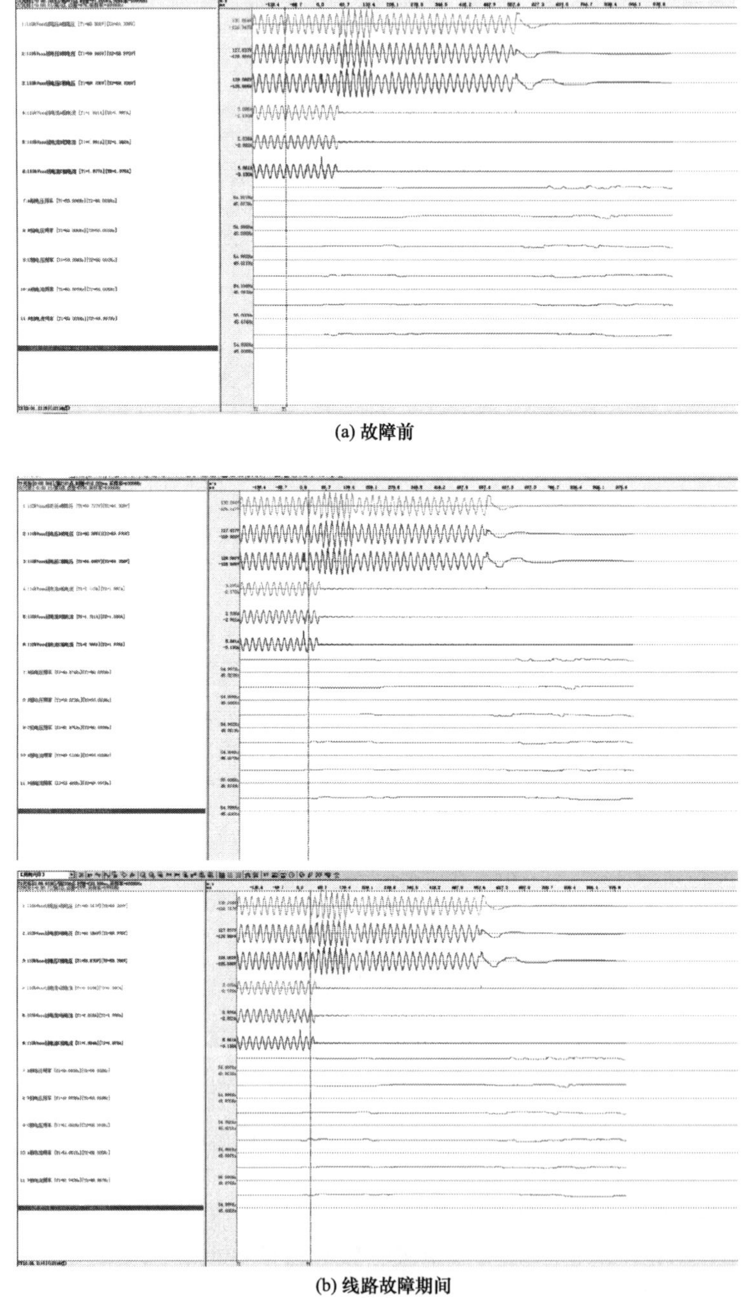

(a) 故障前

(b) 线路故障期间

图 9-15　并网线路风电场侧电压电流频率变化（一）

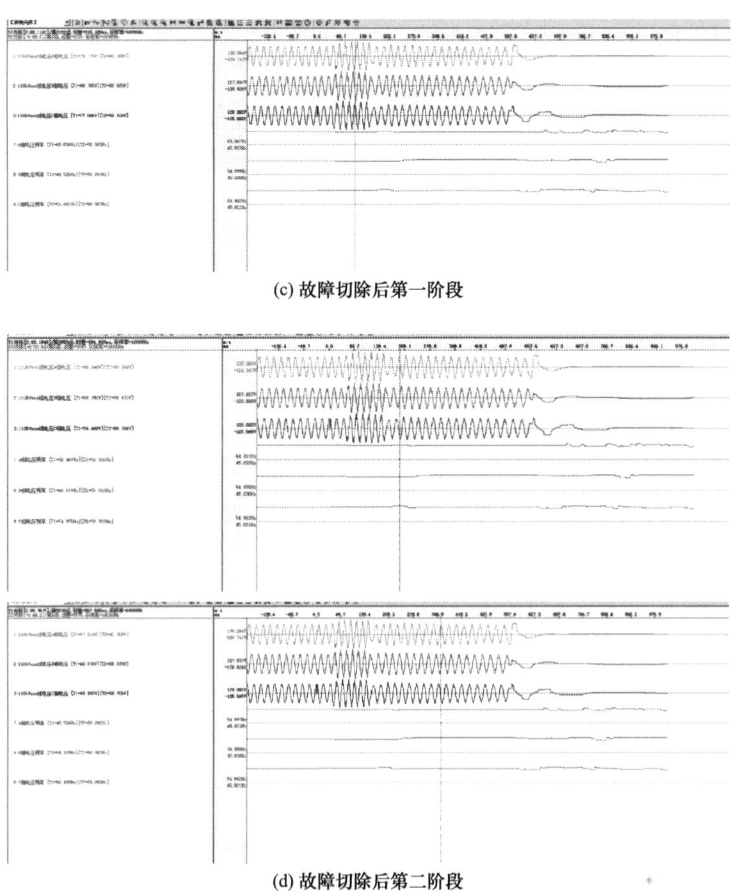

(c) 故障切除后第一阶段

(d) 故障切除后第二阶段

图 9-15　并网线路风电场侧电压电流频率变化（二）

9.2　光伏电站送出线路故障

9.2.1　某光伏电站接入线路发生故障

某 110kV 光伏电站甲，总装机容量 20MW，线变组接线方式，经一条 11km 的架空线路接入 110kV 乙站，系统接入方式如图 9-16 所示。

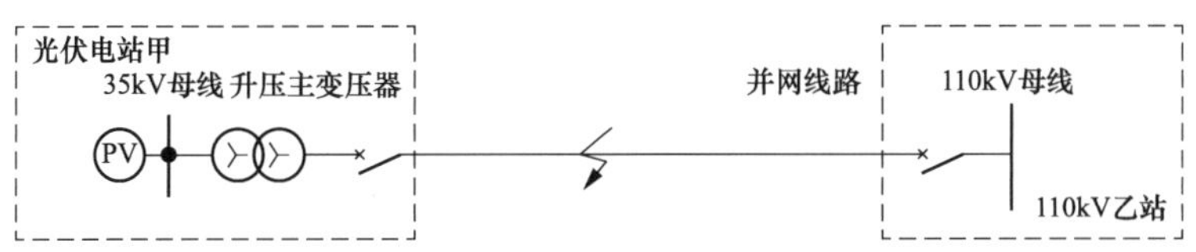

图 9-16　110kV 光伏电站甲系统接入方式

某日 12 时 50 分 26 秒，甲乙线发生 C 相单相接地故障，甲乙线保护跳闸切除故障，观察甲乙线电压、电流变化情况和站内 35kV 系统电压电流变化情况故障，录波图如图 9-17 所示。故障前系统电压电流正常。故障期间，110kV 甲乙线 C 相电压跌至零，

(a) 100kV电压电流

(b) 光伏进线电压电流

(c) SVG、接地变电压电流

图 9-17　甲乙线单相接地故障跳闸波形图

出现零序电压，35kV 母线电压 C 相电压降低至 14kV（22kV），110kV 线路电流、主变压器 35kV 间隔电流、光伏进线 1 电流、光伏进线 2 电流、SVG 电流 C 相均有明显增大，AB 两相出现畸变，存在谐波成分。故障切除后，所有电流均跌至零，110kV 线路电压降为零，35kV 母线电压发生畸变，存在大量谐波。

故障期间，110kV 线路故障电压存在正序、负序和零序分量，电流存在正序和负序分量，不存在零序分量。35kV 母线故障电压存在正序、负序分量，电流存在正序和负序分量，均不存在零序分量。故障切除后，35kV 母线故障电压存在一部分负序分量。波形和序分量如图 9-18 所示。

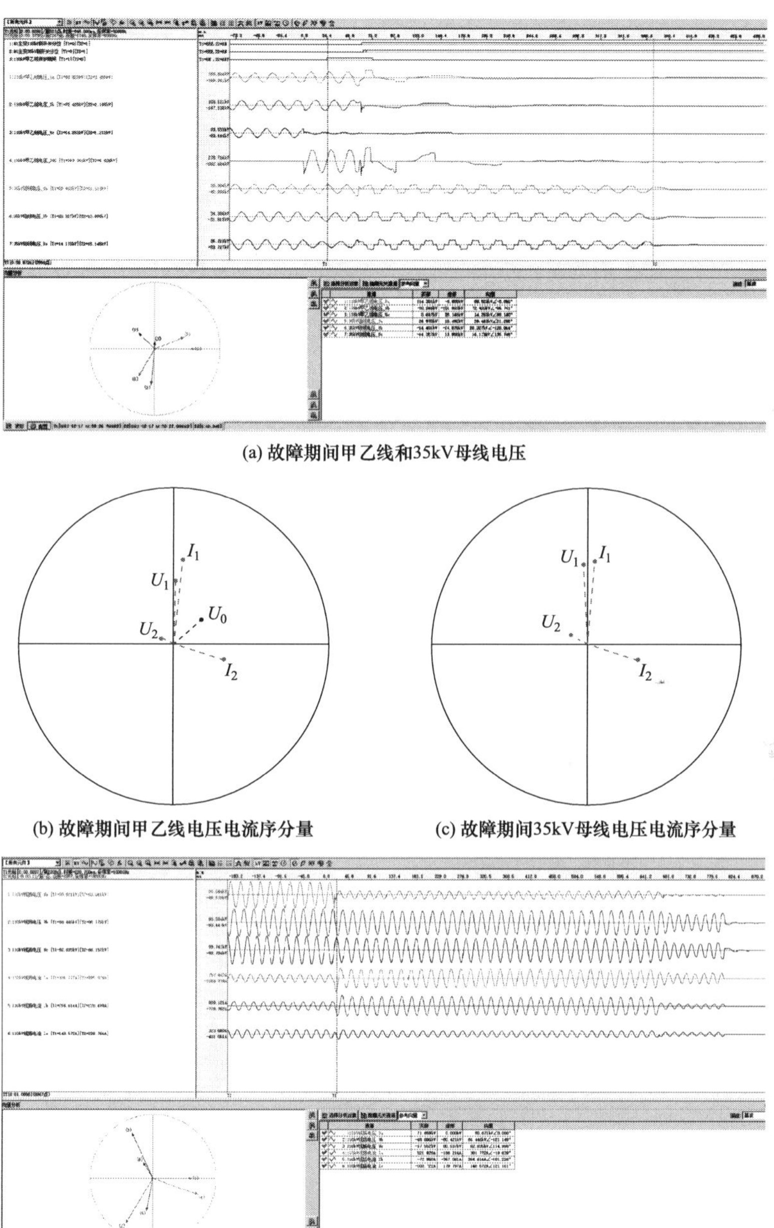

(a) 故障期间甲乙线和35kV母线电压

(b) 故障期间甲乙线电压电流序分量

(c) 故障期间35kV母线电压电流序分量

(d) 故障切除后甲乙线和35kV母线电压

图 9-18　甲乙线和 35kV 母线电压电流（一）

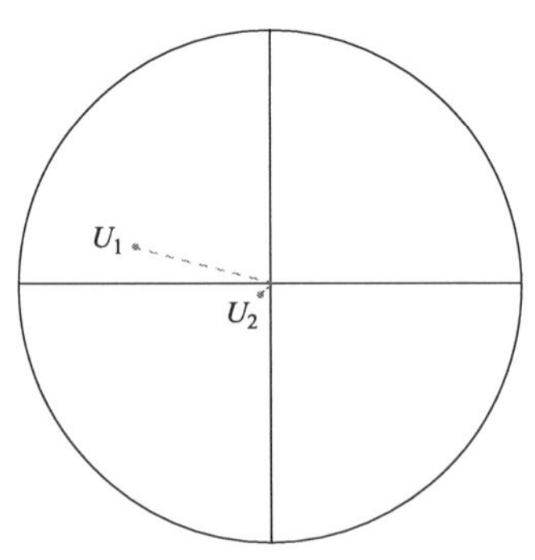

(e) 故障切除后35kV母线电压

图 9-18 甲乙线和 35kV 母线电压电流（二）

故障期间，110kV 线路电压谐波含量基本维持在很小值，约 0.5%，故障电流谐波由 1% 升至 2.6%。35kV 母线电压谐波含量由 1.5% 升至 36%（“孤岛”状态下），故障电流谐波由 1.2% 升至 2.4%。如图 9-19 所示。

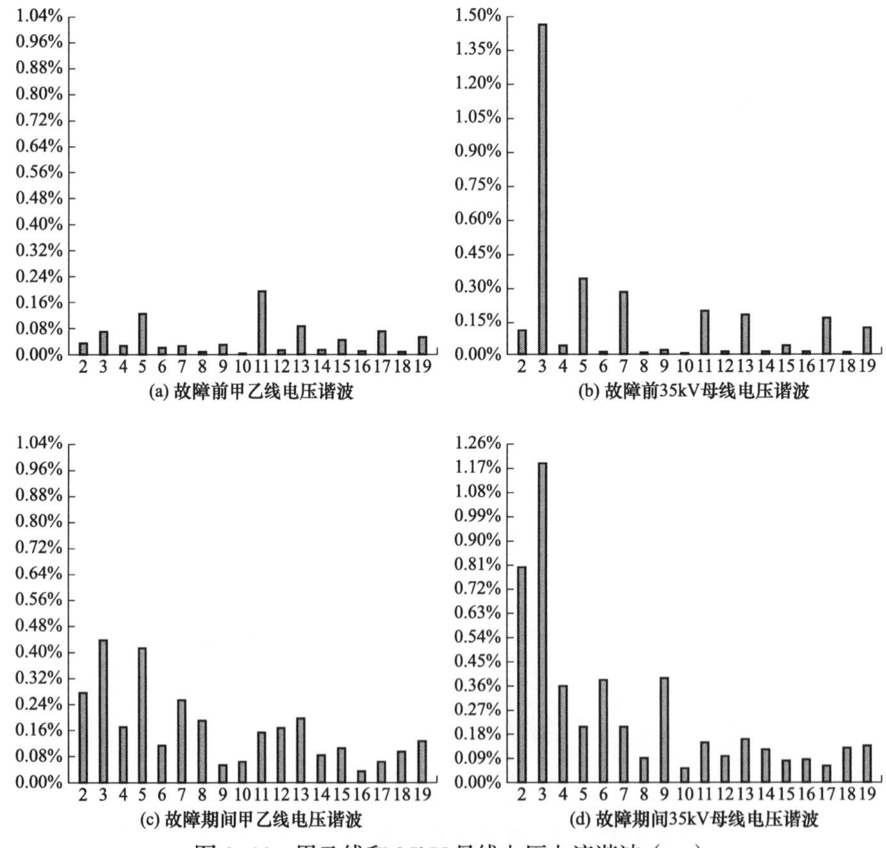

图 9-19 甲乙线和 35kV 母线电压电流谐波（一）

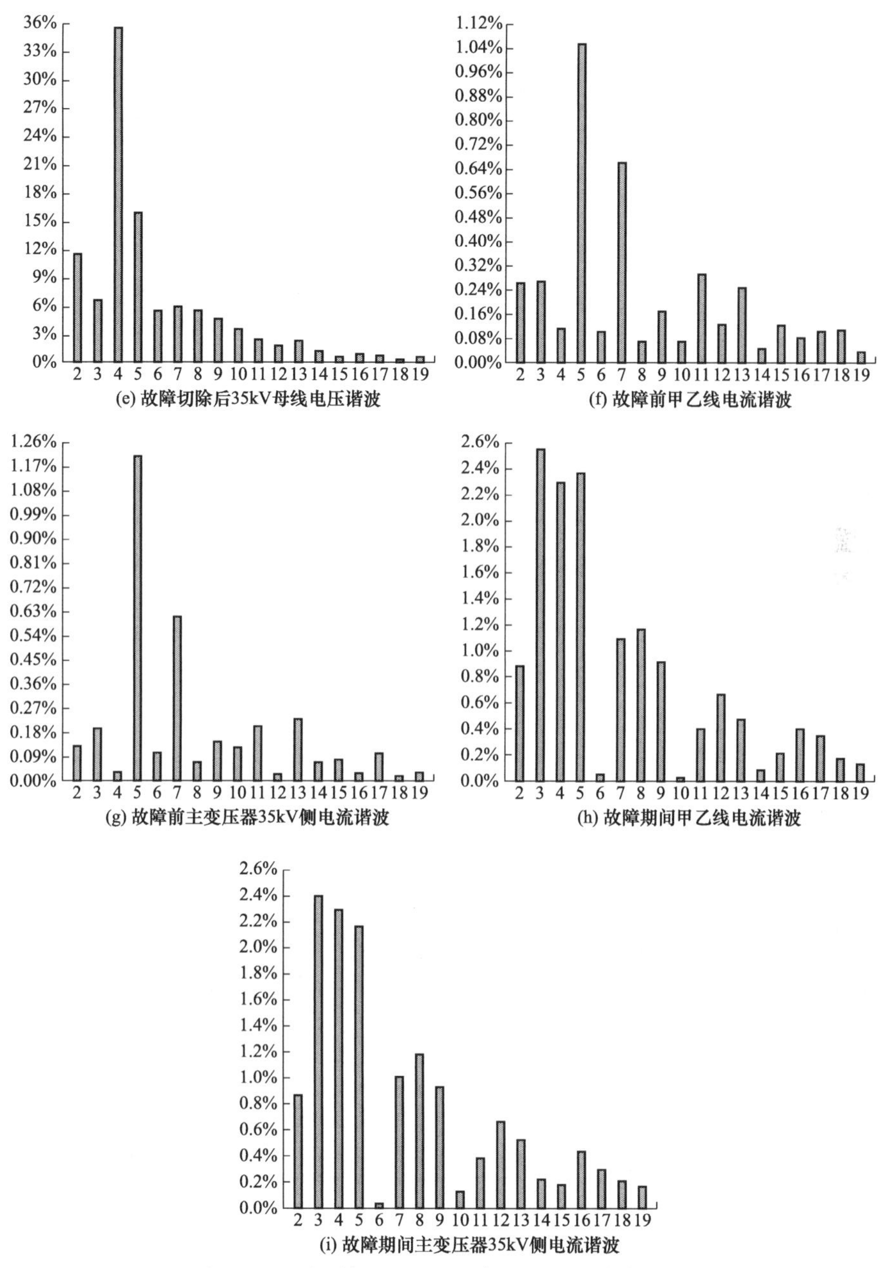

(e) 故障切除后35kV母线电压谐波

(f) 故障前甲乙线电流谐波

(g) 故障前主变压器35kV侧电流谐波

(h) 故障期间甲乙线电流谐波

(i) 故障期间主变压器35kV侧电流谐波

图 9-19　甲乙线和 35kV 母线电压电流谐波（二）

故障期间，光伏进线电流包含正序和负序分量，如图 9-20 所示。

故障期间，甲乙线测量阻抗如图 9-21 所示，C 相测量阻抗由 30Ω 逐渐降至 3.17Ω，由第一象限过渡到第四象限，距离保护存在反向拒动问题。

故障期间，光伏进线电流测量阻抗，如图 9-22 所示。C 相测量阻抗由 37Ω 逐渐降至 11.6Ω，稳定在第一象限，距离保护处于反向，不会误动。

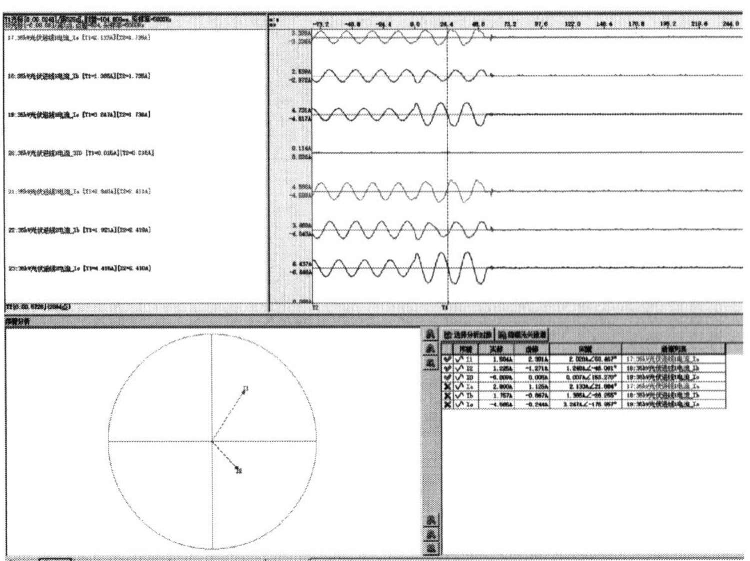

图 9-20　光伏进线电流序分量图

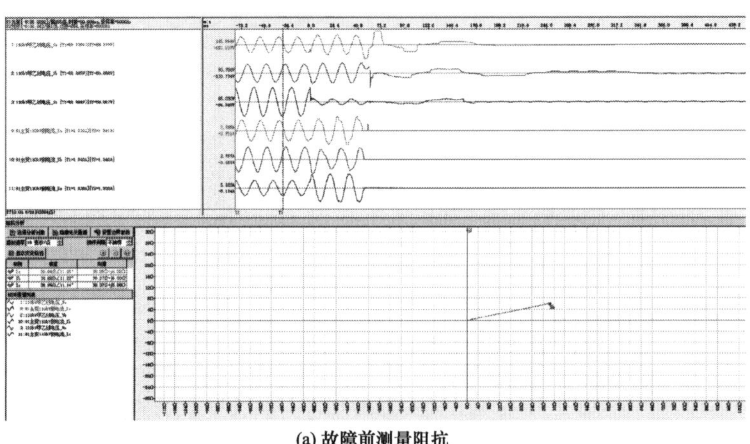

(a) 故障前测量阻抗

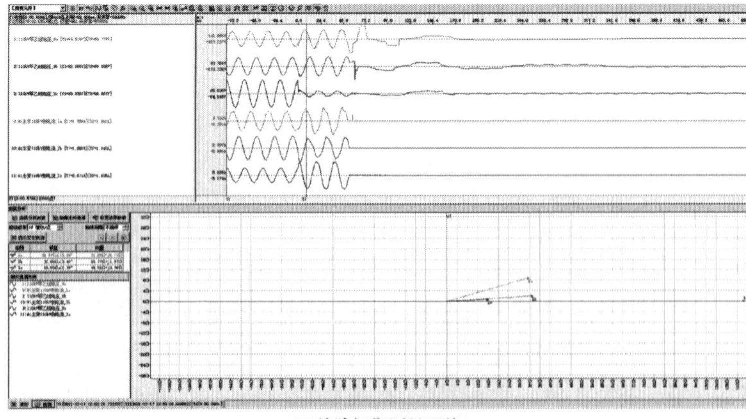

(b) 故障初期测量阻抗

图 9-21　甲乙线测量阻抗（一）

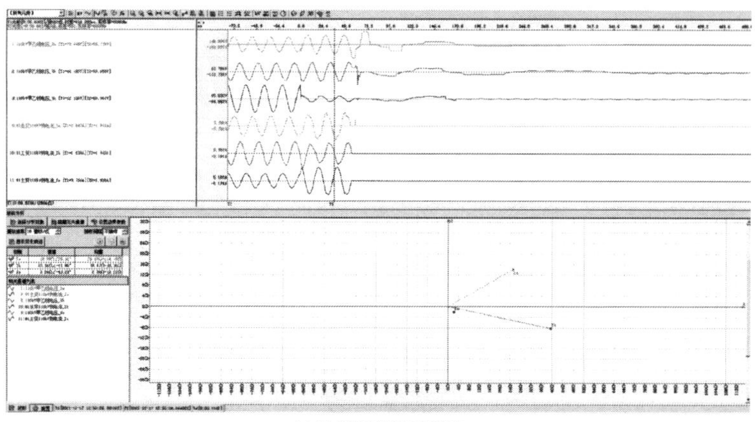

(c) 故障后期测量阻抗

图 9-21 甲乙线测量阻抗（二）

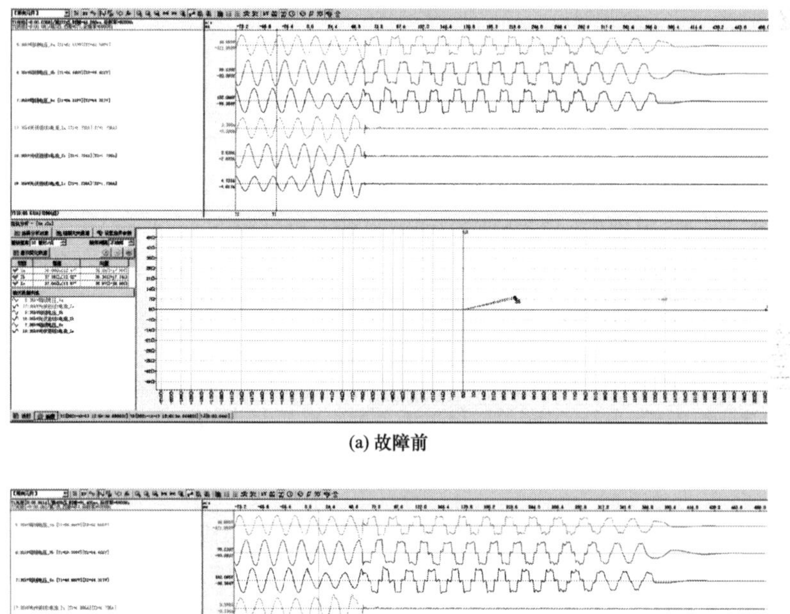

(a) 故障前

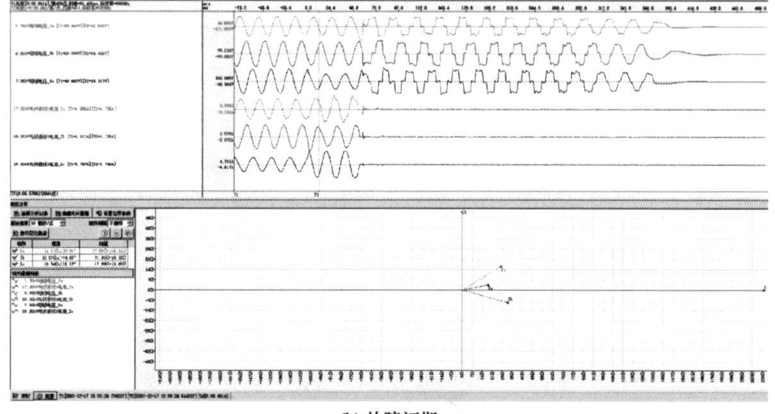

(b) 故障初期

图 9-22 光伏进线电流测量阻抗（一）

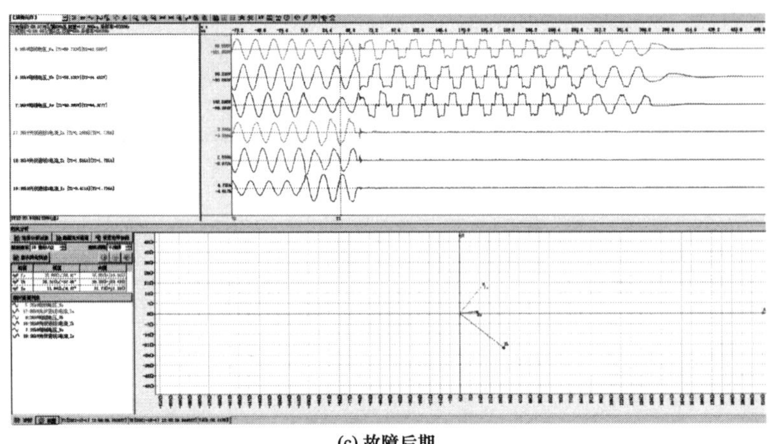

(c) 故障后期

图 9-22　光伏进线电流测量阻抗（二）

9.2.2　某光伏电站接入线路发生故障

某 110kV 光伏电站甲，总装机容量 100MW，经一条 8km 的架空线路接入 110kV 乙站，系统接入方式如图 9-23 所示。

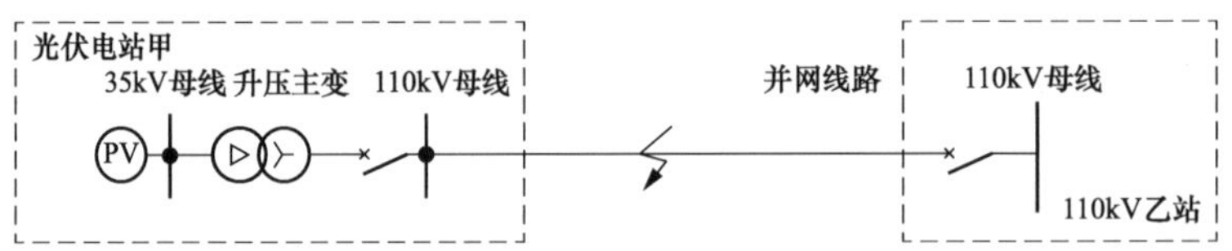

图 9-23　110kV 光伏电站甲系统接入方式

某日 11 时 36 分 26 秒，甲乙线发生 C 相单相接地故障，甲乙线保护跳闸切除故障，观察甲乙线电压、电流变化情况，录波图如图 9-24 所示。故障前，三相电压电流

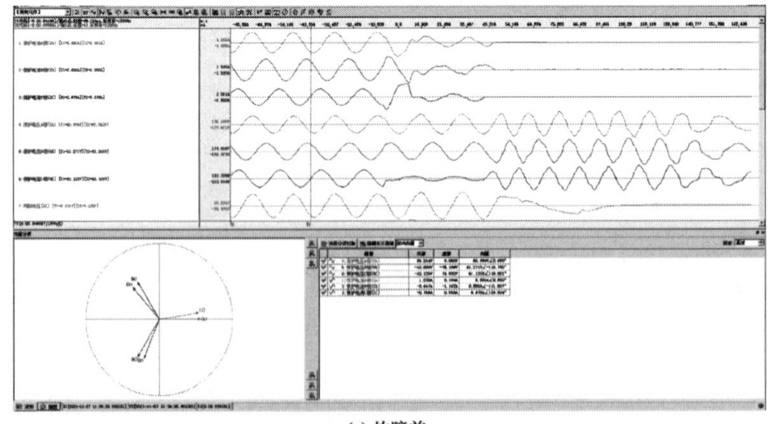

(a) 故障前

图 9-24　110kV 甲乙线电压电流（一）

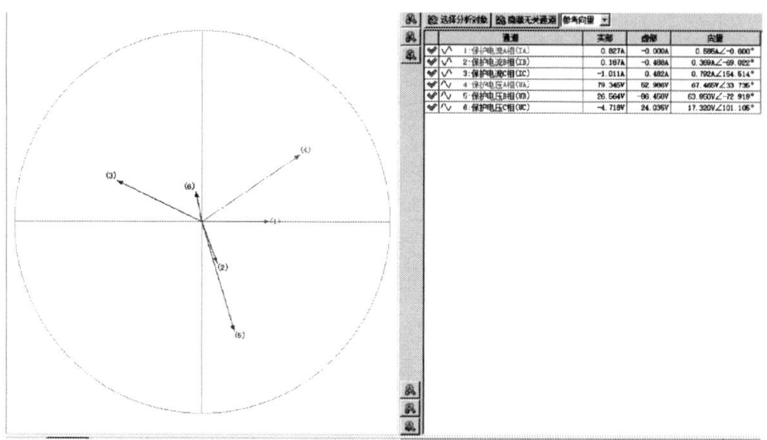

(b) 故障期间电压电流

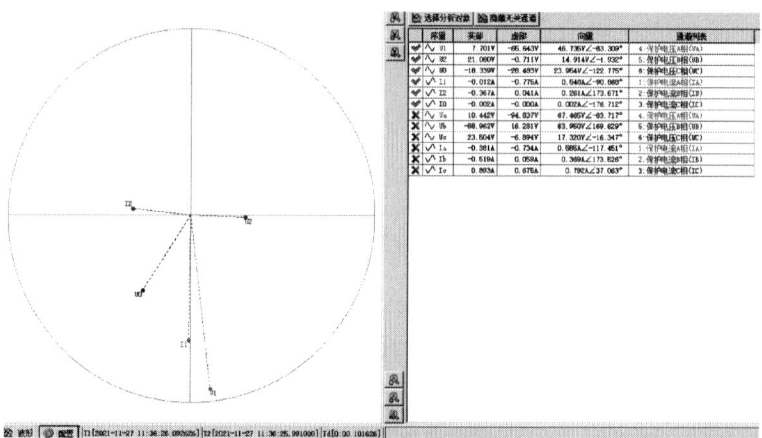

(c) 故障期间电压电流序分量

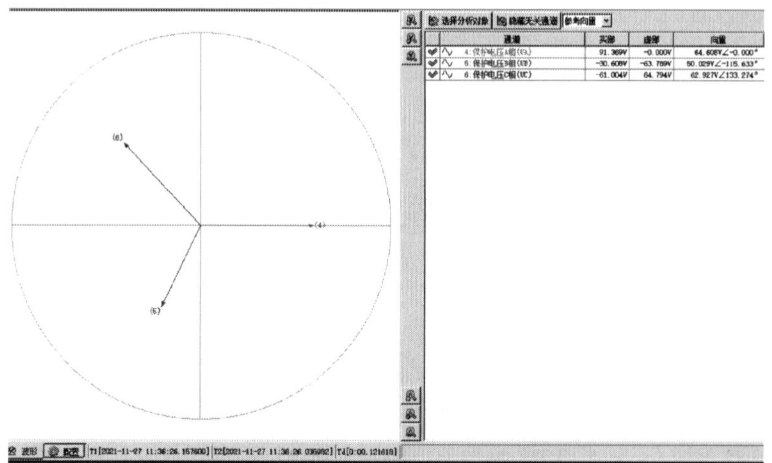

图 9-24　110kV 甲乙线电压电流（二）

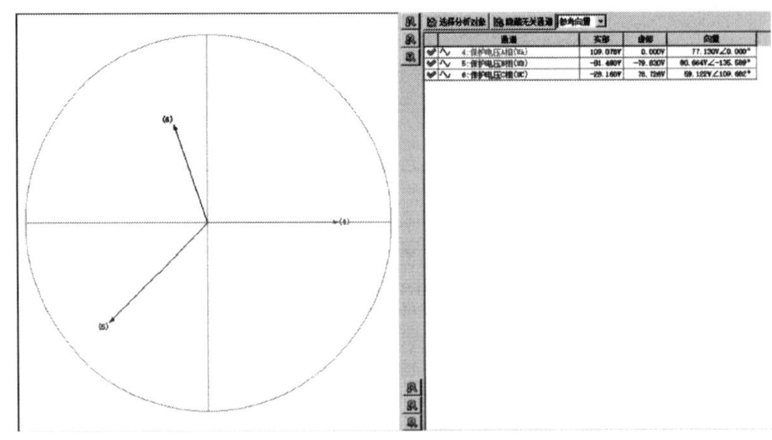

(d) 故障切除后电压

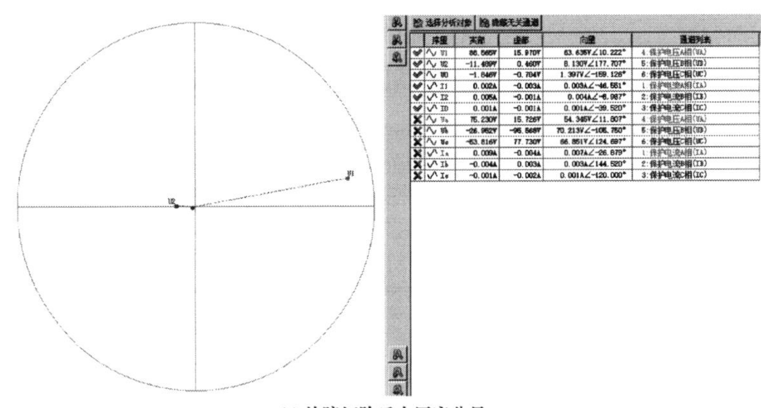

(e) 故障切除后电压序分量

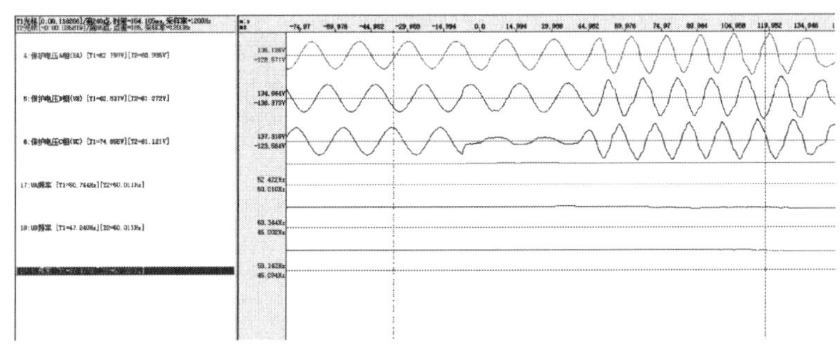

(f) 故障切除后电压频率

图 9-24　110kV 甲乙线电压电流（三）

均正常，电压幅值 61V，电流幅值 0.88A（二次值）。故障期间，C 相电压降低为 17V，A 相和 C 相电流电压夹角增大，三相电压电流不再平衡，零序电压 23V，负序电压 14V，正序电压 46V；零序电流 0.002A，负序电流 0.261A，正序电流 0.548A，电流存在负序分量。故障切除后，三相电压幅值在 50~80V 间波动，B 相和 C 相频率由 50Hz 降至 47.24Hz 和 47.47Hz，存在负序电压 8V。

故障前，C 相差流 18A，大于差流定值 2.5A，差动保护正确动作，如图 9-25 所示。

故障前，三相测量阻抗均为69Ω；故障期间，A相和B相测量阻抗变为85、80ΩC相电压测量阻抗变为15.79Ω，远大于线路保护阻抗定值1.5Ω，距离保护存在拒动问题，如图9-26所示。

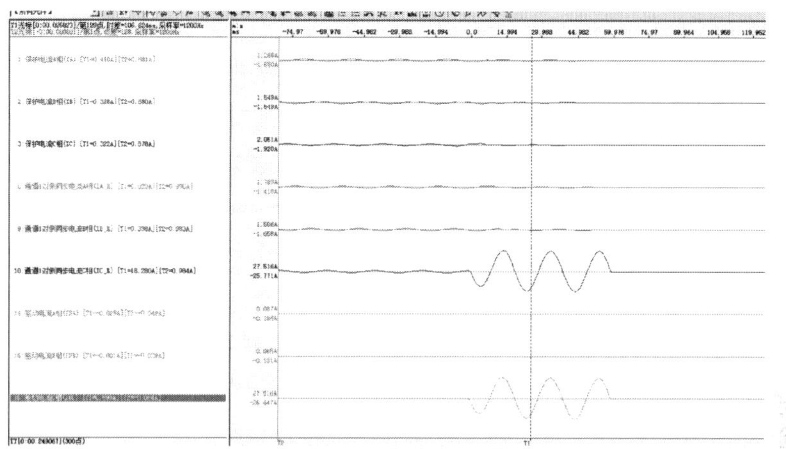

图9-25 110kV甲乙线差流

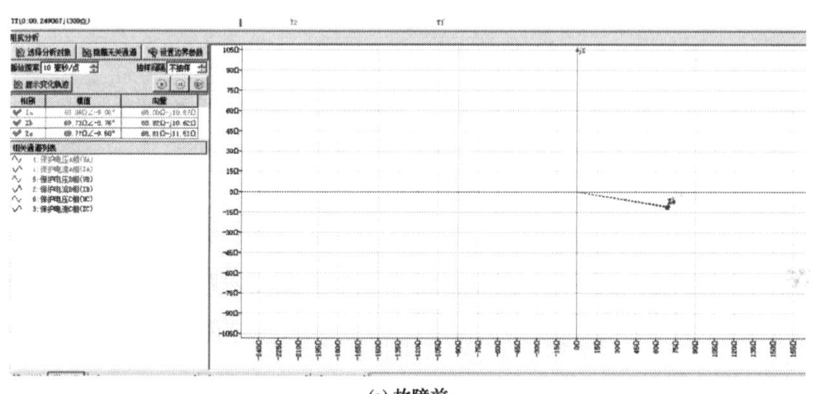

(a) 故障前

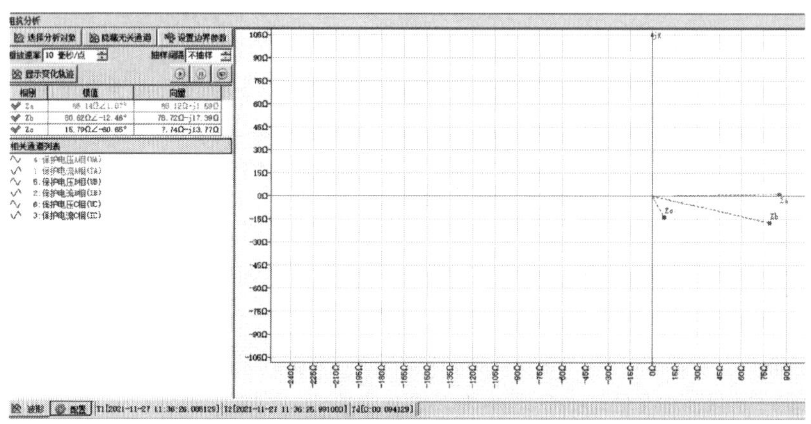

(b) 故障期间

图9-26 110kV甲乙线测量阻抗

9.3 小　结

本章整理了几例典型的新能源并网线路故障，对故障期间并网线路和新能源场站内设备故障电流电压特征、保护动作情况进行了讨论分析。故障期间，由于新能源换流器控制逻辑不同，故障特征存在一定差异。双馈风电机组换流器因机组存在旋转设备，控制逻辑中存在负序抑制功能，将限制故障电流中的负序分量。光伏换流器则未明确必须配置负序抑制功能。故障时差动保护均能正确动作，但距离保护在失去系统侧电压支撑后存在误动可能，需补充辅助判断逻辑进行优化。